Lecture Notes in Mathematics
A collection of informal reports and seminars
Edited by A. Dold, Heidelberg and B. Eckmann, Zürich
Series: Mathematisches Institut der Universität Bonn
Adviser: F. Hirzebruch

282

P. Flaschel
Mathematisches Institut der Universität Bonn, Bonn/Deutschland

W. Klingenberg
Mathematisches Institut der Universität Bonn, Bonn/Deutschland

Riemannsche Hilbertmannigfaltigkeiten. Periodische Geodätische

Mit einem Anhang von H. Karcher

Springer-Verlag
Berlin · Heidelberg · New York 1972

AMS Subject Classifications (1970): 49F15, 58B20, 58D15, 58E05, 58E10

ISBN 3-540-05968-7 Springer-Verlag Berlin · Heidelberg · New York
ISBN 0-387-05968-7 Springer-Verlag New York · Heidelberg · Berlin

Offsetdruck: Julius Beltz, Hemsbach/Bergstr.

Vorwort

Die vorliegende Ausarbeitung geht zurück auf eine Vorlesung von W.Klingenberg an der Universität Bonn im Wintersemester 1966/67. P.Flaschel war Hörer dieser Vorlesung und hat dann vor allem die Grundlagen der Theorie der Hilbertmannigfaltigkeiten und spezieller Kurvenräume weitgehend selbständig entwickelt und ausgebaut. So ist insbesondere Kapitel I ganz sein Werk. Aber auch die Kapitel II und III sind wesentlich verbesserte Neubearbeitungen der Vorlesung, wobei sich in II die von H.Eliasson zu dieser Zeit (in intrinseker Form) entwickelte Theorie der Abbildungsmannigfaltigkeiten vielfach niedergeschlagen hat. In der Zwischenzeit hat H.Karcher in einer Vorlesung am Courant Institut in New York im Winter 1967/68, die als Appendix zu dem Buch "Nonlinear Functional Analysis" von J.Schwartz erschienen ist, unter Verwendung des ursprünglichen Vorlesungsmanuskripts die Theorie des Raumes der geschlossenen Kurven in gestraffter, nicht-intrinseker Form dargestellt. Eine weitere Straffung und Fortsetzung dieser Darstellung ist im III. Kapitel dieser Ausarbeitung eingefügt (und kann z.B. zu einer schnellen Einführung des Raumes $\Lambda(M)$ in Vorlesungen verwandt werden).

Zum Inhalt unserer Ausarbeitung ist im einzelnen zu sagen: In Kapitel I wird die riemannsche Geometrie auf Hilbertmannigfaltigkeiten M in Ergänzung zu S.Lang [29] entwickelt. Die Übertragung dieser Geometrie von endlichdimensionalen Mannigfaltigkeiten auf Hilbertmannigfaltigkeiten ist aus folgenden Gründen nicht trivial:

a) Bei der Darstellung mittels Basisfeldern treten unendliche Summen auf.
b) Die Mannigfaltigkeiten sind nicht mehr lokal kompakt.
c) Bei Endomorphismen auf Hilberträumen ist "surjektiv" nicht mehr gleich "injektiv".

Wegen a) sind $\mathfrak{F}(M)$-lineare Abbildungen nicht mehr von Nutzen. So muß man z.B. den Begriff der kovarianten Differentiation anders fassen als üblich (da N.Grossman [16] und J.Mc Alpin [31] dies in ihren Untersuchungen nicht taten, konnten sie z.B. nicht die Differenzierbarkeit der Exponentialabbildung zeigen). Legt man jedoch eine geeignet abgewandelte Definition kovarianter Differentiationen zugrunde ([8], §1,2; Tendenz: Zurück zu lokalen Beschreibungen), so lassen sich die durch die unendlichen Summen verursachten Schwierigkeiten vollständig beseitigen; die Beweise der betroffenen klassischen Aussagen der riemannschen Geometrie werden damit sogar kürzer und eleganter als bisher.

Die Tatsache b) dagegen bewirkt, daß nicht mehr alles zu gelten braucht, was im endlich-dimensionalen Fall richtig ist, z.B. gilt der Satz von Hopf-Rinow i.a. nicht mehr (H.Eliasson konnte allerdings kürzlich zeigen, daß für die in Kapitel II, III betrachteten Kurvenmannigfaltigkeiten dieser Satz noch richtig ist). Ebenso führt c) zu einem Verlust an Aussagen; man muß jetzt z.B. mono- und epikonjugierte Punkte unterscheiden.

Kapitel II dient der intrinseken Einführung der Hilbertmannigfaltigkeit $H_1(I,M)$ der H_1-Kurven auf einer endlich-dimensionalen Mannigfaltigkeit M und ihrer wichtigen Strukturen (Bündel und Schnitte über $H_1(I,M)$, riemannsche Metriken, Zusammenhänge) und liefert damit konkrete Beispiele für das in Kapitel I Gebrachte.

Geometrisch bedeutsam sind jedoch erst die in Kapitel III.1 definierten Untermannigfaltigkeiten $\Lambda_{pq}(M)$ und $\Lambda(M)$ von $H_1(I,M)$, der p,q-verbindenden bzw. der geschlossenen H_1-Kurven auf M, auf die sich das in II für $H_1(I,M)$ Festgestellte sofort überträgt. Motivation für die Einführung dieser Hilbertmannigfaltigkeiten war eine neue und intrinseke Fassung der Theorie von Morse, die zur Beschreibung der Geodätischen von M als kritische Punkte einer Funktion auf $\Lambda_{pq}(M)$ bzw. $\Lambda(M)$ verwandt werden konnte (die erste Mannigfaltigkeit wurde von R.Palais [39] eingeführt, die zweite von W.Klingenberg). Der weitere Verlauf von III bringt deshalb, was auch ursprüngliches Anliegen der Vorlesung war, nämlich die Neubegründung der von M.Morse in seinem Buch "Calculus of variations in the large" entwickelten Theorie des Raumes $H_1(S^1,M)=\Lambda(M)$ der parametrisierten geschlossenen Kurven auf einer kompakten riemannschen Mannigfaltigkeit (M,g).

Konkret bedeutet dies: Die Hilbertmannigfaltigkeit $\Lambda(M)$ wird mit einer riemannschen Metrik und einer differenzierbaren Funktion E (dem Energieintegral) derart versehen, daß die kritischen Punkte von E gerade die periodischen Geodätischen von (M,g) sind und daß $(\Lambda(M),E)$ die Bedingung (C) von Palais und Smale erfüllt (III.2, III.3); diese Bedingung ermöglicht gerade die Übertragung der Morse-Theorie auf Hilbertmannigfaltigkeiten. Da jedoch in unserem Fall i.a. nicht alle kritischen Untermannigfaltigkeiten von E nicht-degeneriert sind (vgl. [33]), wird in III.4 eine diese Tatsache berücksichtigende Abwandlung der Morse-Theorie eingeschoben (Ljusternik-Schnirelman-Theorie). Die Anwendung dieser Theorie auf $(\Lambda(M),E)$ liefert uns dann einige Existenzaussagen für periodische Geodätische auf (M,g) (III.5).

Die $(\Lambda(M),E)$ entsprechenden Resultate bei $(\Lambda_{pq}(M),E)$ werden jeweils am Ende der einzelnen Paragraphen kurz dargestellt.

Neben dem Raum $\Lambda(M)$ der parametrisierten geschlossenen Kurven betrach-

ten wir in III den für die Anwendungen sehr wichtigen Raum $\Pi(M)$ der unparametrisierten geschlossenen Kurven auf M (III.6), der definiert ist als Quotient nach der O(2)-Aktion auf $\Lambda(M)$, die durch die natürliche Operation von O(2) auf S^1 gegeben ist. $\Pi(M)$ ist keine Mannigfaltigkeit. Dennoch können wir von einer Morse-Theorie auf $\Pi(M)$ sprechen, denn die riemannsche Metrik von $\Lambda(M)$ und das Energieintegral E sind invariant unter der O(2)-Operation, so daß die Morse-Theorie (Ljusternik-Schnirelman-Theorie) der O(2)-Orbits auf $\Lambda(M)$ erklärt ist und sich damit die oben mittels $\Lambda(M)$ gewonnenen Existenzaussagen über periodische Geodätische verschärfen; vgl. hierzu auch die Arbeit "Closed Geodesics" von W.Klingenberg (bei der Entwicklung der Ljusternik-Schnirelman-Theorie und ihrer Anwendungen auf $\Lambda(M)$,$\Pi(M)$ konnten wir uns außerdem auf die Diplomarbeit von D.Craemer, ebenfalls Hörer der ursprünglichen Vorlesung, stützen).
Die beiden letzten Paragraphen von III bringen die bereits erwähnte, mehr an die extrinseken Methoden von R.Palais angelehnte Einführung von $\Lambda(M)$ von H.Karcher sowie einen daraus resultierenden neuen Beweis des Morseschen Indexsatzes.

Inhaltsverzeichnis

I. ZUR RIEMANNSCHEN GEOMETRIE AUF HILBERTMANNIGFALTIGKEITEN

Die folgenden Paragraphen bauen auf den Betrachtungen auf, die S.Lang in "Introduction to differentiable manifolds" [29] angestellt hat, und zwar werden hauptsächlich die Kapitel II - IV und Kapitel VII vorausgesetzt (vgl. auch Kapitel II - VI in Palais [38]). Falls nichts anderes gesagt wird, sind die in Lang definierten Banachmannigfaltigkeiten hier stets von der Klasse C^∞ - wie auch alle weiteren Objekte - sowie hausdorffsch und ohne Rand (zur ersten Einschränkung vgl. 1.6(iv) und zu den beiden anderen die Bemerkungen in [29], z.B. S.16 bzw. S.33 sowie in [8]).

1. Kovariante Differentiation

Sei $\pi : E \longrightarrow M$ irgendein Vektorraumbündel. Eine (lokale) Trivialisierung für π (oder E) ist ein Bündelisomorphismus der folgenden Art

$$\begin{array}{ccc} \pi^{-1}(U) & \xrightarrow{\quad\Phi\quad} & \phi(U)\times\mathbb{E} \\ \downarrow{\scriptstyle\pi} & & \downarrow{\scriptstyle pr_1} \\ U & \xrightarrow{\quad\phi\quad} & \phi(U) \end{array} .$$

Dabei ist (ϕ,U) Karte für M (Modell $\mathbb{M}$), und $\mathbb{M},\mathbb{E}$ sind (von ϕ,Φ abhängende) Banachräume. Zu $E_p := \pi^{-1}(p), p\in M$ haben wir den durch Φ induzierten topologischen Isomorphismus

$$\Phi_p : E_p \longrightarrow \mathbb{E}, \text{ Umkehrung } \Phi_p^{-1} := (\Phi_p)^{-1} = \Phi^{-1}_{\phi(p)} := (\Phi^{-1})_{\phi(p)} .$$

Die Übergangsabbildung zweier Trivialisierungen $(\Phi,\phi,U),(\Phi',\phi',U')$:

$$\phi(U\cap U') \longrightarrow L(\mathbb{E};\mathbb{E}') , \quad x \longmapsto \Phi'_{\phi^{-1}(x)}\circ\Phi_x^{-1}$$

bezeichnen wir mit $T_{\phi\phi'}$; es gilt $T_{\phi\phi'} = T^{-1}_{\phi'\phi}\circ\phi'\circ\phi^{-1}$.

Ist E das Tangentialbündel $\pi : TM \longrightarrow M$ von M, so betrachten wir nur die durch die Karten (ϕ,U) von M induzierten speziellen Trivialisierungen

$$\begin{array}{ccc} \pi^{-1}(U) & \xrightarrow{\quad T\phi\quad} & \phi(U)\times\mathbb{M} \\ \downarrow{\scriptstyle\pi} & & \downarrow{\scriptstyle pr_1} \\ U & \xrightarrow{\quad\phi\quad} & \phi(U) \end{array} ,$$

wo $T\phi$ die Tangentialabbildung von ϕ ist (Identifikationen $TU = \pi^{-1}(U)$, $T\phi(U) = \phi(U)\times\mathbb{M}$; für solche Trivialisierungen gilt: $T_{\phi\phi'} = D(\phi'\circ\phi^{-1})$).

$\mathfrak{X}_E(M)$ bezeichnet den $\mathbb{R}$-Vektorraum der Schnitte im Bündel E; wir schreiben speziell $\mathfrak{X}(M)$ anstelle von $\mathfrak{X}_{TM}(M)$ und $\mathfrak{F}(M)$ anstelle von $\mathfrak{X}_{M\times\mathbb{R}}(M)$.

Die Hauptteile solcher Schnitte X in Trivialisierungen (Φ,ϕ,U) bezeichnen wir mit $X_\phi:\phi(U) \longrightarrow \mathbb{E}$ und wir schreiben $X_{\phi(p)}$ statt $X_\phi(\phi(p))$ sowie $DX_{\phi(p)}$ statt $DX_{\phi|\phi(p)}$.

Zusätzlich zu den in der Vorbemerkung gemachten Voraussetzungen über M setzen wir im folgenden die Existenz von Partitionen der Eins auf M voraus (jedoch nicht auf den Totalräumen E - auch nicht, falls diese als Basis anderer Bündel auftreten - da sonst die Fasern E_p Partitionen der Eins gestatten müßten, was weder sinnvoll noch notwendig ist). Diese Voraussetzung wird nur an wenigen Stellen benötigt; hinsichtlich Abschwächungen vgl. 1.6(iii) .

Eine $\mathbb{R}$-lineare Abbildung $\delta:\mathfrak{F}(M) \longrightarrow \mathfrak{F}(M)$ vom Ring der reellwertigen Morphismen auf M in sich heißt Derivation, falls sie für alle $f,g\in\mathfrak{F}(M)$

$$\delta(f\cdot g) = \delta(f)\cdot g + f\cdot\delta(g) \qquad \text{erfüllt.}$$

Sei $\Theta(M)$ die Menge der Derivationen auf $\mathfrak{F}(M)$. Der $\mathbb{R}$-Vektorraum $\Theta(M)$ wird in bekannter Weise Liealgebra über $\mathbb{R}$ durch Assoziation der Lieklammer

$$[..,..] : \Theta(M)\times\Theta(M) \longrightarrow \Theta(M), \quad [\vartheta,\eta] := \vartheta\circ\eta - \eta\circ\vartheta .$$

Die lineare Abbildung $\Theta:\mathfrak{X}(M) \longrightarrow \Theta(M)$

$$X \longmapsto \Theta_X \quad , \Theta_X(f)(p) := df_p\cdot X_p ,$$

zwischen den $\mathfrak{F}(M)$-Moduln (oder $\mathbb{R}$-Vektorräumen) der Vektorfelder bzw. der Derivationen ist wohldefiniert, injektiv und ihr Bild Lieunteralgebra von $\Theta(M)$, also existiert auf $\mathfrak{X}(M)$ genau eine Lieklammer $[\cdot\cdot,\cdot\cdot]$, bzgl. der Θ Liealgebrahomomorphismus wird. Die Lieklammer von Vektorfeldern $X,Y\in\mathfrak{X}(M)$ lautet lokal, also in den durch Karten (ϕ,U) um $p\in M$ induzierten Trivialisierungen von TM

$$[X,Y]_{\phi(p)} = DY_{\phi(p)}\cdot X_{\phi(p)} - DX_{\phi(p)}\cdot Y_{\phi(p)} ,$$

und diese Darstellung reicht auch ohne die Existenz von Partitionen der Eins zur Definition einer Lieklammer auf $\mathfrak{X}(M)$, so daß Θ Liealgebrahomomorphismus wird, aus. Die Beweise hierzu findet man in anderer Anordnung in [29], jedoch beachte man, daß bei der behaupteten Injektivität von Θ Partitionen der Eins benötigt werden und Θ nur bei endlicher Dimension von M surjektiv ist, also $\Theta(M)$ anstelle von $\mathfrak{X}(M)$ verwandt werden kann. Wie üblich definieren wir $Xf := \Theta_X f = df\cdot X$ für alle $f\in\mathfrak{F}(M), X\in\mathfrak{X}(M)$. Es gilt: $[X,f\cdot Y] = f\cdot[X,Y] + Xf\cdot Y$ und damit $[f\cdot X,Y] = f\cdot[X,Y] + Yf\cdot X$, sowie $[X/U,Y/U] = [X,Y]/U$ für alle offenen U in M ("Natürlichkeit hinsichtlich Einschränkungen"; ähnliches gilt auch bzgl. der folgenden Begriffe: $\nabla, \Gamma_\phi, K, S, \cdot$).

1.1 Definition :

Eine kovariante Differentiation für π (oder E) ist eine Abbildung

$$\nabla:\mathfrak{X}(M)\times\mathfrak{X}_E(M) \longrightarrow \mathfrak{X}_E(M), \quad \nabla_X Y := \nabla(X,Y) \text{ für alle } X\in\mathfrak{X}(M), Y\in\mathfrak{X}_E(M),$$

so daß für alle Trivialisierungen (Φ,ϕ,U) von E eine C^∞-Abbildung

$$\Gamma_\phi:\phi(U) \longrightarrow L(\mathbb{M},\mathbb{E};\mathbb{E})$$

existiert mit

(1) $\nabla_X Y|_{\phi(p)} = DY_{\phi(p)} \cdot X_{\phi(p)} + \Gamma_\phi(\phi(p)) \cdot (X_{\phi(p)}, Y_{\phi(p)})$ für alle $p \in U$.

Analog zu obigem kürzen wir $\Gamma_\phi(\phi(p))$ durch $\Gamma_{\phi(p)}$ ab. Bei $E = TM$ sprechen wir von einer kovarianten Differentiation <u>auf M</u>.

1.2 Satz:

Eine kovariante Differentiation $\nabla : \mathfrak{X}(M) \times \mathfrak{X}_E(M) \longrightarrow \mathfrak{X}_E(M)$ ist in der ersten Komponente $\mathfrak{F}(M)$-linear (also auch $\mathbb{R}$-linear), in der zweiten $\mathbb{R}$-linear und für alle $f \in \mathfrak{F}(M), X \in \mathfrak{X}(M), Y \in \mathfrak{X}_E(M)$ gilt: $\nabla_X f \cdot Y = Xf \cdot Y + f \cdot \nabla_X Y$.

<u>Bew.:</u> $\nabla_X Y|_p = \Phi_p^{-1}(DY_{\phi(p)} \cdot X_{\phi(p)} + \Gamma_{\phi(p)}(X_{\phi(p)}, Y_{\phi(p)}))$ liefert sofort die beiden ersten Behauptungen, da $(f \cdot X)_{\phi(p)} = f_{\phi(p)} \cdot X_{\phi(p)}$ gilt(und f_ϕ-bzgl. der Trivialisierung $(\phi \times id, \phi, U)$ gemeint - gleich $f \circ \phi^{-1}$ ist, vgl. Einleitung). Wir zeigen als Beispiel die dritte Behauptung: $\nabla_X f \cdot Y|_p =$

$\Phi_p^{-1}[(Df_{\phi(p)} \cdot X_{\phi(p)}) \cdot Y_{\phi(p)} + f_{\phi(p)} \cdot DY_{\phi(p)} \cdot X_{\phi(p)} + \Gamma_{\phi(p)}(X_{\phi(p)}, f_{\phi(p)} \cdot Y_{\phi(p)})]$

$= \Phi_p^{-1}((Df_{\phi(p)} \cdot X_{\phi(p)}) \cdot Y_{\phi(p)}) + f_{\phi(p)} \cdot \nabla_X Y|_p = Xf(p) \cdot Y_p + f(p) \cdot \nabla_X Y|_p$.

<u>Bem.:</u> Im Falle endlicher Dimension ist 1.2 äquivalent zu 1.1 und wird dann oft als Definition einer kovarianten Differentiation zugrundegelegt: z.B. folgt im Falle $E = TM$ mittels der Basisfelder X^i bzgl. einer $\mathbb{R}^m$-Karte (ϕ, U) von M aus 1.2

$$\nabla_X Y|_U = \sum_{k=1}^{m} \Big(\sum_{i=1}^{m} \zeta^i \cdot X^i \eta^k + \sum_{i,j=1}^{m} \zeta^i \cdot \eta^j \cdot \Gamma_{ij}^k \Big) \cdot X^k$$

mittels der lokalen Darstellungen $X|_U = \sum_{i=1}^{m} \zeta^i \cdot X^i$, $Y|_U = \sum_{j=1}^{m} \eta^j \cdot X^j$, $\nabla_{X^i} X^j = \sum_{k=1}^{m} \Gamma_{ij}^k \cdot X^k$, bei denen $\zeta^i, \eta^j, \Gamma_{ij}^k \in \mathfrak{F}(U)$ gilt. Der Vergleich mit 1.1(1) liefert

(*) $\Gamma_{\phi(p)}(u,v) = \Big(\sum_{i,j=1}^{m} \Gamma_{ij}^1(p) \cdot u^i \cdot v^j, \ldots, \sum_{i,j=1}^{m} \Gamma_{ij}^m(p) \cdot u^i \cdot v^j \Big)$,

und indem man (*) als Definitionsgleichung der Γ_ϕ bzgl. (ϕ, U) - ausführlicher $(T\phi, \phi, U)$ - auffaßt, folgt die Umkehrung des obigen Satzes, also die behauptete Äquivalenz. Wir bezeichnen die Γ_ϕ auf Grund von (*) ebenfalls als <u>Christoffel-Symbole</u>.

Im Falle unendlicher Dimension ist 1.2 nicht mehr äquivalent zu 1.1, da sich ein ∇ vom Typus 1.2 nicht mehr im Sinne von 1.1(1) zerlegen lassen muß, so daß seine Christoffel-Symbole Γ_ϕ die gewünschten Eigenschaften haben $(\Gamma_\phi(X_\phi, Y_\phi) := (\nabla_X Y)_\phi - DY_\phi \cdot X_\phi$ kann zwar noch als $\mathfrak{F}(\phi(U))$-bilinear nachgewiesen werden, doch impliziert dies nicht mehr die Deutung von Γ_ϕ als Tensorfeld über $\phi(U)$; der Weg über die Γ_{ij}^k ist andererseits auch nicht mehr sinnvoll, da die dazugehörigen Funktionensummen i.a. nicht mehr endlich sind).

Fordert man in 1.1(1) nur die folgende <u>"schwache Differenzierbarkeit":</u>

"$\phi(U)\times M\times E \longrightarrow E, (x,u,v) \longmapsto \Gamma_\phi(x)\cdot(u,v)$ ist C^∞-Abbildung",
so genügt dies(nach folgendem),um eine differenzierbare Abbildung

$$\exp: TM \longrightarrow M$$

zu definieren, aber erst die in 1.1(1) geforderte "starke Differenzierbarkeit" gestattet die vollständige Übertragung der lokalen Differentialgeometrie auf unendliche Dimension (man beachte jedoch die in 1.6(iv) behauptete Äquivalenz der beiden Bedingungen im C^∞-Fall!). 1.1 ist auch bei schwacher Differenzierbarkeit noch stärker als 1.2, d.h. 1.2 ist bei unendlicher Dimension nicht mehr zur Definition einer kovarianten Differentiation geeignet, weshalb in [31], [16] die Differenzierbarkeit von exp auch nicht gezeigt werden konnte.

1.3 Lemma :

Sei $U\subset M$ offen, $p\in U$, $v\in M_p$ und $f\in\mathfrak{F}(U)$, $X\in\mathfrak{X}_E(U):=\mathfrak{X}_{\pi^{-1}(U)}(U)$.

Beh.: (i) X und f besitzen Erweiterungen $\tilde{X}\in\mathfrak{X}_E(M)$ und $\tilde{f}\in\mathfrak{F}(M)$, die in einer Umgebung V von p mit X bzw. f übereinstimmen und in CU verschwinden.
(ii) Es gibt $Y\in\mathfrak{X}_E(M)$ mit $Y_p=v$.

Bew.: zu (i) : Da M regulärer topologischer Raum ist, gibt es eine Umgebung U(p) von p mit $\overline{U(p)}\subset U$. Sei $\{\varphi_1,\varphi_2\}$ eine zu $\{C\overline{U(p)},U\}$ gehörige Partition der Eins, und f bzw. X seien in CU mit o fortgesetzt (unter Beibehaltung der Bezeichnung). Dann leisten $\varphi_2\cdot f$ bzw. $\varphi_2\cdot X$ das Gewünschte, da diese beiden Funktionen auch C^∞ sind.

Zu (ii): Sei $\tilde{v} := \Phi_p\cdot v$ bzgl. einer Trivialisierung (Φ,ϕ,U) um p. Dann definiert $p\longmapsto\Phi^{-1}(\phi(p),\tilde{v})$ einen C^∞-Schnitt auf U, der sich nach (i) zu dem gewünschten Y erweitern läßt.

1.4 Bemerkung :

Da unsere Definition von ∇ zeigt, daß $\nabla_X Y|_p$ bzgl. X nur von X_p und bzgl. Y nur von den Werten von Y auf einer Umgebung von p abhängt,erhält man mit Hilfe des letzten Lemmas sofort induzierte Abbildungen

$$\nabla:\mathfrak{X}_{TM}(U)\times\mathfrak{X}_E(U)\longrightarrow\mathfrak{X}_E(U) \qquad \text{bzw.}$$

$$\nabla:M_p\times\mathfrak{X}_E(U)\longrightarrow E_p \qquad (M_p := TM_p \;!)$$

mit den Eigenschaften $\nabla_{X|_U}Y|_U=\nabla_X Y|_U$ bzw. $\nabla_{X_p}Y=\nabla_X Y|_p$ für offene (Untermannigfaltigkeiten) U von M und $X\in\mathfrak{X}(M), Y\in\mathfrak{X}_E(M)$, $p\in U$. Die erste induziert eine kovariante Differentiation für das Bündel $\pi:\pi^{-1}(U)\longrightarrow U$ (beachte: $\mathfrak{X}_{TM}(U) = \mathfrak{X}_{TU}(U) = \mathfrak{X}(U)$), die zweite ist in der ersten Komponente stetig und $\mathbb{R}$-linear und in der zweiten $\mathbb{R}$-linear, und sie erfüllt die Produktregel

$$\nabla_v fY = (df_p \cdot v) \cdot Y_p + f(p) \cdot \nabla_v Y \text{ für alle } f \in \mathfrak{F}(M).$$

1.5 Lemma : (Transformationsregel der Christoffelsymbole)
Seien (Φ,ϕ,U) , (Ψ,ψ,U) zwei Trivialisierungen von π über U und sei $p \in U$.

Beh.: $$\Gamma_{\psi(p)} = T_{\phi\psi}|_{\phi(p)} \circ \left[DT_{\psi\phi}|_{\psi(p)} + \Gamma_{\phi(p)} \circ D(\phi \circ \psi^{-1})_{\psi(p)} \times T_{\psi\phi}|_{\psi(p)}\right] ,$$
insbesondere sind also die Christoffelsymbole durch die dazugehörige Trivialisierung eindeutig bestimmt.

Bew.: Aus 1.3 - also z.B. bei Existenz von Partitionen der Eins - folgt zunächst die eindeutige Bestimmtheit der Christoffelsymbole auf Grund der lokalen Darstellung 1.1(1) von ∇. Deshalb bleibt für die durch obige Gleichung gegebene C^∞-Abbildung $\Gamma_\psi : \psi(U) \longrightarrow L(\mathbb{M},\mathbb{E};\mathbb{E})$ nur noch
$$\nabla_X Y|_{\psi(p)} = DY_{\psi(p)} \cdot X_{\psi(p)} + \Gamma_{\psi(p)}(X_{\psi(p)}, Y_{\psi(p)})$$
für alle $X \in \mathfrak{X}(M)$, $Y \in \mathfrak{X}_E(M)$ nachzurechnen: $\nabla_X Y|_{\psi(p)} - DY_{\psi(p)} \cdot X_{\psi(p)} =$

$$= T_{\phi\psi}|_{\phi(p)} \cdot \nabla_X Y|_{\phi(p)} - D((T_{\phi\psi} \cdot Y_\phi) \circ \phi \circ \psi^{-1})_{\psi(p)} \circ D(\psi \circ \phi^{-1})_{\phi(p)} \cdot X_{\phi(p)} =$$

$$= T_{\phi\psi}|_{\phi(p)} \cdot \nabla_X Y|_{\phi(p)} - DT_{\phi\psi}|_{\phi(p)} \cdot (D(\phi \circ \psi^{-1})_{\psi(p)} \circ D(\psi \circ \phi^{-1})_{\phi(p)} \cdot X_{\phi(p)}) \cdot Y_{\phi(p)} -$$

$$- T_{\phi\psi}|_{\phi(p)} \cdot (DY_{\phi(p)} \circ D(\phi \circ \psi^{-1})_{\psi(p)} \circ D(\psi \circ \phi^{-1})_{\phi(p)} \cdot X_{\phi(p)}) =$$

$$= T_{\phi\psi}|_{\phi(p)} \cdot (\nabla_X Y|_{\phi(p)} - DY_{\phi(p)} \cdot X_{\phi(p)}) +$$

$$+ T_{\phi\psi}|_{\phi(p)} \circ DT_{\psi\phi}|_{\psi(p)} \cdot (D(\psi \circ \phi^{-1})_{\phi(p)} \cdot X_{\phi(p)} , T_{\phi\psi}|_{\phi(p)} \cdot Y_{\phi(p)}) =$$

$$T_{\phi\psi}|_{\phi(p)} \cdot [\Gamma_{\phi(p)}(D(\phi \circ \psi^{-1})_{\psi(p)} \cdot X_{\psi(p)} , T_{\psi\phi}|_{\psi(p)} \cdot Y_{\psi(p)}) +$$
$$+ DT_{\psi\phi}|_{\psi(p)} \cdot (X_{\psi(p)}, Y_{\psi(p)})] .$$

q.e.d.

Es genügt also, in 1.1. die lokale Darstellbarkeit 1.1.(1) von ∇ für eine trivialisierende Überdeckung von E zu fordern, d.h. im Falle E=TM kovariante Differentiationen mittels Trivialisierungen der Form $(T\phi,\phi,U)$ zu definieren (bei Tangentialbündeln werden stets nur solche gebraucht).

1.6 Anmerkungen :

(i) Für jedes $p \in M$ und $Y \in \mathfrak{X}_E(M)$ definiert

$$\nabla Y|_p : v \in M_p \longmapsto \nabla_v Y \in E_p$$

ein Element von $L(M_p;E_p)$, vgl. 1.4. Die Abbildung

$$\nabla Y : p \in M \longmapsto \nabla Y|_p \in L(M_p;E_p)$$

definiert dann nach 1.1.(1) einen C^∞-Schnitt im Bündel $L(TM;E)$ über M. Die kovariante Ableitung kann also als linearer (Differential-)Operator (erster Ordnung) aufgefaßt werden

$$\nabla : \mathfrak{X}_E(M) \longrightarrow \mathfrak{X}_{L(TM;E)}(M)$$

und $\nabla_X Y = \nabla Y \cdot X$ als "partielle Ableitung von Y in Richtung X".

(ii) Seien $\pi_1,..,\pi_r,\pi$ Vektorraumbündel über M mit kovarianten Differentiationen ∇. Die Gleichung (Erklärungen zur Schreibweise siehe V.1o):

$$(*) \quad \nabla A \cdot X \cdot (Y_1,..,Y_r) := \nabla A(Y_1,..,Y_r)\cdot X - \sum_{i=1}^{r} A(Y_1,..,Y_{i-1},\nabla Y_i \cdot X, Y_{i+1},..,Y_r)$$

$$- \; A \in \mathfrak{X}_{L(\pi_1,..,\pi_r;\pi)}(M) \,,\; X \in \mathfrak{X}(M) \,,\; Y_i \in \mathfrak{X}_{E_i}(M) \text{ für } i=1,..,r \; -$$

definiert einen C^∞-Schnitt ∇A in $L(TM;L(E_1,..,E_r;E)) = L(TM,E_1,..,E_r;E)$. Dies folgt aus der lokalen Darstellung von (*), und diese zeigt darüberhinaus, daß (*) eine kovariante Differentiation ∇ für das Bündel $L(E_1,..,E_r;E)$ über M definiert (beachte: im Fall $E=M\times\mathbb{R}$, also im Falle von Linearformen, gilt: $f := A(Y_1,..,Y_r) \in \mathfrak{F}(M)$, und man definiert $\nabla f \cdot X := \nabla_X f := Xf$)

Mittels (*) sind wegen $L^r(TM;E) = L(TM;L(TM;..;L(TM;E)..))$ per Induktion kovariante Ableitungen höherer Ordnung für $\pi : E \longrightarrow M$ definierbar:

$$\nabla^r : \mathfrak{X}_E(M) \longrightarrow \mathfrak{X}_{L^r(TM;E)}(M) \quad ,$$

falls man eine kovariante Ableitung ∇ für E <u>und</u> für TM gegeben hat. Die hier betrachteten induzierten kovarianten Differentiationen sind also wie bei endlicher Dimension im Falle von Tensoren vom Typ (r,s), d.s. $\mathfrak{F}(M)$-multilineare Abbildungen auf $\mathfrak{X}(M)$, definiert (ausführlichere Definitionen mittels Zusammenhangsabbildungen und lokale Darstellungen vgl. [8],§1,2) Solche Tensoren sind jedoch bei unendlicher Dimension i.a. nicht mehr als Tensorfelder, das heißt als Schnitte in Bündeln multilinearer Abbildungen auf TM, auffaßbar und deshalb nicht mehr von technischem Nutzen (vgl. 1.2 Bem., V.10 sowie [3],7.4), weshalb kovariante Differentiationen hier nur für Tensorfelder, also für einen Teilbereich der Tensoren vom Typ (r,s), $s = 0,1$, definiert wurden (weiteres über induzierte kovariante Differentiationen und Analogien zum Spezialfall der Differentiation in Banachräumen, z.T. mit Hilfe der jetzt folgenden Zusammenhangsabbildungen siehe [8] und [42]).

(iii) Die bisherigen Betrachtungen haben gezeigt, daß kovariante Differentiationen i.a. nur bei Existenz von Partitionen der Eins auf der Basis M hinreichend schöne Eigenschaften besitzen.

Partitionen der Eins existieren auf M genau dann, falls M parakompakt ist und seine Modelle Partitionen der Eins gestatten. Letzteres ist nachgewiesen im Falle separabler Banachräume $\mathbb{M}$, deren Norm auf $\mathbb{M}-\{o\}$ beschränkt eine C^∞-Abbildung ist, vgl. [38]. Damit sind riemannsche Mannigfaltigkeiten mit separablen Modellen sowie reguläre Hilbertmannigfaltigkeiten mit abzählbarer Basis (letzteres impliziert nicht die Regularität) Beispiele für solche Mannigfaltigkeiten, da sie metrisierbar und ihre Modelle Hilberträume sind. Es ist uns nicht bekannt, ob alle riemannschen Mannigfaltigkeiten (oder äquivalent: alle Hilberträume) Partitionen der Eins gestatten.
Der folgende Paragraph zeigt, daß bei der Betrachtung einer kovarianten Differentiation ∇ auf die Existenz von Partitionen der Eins (oder Lemma 1.3) verzichtet werden kann, falls ∇ durch eine sogenannte Zusammenhangsabbildung (oder einen Spray) definiert wird (man beachte, daß die in 2.2 betrachtete Abbildung $K \longmapsto \nabla$ dann keine Bijektion zu sein braucht). Solche ∇ erfüllen also sämtliche in § 1 gemachte Aussagen und induzieren darüberhinaus vollständig definierte Tensorfelder T,R (vgl. 4.7(i), 8.1; dies folgt, da diese ∇ ebenfalls auf jeder offenen Untermannigfaltigkeit U von M eine eindeutig bestimmte kovariante Differentiation $\nabla|U$ induzieren und auf hinreichend kleinen dieser U 1.3(ii) erfüllt ist, wie bei " ∇Y ist C^∞-Schnitt in L(TM;E)", vgl. (i).
Wir bemerken, daß der in § 5 betrachtete Levi-Civita-Zusammenhang einer beliebigen riemannschen Mannigfaltigkeit (M,g) stets von einer Zusammenhangsabbildung herkommt und sämtliche für die Begriffe "riemannscher Zusammenhang" und "torsionsfrei" bekannten Bedingungen erfüllt (vgl. die in 3.7, 3.8 bzw. 4.7(i) genannten möglichen Charakterisierungen).
Partitionen der Eins auf M werden damit in diesem Kapitel hauptsächlich zum Existenznachweis der jeweils auf den Bündeln $\pi : E \longrightarrow M$ betrachteten Strukturen benötigt. Geht man jedoch von der Existenz einer Zusammenhangsabbildung bzw. eines Sprays (und einer finslerschen Metrik in 4.3) und im weiteren von der Existenz einer riemannschen Metrik aus, so werden Partitionen der Eins überhaupt nur bei den schwachen (aber üblichen) Formulierungen von riemannsch und torsionsfrei benötigt: $Xg(Z,\tilde{Z}) = g(\nabla_X Z,\tilde{Z})+g(Z,\nabla_X \tilde{Z})$ bzw. $\nabla_X Y-\nabla_Y X-[X,Y]=o$; $X,Y\in\mathfrak{X}(M)$, $Z,\tilde{Z}\in\mathfrak{X}_E(M)$. Da (z.B. bei Kurvenmgfn., vgl. II) eine Zusammenhangsabbildung oder eine riemannsche Metrik vorliegen kann, ohne daß etwas über die Existenz von Partitionen der Eins bekannt ist, ist diese Abschwächung der Voraussetzung von Interesse (weitere Beispiele siehe 8.3).

(iv) Die in Kapitel I gemachten Aussagen übertragen sich unmittelbar auf C^∞-Mannigfaltigkeiten mit $p<\infty$ unter Berücksichtigung der aus dem Endlichdimensionalen bekannten möglichen Verluste von Differentiations-

ordnungen bei induzierten Abbildungen.
Nach [43] liegt im C^∞-Fall jedoch die folgende Besonderheit vor:

Lemma: Seien $\mathbb{E},\mathbb{E}_1,\ldots,\mathbb{E}_r,\mathbb{F}$ Banachräume und $U \subset \mathbb{E}$ offen.
Die Abbildung $f: U \longrightarrow L(\mathbb{E}_1,..\mathbb{E}_r;\mathbb{F})$ ist (genau dann) C^∞- Abbildung, falls für alle $(u_1,..,u_r) \in \mathbb{E}_1 \times .. \times \mathbb{E}_r$ die folgende Komposition

$$f\cdot(u_1,\ldots,u_r) : U \longrightarrow \mathbb{F} \text{ eine } C^\infty\text{- Abbildung beschreibt.}$$

Dies besagt insbesondere, daß die in 1.2 Bem. beschriebene schwache Differenzierbarkeit im C^∞- Fall mit der dortigen starken Differenzierbarkeit übereinstimmt (sowie bei Vektorraumbündelmorphismen f hinsichtlich der Differenzierbarkeit die Bedingung "f Morphismus" genügt, vgl. § 2 Einleitung). Wir wollen jedoch mit der "starken Differenzierbarkeit" arbeiten, da die hier gebrachten Begriffe bzgl. der in ihnen festgelegten Differenzierbarkeit dem in Lang [29] Definierten entsprechen sollen (vgl. die Abschnitte über Vektorraumbündel sowie riemannsche Metriken), und eine direkte Übertragung auf andere Differentiationsordnungen möglich sein soll.
Die starke Differenzierbarkeit wird in diesem Kapitel an den folgenden Stellen ausgenutzt:
1. Bei der Deutung von $\nabla Y, T, R$ als Tensorfelder (also als C^∞- Schnitte in $L(TM;E)$, $L^2(TM;TM)$, $L(TM,E,E;E)$, vgl. 1.6 (i), 4.7(i), 8.1), sowie bei höheren kovarianten Ableitungen.
2. Beim Nachweis, daß die im nächsten Paragraphen betrachtete Zusammenhangsabbildung K einen Vektorraumbündelmorphismus definiert ("∇ schwach differenzierbar" entspricht nur "K Morphismus").
3. Beim Beweis von 2.4 sowie bei den Sätzen über Parallelverschiebung.
Unabhängig vom obigen Lemma, also für beliebige Differentiationsordnungen, folgt starke Differenzierbarkeit aus der schwachen in dem wichtigen Spezialfall eines torsionsfreien Zusammenhangs, wie man in § 4 mit Hilfe des Begriffs "Spray" sieht und im Fall der Levi-Civita-Differentiation außerdem aus der(gerade entsprechend gewählten) "starken Differenzierbarkeit" der riemannschen Metrik.

2. Die Zusammenhangsabbildung

Seien $\pi: E \longrightarrow M$, $\tilde{\pi}: \tilde{E} \longrightarrow \tilde{M}$ Vektorraumbündel und $f_o: M \longrightarrow \tilde{M}$ Morphismus.
Ein Vektorraumbündelmorphismus f über f_o ist ein Morphismus $f: E \longrightarrow \tilde{E}$ mit $\tilde{\pi} \circ f = f_o \circ \pi$, so daß $f_p := f|E_p \in L(E_p;\tilde{E}_{f_o(p)})$ gilt und die lokalen Darstellungen von f:

$$\tilde{\Phi} \circ f \circ \Phi^{-1} : \phi(U) \times \mathbb{E} \longrightarrow \tilde{\phi}(\tilde{U}) \times \tilde{\mathbb{E}} ,$$

gedeutet als Abbildungen von $\phi(U)$ in $L(\mathbb{E};\tilde{\mathbb{E}})$:

$$\phi(p) \longmapsto (\tilde{\Phi} \circ f \circ \Phi^{-1})_{\phi(p)} = \tilde{\Phi}_{f_o(p)} \circ f_p \circ \Phi_p^{-1} ,$$

C^∞- Abbildungen sind (beachte: o.B.d.A $f_o(U) \subset \tilde{U}$ und $pr_1 \circ \tilde{\Phi} \circ f \circ \Phi^{-1} = \tilde{\phi} \circ f_o \circ \phi^{-1} \circ pr_1$). Im Falle $f_o = id_M$ sprechen wir von einem Vektorraumbündelmorphismus <u>über M</u>.

Sei $f_o^*\tilde{\pi}$ der <u>Pull-back</u> von $\tilde{\pi}$ mittels f_o:

$$\begin{array}{ccc} f_o^*\tilde{E} & \xrightarrow{\tilde{\pi}^* f_o} & \tilde{E} \\ {\scriptstyle f_o^*\tilde{\pi}}\downarrow & & \downarrow{\scriptstyle \tilde{\pi}} \\ M & \xrightarrow{f_o} & \tilde{M} \end{array} , \qquad \begin{array}{l} f_o^*\tilde{E} = \{(p,v) \in M \times \tilde{E} / f_o(p) = \tilde{\pi}(v)\} = \bigcup_{p \in M} \{p\} \times \tilde{E}_{f_o(p)} \\ f_o^*\tilde{\pi} = pr_1, \ \tilde{\pi}^* f_o = pr_2 \end{array} .$$

Mit Hilfe dieses Vektorraumbündeldiagramms lassen sich die Vektorraumbündelmorphismen längs f_o kanonisch mit den C^∞- Schnitten in $L(E; f_o^*\tilde{E})$ identifizieren (indem man jedem obigen f den Schnitt $p \in M \longmapsto f_p \in L(E_p; \tilde{E}_{f_o(p)})$ zuordnet, und wir schreiben (deshalb) auch $f\cdot$ statt $f(\cdot)$ bzw. $f\circ\cdot$.

Sei jetzt $M = \tilde{M}$. Der Totalraum $\pi^*\tilde{E}$ $\bigcup_{v \in E} \tilde{E}_{\pi(v)}$ von $\pi^*\tilde{\pi}$ stimmt (als Menge) mit dem Totalraum $E \oplus \tilde{E} = \bigcup_{p \in M} E_p \times \tilde{E}_p$ der <u>Whitney-Summe</u> $\pi \oplus \tilde{\pi}$ von $\pi, \tilde{\pi}$ überein. Mittels Trivialisierungen (Φ, ϕ, U) , $(\tilde{\Phi}, \phi, U)$ von E bzw. $\tilde{E}$ erhält man induzierte Trivialisierungen der Bündel $\pi^*\tilde{E}, E \oplus \tilde{E}$ (und insgesamt trivialisierende Überdeckungen) durch Einschränkung der Karten $(\Phi \times \tilde{\Phi}, \pi^{-1}(U) \times \tilde{\pi}^{-1}(U))$ von $E \times \tilde{E}$ auf diese Teilmenge:

$(u,v) \in \pi^{-1}(U) \times \tilde{\pi}^{-1}(U) \cap \pi^*\tilde{E} = E \oplus \tilde{E} \longmapsto (x,\xi,x,\eta) \in \phi(U) \times \mathbb{E} \times \tilde{\mathbb{E}} \subset \mathbb{M} \times \mathbb{E} \times \mathbb{M} \times \tilde{\mathbb{E}}$,

und zwar $(\Phi \times \tilde{\Phi}, \Phi, \pi^{-1}(U))$ bzw. $(\Phi \times \tilde{\Phi}, \phi, U)$ mit den Fasermodellen $\tilde{\mathbb{E}}$ bzw. $\mathbb{E} \times \tilde{\mathbb{E}}$. π^*E stimmt also sogar als Untermannigfaltigkeit von $E \times \tilde{E}$ mit $E \oplus \tilde{E}$ überein, so daß die beiden Bezeichnungen nur verschiedene Vektorraumbündelstrukturen in dieser Untermannigfaltigkeit symbolisieren. Die <u>kanonische Identifizierung</u> der Bündel $E \oplus \tilde{E}$, $\tilde{E} \oplus E$: $(x,y) \longmapsto (y,x)$ ist als Abbildung von $\pi^*\tilde{E}$ in $\tilde{\pi}^*E$ gesehen i.a. nur Diffeomorphismus.

<u>Beachte:</u> $E_p, p \in M$ ist die Faser von E über p, und E_v, $v \in E$ ist der Tangentialraum von E an v, also die Faser TE_v von TE, Tf_p ist nach obigem gleich $(Tf)_p \neq T(f_p)$, Trivialisierungen bei TE: $(T\Phi, \Phi, \pi^{-1}(U))$.

2.1 Definition :

Eine <u>Zusammenhangsabbildung K für E</u> ist eine Abbildung $K : TE \longrightarrow E$, so daß es für jede Trivialisierung (Φ, ϕ, U) von E eine C^∞-Abbildung ∇_ϕ gibt:

$$\nabla_\phi : \phi(U) \longrightarrow L(\mathbb{M}, \mathbb{E}; \mathbb{E}),$$

so daß die lokale Darstellung $K_\phi := \Phi \circ K \circ T\Phi^{-1} : \phi(U) \times \mathbb{E} \times \mathbb{M} \times \mathbb{E} \longrightarrow \phi(U) \times \mathbb{E}$ von K gegeben ist durch

$$K_\phi(x,\xi,y,\eta) = (x, \eta + \nabla_\phi(x)\cdot(y,\xi)).$$

Es gilt $K_v := K|E_v \in L(E_v; E_{\pi(v)})$ für alle $v \in E$, also ist K auf Grund seiner lokalen Darstellung Vektorraumbündelmorphismus mit dem folgenden kommutativen Diagramm

$$\begin{array}{ccc} TE & \xrightarrow{\ K\ } & E \\ {\scriptstyle\tau}\downarrow & & \downarrow{\scriptstyle\pi} \\ E & \xrightarrow[\ \pi\ ]{} & M \end{array} ,$$

da die lokalen Darstellungen der Projektionen τ,π:
$\tau_\phi := \Phi\circ\tau\circ T\Phi^{-1} : \phi(U)\times\mathbb{E}\times\mathbb{M}\times\mathbb{E} \longrightarrow \phi(U)\times\mathbb{E}$, $\pi_\phi := \phi\circ\pi\circ\Phi^{-1} : \phi(U)\times\mathbb{E} \longrightarrow \phi(U)$ gegeben sind durch $(x,\xi,y,\eta) \longmapsto (x,\xi)$ bzw. $(x,\xi) \longmapsto x$.

<u>Bem.:</u> Lemma 1.5 gilt auch für obige Γ_ϕ, wobei hier keine Partitionen der Eins benötigt werden, da die Γ_ϕ durch K_ϕ bereits eindeutig bestimmt sind. Benutzt werden dabei die folgenden (auch fürs weitere wichtigen) Gleichungen für C^∞-Abbildungen $f:U \longrightarrow V$, $g:V \longrightarrow W$ zwischen offenen Teilmengen U,V,W von Banachräumen $\mathbb{E}_1,\mathbb{E}_2,\mathbb{E}_3$:
$Tf: U\times\mathbb{E}_1 \longrightarrow V\times\mathbb{E}_2$, $(x,u) \longmapsto (f(x),Df(x)\cdot u)$, $T(g\circ f) = Tg\circ Tf$,
$T^2f: U\times\mathbb{E}_1^3 \longrightarrow V\times\mathbb{E}_2^3$, $(x,u,v,w) \longmapsto (f(x),Df(x)\cdot u,Df(x)\cdot v,D^2f(x)\cdot(u,v)+Df(x)\cdot w)$,
denn sie implizieren insbesondere für die Übergangsabbildungen
$\psi\circ\Phi^{-1}, (x,\xi) \longmapsto (\psi\circ\phi^{-1}(x),\ T_{\phi\psi}(x)\cdot\xi)$ aus 1.5
$T(\psi\circ\Phi^{-1})(x,\xi,y,\eta) = (\psi\circ\phi^{-1}(x), T_{\phi\psi}(x)\cdot\xi, D(\psi\circ\phi^{-1})(x)\cdot y, DT_{\phi\psi}(x)\cdot(y,\xi)+T_{\phi\psi}(x)\cdot\eta)$,
sowie $K_\psi = (\psi\circ\Phi^{-1})\cdot K_\phi\circ T(\Phi\circ\Psi^{-1})$ (man beachte die Identifizierungen $TU = U\times\mathbb{E}_1, T^2U = U\times\mathbb{E}_1^3, \ldots$ bei solchen Mannigfaltigkeiten $U,\ldots$).

2.2 Satz :
Es gibt eine kanonische Bijektion zwischen der Menge der kovarianten Differentiationen für E und der Menge der Zusammenhangsabbildungen für E, derart daß für einander zugeordnete ∇, K gilt:

$$(1) \qquad \bigwedge_{Y\in\mathfrak{X}_E(M)} K\circ TY = \nabla Y$$

(unter der kanonischen Deutung des Vektorraumbündelmorphismus $K\circ TY$ über id als Schnitt im Bündel $L(TM;E)$). Derartige Paare ∇, K bezeichnen wir im folgenden mit dem Oberbegriff "Zusammenhang", wobei wir innerhalb einer Rechnung jeweils nur die uns günstiger erscheinende der beiden Darstellungen benutzen.

<u>Bew.:</u> Erklärt man ∇, K als einander zugeordnet, falls ihre Christoffelsymbole in jeder Trivialisierung übereinstimmen, so erhält man wegen 2.1 Bem. bzw. 1.5 zwei wohldefinierte Abbildungen $\nabla \longmapsto K$ bzw. $K \longmapsto \nabla$, die invers zueinander, also Bijektionen sind. Für solche Paarungen ∇, K gilt:
$\Phi\circ K\circ T\Phi^{-1}\circ T\Phi\circ TY\circ T\phi^{-1}\circ T\phi(X_p) = K_\phi\circ T(\Phi\circ Y\circ\phi^{-1})(\phi(p),X_{\phi(p)}) =$
$K_\phi(\phi(p),Y_{\phi(p)},X_{\phi(p)},DY_{\phi(p)}\cdot X_{\phi(p)}) = (\phi(p),DY_{\phi(p)}\cdot X_{\phi(p)} + \Gamma_{\phi(p)}(X_{\phi(p)},Y_{\phi(p)})) =$
$\Phi(\nabla_X Y|_p)$, also nach 1.3(ii) $K\circ TY\cdot v = \nabla Y\cdot v$ für alle $v\in TM$, womit auch

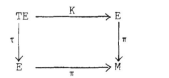

(1) gezeigt ist.

2.3 Lemma :

Seien π, K wie in 2.1, $p \in M$, $v \in E_p$ und $i: E_p \longrightarrow E$ die Inklusion (Einbettung), also $Ti: E_p \times E_p \longrightarrow TE$ Einbettung und $Ti_v: E_p \longrightarrow E_v$ injektiv und spaltend.

Beh.: $(T\pi, K)_v = (T\pi_v, K_v): E_v \longrightarrow M_p \times E_p$ ist topologischer Isomorphismus und

$(T\pi, K)_v \circ Ti_v: E_p \longrightarrow M_p \times E_p$ die Inklusion;

Kern $T\pi_v$ stimmt also mit Bild Ti_v und (jede Zusammenhangsabbildung) K auf diesem Teilraum mit $(Ti_v)^{-1}$ überein.

Bew.: Die lokale Darstellung von $T\pi$ bzgl. einer Trivialisierung (Φ, ϕ, U) von E um p lautet

$T\phi \circ T\pi \circ T\Phi^{-1} \cong T\pi_\phi : \phi(U) \times \mathbb{E} \times \mathbb{M} \times \mathbb{E} \longrightarrow \phi(U) \times \mathbb{M}, (x, \xi, y, \eta) \longmapsto (x, y).$

Sei $(x_o, \xi_o) := \Phi(v)$. Für $T\phi_p \times \Phi_p \circ (T\pi, K)_v \circ T\Phi_v^{-1}: \mathbb{M} \times \mathbb{E} \longrightarrow \mathbb{M} \times \mathbb{E}$ ergibt sich damit

$T\phi_p \times \Phi_p \circ (T\pi, K)_v \circ T\Phi_v^{-1} \cdot (y, \eta) = (pr_2 \circ T\pi_\phi, pr_2 \circ K_\phi)(x_o, \xi_o, y, \eta) = (y, \eta + \Gamma_\phi(x_o)(y, \xi_o)),$

woraus folgt, daß diese Abbildung, also auch $(T\pi, K)_v$, topologischer Isomorphismus ist: ihre (stetige lineare) Umkehrung lautet

$$(y', \eta') \longmapsto (y', \eta' - \Gamma_\phi(x_o)(y', \xi_o)).$$

Die Abbildung $T\Phi_v \circ Ti_v \circ T(\Phi_p)_v^{-1}: \mathbb{E} \longrightarrow \mathbb{M} \times \mathbb{E}$ lautet $\eta \longmapsto (o, \eta)$, wie durch Vergleich mit der Abbildung $T(\Phi \circ i \circ \Phi_p^{-1}): (\xi, \eta) \longmapsto (x_o, \xi, o, \eta)$ folgt. Damit folgt für die Komposition $T\phi_p \times \Phi_p \circ (T\pi, K)_v \circ Ti_v \circ T(\Phi_p)_v^{-1}$ die Darstellung $\eta \in \mathbb{E} \longmapsto (o, \eta) \in \mathbb{M} \times \mathbb{E}$, woraus wegen $T(\Phi_p)_v^{-1} = \Phi_p^{-1}$ auch die über $(T\pi, K)_v \circ Ti_v$ gemachte Aussage folgt.

Wir haben also wie bei endlicher Dimension die Aufteilung in <u>horizontale und vertikale</u> (= an die Untermannigfaltigkeit E_p von E tangentiale) <u>Vektoren</u> bzw. in Horizontalraum und Vertikalraum

$$TE_v = \text{Kern } K_v \oplus \text{Kern } T\pi_v \quad .$$

Der folgende Satz überträgt diese Aussage auf die dazugehörigen Bündel.

2.4 Satz :

Sei τ_o bzw. τ bzw. $\tau_o \oplus \pi$ die Projektion in TM bzw. TE bzw. $TM \oplus E$.

Beh.: (i) Die Abbildung $(\tau, T\pi, K)$ des folgenden kommutativen Diagramms ist Vektorraumbündelisomorphismus über E

$$\begin{array}{ccc} TE & \xrightarrow{(\tau, T\pi, K)} & \pi^*(TM \oplus E) \\ \tau \downarrow & & \downarrow \pi^*(\tau_o \oplus \pi) \\ E & \xrightarrow{\quad id \quad} & E \end{array}$$

(ii) Kern K := $\bigcup_{v\in E}$ Kern K_v und Kern $T\pi := \bigcup_{v\in E}$ Kern $T\pi_v$ sind Unterbündel von $\tau : TE \longrightarrow E$, und die folgende Abbildung i ist Vektorraumbündelisomorphismus:

$$\begin{array}{ccc} \text{Kern } K \oplus \text{Kern } T\pi & \xrightarrow{\quad i \quad} & TE \\ \downarrow & & \downarrow \\ E & \xrightarrow{\quad id \quad} & E \end{array} \quad , \; i(A,B)=A+B$$

(also auch $(\tau,T\pi)$: Kern K $\longrightarrow \pi^*TM$, (τ,K) : Kern $T\pi \longrightarrow \pi^*E$).

Bew.: zu (i): "$(\tau,T\pi,K)$ Vektorraumbündelmorphismus" folgt aus "$(T\pi,K)$ Vektorraumbündelmorphismus

$$\begin{array}{ccc} TE & \xrightarrow{\quad (T\pi,K) \quad} & TM \oplus E \\ \tau \downarrow & & \downarrow \tau_o \oplus \pi \\ E & \xrightarrow{\quad \pi \quad} & M \end{array} \quad ,$$

da mit jedem Vektorraumbündelmorphismus

$$\begin{array}{ccc} E & \xrightarrow{\; f \;} & \tilde{E} \\ \pi \downarrow & & \downarrow \tilde{\pi} \\ M & \xrightarrow{\; f_o \;} & \tilde{M} \end{array} \qquad \text{auch} \qquad \begin{array}{ccc} E & \xrightarrow{\; (\pi,f) \;} & f_o^*\tilde{E} \\ \pi \downarrow & & \downarrow f_o^*\tilde{\pi} \\ M & \xrightarrow{\; id \;} & M \end{array} \qquad (*)$$

Vektorraumbündelmorphismus ist. Nun ist nach 2.3 der Morphismus $(\tau,T\pi,K)$ faserweise topologischer Isomorphismus, also als Vektorraumbündelmorphismus über E unmittelbar auch Vektorraumbündelisomorphismus.

Zu (ii): Die Bündel $\pi^*(TM \oplus E)$ und $\pi^*TM \oplus \pi^*E$ sind kanonisch isomorph, und π^*TM, π^*E sind Unterbündel von $\pi^*TM \oplus \pi^*E$, also auch ihre Bilder Kern K, Kern $T\pi$ unter $(\tau,T\pi,K)^{-1}$. Die restlichen Behauptungen sind damit klar (insbesondere folgt "i Vektorraumbündelisomorphismus" durch Vergleich mit dem Vektorraumbündelisomorphismus von $\pi^*TM \oplus \pi^*E$ auf $\pi^*(TM \oplus E)$).

2.5 Bemerkung :

Für die abgeschlossene Einbettung $o : M \longrightarrow E$, $o(p) := o_p \in E_p$ und die Submersion $\pi : E \longrightarrow M$ gilt: Bild To_p = Kern K_{o_p} , d.h.

Bild $To_p \oplus$ Kern $T\pi_{o_p} = E_{o_p}$ für alle $p \in M$ und jeden Zusammenhang K auf E, d.h. die Zerlegung in horizontale und vertikale Vektoren ist bei Tangentialräumen an Punkten $p \in M \subset E$ vom speziellen K unabhängig.

Bew.: Bild $To_p \subset$ Kern K_{o_p} folgt aus $K \circ To = \nabla o = o$, und die gewünschte Gleichheit folgt aus $T(\pi \circ o)_p = id_{M_p} = T\pi_{o_p} \circ To_p$, da nach 2.3

$T\pi_{o_p}$: Kern $K_{o_p} \longrightarrow M_p$ Isomorphismus ist, also Bild To_p nicht echt in Kern K_{o_p} enthalten sein kann.

2.6 Lemma :

Für $\alpha\in\mathbb{R}$ bezeichne $h_\alpha : E \longrightarrow E$ die Homothetie mit α, also den Vektorraumbündelmorphismus $v \longmapsto \alpha\cdot v$. Es gilt:

$$K\circ Th_\alpha = h_\alpha\circ K$$

Bew.: Sei (Φ,ϕ,U) Trivialisierung von E. Dann ist

$T\Phi\circ Th_\alpha\circ T\Phi^{-1} = T(\Phi\circ h_\alpha\circ\Phi^{-1}) : \phi(U)\times\mathbb{E}\times\mathbb{M}\times\mathbb{E} \longrightarrow \phi(U)\times\mathbb{E}\times\mathbb{M}\times\mathbb{E}$

gegeben durch $(x,\xi,y,\eta) \longmapsto (x,\alpha\cdot\xi,y,\alpha\cdot\eta)$,

also ist $\Phi\circ K\circ Th_\alpha\circ T\Phi^{-1} = \Phi\circ K\circ T\Phi^{-1}\circ T\Phi\circ Th_\alpha\circ T\Phi^{-1} : \phi(U)\times\mathbb{E}\times\mathbb{M}\times\mathbb{E} \longrightarrow \phi(U)\times\mathbb{E}$

gegeben durch $(x,\xi,y,\eta)\longmapsto(x,\alpha\eta+\Gamma_\phi(x)(y,\alpha\xi)) = (x,\alpha\cdot(\eta+\Gamma_\phi(x)(y,\xi)))$

$= \Phi\circ h_\alpha\circ K\circ T\Phi^{-1}(x,\xi,y,\eta)$, woraus die Behauptung folgt.

2.7 Anmerkungen :

(i) Für jedes der von uns betrachteten Vektorraumbündel $\pi : E \longrightarrow M$ gibt es eine Zusammenhangsabbildung, also auch eine kovariante Differentiation:

Wähle eine Partition der Eins $\{(U_i,\psi_i) \mid i\in I\}$ auf M, so daß jedes U_i Definitionsbereich einer Trivialisierung (Φ_i,ϕ_i,U_i) ist. Definiere $K^i : \tau^{-1}(\pi^{-1}(U_i)) \longrightarrow \pi^{-1}(U_i)$ durch $\Phi_i\circ K^i\circ T\Phi_i^{-1}(x,\xi,y,\eta) = (x,\eta)$, d.h. K^i ist Zusammenhangsabbildung für $\pi^{-1}(U_i)$. Die Abbildung $K : TE \longrightarrow E$, gegeben durch

$$K(w) := \sum_{i\in I} \psi_i\circ\pi\circ\tau(w)\cdot K^i(w) \quad , K^i \mid \complement(\pi\circ\tau)^{-1}(U_i) \equiv 0,$$

ist wohldefiniert und bzgl. beliebiger Trivialisierungen (Φ,ϕ,U) von E folgt bzgl. der Christoffelsymbole Γ_ϕ^i von K^i

$$\Phi\circ K\circ T\Phi^{-1}(x,\xi,y,\eta) = (x,\sum_{i\in I}\psi_i\circ\phi^{-1}(x)\cdot(\eta+\Gamma_\phi^i(x)(y,\xi)))$$
$$= (x,\eta+(\sum_{i\in I}\psi_i\circ\phi^{-1}(x)\cdot\Gamma_\phi^i(x))(y,\xi)) ,$$

also gilt: K ist Zusammenhangsabbildung für E.

Nach § 1 wird auf E die Existenz von Partitionen der Eins nicht vorausgesetzt, was jedoch den Nachweis der Existenz einer Zusammenhangsabbildung für das Bündel $\tau : TE \longrightarrow E$ nicht beeinträchtigt, da eine solche mittels (eben als existent nachgewiesenen) Zusammenhängen für $\pi : E \longrightarrow M$ und $\tau_o : TM \longrightarrow M$ konstruiert werden kann, vgl. 8.3. Da Lemma 1.3(ii) auch für $\tau : TE \longrightarrow E$ gültig ist - man konstruiert Y bzgl. geeignetem $T\Phi$ wie dort und erweitert mittels $\varphi_2\circ\pi$ - gilt 2.2 auch für die Zusammenhangsabbildungen und die kovarianten Differentiationen auf E. Die

Existenz von Partitionen der Eins ist also (wenn überhaupt) nur in der in § 1 geforderten Form notwendig.

(ii) Die hier eingeführte <u>andere Vektorraumbündelstruktur in TE</u> ist für den nächsten Abschnitt und § 8 von technischem Interesse:
Sei (Φ,ϕ,U) Trivialisierung von E. Wir haben das folgende kommutative Diagramm:

$$(1)\qquad \begin{array}{ccccc} T\pi^{-1}(TU)=T(\pi^{-1}(U)) & \subset TE & \xrightarrow{T\Phi} & \phi(U)\times\mathbb{E}\times\mathbb{M}\times\mathbb{E} \\ \downarrow{\scriptstyle T\pi} & \downarrow{\scriptstyle T\pi} & & \downarrow{\scriptstyle pr} \\ TU & \subset TM & \xrightarrow{T\phi} & \phi(U)\times\mathbb{M} \end{array} \quad .$$

Die Gleichheit von $T\pi^{-1}(TU)$ und $T(\pi^{-1}(U))$ folgt dabei wegen $TU=\tau_o^{-1}(U)$, $T(\pi^{-1}(U))=\tau^{-1}(\pi^{-1}(U))$ aus dem folgenden kommutativen Diagramm:

$$\begin{array}{ccc} TE & \xrightarrow{T\pi} & TM \\ \downarrow{\scriptstyle \tau} & & \downarrow{\scriptstyle \tau_o} \\ E & \xrightarrow{\pi} & M \end{array} \quad .$$

Man verifiziert sofort, daß (1) - als Trivialisierung von $T\pi:TE \longrightarrow TM$ verwandt - eine Vektorraumbündelstruktur in $T\pi:TE \longrightarrow TM$ induziert und zwar so, daß das Diagramm

$$(2)\qquad \begin{array}{ccc} TE & \xrightarrow{\tau} & E \\ \downarrow{\scriptstyle T\pi} & & \downarrow{\scriptstyle \pi} \\ TM & \xrightarrow{\tau_o} & M \end{array}$$

einen Vektorraumbündelmorphismus beschreibt, d.h. τ und $T\pi$ haben ihre Rollen also gerade getauscht (man beachte, daß die beteiligten differenzierbaren Strukturen unverändert geblieben sind; es wird hier nur die Linearität der Übergangsabbildungen $T(\Psi\circ\Phi^{-1})$ statt in (y,η) in (ξ,η) ausgenutzt, vgl. 2.1 Bem.).
Ist K Zusammenhangsabbildung für E, so ist K auch bzgl. dieser neuen Struktur Vektorraumbündelmorphismus:

$$(3)\qquad \begin{array}{ccc} TE & \xrightarrow{K} & E \\ \downarrow{\scriptstyle T\pi} & & \downarrow{\scriptstyle \pi} \\ TM & \xrightarrow{\tau_o} & M \end{array} \quad ,$$

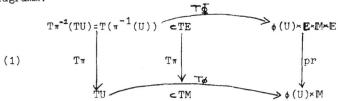

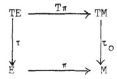

jedoch keine Zusammenhangsabbildung mehr. Nach 2.4 ist $\tau : TE \longrightarrow E$ vermittels $(\tau, T\pi, K)$ isomorph zu $\pi^*(\tau_o \oplus \pi) : \pi^*(TM \oplus E) \longrightarrow E$. Analog zeigt man, daß $(T\pi, \tau, K)$ Vektorraumbündelisomorphismus von $T\pi : TE \longrightarrow TM$ auf $\tau_o^*(\pi \oplus \pi) : \tau_o^*(E \oplus E) \longrightarrow TM$ ist, womit der Unterschied zwischen beiden Vektorraumbündelstrukturen erneut ersichtlich ist.

(iii) In Ergänzung zu 1.1, 2.1 geben wir noch eine weitere Definitionsmöglichkeit für Zusammenhänge an:
Ein (linearer) Zusammenhang C für π ist eine Abbildung

(4) $$C : \pi^*TM \longrightarrow TE \quad ,$$

die bzgl. der (zu einer trivialisierenden Überdeckung $\{(\Phi, \phi, U)\}$ von π gehörigen) Trivialisierungen $(\Phi \times T\phi, \Phi, \pi^{-1}(U))$, $(T\Phi, \Phi, \pi^{-1}(U))$ von π^*TM bzw. TE von der folgenden Form ist:
$(x,\xi,x,y)\ \phi(U) \times \mathbb{E} \times \mathbb{M} \subset \mathbb{M} \times \mathbb{E} \times \mathbb{M} \times \mathbb{M} \longmapsto (x,\xi,y, -\Gamma_\phi(x)(y,\xi)) \in \phi(U) \times \mathbb{E} \times \mathbb{M} \times \mathbb{E}$,
wobei $\Gamma_\phi : \phi(U) \longrightarrow L(\mathbb{M},\mathbb{E};\mathbb{E})$ eine C^∞- Abbildung ist.
Sei $\sigma : \tau_o^*E \longrightarrow \pi^*TM, (x,y) \longmapsto (y,x)$ der zu Beginn dieses Paragraphen beschriebene kanonische Diffeomorphismus. Die obige Definition impliziert, daß die folgenden Diagramme wohldefiniert sind und Vektorraumbündelmorphismen darstellen

(5) $$\begin{array}{ccc} \pi^*TM & \xrightarrow{\ C\ } & TE \\ {\scriptstyle \pi^*\tau_o}\downarrow & & \downarrow{\scriptstyle \tau} \\ E & \xrightarrow{\ id\ } & E \end{array} \qquad\qquad \begin{array}{ccc} \tau_o^*E & \xrightarrow{\ C\circ\sigma\ } & TE \\ {\scriptstyle \tau_o^*\pi}\downarrow & & \downarrow{\scriptstyle T\pi} \\ TM & \xrightarrow{\ id\ } & TM \end{array} \quad .$$

Umgekehrt gilt, daß jedes C mit den Eigenschaften (5) einen Zusammenhang im obigen Sinne definiert, allerdings mit einer etwas "schwächeren" Differenzierbarkeit bei den Γ_ϕ (was sich aber nur noch bei den zu C gehörigen Tensorfeldern T,R auswirkt). Die folgende Umrechnung von C auf Zusammenhänge vom Typ 1.1, 2.1 zeigt ergänzend zu (5), daß $0 \longrightarrow \pi^*\tau_o \xrightarrow{C} \tau$ exakt ist, so daß C also auch Zusammenhang im Sinne von [1], S. 57 ist.
Die Abbildung $\mathfrak{J} : \pi^*E \longrightarrow TE$, $\mathfrak{J}/E_{\pi(v)} = Ti_v$ (vgl. 2.3)
lautet lokal (bzgl. $\Phi \times \Phi$ und $T\Phi$):

(6) $(x,\xi,x,\eta) \in \phi(U) \times \mathbb{E} \times \mathbb{E} \subset \mathbb{M} \times \mathbb{E} \times \mathbb{M} \times \mathbb{E} \longmapsto (x,\xi,0,\eta) \in \phi(U) \times \mathbb{E} \times \mathbb{M} \times \mathbb{E}$,

ist also Vektorraumbündelmorphismus über E.
Analog zu 2.3, 2.4 folgt, daß

(7) $$\begin{array}{ccc} \pi^*(TM \oplus E) & \xrightarrow{\ C \oplus \mathfrak{J}\ } & TE \\ {\scriptstyle \pi^*(\tau_o \oplus \pi)}\downarrow & & \downarrow{\scriptstyle \tau} \\ E & \xrightarrow{\ id\ } & E \end{array}$$

Vektorraumbündelisomorphismus ist (mit der lokalen Darstellung $(x,\xi,x,y,x,\eta) \longmapsto (x,\xi,y,\eta - \Gamma_\phi(x)(y,\xi))$ bzgl. der induzierten Trivialisierungen $\Phi\times T\phi\times\Phi$ und $T\Phi$). Die Zuordnung

(8) $$C \longmapsto K := pr_3\circ(C\oplus\mathfrak{J})^{-1} : TE \longrightarrow E$$

liefert nun die kanonische Bijektion zwischen der Menge der hier eingeführten Zusammenhänge für E und der Menge der in 2.1 betrachteten ($pr_3 = pr_2\circ\pi^*\pi$!); ihre Umkehrung lautet:

(9) $$K \longmapsto C := (\tau,T\pi,K)^{-1}/\pi^*TM \quad .$$

Auf Grund der Wahl der Γ_ϕ in (4) gilt, daß einander entsprechende C,K gleiche Christoffelsymbole haben; sie erfüllen Bild C = Kern K und $(\tau,T\pi)\circ C = id_{\pi^*TM}$, $(\tau,K)\circ\mathfrak{J} = id_{\pi^*E}$ (vgl. 2.4), da Kern $T\pi$ = Bild $\mathfrak{J}$ das zu Bild C komplementäre Unterbündel von TE ist (auf dem jedes K mit $\mathfrak{J}^{-1}$ übereinstimmt).

Der durch (5) gegebene Vektorraumbündelmorphismus $C\circ\sigma$ lautet lokal (bzgl. der induzierten Trivialisierungen $(T\phi\times\Phi, T\phi, \tau_o^{-1}(U))$ und $(T\Phi, T\phi, T\pi^{-1}(TU))$):

(1o) $$(x,y,x,\xi)\in\phi(U)\times\mathbb{M}\times\mathbb{E}\subset\mathbb{M}^3\times\mathbb{E} \longmapsto (x,\xi,y, -\Gamma_\phi(x)(y,\xi))\in\phi(U)\times\mathbb{E}\times\mathbb{M}\times\mathbb{E},$$

definiert also keinen Zusammenhang für E.

Im Falle E = TM haben wir jedoch den folgenden Diffeomorphismus $\tilde{\sigma}$:

(11) $$TTM \xrightarrow{(\tau,T\pi,K)} \pi^*(TM\oplus TM) \xrightarrow{(T\pi,\tau,K)^{-1}} TTM \quad ,$$

der genauer sogar Vektorraumbündelisomorphismus über TM von der ursprünglichen auf die in 2.7 (ii) betrachtete Vektorraumbündelstruktur von TTM ist. $\tilde{\sigma}$ hängt nicht von der speziellen Wahl von K ab, denn bzgl. der Trivialisierungen $(TT\phi, T\phi, TU)$ von TTM gilt:

(12) $$\tilde{\sigma}_\phi : (x,\xi,y,\eta)\in\phi(U)\times\mathbb{M}^3 \longmapsto (x,y,\xi,\eta)\in\phi(U)\times\mathbb{M}^3,$$

und dies zeigt außerdem, daß gilt: $\tilde{\sigma}\circ\tilde{\sigma} = id$,

weshalb $\tilde{\sigma}$ auch als <u>die kanonische Involution von TTM</u> bezeichnet wird.

Die damit bildbare Abbildung $C^* := \tilde{\sigma}\circ C\circ\sigma : \pi^*TM \longrightarrow TTM$ lautet bzgl. Trivialisierungen $(T\phi\times T\phi, T\phi, TU)$ bzw. $(TT\phi, T\phi, TU)$ nach (1o), (12):

(13) $$(x,y,x,\xi) \longmapsto (x,y,\xi, -\Gamma_\phi(x)(y,\xi))$$

und stellt also die geeignete Abänderung von (5) zu einem Zusammenhang auf M dar. Im Falle E = TM existiert somit zu jedem Zusammenhang C genau ein Zusammenhang C^*, dessen Christoffelsymbole aus denen von C durch Vertauschung der Variablen y,ξ entstehen.

Mit zu (4), (5) ähnlichen Formulierungen von Zusammenhängen arbeitet J.P. Penot in [42], wo er eine Bedingung für "multilineare vektorielle Funktoren" (d.s. Hilfsmittel zur Konstruktion neuer Vektorraumbündel aus bekannten, [29],III § 4) angibt, so daß diese "vektoriellen Funktoren" nicht aus der Kategorie der Vektorraumbündel, für die es einen Zusammenhang gibt, hinausführen (Beispiele sind die auch in [8] betrachteten "vektoriellen Funktoren" $\oplus, L^r, L^r_s, L^r_a$). Dabei werden in Verallgemeinerung von [28] auch Zusammenhänge auf Prinzipalfaserbündeln definiert sowie die flachen unter ihnen charakterisiert [42a]. Zusammenhänge, die über die - hier **aus ihnen gewonnene** - Parallelverschiebung definiert sind (vgl. § 3), betrachtet H.Haahti für beliebige Banachmannigfaltigkeiten in "Sur la théorie locale des connexions linéaires sans différentiabilité", Cahiers de topologie et géometrie différentielle, Vol. XI, 1, wo ebenfalls die flachen Zusammenhänge charakterisiert werden.

3. Kovariante Differentiation längs Abbildungen. Riemannsche Zusammenhänge

Sei im folgenden $\pi : E \longrightarrow M$ Vektorraumbündel, K Zusammenhang für π und $f : N \longrightarrow M$ Morphismus.

Ein C^∞-Schnitt X längs f (bzgl. π) ist ein Morphismus $X:N \longrightarrow E$ mit $\pi \circ X = f$. Die Gesamtheit dieser Schnitte $\mathfrak{X}_E(f)$, $\mathfrak{X}(f) := \mathfrak{X}_{TM}(f)$, bildet einen $\mathbb{R}$-Vektorraum bzw. einen $\mathfrak{F}(N)$- oder $\mathfrak{F}(M)$-Modul. Die Abbildung

$$(1) \qquad \nabla : \mathfrak{X}(N) \times \mathfrak{X}_E(f) \longrightarrow \mathfrak{X}_E(f)$$

$$\nabla_X Y := K \bullet TY \bullet X$$

ist unmittelbare Erweiterung der (zu K gehörigen) gegebenen kovarianten Differentiation ∇ zu einer solchen der Schnitte längs f (mit Rechenregeln wie bei 1.2; für $f = id_M$ ist es die ursprünglich gegebene: $\mathfrak{X}_E(id_M) = \mathfrak{X}_E(M)$). Für jedes $Y \in \mathfrak{X}_E(M)$ bzw. $X \in \mathfrak{X}(N)$ ist $Y \circ f \in \mathfrak{X}_E(f)$ bzw. $Tf \circ X \in \mathfrak{X}(f)$, und es gilt: (2) $\nabla(Y \circ f) = \nabla Y \circ Tf$,
wie sofort aus (1) folgt; $\nabla(Y\circ f)$ bzw. ∇Y jetzt gedeutet als Vektorraumbündelmorphismus von TN bzw. TM in E.

$\mathfrak{X}_E(f)$ ist in natürlicher Weise isomorph zu $\mathfrak{X}_{f^*E}(N)$, der Menge der Schnitte im Pull-back f^*E:

$$Y \in \mathfrak{X}_E(f) \longmapsto f^*Y \in \mathfrak{X}_{f^*E}(N), f^*Y_{|q} := (q, Y_q), \text{ also } \pi^*f \circ f^*Y = Y,$$

und der Zusammenhang (1) ist damit durch die folgende Zusammenhangsabbildung K^* von f^*E ausdrückbar:

(3) $\pi^*f \circ K^* = K \circ T(\pi^*f)$ (zur **Wohldefiniertheit** von K^* **vgl.2.4** Bew.(*)),
da für die zu K^* gehörige kovariante Differentiation ∇^* von f^*E gilt:

$$\pi^*f \cdot \nabla^*_X Y = \nabla_X \pi^*f \cdot Y \text{ für alle } X \in \mathfrak{X}(N), Y \in \mathfrak{X}_{f^*E}(N).$$

Die Verallgemeinerung (1) von 1.1 kann also auch als im Rahmen der früheren Definitionen enthalten angesehen werden.

Ist (ψ,V) Karte von N und (Φ,ϕ,U) Trivialisierung von E (Modelle $\mathbb{N}$ bzw. $\mathbb{M},\mathbb{E}$) mit $f(V)\subset U$, so definiert die Karte $(\psi\times\Phi, V\times\pi^{-1}(U))$ von $N\times E$ eingeschränkt auf die Untermannigfaltigkeit f^*E von $N\times E$ eine Trivialisierung $(f^*\Phi,\psi,V)$ des Bündels f^*E:

$$(4) \qquad (p,v)\in(f^*\pi)^{-1}(V)\subset f^*E \longmapsto (\psi(p),\Phi_{f(p)}\cdot v)\in\psi(V)\times\mathbb{E}.$$

Bzgl. dieser Trivialisierung ergibt sich für die lokale Darstellung von K^* folgendes induzierte <u>Christoffelsymbol</u> ($p\in V, y\in\mathbb{N}, \xi\in\mathbb{E}$, Γ_ϕ bzgl. K und (Φ,ϕ,U)):

$$(5) \qquad \Gamma^*_{\psi(p)}\cdot(y,\xi) = \Gamma_{\phi(f(p))}\cdot(D(\phi\circ f\circ\psi^{-1})_{\psi(p)}\cdot y,\xi),$$

wegen $\Phi\circ\pi^*f\circ(f^*\Phi)^{-1}(x,\xi) = (\phi\circ f\circ\psi^{-1}(x),\xi)$,

$T(\Phi\circ\pi^*f\circ(f^*\Phi)^{-1})(x,\xi,y,\eta) = (\phi\circ f\circ\psi^{-1}(x),\xi,D(\phi\circ f\circ\psi^{-1})_x\cdot y,\eta)$,

$\Phi\circ K\circ T\Phi^{-1}\circ T\Phi\circ T(\pi^*f)\circ T(f^*\Phi)^{-1}(x,\xi,y,\eta) = K_\phi\circ T(\Phi\circ\pi^*f\circ(f^*\Phi)^{-1})(x,\xi,y,\eta) =$

$(\phi\circ f\circ\psi^{-1}(x),\eta+\Gamma_\psi(\phi\circ f\circ\psi^{-1}(x))\cdot(D(\phi\circ f\circ\psi^{-1})_x\cdot y,\xi)$.

Auf Grund der in § 1 getroffenen Konvention bezeichnen wir den Hauptteil bei Schnitten Y in $f^*\pi$ bzgl. $(f^*\Phi,\psi,V)$ mit Y_ψ und ebenso bei Schnitten längs f auf Grund der kanonischen Identifizierung von $\mathfrak{X}_{f^*E}(N)$ mit $\mathfrak{X}_E(f)$, d.h. Y_ψ ist Abkürzung für

$$(6) \qquad pr_2\circ\Phi\circ\pi^*f\circ Y\circ\psi^{-1} \text{ bzw. } pr_2\circ\Phi\circ Y\circ\psi^{-1} : \psi(V) \longrightarrow \mathbb{E}.$$

Nach 2.2 lautet $\nabla^*_X Y$ für alle $X\in\mathfrak{X}(N)$, $Y\in\mathfrak{X}_{f^*E}(N)$ bzgl. der obigen Trivialisierung von f^*E um $p\in V$:

$$(\nabla^*_X Y)_{\psi(p)} = DY_{\psi(p)}\cdot X_{\psi(p)} + \Gamma^*_{\psi(p)}(X_{\psi(p)},Y_{\psi(p)}),$$

also schreibt sich nach (5) $\nabla_X Y$ für alle $Y\in\mathfrak{X}_E(f)$ lokal:

$$(7) \quad (\nabla_X Y)_{\psi(p)} = DY_{\psi(p)}\cdot X_{\psi(p)} + \Gamma_{\phi(f(p))}(D(\phi\circ f\circ\psi^{-1})_{\psi(p)}\cdot X_{\psi(p)},Y_{\psi(p)}).$$

Wir spezialisieren die bisherigen Betrachtungen jetzt auf den fürs weitere wichtigsten Fall: $N\subset\mathbb{R}$ ein Intervall (auch mit Randpunkten; es handelt sich in jedem Fall einfach um die Einschränkung der für $N = \mathbb{R}$ nach obigem definierten Begriffe, jedoch sind (1),(2),(6),(7) stets auf berandete Mannigfaltigkeiten N ausdehnbar):

Sei $c:[a,b]\longrightarrow M$ C^∞-Kurve auf einem kompakten, nichtentarteten Intervall von $\mathbb{R}$ (d.h. c ist auch als C^∞-Kurve auf einem offenen Intervall (α,β), welches $[a,b]$ enthält, auffaßbar), $Y\in\mathfrak{X}_E(c)$ und 1 das Basisfeld von $[a,b]$ bzw. (α,β). Für (6) braucht hier nur ψ = id verwandt zu werden, weshalb wir bei Hauptteilen von Vektorfeldern längs c folgende Bezeichnungen wählen:

$$(8) \qquad Y_{\phi t} = Y_\phi(t) := Y_{id(t)} = pr_2\circ\Phi(Y_t) \text{ und } Y'_{\phi t} := DY_\phi(t) \text{ für alle } t\in c^{-1}(U).$$

Die folgenden Aussagen gelten sowohl für $I:=(\alpha,\beta)$ als auch für $I:=[a,b]$.

3.1 Satz :

Die durch K induzierte kovariante Differentiation

$$\nabla_c : \mathfrak{X}_E(c) \longrightarrow \mathfrak{X}_E(c), \nabla_c Y = K \circ \dot{Y} = \nabla_1 Y$$

ist ein Endomorphismus des Vektorraumes der C^∞-Schnitte längs $c: I \longrightarrow M$, der für alle $h \in \mathfrak{F}(I)$, $Y \in \mathfrak{X}_E(c)$, $\tilde{Y} \in \mathfrak{X}_E(M)$ die Regeln

(9) $\nabla_c\, h \cdot Y = h' \cdot Y + h \cdot \nabla_c Y$, $(\nabla_c \tilde{Y} \circ c)_t = \nabla_{\dot{c}(t)} \tilde{Y} = \nabla \tilde{Y} \cdot \dot{c}(t)$ erfüllt.

Die lokale Darstellung lautet bzgl. (8) und dem Christoffelsymbol Γ_ϕ von ∇

$$(\nabla_c Y)_{\phi t} = Y'_{\phi t} + \Gamma_{\phi(c(t))}((\phi \circ c)'(t), Y_{\phi t}) \text{ für alle } t \in c^{-1}(U).$$

3.2 Definition:

$Y \in \mathfrak{X}_E(c)$ heißt <u>parallel längs c</u> $:\Longleftrightarrow \nabla_c Y = 0 \in \mathfrak{X}_E(c)$

3.3 Satz:

Zu jedem $t_o \in I$ und $Y_o \in E_{c(t_o)}$ gibt es genau einen parallelen Schnitt Y längs c mit $Y_{t_o} = Y_o$.

<u>Bew.</u>: Standard, da wir lösbare lineare Differentialgleichungen erster Ordnung

$$Y'_{\phi t} = -\Gamma_{\phi(c(t))}((\phi \circ c)'(t), Y_{\phi t})$$

vorliegen haben (zur Lösbarkeit vgl. z.B. [4], 1o.6.3 und zur C^∞-Eigenschaft der Lösung 1o.7.4).

3.4 Korollar :

Für jedes $t_1 \in I$ ist die Abbildung

$$P_{c|[t_o,t_1]} : E_{c(t_o)} \longrightarrow E_{c(t_1)}$$
$$Y_o \longmapsto Y_{t_1} \quad , Y \text{ zu } t_o, Y_o \text{ gemäß 3.3,}$$

ein topologischer Isomorphismus von $E_{c(t_o)}$ auf $E_{c(t_1)}$, die sogenannte <u>Parallelverschiebung längs c</u> von t_o nach t_1 und für alle $t_o, t_1, t_2 \in I$ gilt:

(a) $P_{c|[t_o,t_2]} = P_{c|[t_1,t_2]} \circ P_{c|[t_o,t_1]}$

(b) $P_{c|[t_o,t_1]} = P^{-1}_{c|[t_1,t_o]}$

(c) $c = \text{konstant} \Longrightarrow P_{c|[t_o,t_1]} = id_{E_{c(a)}}$

(d) Ist $I' = [a',b']$, oder (α',β') weiteres Intervall aus $\mathbb{R}$ und $h: I' \longrightarrow I$ (monotone) C^∞-Bijektion, so gilt $P_{c|[t_1,t_2]} = P_{c\circ h|[h^{-1}(t_1),h^{-1}(t_2)]}$.

Wir verwenden die Abkürzungen: $P_c(t) := P_{c|[a,t]}$ und $P_c := P_c(b)$.

<u>Bew.</u>: (a) - (c) sind direkte Folge von Theorem 1o.8.4 aus [4] unter Verwendung der üblichen Übertragung vom Modell auf die $E_{c(t)}$ und (d) folgt aus: Y parallel längs c $\Longrightarrow$ $Y \circ h$ parallel längs $c \circ h$.

3.5 Satz:

Sei $c^*\pi : c^*E \longrightarrow (\alpha,\beta)$ das durch c induzierte Vektorraumbündel über (α,β) und $t_o \in (\alpha,\beta)$.

Beh.: Die folgende Abbildung Q_c ist Vektorraumbündelisomorphismus über (α,β)

$$\begin{array}{ccc} c^*E & \xrightarrow{\;Q_c\;} & (\alpha,\beta)\times E_{c(t_o)} \\ {\scriptstyle c^*\pi}\downarrow & & \downarrow{\scriptstyle pr_1} \\ (\alpha,\beta) & \xrightarrow[\;id\;]{} & (\alpha,\beta) \end{array} \qquad Q_c(t,v) := (t, P_{c|[t,t_o]}v)$$

für alle $(t,v)\in c^*E$.

Bew.: Da Q_c faserweise topologischer Isomorphismus ist, bleibt die lokale Differenzierbarkeitsbedingung für Vektorraumbündelmorphismen bei Q_c nachzuweisen (vgl. § 2 Einleitung). Es genügt, eine Umgebung $U(t_o)$ zu betrachten, so daß $c(U(t_o))$ im Bereich einer Trivialisierung (Φ,ϕ,U) liegt, da die Betrachtung von (kleinen) Umgebungen $U(t_1)$ um $t_1\in(\alpha,\beta)$ mit Hilfe des festen topologischen Isomorphismus $P_{c|[t_1,t_o]}$ auf die von $U(t_o)$ zurückgeführt werden kann.

Die durch (Φ,ϕ,U) induzierte Trivialisierung von c^*E über $U(t_o)$ lautet: $(t,v) \xmapsto{\;\tilde{\Phi}\;} (t,\Phi_{c(t)}\cdot v)$, also ergibt sich als lokale Darstellung von Q_c um t_o:

$$id\times\Phi_{c(t_o)}\circ Q_c\circ\tilde{\Phi}^{-1}:U(t_o)\times E \longrightarrow U(t_o)\times E,$$

$$(t,w) \longmapsto (t,\Phi_{c(t_o)}\circ P_{c|[t,t_o]}\circ\Phi_{c(t)}^{-1}\cdot w),$$

und wir müssen zeigen, daß $t\in U(t_o) \xmapsto{\;(*)\;} \Phi_{c(t)}\circ P_{c|[t_o,t]}\circ\Phi_{c(t_o)}^{-1}\in L(E;E)$

eine C^∞-Abbildung ist (da dies dann auch für $t \longmapsto \Phi_{c(t_o)}\circ P_{c|[t,t_o]}\circ\Phi_{c(t)}^{-1}$ gilt).

Die Abbildung (*) ist aber die Lösung der folgenden linearen Differentialgleichung

$\dot{S} = A(t)\circ S$, $A(t) := -\nabla_\phi((\phi\circ c(t))((\phi\circ c)'(t),..) \in L(E;E)$ zum Anfangswert $S(t_o) = id$, da $t \longmapsto \Phi_{c(t)}\circ P_{c|[t_o,t]}\circ\Phi_{c(t_o)}^{-1}\cdot w$ Lösung in 3.3 zum Anfangswert w ist (vgl. [4], 1o.8.4). Da aber $A:U(t_o) \longrightarrow L(E;E)$ als Komposition von C^∞-Abbildungen eine C^∞-Abbildung ist, ist auch die Lösung S von der Klasse C^∞.

3.6 Satz:

(i) Die Abbildung $\tilde{Q}_c : \mathfrak{X}_E(c) \longrightarrow C^\infty(I,E_{c(t_o)})$, gegeben durch

$$Y \longmapsto \tilde{Y} := (pr_2\circ Q_c(t,Y(t)))_{t\in I},$$

ist Isomorphismus vom $\mathbb{R}$-Vektorraum der C^∞-Schnitte längs $c : I \longrightarrow M$ in den $\mathbb{R}$-Vektorraum der C^∞-Kurven auf $E_{c(t_o)}$.

(ii) $\frac{d}{dt}\tilde{Q}_c\cdot Y = \tilde{Q}_c\cdot\nabla_c Y$.

Bew.: zu (i) : $c^*Y=(t,Y_t)_{t\in(\alpha,\beta)}$ ist C^∞-Schnitt in c^*E, also ist $\tilde{Q}_c$ in beiden Fällen wohldefiniert und linear. Der Rest folgt mittels Q_c^{-1}.
zu (ii): Sei $\tilde{Q}_c^{t_1}$ in Analogie zu $\tilde{Q}_c^{t_0} := \tilde{Q}_c$ bzgl. t_1 statt t_0 konstruiert. Es gilt

$$\frac{d}{dt}\tilde{Q}_c Y|_{t_1} = \frac{d}{dt} P_c|[t_1,t_0]\circ\tilde{Q}_c^{t_1} Y|_{t_1} = P_c|[t_1,t_0]\circ\frac{d}{dt}\tilde{Q}_c^{t_1}Y|_{t_1}$$

und $\tilde{Q}_c \nabla_c Y|_{t_1} = P_c|[t_1,t_0](\tilde{Q}_c^{t_1}\cdot\nabla_c Y|_{t_1})$, also genügt es, (ii) für $t = t_0$ zu zeigen.
In diesem Falle gilt: $\Phi_{c(t_0)}\cdot\frac{d}{dt}\tilde{Q}_c Y|_{t_0} =$

$$= \frac{d}{dt}(\Phi_{c(t_0)}\circ P_c|[t,t_0]\circ\Phi_{c(t)}^{-1}\circ\Phi_{c(t)}\cdot Y_t)|_{t_0} =$$

$$= \frac{d}{dt}(\Phi_{c(t_0)}\circ P_c|[t,t_0]\circ\Phi_{c(t)}^{-1})|_{t_0}\cdot Y_{\phi t_0} + Y'_{\phi t_0} =$$

$$= -\frac{d}{dt}(\Phi_{c(t)}\circ P_c|[t_0,t]\circ\Phi_{c(t_0)}^{-1})|_{t_0}\cdot Y_{\phi t_0} + Y'_{\phi t_0} =$$

$$= \Gamma_{\phi(c(t_0))}((\phi\circ c)'(t_0),Y_{\phi t_0}) + Y'_{\phi t_0} = (\nabla_c Y)_{\phi t_0} =$$

$$= \Phi_{c(t_0)}\cdot\nabla_c Y|_{t_0} = \Phi_{c(t_0)}(\tilde{Q}_c\cdot\nabla_c Y|_{t_0})$$

q.e.d.

Wir wollen Zusammenhänge jetzt in Verbindung mit Metriken betrachten. Sei $\pi: E \longrightarrow M$ Vektorraumbündel und jede Faser zusätzlich hilbertisierbar (topologisch isomorph zu einem Hilbertraum). Auf Grund der Existenz von Partitionen der Eins auf M existiert für solche "Hilbertbündel" eine riemannsche Metrik, d.h. es gibt einen C^∞-Schnitt g in $L_s^2(\pi)$, so daß g_p Metrik für den hilbertisierbaren Banachraum E_p ist. Solche Paare (π,g) heißen riemannsche Bündel und im Falle E = TM (wenn also M Hilbertmannigfaltigkeit ist), speziell auch riemannsche Mannigfaltigkeiten (M,g). Riemannsche Mannigfaltigkeiten sind auf jeder Zusammenhangskomponente kanonisch metrisierbar (vgl. 6.4).
Riemannsche Metriken g lassen mittels: $\bigwedge_{v\in E} \|v\| := \|v\|_{\pi(v)} := \sqrt{g_{\pi(v)}(v,v)}$ die Deutung als sog. Finslersche Metrik $\|\cdot\|: E \longrightarrow \mathbb{R}$ zu (V.6), für die gilt

(1) $\bigwedge_{p\in M} \bigvee_{(\Phi,\phi,U)} \bigvee_{K>1} \bigwedge_{q\in U} \bigwedge_{v\in \mathbb{E}} (1/K)\cdot\|v\|_{\phi(p)} \le \|v\|_{\phi(q)} \le K\cdot\|v\|_{\phi(p)}$,

wobei (Φ,ϕ,U) Trivialisierung von π um p mit Modell $\mathbb{E}$ ist, und $\|..\|_{\phi(q)}$ die zur Metrik $g_{\phi(q)}$ - d.i. der Hauptteil von g an der Stelle q bzgl. (Φ,ϕ,U) - gehörige Norm bezeichnet. Sei $B_\delta(o_p)$ bzw. $\overline{B_\delta(o_p)}$ der offene bzw. abgeschlossene δ- Ball um o_p in $(E_p,\|..\|_p)$ und $S_\varepsilon(o_p) := \{v\in M_p / \|v\|_p = \varepsilon\} = \overline{B_\varepsilon(o_p)} - B_\varepsilon(o_p) = \mathrm{Rd}\, B_\varepsilon(o_p)$; $\varepsilon\in\mathbb{R}\cup\{\infty\}$ bzw. $\varepsilon\in\mathbb{R}$. Aus (1) folgt, daß das Mengensystem:

(2) $\{B(U,\delta) := \bigcup_{q\in U} B_\delta(o_q) / U$ Umgebung von $p \wedge \delta>0\}$

offene Umgebungsbasis von o_p in E ist, also das System

(3) $\{\overline{B(U,\delta)} / U$ Umgebung von $p \wedge \delta>0\}$

abgeschlossene Umgebungsbasis von o_p in E ist (wegen $\overline{B(U,\delta)} = \bigcup_{q\in U}\overline{B_\delta(o_q)}$).

3.7 Definition :
Sei (π, g) riemannsches Bündel. <u>Ein Zusammenhang K für (π, g) heißt riemannsch</u>, wenn für jede C^∞-Kurve $c: I \longrightarrow M$ und je 2 (bzgl. K) parallele Schnitte X,Y in π längs c die Funktion $g_c(X,Y)$ konstant ist (1).
Das Paar (g,K) heißt dann auch <u>RMZ-Struktur für π.</u> Es folgt, daß die Parallelverschiebung $P_c|[t_1,t_2]:(M_{c(t_1)}, g_{c(t_1)}) \longrightarrow (M_{c(t_2)}, g_{c(t_2)})$ längs c für alle $t_1, t_2 \in I$ eine Isometrie ist. Der folgende Satz zeigt, daß (1) zu der Bedingung: "$\nabla g = o$, d.h. g parallel bzgl. der zu K gehörigen Differentiation ∇" (vgl. 1.6(ii)), äquivalent ist.

3.8 Satz :
Ein Zusammenhang K für (π, g) ist genau dann riemannsch, falls für beliebige Morphismen $f: N \longrightarrow M$ die folgende Produktregel gilt

$$(2) \quad \bigwedge_{X \in \mathfrak{X}(N)} \ \bigwedge_{Y,Z \in \mathfrak{X}_E(f)} Xg(Y,Z) = g(\nabla_X Y, Z) + g(Y, \nabla_X Z) .$$

<u>Bem.:</u> 1.) Der Beweis zeigt, daß "K riemannsch" bereits folgt, falls (2) nur für eine geeignete Teilmenge von möglichen Morphismen f vorausgesetzt wird, z.B. genügt es, (2) für den Morphismus $f = id_M$ (2a) oder für die Menge der C^∞-Kurven von einem bestimmten Intervall $I \subset \mathbb{R}$ in M zu verlangen. In letzterem Fall wird dann auch nur X=1 benötigt, d.h. es genügt, die folgende Regel zugrundezulegen:

$$(3) \quad \bigwedge_{c \in C^\infty(I,M)} \ \bigwedge_{Y,Z \in \mathfrak{X}_E(c)} \frac{d}{dt} g_c(Y,Z) = g_c(\nabla_c Y, Z) + g_c(Y, \nabla_c Z).$$

2.) Die übliche Charakterisierung (2a) von "riemannsch" ist i.a. nicht mehr zu (2) äquivalent, falls M keine Partition der Eins gestattet (vgl. 1.3(ii)). Man kann die Äquivalenz aber wieder herstellen, indem man für (2a) zusätzlich die Gültigkeit bzgl. aller offenen Untermannigfaltigkeiten U von M, also bzgl. $\nabla_{|U}, g_{|U}$ voraussetzt.
3.) $g(Y,Z) \in \mathfrak{F}(N)$ bzw. $g_c(Y,Z) \in \mathfrak{F}(I)$ sind durch $p \longmapsto g_{f(p)}(Y_p, Z_p)$ bzw. $t \longmapsto g_{c(t)}(Y_t, Z_t)$ definiert (vgl. V.1o).
<u>Bew.:</u> Da "(2) $\Rightarrow$ (3)" und "(3) $\Rightarrow$ (1)" trivial sind, bleibt "(1) $\Rightarrow$ (2)" nachzuweisen. Sei (ψ, V) Karte von N um $p \in N$, (Φ, ϕ, U) Trivialisierung von E mit $f(V) \subset U$ und wie üblich $Dg_{\phi(q)} := Dg_{\phi}|\phi(q)$. Mit der in § 3 Einleitung festgelegten Schreibweise für die Hauptteile der beteiligten Schnitte lautet (2) in äquivalenter Form:

$$Dg_{\phi(f(p))} \cdot D(\phi \circ f \circ \psi^{-1})_{\psi(p)} \cdot X_{\psi(p)} \cdot (Y_{\psi(p)}, Z_{\psi(p)}) +$$

$$+ g_{\phi(f(p))}(DY_{\psi(p)} \cdot X_{\psi(p)}, Z_{\psi(p)}) + g_{\phi(f(p))}(Y_{\psi(p)}, DZ_{\psi(p)} \cdot X_{\psi(p)}) =$$

$$= g_{\phi(f(p)}(DY_{\psi(p)} \cdot X_{\psi(p)}, Z_{\psi(p)}) + g_{\phi(f(p)}(\Gamma_{\phi(f(p)}(D(\phi \circ f \circ \psi^{-1})_{\psi(p)} \cdot X_{\psi(p)}, Y_{\psi(p)}), Z_{\psi(p)})$$

$$+ g_{\phi(f(p)}(Y_{\psi(p)}, DZ_{\psi(p)} \cdot X_{\psi(p)}) + g_{\phi(Y(p)}(Y_{\psi(p)}, \Gamma_{\phi(f(p)}(D(\phi \circ f \circ \psi^{-1})_{\psi(p)} \cdot X_{\psi(p)}, Z_{\psi(p)}));$$

also

(2')
$$Dg_{\phi(f(p))}\cdot D(\phi\circ f\circ\psi^{-1})_{\psi(p)}\cdot X_{\psi(p)}\cdot(Y_{\psi(p)},Z_{\psi(p)}) =$$
$$g_{\phi(f(p))}(\nabla_{\phi(f(p))}(D(\phi\circ f\circ\psi^{-1})_{\psi(p)}\cdot X_{\psi(p)},Y_{\psi(p)}),Z_{\psi(p)}) +$$
$$g_{\phi(f(p))}(Y_{\psi(p)},\nabla_{\phi(f(p))}(D(\phi\circ f\circ\psi^{-1})_{\psi(p)}\cdot X_{\psi(p)},Z_{\psi(p)})).$$

Für (3) ergibt sich speziell die folgende Darstellung (ψ= id):

(3') $Dg_{\phi(c(t))}\cdot(\phi\circ c)'(t)\cdot(Y_{\phi t},Z_{\phi t})=g_{\phi(c(t))}(\nabla_{\phi(c(t))}((\phi\circ c)'(t),Y_{\phi t}),Z_{\phi t})+$
$$g_{\phi(c(t))}(Y_{\phi t},\nabla_{\phi(c(t))}((\phi\circ c)'(t),Z_{\phi t})).$$

Auf Grund der Existenz von genügend vielen Kurven $c:I\longrightarrow M$ und Vektorfeldern längs dieser Kurven (es genügt die jeweilige Betrachtung innerhalb einer Trivialisierung), folgt aus (3') und (2') die Äquivalenz von (2) und (3) zur folgenden Identität (4)(auf Grund folgender Schlußweise: (2) $\Longrightarrow$(3) $\Longrightarrow$(3') $\Longrightarrow$(4)$\Longrightarrow$(2') $\Longrightarrow$(2); ähnlich kann auch über $f=id_M$ argumentiert werden):

Für alle $p\in M$, alle Trivialisierungen (Φ,ϕ,U) um p und alle $u\in M,v,w\in E$ gilt: $Dg_{\phi(p)}\cdot u\cdot(v,w)=g_{\phi(p)}(\nabla_{\phi(p)}(u,v),w) + g_{\phi(p)}(v,\nabla_{\phi(p)}(u,w))$ (4).

Damit gilt "(2)$\Longleftrightarrow$(3)", so daß noch "(1) $\Longrightarrow$(3)" nachzuweisen bleibt:

Seien $X,Y\in\mathfrak{X}_E(c)$. Für alle $t_o\in I$ gilt: $\frac{d}{dt}g_c(Y,Z)|_{t_o}$ =

$$\lim_{t\to t_o}\frac{g_{c(t)}(Y_t,Z_t) - g_{c(t_o)}(Y_{t_o},Z_{t_o})}{t-t_o} \overset{(*)}{=} \lim_{t\to t_o}\frac{g_{c(t_o)}(\overset{(t)}{Y}_{t_o},\overset{(t)}{Z}_{t_o})-g_{c(t_o)}(Y_{t_o},Z_{t_o})}{t-t_o}$$

(wo $\overset{(t)}{Y}$ bzw. $\overset{(t)}{Z}$ der parallele Schnitt längs c mit $\overset{(t)}{Y}_t=Y_t$ bzw. $\overset{(t)}{Z}_t=Z_t$ ist.)

$$= \lim_{t\to t_o}\frac{g_{c(t_o)}(\overset{(t)}{Y}_{t_o},\overset{(t)}{Z}_{t_o}) - g_{c(t_o)}(\overset{(t_o)}{Y}_{t_o},\overset{(t)}{Z}_{t_o}) + g_{c(t_o)}(\overset{(t_o)}{Y}_{t_o},\overset{(t)}{Z}_{t_o})-g_{c(t_o)}(\overset{(t_o)}{Y}_{t_o},\overset{(t_o)}{Z}_{t_o})}{t-t_o}$$

$$= \lim_{t\to t_o}\frac{g_{c(t_o)}(\overset{(t)}{Y}_{t_o} - \overset{(t_o)}{Y}_{t_o},\overset{(t)}{Z}_{t_o}) + g_{c(t_o)}(\overset{(t_o)}{Y}_{t_o},\overset{(t)}{Z}_{t_o} - \overset{(t_o)}{Z}_{t_o})}{t-t_o} =$$

$$g_{c(t_o)}(\lim_{t\to t_o}\frac{\overset{(t)}{Y}_{t_o}-\overset{(t_o)}{Y}_{t_o}}{t-t_o},Z_{t_o}) + g_{c(t_o)}(Y_{t_o},\lim_{t\to t_o}\frac{\overset{(t)}{Z}_{t_o}-\overset{(t_o)}{Z}_{t_o}}{t-t_o}) =$$

$$= g_{c(t_o)}(\frac{d}{dt}\tilde{Q}_c^{t_o}\cdot Y|_{t_o},Z_{t_o})+g_{c(t_o)}(Y_{t_o},\frac{d}{dt}\tilde{Q}_c^{t_o}\cdot Z|_{t_o})\overset{3.6}{=}g_{c(t_o)}(\nabla_c Y|_{t_o},Z_{t_o}) +$$

$+ g_{c(t_o)}(Y_{t_o},\nabla_c Z|_{t_o})$; beim Beweis der Gleichung(*) muß von der rechten Seite der Gleichung ausgegangen werden.

q.e.d.

3.9 Anmerkungen :

(i) Für alle riemannschen Bündel (π,g) gibt es einen riemannschen Zusammenhang:

Zum Beweis wähle man gemäß [29], S. 1o3 eine Hilberttrivialisierung, also eine trivialisierende Überdeckung $\{(\Phi_i,\phi_i,U_i)\}$ von E, so daß für alle i und alle $p\in U_i$ $\quad \Phi_i|_p:(E_p,g_p) \longrightarrow (\mathbb{E},\langle..,..\rangle)$ isometrisch ist ($\langle..,..\rangle$ ein fest gewähltes Skalarprodukt für das Modell $\mathbb{E}$ von Φ_i). Die in 2.7(i) durchgeführte Konstruktion einer Zusammenhangsabbildung führt dann sogar zu einem bzgl. g riemannschen Zusammenhang K, da bzgl. der obigen Trivialisierungen $\Gamma_{\phi_i} \equiv o$ <u>und</u> $g_{\phi_i} \equiv \langle..,..\rangle$ gilt, die Gleichung (4) also in trivialer Weise erfüllt ist.

(ii) Ist
$$\begin{array}{ccc} E & \xrightarrow{\;f\;} & E' \\ {\scriptstyle\pi}\downarrow & & \downarrow{\scriptstyle\pi'} \\ M & \xrightarrow{\;f_o\;} & M' \end{array}$$
Vektorraumbündelisomorphismus

und K Zusammenhang für E, so ist $K' := f\circ K\circ Tf^{-1}$ Zusammenhang für E',denn: Für jede Trivialisierung (Ψ,ψ,V) von E' ist $(\Psi\circ f,\psi\circ f_o,f_o^{-1}(V))$ Trivialisierung von E, und es gilt $\quad K'_\Psi := \Psi\circ K'\circ T\Psi^{-1} = \Psi\circ f\circ K\circ T(\Psi\circ f)^{-1} = K_{\Psi\circ f_o}$, woraus die Behauptung sofort ersichtlich ist (induziertes Christoffelsymbol $\Gamma'_{\psi(p)} = \Gamma_{\Psi\circ f_o}(f_o^{-1}(p))$ für alle $p\in V$).

Sind g,g' riemannsche Metriken für π,π', und ist K riemannsch bzgl. g und f isometrisch bzgl. g,g' (d.h. f_p ist isometrisch bzgl. $g_p, g'_{f_o(p)}$ für alle $p\in M$), so ist K' sogar riemannscher Zusammenhang für (E',g'), denn für alle $c\in C^\infty(I,M)$ gilt: $g_c(X,Y) = g_{f_o\circ c}(f\circ X,f\circ Y)$, und $X,Y\in\mathfrak{X}_E(c)$ sind genau dann parallel längs c bzgl. K, falls $f\circ X,f\circ Y$ parallel längs $f_o\circ c$ bzgl. K' sind, woraus die Gültigkeit von 3.7(1) für K' folgt.

(iii) Wir betrachten erneut 3.5, 3.6, wobei jetzt zusätzlich eine riemannsche Metrik g für π gegeben sei. Die Abbildung
$$c^*g:(\alpha,\beta) \longrightarrow L_s^2(c^*E),\, t \longmapsto g_{c(t)}\circ \pi^*f\times\pi^*f$$
definiert eine riemannsche Metrik für das Bündel $c^*\pi$ (es handelt sich um das Zurückziehen des Schnittes $g\circ c$ längs c in den Pull-back $c^*L_s^2(E)=L_s^2(c^*E)$, vgl. die Einleitung zu diesem Paragraphen). Analog definiert $\quad t\in(\alpha,\beta) \longmapsto g_{c(t_o)}\circ pr_2\times pr_2 \in L_s^2(\{t\}\times E_{c(t_o)})$
eine riemannsche Metrik auf dem Bündel $pr_1:(\alpha,\beta)\times E_{c(t_o)} \longrightarrow (\alpha,\beta)$. Ist K nun riemannscher Zusammenhang für (π,g), so ist die Abbildung Q_c aus 3.5 bzgl. dieser Metriken sogar Isometrie (für alle $t\in(\alpha,\beta)$ ist $(Q_c)_t$ Isometrie). Sei $I=[a,b]$, $d,e\in C^\infty(I,E_{c(t_o)})$, $X,Y\in\mathfrak{X}_E(c)$ und bezeichne $d^{(k)},..,\nabla_c^k X,..$ die k-te Ableitung bzw. k-te kovariante Ableitung bei diesen Abbildungen. Die folgenden reellwertigen Abbildungen auf $\mathfrak{X}_E(c)$ bzw. $C^\infty(I,E_{c(t_o)})$ definieren für alle $n\in\mathbb{N}$ Skalarprodukte bzw. Normen auf diesen Vektorräumen , so daß $\tilde{Q}_c$ aus 3.6 bzgl. jeweils analog gebildeter auf $\mathfrak{X}_e(c)$ und $C^\infty(I,E_{c(t_o)})$ zur Isometrie wird (da 3.6(ii) per Induktion

auch für alle höheren Ableitungen gilt):

(1) $\sum_{k=0}^{n} \int_a^b g_{c(t_o)}(d^{(k)}(t), e^{(k)}(t))dt$ bzw. $\sum_{k=0}^{n} \int_a^b g_{c(t)}(\nabla_c^k X(t), \nabla_c^k Y(t))dt$,

(2) $\sum_{k=0}^{n} \sup_{t \in [a,b]} \|d^{(k)}(t)\|_{c(t_o)}$ bzw. $\sum_{k=0}^{n} \sup_{t \in [a,b]} \|\nabla_c^k X(t)\|_{c(t)}$.

Weitere (meist sofort als zu den obigen äquivalent nachweisbare) Skalarprodukte oder Normen erhält man, wenn man irgendwelche der Summanden mit Ausnahme des letzten durch den Funktionswert an einer Stelle $t_1 \in I$ der in ihnen auftretenden Funktionen oder $\sum_{k=0}^{n}$ durch $\sup_{k=0,..,n}$ ersetzt.
Wir bemerken, daß die vollständigen Hüllen der mittels $C^\infty(I, E_{c(t_o)}), \mathfrak{X}_E(c)$ und (1) bzw. (2) gebildeten normierten Räume durch die sog. H_n- ${}^oK$urven, -Felder bzw. die C^n-Kurven,-Felder (längs $c(t_o)$,c) gebildet werden, die beiden Ausgangsräume also nie bereits schon vollständig sind.
Nimmt man auf $C^\infty(I, E_{c(t_o)})$ bzw. $\mathfrak{X}_E(c)$ die gröbste Topologie, die feiner als alle durch (2) jeweils induzierten Topologien ist, so wird $C^\infty(I, E_{c(t_o)})$ bzw. $\mathfrak{X}_E(c)$ zum vollständigen, lokalkonvexen, topologischen Vektorraum (es handelt sich dabei um die übliche zu einem System von Halbnormen $\{\|..\|_n / n \in \mathbb{N}\}$ betrachtete Topologie eines linearen Raumes, vgl. [27], Kapitel IV; die Inklusion in die durch $\|..\|_n$ normierten Räume $C^\infty(I, E_{c(t_o)}), \mathfrak{X}_E(c)$ ist für jedes $n \in \mathbb{N}$ stetig). Diese topologischen Vektorräume sind metrisierbar, z.B. werden (translationsinvariante) Metriken auf ihnen durch die mittels (2) nach folgendem Verfahren bildbaren Fréchet-Normen

$$\|x\| := \sum_{n=1}^{\infty} \frac{1}{2^n} \frac{\|x\|_n}{1 + \|x\|_n}$$ induziert

(beachte: die in (2) betrachteten Normen erfüllen in beiden Fällen $\|x\|_1 \leq \|x\|_2 \leq \ldots$). Diese topologischen Vektorräume $C^\infty(I, E_{c(t_o)}), \mathfrak{X}_E(c)$ sind damit sogar Fréchet-Räume. Sie sind jedoch nicht normierbar, da für solche Normen $\|..\|$ nach [27], § 18,1 $\varrho \cdot \|x\| \leq \|x\|_n$ für ein $n \in \mathbb{N}$ (und also für alle größeren n) auf $C^\infty(I, E_{c(t_o)})$ bzw. $\mathfrak{X}_E(c)$ gelten würde, also nach Wahl der Topologie die Norm $\|..\|$ sogar zu $\|..\|_n$ äquivalent wäre (in Widerspruch dazu, daß alle $\|..\|_n$-Topologien und die Fréchet-Raum-Topologie voneinander verschieden sind). Nach [27], § 15,12 folgt damit weiter, daß die Fréchet-Räume $C^\infty(I, E_{c(t_o)})$ und $\mathfrak{X}_E(c)$ nicht derart banachisierbar sind, daß die Inklusionen in die oben erwähnten Banachräume der C^n-Kurven bzw. C^n-Felder stetig sind, d.h. $C^\infty(I, E_{c(t_o)}), \mathfrak{X}_E(c)$ können, wenn sie letztere Eigenschaft haben sollen, nur noch zu Fréchet-Räumen gemacht werden.
Die Abbildung $\tilde{Q}_c$ ist auch bzgl. der Fréchet-Normen Isometrie. Die vorher nur bzgl. $\|..\|_n, \|..\|_{n-1}$ aus (2) stetigen Epimorphismen $\frac{d}{dt}, \nabla_c$ sind auf diesen Räumen stetige, surjektive Endomorphismen.
(iv) Die Ausführungen in 1.6(ii) lassen sich sofort auf beliebige Ten-

sorfelder $A:N \longrightarrow L(\pi_1,..,\pi_r;\pi)$ und $Y \in \mathfrak{X}_{\pi_i}(f)$ längs Morphismen $f:N \longrightarrow M$ ausdehnen. Für alle C^∞-Schnitte $\tilde{A}$ in $L(\pi_1,...,\pi_r;\pi)$, alle Vektorfelder $Y_i \in \mathfrak{X}_{\pi_i}(M)$ und alle $v \in TN$ gilt dann als Verbindung zwischen den beiden Definitionen:

$$(\nabla_v \tilde{A}\circ f)\cdot(Y_1\circ f,..,Y_r\circ f) = (\nabla_{Tf(v)}\tilde{A})(Y_1,...,Y_r).$$

Dieser Zusammenhang zwischen den kovarianten Differentiationen längs f und id_M impliziert ebenfalls die in 3.8 beschriebene Gleichwertigkeit der Regel 3.8(2) zu der Einschränkung dieser Regel auf den Fall $f=id_M$.

4. Sprays und ihre Exponentialabbildung

Sei M Banachmannigfaltigkeit, $\pi:TM \longrightarrow M$ das Tangentialbündel von M, $\tau:TTM \longrightarrow TM$ das doppelte Tangentialbündel, $K:TTM \longrightarrow TM$ Zusammenhang auf M mit dazugehöriger kovarianter Differentiation ∇ und I offenes oder abgeschlossenes Intervall in $\mathbb{R}$.

4.1 Definition :

Eine Kurve $c \in C^\infty(I,M)$ heißt Geodätische (bzgl. ∇,K) $:\Longleftrightarrow \nabla\dot{c}=o$, d.h. das Tangentialfeld $\dot{c} \in \mathfrak{X}(c)$ von c ist parallel längs c.

Bem.: Mit Hilfe lokaler Darstellungen erhält man für Geodätische c :

$$(\phi\circ c)'' + \Gamma_\phi(\phi\circ c)((\phi\circ c)',(\phi\circ c)') = o \quad ,$$

und diese lokale Gleichung ist äquivalent zur Differentialgleichung erster Ordnung $\begin{pmatrix}\alpha' \\ (\phi\circ c)'\end{pmatrix} = \begin{pmatrix}-\Gamma_\phi(\phi\circ c)(\alpha,\alpha) \\ \alpha\end{pmatrix}$,

so daß die lokale Existenz von Geodätischen zu Anfangswerten $v \in TM$ wie bei endlicher Dimension gegeben ist. Wir werden im folgenden die etwas elegantere Einführung von Geodätischen mit Hilfe eines Sprays betrachten:

4.2 Definition :

Ein Spray S über M ist ein Vektorfeld S auf TM, welches die beiden folgenden Bedingungen erfüllt:

(i) $T\pi\circ S = id$ (dies besagt: S ist Differentialgleichung 2ter Ordnung)

(ii) $\bigwedge_{\alpha\in\mathbb{R}} S\circ h_\alpha = \alpha\cdot Th_\alpha\cdot S = h'_\alpha\cdot Th_\alpha\circ S$ $\quad$ (h_α, h'_α bzgl. TM bzw. TTM wie in 2.6)

(Zur Diskussion weiterer äquivalenter Bedingungen siehe [29], S.68).

Bem.: Nach Lang [29] haben wir die folgenden elementaren Aussagen über Sprays: (i) Für jede Integralkurve β von S gilt: $\dot{\widehat{\pi\circ\beta}} = \beta$.

(ii) Zu jedem $v \in TM$ gibt es eine eindeutig bestimmte Integralkurve β_v von S mit Anfangswert v (der hierbei maximal gewählte Definitionsbereich ist offenes Intervall in $\mathbb{R}$ um o; Bezeichnung $(t^-(v),t^+(v))$).

Sei $\widetilde{TM}$ die Menge der $v \in TM$, so daß der Definitionsbereich von β_v das Intervall $[o,1]$ enthält. $\widetilde{TM}$ ist offen in TM, und die Abbildung

$$\exp:\widetilde{TM} \longrightarrow M, \quad \text{definiert durch } \exp(v) := \pi\circ\beta_v(1),$$

ist Morphismus. Sie heißt die Exponentialabbildung des Sprays S.

(iii) Für die Integralkurven β_v aus (ii) gilt: $\beta_{sv}(t) = s\beta_v(s\cdot t)$, also insbesondere $\pi\circ\beta_{sv}(t) = \pi\circ\beta_v(s\cdot t)$ für alle s,t, für die $\beta_v(s\cdot t)$

definiert ist (was genau dann der Fall ist, wenn s im Definitionsbereich von β_{tv} liegt).

(iv) Für den Nullschnitt $o:M\longrightarrow TM$ gilt: $\exp\circ o=id_M$, (also auf Grund der üblichen Identifizierung auch einfach: $\exp|_M=id$).

(v) Wie üblich bezeichnet $\exp_p$ die Einschränkung von exp auf $\widetilde{M}_p:=\widetilde{TM}\cap M_p$, also auf eine offene Teilmenge von M_p, die sternförmig um o_p liegt. $\exp_p:\widetilde{M}_p\longrightarrow M$ ist auf einer geeigneten Umgebung $U(o_p)$ von o_p in M_p Diffeomorphismus auf eine Umgebung U(p) von p in M, da $T\exp_p|_{o_p}=id_{M_p}$ gilt (unter der kanonischen Identifikation von $(T\widetilde{M}_p)_{o_p}$ mit M_p).

(vi) Die nach (v) gegebenen Karten $\exp_p^{-1}:U(p)\longrightarrow U(o_p)$ von M heißen <u>natürliche Karten</u> von M: ihre Gesamtheit bildet den sogenannten <u>natürlichen Atlas</u> von M bzgl. S). Für die Abbildung exp des Sprays S gilt nun weiter:

4.3 Satz :

Es gibt eine Umgebung U von M=o(M) in TM, so daß $(\pi,\exp):U\longrightarrow M\times M$ Diffeomorphismus auf eine Umgebung der Diagonale von M×M ist.

<u>Bew.</u>: Für die Inklusionen (Einbettungen) $i:\widetilde{M}_p\longrightarrow TM$ und $o:M\longrightarrow TM$ gilt:

1) $T(\pi,\exp)_{o_p}\circ Ti_{o_p}=T(\pi\circ i,\exp\circ i)_{o_p}=(T(\pi\circ i)_{o_p},T(\exp\circ i)_{o_p})=(o,T\exp_p|_{o_p})$ und

$Ti_{o_p}(M_p)=\text{Kern }T\pi_{o_p}$, also ist $T(\pi,\exp)_{o_p}$ topologischer Isomorphismus von Kern $T\pi_{o_p}$ auf $o\times M_p$ und 2) $T(\pi,\exp)_{o_p}\circ To_p=T(\pi\circ o,\exp\circ o)_p=$ $=(T(\pi\circ o)_p,T(\exp\circ o)_p)=(id_{M_p},id_{M_p})$, also ist $T(\pi,\exp)_{o_p}$ auch topologischer Isomorphismus von dem topologisch-direkten Summanden Bild To_p von Kern $T\pi_{o_p}$ auf die Diagonale von $M_p\times M_p$. Die Diagonale von $M_p\times M_p$ ist aber topologisch-direkter Summand von $o\times M_p$ in $M_p\times M_p$, so daß also insgesamt folgt: $T(\pi,\exp)_{o_p}$ ist topologischer Isomorphismus von TM_{o_p} auf $M_p\times M_p$ (in jedem $p\in M$). Nach dem Umkehrsatz ist $(\pi,\exp)$ somit Diffeomorphismus von einer Umgebung U_p von o_p in TM auf eine Umgebung V_p von (p,p) in M×M. Dieses U_p kann nach 3.7 Einleitung mittels einer (beliebig gewählten) finslerschen Metrik $\|..\|$ von der Gestalt $B(U(p),\varepsilon)=\bigcup_{q\in U(p)}B_\varepsilon(o_q)$ gewählt werden. $U:=\bigcup_{p\in M}U_p$ erfüllt dann die Behauptung unseres Satzes: Für alle $q\in U(p)$ ist $\exp_q:B_\varepsilon(o_q)\longrightarrow M$ injektiv, also ist auch $(\pi,\exp)/U\cap M_p$ injektiv, also auch $(\pi,\exp):U\longrightarrow\bigcup_{p\in M}V_p$. Letztere Abbildung ist als lokaler Diffeomorphismus damit aber global Diffeomorphismus.

q.e.d.

Wir zeigen jetzt, daß die Geodätischen von ∇,K als Projektionen der Integralkurven eines bestimmten Sprays gewonnen werden können, womit der bekannte Zusammenhang zwischen Geodätischen und Exponentialabbildungen hergestellt ist.

4.4 Satz :

Es gibt genau einen Spray S auf M, der $K\cdot S_v = o_{\pi(v)}$ für alle $v\in TM$ erfüllt, also horizontal bzgl. K ist. Dieser heißt <u>der geodätische Spray von K (bzw. ∇)</u>.

<u>Bew.</u>: Die Abbildung $S': TM \longrightarrow \pi^*(TM \oplus TM), v \longmapsto (v,v,o_{\pi(v)})$, vgl. 2.4, istdifferenzierbarer Schnitt in diesem Bündel, also ist $(\tau, T\pi, K)^{-1}\circ S'$ Vektorfeld auf TM. Dieses Vektorfeld liegt per Konstruktion horizontal; und es gilt $T\pi\circ S = id$. Es bleibt also für alle $\alpha\in\mathbb{R}$ zu zeigen: $S\circ h_\alpha = \alpha\cdot Th_\alpha\circ S$, d.h. $(\alpha v, \alpha v, o_{\pi(v)}) = (\tau, T\pi, K)(S_{\alpha v}) = (\tau, T\pi, K)(Th_\alpha\cdot \alpha S_v)$: $\tau(Th_\alpha \cdot \alpha S_v) = \alpha v$ folgt, da $Th_\alpha: TM_v \longrightarrow TM_{\alpha v}$, die zweite Gleichung folgt, da $T\pi(Th_\alpha \cdot \alpha S_v) = T(\pi\circ h_\alpha)(\alpha\cdot S_v) = T\pi(\alpha S_v) = \alpha T\pi(S_v) = \alpha\cdot v$, und die letzte Gleichung folgt sofort aus Regel 2.6.

4.5 Satz :

Eine Kurve $c: I \longrightarrow M$ ist genau dann Geodätische bzgl. ∇, wenn es eine Integralkurve $\varphi: I \longrightarrow TM$ des geodätischen Sprays S von ∇ gibt mit $c = \pi\circ\varphi$. Es gilt dann $\dot c = \varphi$.

<u>Bew.</u>: Ist c Geodätische, so gilt $(\tau, T\pi, K)(\ddot c) = (\dot c, \dot c, o_c) = (\tau, T\pi, K)(S_{\dot c})$, also $\ddot c = S_{\dot c}$, d.h. $\dot c$ ist Integralkurve von S der gewünschten Art. Umgekehrt folgt für Integralkurven φ von S aus $\dot\varphi = S_\varphi$ wegen 4.2 Bem.(i)

$K\circ\ddot{\widetilde{\pi\circ\varphi}}(t) = K\circ\dot\varphi(t) = K\circ S_\varphi = o_{\pi\circ\varphi}$, also die Behauptung: $\pi\circ\varphi$ Geodätische.

4.6 Bemerkungen :

Wir haben damit wieder die <u>eindeutige Existenz maximaler Geodätischer</u> $c_v: (t^-(v), t^+(v)) \longrightarrow M$ zum vorgegebenen Anfangswert $v\in TM$: "$\dot c_v(o) = v$" und ihre Darstellung durch

$$c_v(t) = \exp(t\cdot v)$$

(bei Vorgabe irgendeiner von Null verschiedenen reellen Zahl t_o sind Geodätische c durch Anfangsbedingungen vom Typ "$\dot c(t_o) = v\in TM$" ebenfalls eindeutig bestimmt und zwar lautet die dazugehörige Geodätische nach obigem: $c(t) = c_v(t-t_o) = \exp((t-t_o)\cdot v)$). Auf Grund elementarer Eigenschaften von Integralkurven von Vektorfeldern bzw. wegen 4.2(iii) gilt bzgl. der obigen Schreibweise

$$c_{\dot c_v(s)}(t) = c_v(t+s) \quad \text{bzw.} \quad c_{s\cdot v}(t) = c_v(s\cdot t)$$

für alle $s,t\in\mathbb{R}$ mit $s+t$ bzw. $s\cdot t \in (t^-(v), t^+(v))$, insbesondere sind also Geodätische stets entweder Punktkurven ($v=o$) oder Immersionen ($v\neq o$). Ist K vorgegeben, so wird im folgenden unter $\exp: TM \longrightarrow M$ immer die Exponentialabbildung des geodätischen Sprays S von K verstanden. Die Zusammenhangsabbildung K bzw. ihr geodätischer Spray S ist genau dann <u>vollständig</u>, wenn exp auf ganz TM definiert ist.

Sei $\|..\|_p$ eine Norm auf M_p und wie bei 3.7 $B_\varepsilon(o_p) := \{v\in M_p / \|v\|_p < \varepsilon\}$, $S_\varepsilon(o_p) := Rd\, B_\varepsilon(o_p)$, $\overline{B_\varepsilon(o_p)} = B_\varepsilon(o_p) \cup S_\varepsilon(o_p)$. Das Supremum $\varrho(p)$ der Zahlen $\varepsilon\in\mathbb{R}^+$, für die $\exp_p$ auf ganz $B_\varepsilon(o_p)$ definiert und Diffeomorphismus (auf eine offene Menge von M, die wir mit $B_\varepsilon(p)$ bezeichnen) ist, heißt der

<u>Diffeomorphieradius</u> von $\exp_p$ (bzgl. $\|..\|_p$; $S_\varepsilon(p) := \exp_p(S_\varepsilon(o_p))$, $K_\varepsilon(p) := \exp_p(\overline{B_\varepsilon(o_p)}) = B_\varepsilon(p) \cup S_\varepsilon(p)$, beachte, daß nicht klar ist, ob $K_\varepsilon(p) = \overline{B_\varepsilon(p)}$ gilt, vgl. 6.5, $K_\varepsilon(p) \subset \overline{B_\varepsilon(p)}$, gilt stets). Nach 4.2(v) ist $\varrho(p)$ wohldefiniert, und $\exp_p : B_{\varrho(p)}(o_p) \longrightarrow B_{\varrho(p)}(p)$ Diffeomorphismus, und für alle $\varepsilon \leq \varrho(p)$ gilt:
Für alle $q \in B_\varepsilon(p)$ gibt es genau eine Geodätische $c:[0,1] \longrightarrow M$ mit $c(0)=p, c(1)=q$, die ganz in $B_\varepsilon(p)$ verläuft.

<u>Bew.</u>: Die durch $\exp_p(t \cdot \exp_p^{-1}(q))$ gegebene Kurve ist eine solche Geodätische. Sei nun c eine weitere solche Geodätische und $\tilde{c} := \exp_p^{-1} \circ c$. Es gilt: $\exp_p(t \cdot \dot{c}(0)) = \exp_p \circ \tilde{c}(t)$ für alle $t \in [0,1]$, also $t \cdot \dot{c}(0) = \tilde{c}(t)$, solange $t \cdot \dot{c}(0)$ in $B_\varepsilon(o_p)$ liegt. Da aber Bild $\tilde{c}$ kompakt ist, liegt Bild $\tilde{c}$ sogar in einem $B_{\tilde{\varepsilon}}(o_p)$ mit $\tilde{\varepsilon} < \varepsilon$, so daß also $t \cdot \dot{c}(0)$ nie in $B_\varepsilon(o_p) - B_{\tilde{\varepsilon}}(o_p)$ liegen kann, also für alle $t \in [0,1]$ ebenfalls in $B_{\tilde{\varepsilon}}(o_p)$ liegen muß. Damit folgt aber $\dot{c}(0) = \exp_p^{-1}(q)$, also die eindeutige Bestimmtheit von c.

Die eben bewiesene Aussage gilt allgemeiner für alle normalen Umgebungen $U(p)$ von p, das sind Umgebungen von p, zu denen es eine sternförmige Umgebung $U(o_p)$ von o_p gibt, so daß $\exp_p : U(o_p) \longrightarrow U(p)$ Diffeomorphismus ist (es reicht sogar Homöomorphismus).

Ist $\|..\|$ finslersche Metrik auf M und $\varrho(p)$ durch $\|..\|_p = \|..\|/M_p$ für jedes $p \in M$ definiert, so gilt nach 4.3 Bew.: Die Abbildung $\varrho : M \longrightarrow \mathbb{R}^+$ ist lokal von $0 \in \mathbb{R}$ wegbeschränkt, d.h. für alle $p \in M$ gibt es eine Umgebung $U(p)$ von p und $r \in \mathbb{R}^+$, so daß für alle $q \in U(p)$ gilt: $\varrho(q) \geq r$ (man beachte, daß zwischen $\|..\|$ und S,exp keine Beziehung vorausgesetzt wird).
4.3 impliziert darüberhinaus, daß $U(p)$ sogar so gewählt werden kann, daß für ein $\varepsilon \in \mathbb{R}^+$ mit $0 < \varepsilon < \inf_{p \in U(p)} \varrho(p)$ gilt: Für alle $q \in U(p)$ liegt $U(p)$ ganz im Definitionsbereich der natürlichen Karte $\exp_q^{-1} : B_\varepsilon(q) \longrightarrow B_\varepsilon(o_q)$.

<u>Bew.</u>: Nach 4.3 gibt es zu jedem $p \in M$ eine Umgebung $V(p)$ von p und $\tilde{\varepsilon} > 0$, so daß $(\pi, \exp): \bigcup_{q \in V(p)} B_{\tilde{\varepsilon}}(o_q) \longrightarrow \bigcup_{q \in V(p)} (q, B_{\tilde{\varepsilon}}(q))$ Diffeomorphismus zwischen diesen offenen Mengen aus TM bzw $M \times M$ ist (insbesondere ist $\exp_q^{-1} : B_{\tilde{\varepsilon}}(q) \longrightarrow B_{\tilde{\varepsilon}}(o_q)$ dann für jedes $q \in V(p)$ natürliche Karte um q). Wähle nun $\varepsilon \in (0, \tilde{\varepsilon})$ und eine Umgebung $U(p)$ von p, so daß die Umgebung $U(p) \times U(p)$ von (p,p) in dem offenen Teil $\bigcup_{q \in V(p)} (q, B_\varepsilon(q))$ von $M \times M$ liegt. Dieses $U(p)$ erfüllt die Behauptung, da für alle $q \in U(p)$ per Konstruktion $(q, U(p)) \subset (q, B_\varepsilon(q))$ gilt.

Die obige Behauptung impliziert, daß dieses $U(p)$ <u>einfach</u> ist, d.h. für alle $q, q' \in U(p)$ gibt es höchstens eine Geodätische $c:[0,1] \longrightarrow M$ von von S mit $c(0)=q, c(1)=q'$, die ganz in $U(p)$ verläuft.

Bew.: Ist c eine solche Geodätische, so gilt nach Wahl von U(p) Bild $c \subset B_\varepsilon(q)$, so daß die hier behauptete Eindeutigkeit aus der weiter oben bzgl. $B_\varepsilon(q)$ gezeigten folgt.

Bem.: Die letzten drei Aussagen über Umgebungen U(p) von p gelten natürlich erst recht für jeden offenen Teil solcher U(p).
Beachte, daß in diesem Abschnitt und im folgenden bei Zugrundelegung irgendeiner natürlichen Karte $\exp_p: U(o_p) \longrightarrow U(p)$ $\exp_p^{-1}$ stets bzgl. dieser gemeint ist, also die Umkehrabbildung von $\exp_p/U(o_p)$ bezeichnet.

4.7 Anmerkungen :

(i) Sei ∇ Zusammenhang auf M. Der Torsionstensor T von ∇:

$T: \mathfrak{X}(M) \times \mathfrak{X}(M) \longrightarrow \mathfrak{X}(M)$ ist definiert durch

(1) $$T(X,Y) := \nabla_X Y - \nabla_Y X - [X,Y].$$

Seine lokale Darstellung lautet in Trivialisierungen $(T\phi, \phi, U)$ um p:

(2) $$T(X,Y)_{\phi(p)} = \Gamma_{\phi(p)}(X_{\phi(p)}, Y_{\phi(p)}) - \Gamma_{\phi(p)}(Y_{\phi(p)}, X_{\phi(p)}).$$

Es folgt, daß T schiefsymmetrisch und $\mathfrak{F}(M)$-bilinear ist und stärker: T ist als C^∞-Schnitt in $L_a^2(TM;TM)$ auffaßbar (V,10), indem man diesen Schnitt lokal definiert durch

$$x \in \phi(U) \longmapsto T_{\phi|x} \in L_a^2(\mathbf{M};\mathbf{M}), T_{\phi|x}(u,v) := \Gamma_\phi(x)(u,v) - \Gamma_\phi(x)(v,u)$$

(Aus der Transformationsregel 1.5 - bzw. 2.1 bei Zugrundelegung einer Zusammenhangsabbildung - folgt die Unabhängigkeit des dadurch über $U \subset M$ induzierten Schnittes von der speziellen Wahl der lokalen Darstellung, so daß sich diese lokal in $L_a^2(TM;TM)$ definierten Schnitte zu einem globalen Schnitt in diesem Bündel zusammensetzen lassen).
Sei K die zu ∇ gehörige Zusammenhangsabbildung und $U \subset M$ offen. Die zu K/TTU gehörige kovariante Differentiation $\nabla_{|U}$ und ihr Torsionstensor $T_{|U}$ verhalten sich natürlich hinsichtlich Einschränkung, d.h. z.B. für den Torsionstensor: Ist V offene Teilmenge von U, so gilt für alle $X,Y \in \mathfrak{X}(U)$:

$$T_{|V}(X_{|V}, Y_{|V}) = T_{|U}(X,Y)_{|V} \qquad \text{(vgl. auch 1.4).}$$

Hieraus folgt ebenfalls die Deutung von T als C^∞-Schnitt in $L_a^2(TM;TM)$, da auf genügend kleinen offenen Mengen U in M stets Lemma 1.3(ii) gültig ist und zwar folgt diese-wie oben bei Zugrundelegung einer Zusammenhangsabbildung K- unabhängig von der Existenz von Partitionen der Eins auf M, während natürlich die Existenz von Partitionen der Eins vorausgesetzt wird, wenn man sie analog zu dem in 1.6(i) Gesagten durch direkte Anwendung von 1.3(ii) auf M beweist).
Es ergeben sich damit folgende (von der Existenz von Partitionen der Eins unabhängige) Charakterisierungen von "torsionsfrei":
(a) $T = 0 \in \mathfrak{X}_{L_a^2(TM;TM)}(M)$, (b) Alle Christoffelsymbole $\Gamma_{\phi(p)}$ sind symmetrisch (für den zu K gehörigen linearen Zusammenhang C gilt: $C = C^*$, vgl. 2.7), (c) Alle $T_{|U}: \mathfrak{X}(U) \times \mathfrak{X}(U) \longrightarrow \mathfrak{X}(U)$ verschwinden. Aus 8.1 folgt noch

eine weitere Charakterisierung:

(d) Für alle C^∞-Abbildungen $\varkappa: [\alpha',\beta']\times[a',b'] \longrightarrow M$ gilt: $\nabla_S \frac{\partial\varkappa}{\partial t} = \nabla_t \frac{\partial\varkappa}{\partial s}$

(oder "großzügiger": Für beliebige Morphismen $f:N \longrightarrow M$ und alle $X,Y \in \mathfrak{X}(N)$ gilt: $\nabla_X Tf\cdot Y - \nabla_Y Tf\cdot X - Tf\cdot[X,Y] = o$, vgl. 8.1 (6), (8)).

(ii) Zur Umkehrung von 4.4: Sei S Spray für M.

Beh.: Es gibt genau einen torsionsfreien (stark-differenzierbaren) Zusammenhang K für M, der S als geodätischen Spray besitzt.

Bew.: Sei $f_2:\phi(U)\times\mathbb{M} \longrightarrow \mathbb{M}$ die zweite Komponente des Hauptteils des Sprays S in den Trivialisierungen $(T\phi,\phi,U),(TT\phi,T\phi,TU)$ von TM bzw. TTM, vgl. [29], S. 71. Wegen 4.2(ii) gilt für alle $s\in\mathbb{R}$: $f_2(x,s\cdot v) = s^2 f_2(x,v)$, und daraus folgt durch zweimalige Differentiation der folgenden Komposition von C^∞-Abbildungen an der Stelle s=o:

$$s\in\mathbb{R} \longmapsto s\cdot v\in\mathbb{M} \longmapsto f_2(x,s\cdot v) = s^2 f(x,v)\in\mathbb{M}$$

für jedes $x\in\phi(U)$ und $v\in\mathbb{M}$ die Gleichung $f_2(x,v) = D_2^2 f(x,o)\cdot(v,v)$. Die Abbildung $f_2(x,..)$ ist also in Verbesserung des in [29], IV, § 3, S. 72 Gesagten stets quadratische Form. Die Definition

(3) $$\Gamma_\phi(x) := -D_2^2 f_2(x,o)$$

liefert nun die gewünschten Christoffelsymbole: Da eine solche Erweiterung der quadratischen Form $-f_2(x,..)$ zu einer symmetrischen bilinearen Abbildung eindeutig bestimmt ist, erfüllen die durch (1) definierten $\Gamma_\phi(x)$ die Transformationsregel 1.5 und definieren damit nach dem in 2.2 Gesagten eindeutig eine stark-differenzierbare Zusammenhangsabbildung $K:TTM \longrightarrow TM$. Es bleibt zu zeigen, daß S der geodätische Spray von K ist, d.h. nach 4.4: $K\circ S = o\circ\pi$:

$K\circ S$ schreibt sich lokal mittels der obigen Trivialisierungen

$$(x,v) \xmapsto[\text{[29],S.71}]{S} (x,v,v,f_2(x,v)) \xmapsto[2.1]{K} (x,f_2(x,v)+\Gamma_\phi(x)(v,v)) \overset{(3)}{=} (x,o),$$

woraus die gewünschte Gleichung (und auch die eindeutige Bestimmtheit von K durch S) folgt.

(iii) Die Aussagen 4.4 und (ii) ergeben die Existenz einer kanonischen Bijektion zwischen der Menge der torsionsfreien Zusammenhänge und der Menge der Sprays für M, lokal beschrieben durch

(4) $$\Gamma_\phi(x)(u,v) = \tfrac{1}{2}[f_2(x,u) + f_2(x,v) - f_2(x,u+v)]$$

bzgl. der durch die Trivialisierung $(T\phi,\phi,U)$ induzierten Trivialisierungen. Ist K schwach-differenzierbarer Zusammenhang für $\pi:E\longrightarrow M$, so ist der durch 2.3 erklärte bijektive Morphismus $(\tau,T\pi,K):TE \longrightarrow \pi^*(TM \oplus E)$ stets noch Diffeomorphismus, denn lokal gilt mit den dortigen Bezeichnungen

$$\Phi\times T\phi\times\Phi\circ(\tau,T\pi,K)\circ T\Phi^{-1} = (\tau_\phi,T\pi_\phi,K_\phi):\phi(U)\times\mathbb{E}\times\mathbb{M}\times\mathbb{E} \longrightarrow \phi(U)\times\mathbb{E}\times\mathbb{M}\times\mathbb{E}=\mathbb{M}\times\mathbb{E}\times\mathbb{M}^3\times\mathbb{E}$$

$$(x,\xi,y,\eta) \longmapsto (x,\xi,x,y,x,\eta+\Gamma_\phi(x)(y,\xi)),$$

und diese Abbildung besitzt die differenzierbare Umkehrung

$$(x,\xi,x,y,x,w) \longmapsto (x,\xi,y,w - \Gamma_\phi(x)(y,\xi)).$$

Damit läßt sich 4.4 auf alle schwach-differenzierbaren Zusammenhänge $K:TTM \longrightarrow TM$ ausdehnen, also sind Geodätische und die Exponentialabbildung auch für diese wie gehabt definierbar. Aus dem vorangegangenen Beweis folgt weiter, daß jeder schwach-differenzierbare torsionsfreie Zusammenhang K stark-differenzierbar ist.

(iv) Seien $\nabla,\tilde{\nabla}$ Zusammenhänge auf M. Die Abbildung

$$D:\mathfrak{X}(M)\times\mathfrak{X}(M) \longrightarrow \mathfrak{X}(M), D(X,Y) := \tilde{\nabla}_X Y - \nabla_X Y$$

lautet lokal $D(X,Y)_{\phi(p)} = \tilde{\Gamma}_{\phi(p)}(X_{\phi(p)},Y_{\phi(p)}) - \Gamma_{\phi(p)}(X_{\phi(p)},Y_{\phi(p)})$, ist also als Tensorfeld, also als C^∞-Schnitt in $L^2(TM;TM)$ deutbar (vgl. 4.7(i)). Da bekanntlich gilt $L^2(TM;TM) = L^2_s(TM;TM) \oplus L^2_a(TM;TM)$, läßt sich D eindeutig als Summe eines symmetrischen und eines schiefsymmetrischen Tensorfeldes schreiben (zur Schreibweise vgl. V. 1o):

$$D = D_s + D_a, D_s(u,v) := \tfrac{1}{2}(D(u,v)+D(v,u)), D_a(u,v) := \tfrac{1}{2}(D(u,v)-D(v,u)).$$

Dabei gilt für die zu $\nabla,\tilde{\nabla}$ gehörigen Torsionstensoren $T,\tilde{T}$:

$$D_a = \tfrac{1}{2}(\tilde{T}-T).$$

Die Zusammenhänge $\nabla,\tilde{\nabla}$ haben nun genau dann dieselben Geodätischen, wenn gilt: $D(v,v)=0$ für alle $v \in TM$ (d.h. wenn $D_s=0$ oder $D=D_a$ erfüllt ist). Dies folgt, da auf Grund der obigen lokalen Darstellung für alle $c \in C^\infty(I,M)$ die Gleichung $D(\dot{c}(t),\dot{c}(t)) = \tilde{\nabla}_c\dot{c}|_t - \nabla_c\dot{c}|_t$ erfüllt ist. Auf Grund der obigen Darstellung von D_a folgt weiter: Die Zusammenhänge $\nabla,\tilde{\nabla}$ stimmen überein, wenn sie dieselben Geodätischen definieren und ihre Torsionstensoren übereinstimmen. Je zwei Sprays definieren somit verschiedene Geodätischenmengen.

(v) Zusammenfassend gilt: Die Menge der kovarianten Differentiationen $\mathcal{R}$ auf M ist ein affiner Unterraum des Raumes der $\mathbb{R}$-bilinearen Abbildungen von $\mathfrak{X}(M)$ in sich mit dem linearen Unterraum

$$\mathfrak{X}_{L^2(TM;TM)}(M) = \mathfrak{X}_{L^2_a(TM;TM)}(M) \oplus \mathfrak{X}_{L^2_s(TM;TM)}(M)$$ als Richtungsraum, d.h.

$$\mathcal{R} = \{\nabla / \bigwedge_{X,Y\in\mathfrak{X}(M)} \nabla_X Y := \mathring{\nabla}_X Y + D(X,Y); D\in\mathfrak{X}_{L^2(TM;TM)}(M)\}$$

wobei $\mathring{\nabla}$ eine beliebige, aber fest gewählte kovariante Differentiation auf M ist. Weiter gilt:

Die Menge $\mathcal{Y}$ der Sprays auf M ist ein affiner Teilraum des $\mathbb{R}$-Vektorraumes $\mathfrak{X}(TM)$; man prüft dazu: Für alle Sprays S_1,S_2 auf M und alle $t\in\mathbb{R}$ gilt: $t\cdot S_1 + (1-t)\cdot S_2$ ist Spray auf M (der Richtungsraum wird von den vertikalen Feldern, die $Th_\alpha(\alpha\cdot S_v) = S_{\alpha v}$ erfüllen, gebildet).

Die lokale Darstellung (4) zeigt sofort: Die in 4.4 beschriebene Abbildung $\nabla \longmapsto S$ ist affine Surjektion. Die zu einem Spray S gehörigen kovarianten Differentiationen ∇ bilden also ebenfalls einen affinen Unterraum mit Richtungsraum $\mathfrak{X}_{L_a^2(TM;TM)}(M)$; eine affine Bijektion auf den Richtungsraum wird durch $\nabla \longmapsto T$ (= $2D_a = \nabla - \nabla_0$, ∇_0 der torsionsfreie Zusammenhang des Sprays S) gegeben. Die zum Richtungsraum $\mathfrak{X}_{L_s^2(TM;TM)}(TM)$ gehörigen affinen Unterräume von $\mathfrak{K}$ werden unter "$\nabla \longmapsto S$" affin isomorph auf $\mathfrak{S}$ abgebildet; sie sind die Urbildmengen in $\mathfrak{K}$ der Punkte von $\mathfrak{X}_{L_a^2(TM;TM)}(M)$ unter der affinen Surjektion $\nabla \longmapsto T$. Damit ist die Struktur von $\mathfrak{K}$ hinsichtlich der durch seine Elemente definierten Geodätischen (und Torsionstensoren) bestimmt.

Sprays sind wiederum nur "äquivalente" Umdeutungen von Zusammenhängen zum Zwecke der Untersuchung von Geodätischen, wobei nicht torsionsfreie oder nur schwach differenzierbare Zusammenhänge als ungeschickt gegeben angesehen werden müssen; sie können "symmetrisiert" werden, ohne daß die dazugehörigen Geodätischen sich ändern.

5. Die Levi-Civita-Differentiation

5.1 Theorem :

Sei (M,g) riemannsche Mannigfaltigkeit. Es gibt genau einen Zusammenhang ∇,K auf M, der riemannsch und torsionsfrei ist. Dieser Zusammenhang heißt der Levi-Civita-Zusammenhang von (M,g).

Bem.: Dieser Satz benötigt keine Partitionen der Eins, falls man die davon unabhängigen Charakterisierungen von riemannsch und torsionsfrei zugrundelegt (also die mittels Christoffelsymbolen oder mittels Kurven oder mittels der "Natürlichkeit hinsichtlich Einschränkungen": Für jede offene Teilmenge U von M ist K/T^2U der Levi-Civita-Zusammenhang von $(U, g|_U)$, vgl. 3.7, 3.8 und 4.7(i); die gesuchten ∇_ϕ werden nur mittels der g_ϕ konstruiert und bestimmen auf Grund der an sie gestellten Bedingungen nicht nur ∇, sondern stets auch das dazugehörige K eindeutig).

Die in 5.1(1) benutzte Darstellung der klassischen Definitionsgleichung

$$\bigwedge_{1\le i,j,k\le m} \sum_{l=1}^{m} g_{lk}\cdot\nabla_{ij}^{l} = \frac{1}{2}\left[\frac{\partial g_{jk}}{\partial x^i} + \frac{\partial g_{ki}}{\partial x^j} - \frac{\partial g_{ij}}{\partial x^k}\right]$$

der Christoffelsymbole dieses Zusammenhangs findet man auch bei Nevanlinna [36] im Falle endlicher Dimension und bei Haahti [19] im Falle beliebiger Hilberträume; dort wird gezeigt, daß sie eine einmal differenzierbare Lösung ∇_ϕ besitzt. Das Folgende zeigt, daß die (nach dem Satz von Riesz punktweise eindeutig lösbare) Gleichung 5.1(1) eine stark-differenzierbare Lösung ∇_ϕ besitzt, so daß die starke Differenzierbarkeit des Levi-Civita-Zusammenhangs auch folgt aus der starken Differenzierbarkeit der ihn definierenden riemannschen Metrik (statt durch Ausnutzung von 4.7(iii) aus seiner Torsionsfreiheit und seiner schwachen Differenzierbarkeit; man beachte, daß nach dem in 4.7(iii) Gesagten, schwach-differenzierbare riemannsche Metriken, also Morphismen $g: TM \oplus TM \longrightarrow \mathbb{R}$, die faserweise die Topologie induzierende Skalarprodukte definieren, stets auch riemannsche Metriken in unserem Sinne definieren (stark differenzierbar sind).

Bew.: Sei (ϕ, U) Karte von M (Modell $\mathbb{M}$) und g_ϕ der Hauptteil von g bzgl. der Karte (ϕ, U), d.h. für alle $p \in U$ gilt: $g_{\phi(p)} := g_{\phi|\phi(p)} = g_p \circ T\phi_p^{-1} \times T\phi_p^{-1} \in L_s^2(\mathbb{M})$, und dies ist ein mit der Topologie des Modelles $\mathbb{M}$ verträgliches Skalarprodukt auf $\mathbb{M}$. Die Gleichung

(1) $g_{\phi(p)}(\Gamma_{\phi(p)}(u,v),w) = \frac{1}{2}[Dg_{\phi(p)}\cdot u\cdot(v,w) + Dg_{\phi(p)}\cdot v\cdot(u,w) - Dg_{\phi(p)}\cdot w\cdot(u,v)]$

definiert eine stetige bilineare Abbildung $\Gamma_{\phi(p)} \in L^2(\mathbb{M};\mathbb{M})$, und die damit gegebene Abbildung $\Gamma_\phi : \phi(U) \longrightarrow L^2(\mathbb{M};\mathbb{M})$, $\phi(p) \longmapsto \Gamma_{\phi(p)}$ ist C^∞:

Bei der ersten Aussage handelt es sich um eine Anwendung des Inversen des durch $g_{\phi(p)}$ für jedes $r \in \mathbb{N}$ gegebenen topologischen Isomorphismus von $L^{r-1}(\mathbb{M};\mathbb{M})$ auf $L^r(\mathbb{M})$: $b \in L^{r-1}(\mathbb{M};\mathbb{M}) \longmapsto g_{\phi(p)}(b(\bullet\bullet,\bullet\ldots\bullet,\bullet\bullet),\bullet\bullet) = g_{\phi(p)} \circ (b, id)$, im Falle $r=3$. Die zweite Aussage folgt ebenfalls mit Hilfe dieser Isomorphismen aus den bekannten Kompositionsregeln für C^∞-Abbildungen: Ist $\langle..,..\rangle$ von der Wahl von $p \in U$ unabhängiges Skalarprodukt für $\mathbb{M}$, das die Topologie von $\mathbb{M}$ induziert und bezeichnet $b_{\phi(p)}$ die rechte Seite der obigen Definitionsgleichung (1), so gibt es C^∞-Funktionen $\phi(p) \overset{A}{\longmapsto} A_{\phi(p)} \in L(\mathbb{M};\mathbb{M})$, $\phi(p) \overset{B}{\longmapsto} B_{\phi(p)} \in L^2(\mathbb{M};\mathbb{M})$ mit $g_{\phi(p)} = \langle A_{\phi(p)}(\ldots),\ldots\rangle$ bzw. $b_{\phi(p)} = \langle B_{\phi(p)}(..,..),..\rangle$. $A_{\phi(p)}$ ist stets topologischer Isomorphismus, weshalb auch die Funktionen $\phi(p) \longmapsto (A_{\phi(p)})^{-1}$ und $\phi(p) \longmapsto (A_{\phi(p)})^{-1} \circ B_{\phi(p)}$ C^∞-Abbildungen sind.

Die letzte Funktion ist aber gerade unser Γ_ϕ, da $g_{\phi(p)}((A_{\phi(p)})^{-1} \circ B_{\phi(p)}(..,..),..) = \langle B_{\phi(p)}(..,..),..\rangle = b_{\phi(p)}$ gilt.

Wir untersuchen jetzt das Transformationsverhalten der $\Gamma_{\phi(p)}$: Sei (ψ, V) weitere Karte von M und $p \in U \cap V$. Wegen

$g_{\psi(p)} = g_\phi((\phi\circ\psi^{-1})(\psi(p)))\cdot(D(\phi\circ\psi^{-1})_{\psi(p)}(\ldots), D(\phi\circ\psi^{-1})_{\psi(p)}(\ldots))$ folgt

$Dg_{\psi(p)} = Dg_{\phi(p)} \circ D(\phi\circ\psi^{-1})_{\psi(p)}(\ldots)\cdot(D(\phi\circ\psi^{-1})_{\psi(p)}(\ldots), D(\phi\circ\psi^{-1})_{\psi(p)}(\ldots)) +$

$+ g_{\phi(p)}(D^2(\phi\circ\psi^{-1})_{\psi(p)}(\ldots,\ldots), D(\phi\circ\psi^{-1})_{\psi(p)}(\ldots)) +$

$+ g_{\phi(p)}(D(\phi\circ\psi^{-1})_{\psi(p)}(\ldots), D^2(\phi\circ\psi^{-1})_{\psi(p)}(\ldots,\ldots))$, d.h. für alle u', v', w' gilt $g_{\psi(p)}(\Gamma_{\psi(p)}(u',v'),w') = g_{\phi(p)}(D(\phi\circ\psi^{-1})_{\psi(p)} \circ \Gamma_{\psi(p)}(u',v'), w') =$

(unter Verwendung von $u := D(\phi\circ\psi^{-1})_{\psi(p)}\cdot u'$, $v := D(\phi\circ\psi^{-1})_{\psi(p)}\cdot v'$

$w := D(\phi\circ\psi^{-1})_{\psi(p)}\cdot w'$)

$$= \tfrac{1}{2}\Big[Dg_{\phi(p)}\cdot u\cdot(v,w) + g_{\phi(p)}(D^2(\phi\circ\psi^{-1})_{\psi(p)}\cdot(u',v'),w) + g_{\phi(p)}(v,D^2(\phi\circ\psi^{-1})_{\psi(p)}\cdot(u',w')) +$$

$$+ Dg_{\phi(p)}\cdot v\cdot(u,w) + g_{\phi(p)}(D^2(\phi\circ\psi^{-1})_{\psi(p)}\cdot(u',v'),w) + g_{\phi(p)}(u,D^2(\phi\circ\psi^{-1})_{\psi(p)}\cdot(v',w')) -$$

$$- Dg_{\phi(p)}\cdot w\cdot(u,v) - g_{\phi(p)}(D^2(\phi\circ\psi^{-1})_{\psi(p)}\cdot(u',w'),v) - g_{\phi(p)}(u,D^2(\phi\circ\psi^{-1})_{\psi(p)}\cdot(w',v'))\Big] =$$

$$= g_{\phi(p)}(\Gamma_{\phi(p)}(u,v),w) + g_{\phi(p)}(D^2(\phi\circ\psi^{-1})_{\psi(p)}\cdot(u',v'),w),$$ also folgt

$$D(\phi\circ\psi^{-1})_{\psi(p)}\cdot\Gamma_{\psi(p)}(u',v') = \Gamma_{\phi(p)}(u,v) + D^2(\phi\circ\psi^{-1})_{\psi(p)}\cdot(u',v'),$$

d.h. die Γ_ϕ genügen der Transformationsregel 1.5 (beachte: $T_{\phi\psi} = D(\psi\circ\phi^{-1})$, da E=TM) und definieren deshalb durch $K_\phi : \phi(U)\times\mathbb{M}^3 \longrightarrow \phi(U)\times\mathbb{M}$, $(x,\xi,y,\eta) \longmapsto (x,\eta + \Gamma_\phi(x)(y,\xi))$ genau einen globalen Zusammenhang $K: TTM \longrightarrow TM$ mit diesen lokalen Darstellungen.

Da die $\Gamma_{\phi(p)}$ nach 5.1(1) alle symmetrisch sind, ist dieser Zusammenhang torsionsfrei; er ist auch riemannsch, da aus der Gültigkeit von 5.1(1) für die $\Gamma_{\phi(p)}$ sofort die Gültigkeit von 3.8(4) für die $\Gamma_{\phi(p)}$ folgt.

Zur Eindeutigkeit: Sei K' ein weiterer riemannscher und torsionsfreier Zusammenhang auf M und Γ'_ϕ das Christoffelsymbol von K' bzgl. der Trivialisierung $(T\phi,\phi,U)$: Aus 3.8(4) und 4.7(i) folgt:

$$\tfrac{1}{2}\big[Dg_{\phi(p)}\cdot u\cdot(v,w) + Dg_{\phi(p)}\cdot v\cdot(u,w) - Dg_{\phi(p)}\cdot w\cdot(u,v)\big] =$$

$$= \tfrac{1}{2}\big[g_{\phi(p)}(\Gamma'_{\phi(p)}(u,v),w) + g_{\phi(p)}(\Gamma'_{\phi(p)}(u,w),v) + g_{\phi(p)}(\Gamma'_{\phi(p)}(v,u),w) +$$

$$+ g_{\phi(p)}(\Gamma'_{\phi(p)}(v,w),u) - g_{\phi(p)}(\Gamma'_{\phi(p)}(w,u),v) - g_{\phi(p)}(\Gamma'_{\phi(p)}(w,v),u)\big] =$$

$= g_{\phi(p)}(\Gamma'_{\phi(p)}(u,v),w)$, d.h. die Bedingungen "riemannsch" und "torsionsfrei" implizieren, daß $\Gamma'_{\phi(p)}$ ebenfalls der Definitionsgleichung (1) genügen muß, weshalb $\Gamma'_\phi = \Gamma_\phi$, also K = K' folgt.

Q.E.D.

5.2 Bemerkung :

$$\tfrac{1}{2}\big[Xg(Y,Z) + Yg(Z,X) - Zg(X,Y) + g(Z,[X,Y]) + g(Y,[Z,X]) - g(X,[Y,Z])\big]$$

lautet lokal

$$\tfrac{1}{2}\big[Dg_{\phi(p)}\cdot X_{\phi(p)}\cdot(Y_{\phi(p)},Z_{\phi(p)}) + Dg_{\phi(p)}\cdot Y_{\phi(p)}\cdot(X_{\phi(p)},Z_{\phi(p)})$$

$$- Dg_{\phi(p)}\cdot Z_{\phi(p)}\cdot(X_{\phi(p)},Y_{\phi(p)}) + g_{\phi(p)}(DY_{\phi(p)}\cdot X_{\phi(p)},Z_{\phi(p)}),$$

und dies ist für den Levi-Civita-Zusammenhang ∇ von g gleich

$$g_{\phi(p)}(\Gamma_{\phi(p)}(X_{\phi(p)},Y_{\phi(p)}) + DY_{\phi(p)}\cdot X_{\phi(p)},Z_{\phi(p)}),$$

d.h. die Definitionsgleichung (1) der Γ_ϕ schreibt sich global

(2) $g(\nabla_X Y,Z) = \frac{1}{2}[Xg(Y,Z) + Yg(X,Z)-Zg(X,Y)+g([X,Y],Z)+g([Z,X],Y)-g([Y,Z],X)]$

Die dazugehörige lokale Gleichung zeigt, daß die rechte Seite bzgl. der Variablen Z als Schnitt in L(TM) aufgefaßt werden kann und daß $\nabla_X Y$ gerade das zu diesem Schnitt gehörige Vektorfeld auf M ist bzgl. der durch das nichtentartete bilineare Tensorfeld g gegebenen Identifizierung von $\mathfrak{X}(M)$ mit $\mathfrak{X}_{L(TM)}(M)$: $X \longmapsto g(X,..)$ (vgl. [29], VII, § 5).

In Verallgemeinerung von (2) gilt für beliebige Morphismen $f:N \longrightarrow (M,g)$:

(3) $\bigwedge_{X,Y,Z\in\mathfrak{X}(N)} \quad g(\nabla_X Tf\cdot Y,Tf\cdot Z) = \frac{1}{2}[Xg(Tf\cdot Y,Tf\cdot Z) + Yg(Tf\cdot Z,Tf\cdot X) -$

$- Zg(Tf\cdot X,Tf\cdot Y) + g(Tf\cdot Z,Tf\cdot[X,Y]) + g(Tf\cdot Y,Tf\cdot[Z,X])- g(Tf\cdot X,Tf\cdot[Y,Z])]$.

Dies folgt wegen T = o sofort durch geeignete Zusammensetzung von 3.8(2) und der Cartanschen Strukturgleichung 8.1(6).

Obiges ∇ erfüllt alle früheren Aussagen über kovariante Differentiationen, insbesondere ist die dazugehörige Parallelverschiebung isometrisch. Für die Geodätischen von ∇ besagt dies speziell $g_c(\dot{c},\dot{c})$ = konst , d.h. <u>der Parameter von c ist proportional zur Bogenlänge von c</u>:

$$L_{c|[o,t]} := \int_o^t g_{c(t)}(\dot{c}(t),\dot{c}(t))^{1/2}dt = g_{c(o)}(\dot{c}(o),\dot{c}(o))^{1/2}\cdot t = \|\dot{c}(o)\|_{c(t)}\cdot t,$$

und dies besagt: Ist $v \in \widetilde{TM}$ Anfangswert der Geodätischen c, also $\dot{c}(o) = v$, so existiert diese **wenigstens** bis zur Länge von v: $\|v\| = g(v,v)^{1/2}$.

Für die natürlichen Karten (ϕ,U) des Levi-Civita-Zusammenhangs gilt

$$g_{\phi(p)} = g_p \text{ und } \Gamma_{\phi(p)} = o$$

als weiteres Merkmal ihrer "Natürlichkeit" (Zur ersten Gleichung vgl. 4.2 Bem. (v), die zweite folgt aus 4.1 Bem., wegen $\phi\circ c(t) = t\cdot\dot{c}(o)$, also $(\phi\circ c)'' \equiv o$, da damit für alle $v\in M_p$ folgt: $\Gamma_{\phi(p)}(v,v) = o$, erstere gilt also auch für jeden anderen Zusammenhang auf M, letztere für alle torsionsfreien Zusammenhänge auf M).

Der folgende Satz beschreibt die Invarianz der Levi-Civita-Differentiation unter isometrischen Abbildungen i, d.s. Abbildungen, bei denen nach Sprachgebrauch von 3.9 (ii) Ti isometrisch ist. Solche Abbildungen sind (auch bei unendlicher Dimension) stets Immersionen, d.h. Ti ist stets injektiv und spaltend.

Sei (M,g) riemannsche Mannigfaltigkeit und $i:\tilde{M} \longrightarrow M$ Immersion (o.B.d.A. kann angenommen werden: i Inklusion, also $\tilde{M}\subset M$). Sei $\omega_p : M_{i(p)} \longrightarrow M_{i(p)}$ die Orthogonalprojektion auf $T_i(\tilde{M}_p)$ bzgl. $g_{i(p)}$, $p\in\tilde{M}$. Ist $v\in M_{i(p)}$, so heißt $v^T := \omega_p(v)$ bzw. $v^\perp := v-\omega_p(v)$ <u>die tangentiale bzw. orthogonale Komponente von v</u> (bzgl. i,g).

Nach [29], S. 45 und Chap. Vii gilt: $o \longrightarrow T\tilde{M} \xrightarrow{(\tilde{\pi},Ti)} i^*TM$ ist exakt, also $T\tilde{M}$ als Unterbündel von i^*TM auffaßbar. Sei i^*g die auf i^*TM durch g und i induzierte riemannsche Metrik. Für die Hilbertbündel $T\widetilde{M}$ und i^*TM über M folgt damit: Es existiert ein zu $T\widetilde{M}$ orthogonales Bündel $T\widetilde{M}^\perp$ in i^*TM mit $T\widetilde{M} \oplus T\widetilde{M}^\perp = i^*TM$, das sogenannte Normalenbündel von TM bzgl. i,g (die obige Sequenz spaltet also), und die eben definierten Orthogonalprojektionen ω_p lassen sich zu einem C^∞-Schnitt $\omega^*:\widetilde{M} \longrightarrow L(i^*TM;i^*TM)$ zusammensetzen (vgl. [29], S. 104/5; es handelt sich um die übliche Umdeutung des dort (bzgl. i^*g) angegebenen Vektorraumbündelmorphismus h in einen C^∞-Schnitt). Diese Zerlegung von i^*TM induziert eine entsprechende Zerlegung des dazu gehörigen Schnittraumes $\mathfrak{X}_{i^*TM}(\widetilde{M})$: $\mathfrak{X}_{i^*TM}(\widetilde{M}) = \mathfrak{X}(\widetilde{M}) \oplus \mathfrak{X}_{T\widetilde{M}^\perp}(\widetilde{M})$, dargestellt durch $X = (\omega^*\cdot X, (id - \omega^*)\cdot X)$. Vermöge der Identifizierung $\mathfrak{X}_{i^*TM}(\widetilde{M}) = \mathfrak{X}(i)$ aus § 3 Einleitung deuten wir das bisher Gesagte jetzt für Vektorfelder in TM längs i: Der C^∞-Schnitt ω^* in $L(i^*TM;i^*TM)$ induziert auf Grund der Identifizierung $i^*L(TM;TM) = L(i^*TM;i^*TM)$ sofort einen C^∞-Schnitt $\omega:\widetilde{M} \longrightarrow L(TM;TM)$ längs $i:p \longmapsto \omega_p$. Damit ist jedes Vektorfeld $X \in \mathfrak{X}(i)$ zerlegbar in seine tangentiale und seine orthogonale Komponente (bzgl. i,g): $X^\top := \omega\cdot X$, $X^\perp := X - \omega X$, und wir erhalten die folgende Zerlegung von $\mathfrak{X}(i)$ in direkte Summanden:

$$\mathfrak{X}(i) = \mathfrak{X}(i)^\top \oplus \mathfrak{X}(i)^\perp, \quad X = (\omega\cdot X, (id - \omega)\cdot X).$$

Die Abbildung $Y \in \mathfrak{X}(\widetilde{M}) \longmapsto Ti\cdot Y \in \mathfrak{X}(i)^\top$ ist Einschränkung der Identifikation $\mathfrak{X}_{i^*TM}(\widetilde{M}) = \mathfrak{X}(i)$ **auf** $\mathfrak{X}(\widetilde{M})$, also ebenfalls Isomorphismus, insbesondere gibt es damit zu jedem tangentialen Vektorfeld Z längs i -also zu jedem obigen $X^\top$ - genau ein Vektorfeld $Y \in \mathfrak{X}(\widetilde{M})$ mit $Ti\cdot Y = Z$. Ist $f:N \longrightarrow \widetilde{M}$ Morphismus und $X \in \mathfrak{X}(i\circ f)$, so sind $\omega\cdot X := (\omega\circ f)\cdot X$ und $(id - \omega)\cdot X := X - (\omega\circ f)\cdot X$ ebenfalls in $\mathfrak{X}(i\circ f)$, so daß auch dieser Raum eine Zerlegung in die direkten Summanden der tangentialen bzw. orthogonalen Vektorfelder längs $i\circ f$ gestattet:

$$\mathfrak{X}(i\circ f) = \mathfrak{X}(i\circ f)^\top \oplus \mathfrak{X}(i\circ f)^\perp.$$

5.3 Satz :

Sei zusätzlich zu dem bereits Gegebenen noch eine riemannsche Metrik $\widetilde{g}$ auf $\widetilde{M}$ gegeben und $i:(\widetilde{M},\widetilde{g}) \longrightarrow (M,g)$ isometrische Abbildung (also $i^*g=\widetilde{g}$; Spezialfall: i isometrische Einbettung, also $(\widetilde{M},\widetilde{g})$ riemannsche Untermannigfaltigkeit von (M,g)). Seien $\widetilde{\pi},\widetilde{\tau}$ bzw. π,τ bzgl. $\widetilde{M}$,M wie in § 4, $f:N \longrightarrow \widetilde{M}$ Morphismus und $\widetilde{K}$,K die Levi-Civita-Zusammenhänge von $(\widetilde{M},\widetilde{g}),(M,g)$.

Beh.: $$\bigwedge_{b\in TT\widetilde{M}} Ti\circ\widetilde{K}(b) = (K\circ TTi(b))^\top \qquad (1)$$

Bem.: Für die dazugehörigen kovarianten Differentiationen lautet (1) für alle $X \in \mathfrak{X}(N), Y \in \mathfrak{X}(f)$:

(2) $$Ti\cdot\widetilde{\nabla}_X Y = (\nabla_X Ti\cdot Y)^\top \in \mathfrak{X}(i\circ f) \quad ,$$

also längs C^∞-Kurven $c:I \longrightarrow \widetilde{M}$ für alle $X \in \mathfrak{X}(c)$:

(3) $$Ti\cdot\widetilde{\nabla}_{\dot c}X = (\nabla_{i\circ c}Ti\cdot X)^{\top} .$$

Aus (3) folgt: Ist $Ti\cdot X$ bzw. $i\circ c$ paralleles Vektorfeld bzw. Geodätische bzgl. (M,g), so auch X bzw. c bzgl. $(\widetilde{M},\widetilde{g})$. Ist Ti_p für alle $p\in\widetilde{M}$ surjektiv, also topologischer Isomorphismus, so gilt auch die umgekehrte Richtung dieser Behauptung (die Parallelverschiebung kommutiert mit lokalen Isometrien $Ti\circ P_{c|[o,t]}\cdot v = P_{i\circ c|[o,t]}\circ Ti\cdot v$, und es gilt: $i\circ\exp_{\widetilde{M}} = \exp_M\circ Ti$), und wir haben das folgende kommutative Diagramm

$$\begin{array}{ccc} TT\widetilde{M} & \xrightarrow{TTi} & TTM \\ \Big\downarrow{\scriptstyle\widetilde{K}} & & \Big\downarrow{\scriptstyle K} \\ T\widetilde{M} & \xrightarrow{Ti} & TM \end{array}$$

(dies folgt auch aus 3.9(ii), da es in diesem Fall für alle $p\in\widetilde{M}$ eine Umgebung U von p gibt, so daß i/U Diffeomorphismus auf eine offene Menge V von M ist, der in beide Richtungen isometrisch ist, so daß also durch $K' := Ti\circ\widetilde{K}\circ TTi^{-1}$ ein riemannscher und torsionsfreier Zusammenhang auf $(V,g|_V)$ definiert wird, der nach 5.1 mit K/TTV übereinstimmen muß, woraus $Ti\circ\widetilde{K} = K\circ TTi$ auf TTU, also auf $TT\widetilde{M}$ folgt).

<u>Bew.</u>: Da i Immersion ist, gibt es zu $p := \widetilde{\pi}\circ\widetilde{\tau}(b)\in\widetilde{M}$ Karten $(\phi,U),(\psi,V)$ um p bzw. $i(p)$ von $\widetilde{M}$ bzw. M mit Modell $\widetilde{\mathbb{M}}$ bzw. $\mathbb{M}$, so daß $\widetilde{\mathbb{M}}$ topologisch-direkter Summand von $\mathbb{M}$ ist und $\psi\circ i\circ\phi^{-1}$ Einschränkung der Inklusion $j:\widetilde{\mathbb{M}}\longrightarrow\mathbb{M}$. Da i isometrisch ist, gilt außerdem: $\widetilde{g}_{\phi(q)} = g_{\psi(i(q))}\circ j\times j$ für alle $q\in U\cap i^{-1}(V)$. Die linke Seite von (1) lautet trivialisiert (bzgl. $TT\phi, T\psi$, $(x,\xi,y,\eta) := TT\phi(b), x=\phi(p)$):

$$(x,\eta + \widetilde{\Gamma}_{\phi}(x)(y,\xi)) ,$$

für die rechte ergibt sich wegen

$$TT\psi\circ TTi\circ TT\phi^{-1}(x,\xi,y,\eta) = TT(\psi\circ i\circ\phi^{-1})(x,\xi,y,\eta) \overset{2.1}{=}$$

$$(\psi\circ i\circ\phi^{-1}(x),D(\psi\circ i\circ\phi^{-1})_x\cdot\xi,D(\psi\circ i\circ\phi^{-1})_x\cdot y,D^2(\psi\circ i\circ\phi^{-1})_x(\xi,y)+D(\psi\circ i\circ\phi^{-1})_x\cdot\eta) =$$

(x,ξ,y,η) folgender Ausdruck (wobei die Projektion $^{\top}=\omega$ noch nicht berücksichtigt worden ist):

$$(x,\eta + \Gamma_{\psi}(x)(y,\xi)).$$

Die Projektion w_q ist lokalisiert für obige q durch die Orthogonalprojektion $\omega_{\phi(q)}: \mathbb{M}\longrightarrow\mathbb{M}$ auf $\widetilde{\mathbb{M}}$ bzgl. $g_{\psi(i(q))}$ gegeben. Da $\xi,y,\eta\in\widetilde{\mathbb{M}}$, bleibt somit zu zeigen

(*) $$\omega_{\phi(p)}\circ\Gamma_{\psi(i(p))}\circ j\times j = j\circ\widetilde{\Gamma}_{\phi(p)} .$$

Es gilt für alle $u\in\widetilde{\mathbb{M}}$: $$\widetilde{g}_{\phi|x}(\widetilde{\Gamma}_{\phi(p)}(y,\xi),u) \overset{5.1}{=}$$

$$\tfrac{1}{2}[D\widetilde{g}_{\phi|x}\cdot y\cdot(\xi,u) + D\widetilde{g}_{\phi|x}\cdot\xi\cdot(y,u) - Dg_{\phi|x}\cdot u\cdot(y,\xi) =$$

$$\tfrac{1}{2}[Dg_{\psi|x}\cdot y\cdot(\xi,u) + Dg_{\psi|x}\cdot\xi\cdot(y,u) - Dg_{\psi|x}\cdot u\cdot(y,\xi)]$$

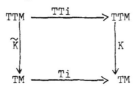

(da es sich um Richtungsableitungen der Funktionen $\tilde{g}_{\phi|x}(\xi,u) = g_{\psi|x}(\xi,u),..$ in Richtung y,... handelt)

$$= g_{\psi|x}(\Gamma_{\psi(i(p))}(y,\xi),u) = \tilde{g}_{\phi|x}(\omega_{\phi(p)}\circ\Gamma_{\psi(i(p))}(y,\xi),u),$$

also gilt für alle $u \in M$:

$\tilde{g}_{\phi|x}(\tilde{\Gamma}_{\phi(p)}(y,\xi) - \omega_{\phi(p)}\cdot\Gamma_{\psi(i(p))}(y,\xi),u) = o$, woraus (*) folgt.

5.4 Anmerkungen :

(i) Mit der Existenz des Levi-Civita-Zusammenhangs K auf einer riemannschen Mannigfaltigkeit (M,g) haben wir nach 4.4 auch die Existenz eines kanonischen Sprays auf (M,g). Dieser Spray stimmt mit dem in Lang [29], S. 1o9 beschriebenen "Geodätischen Spray von g" überein (so daß also nach 4.7(ii) der Levi-Civita-Zusammenhang auch über diesen Spray hätte gewonnen werden können).

Bew.: Nach 4.7(ii) ist zu zeigen, daß für die charakteristischen Teile f_2, Γ_ϕ des Langschen Sprays bzw. des Levi-Civita-Zusammenhangs von (M,g) bzgl. Trivialisierungen vom Typ $(T\phi,\phi,U),(TT\phi,T\phi,TU)$ von TM bzw. TTM die Gleichung

$$f_2(x,v) = -\Gamma_\phi(x)(v,v) \quad \text{erfüllt ist.}$$

Die in Lang, S. 111 gebrachte Bestimmungsgleichung für $\langle y,f_2(x,v)\rangle_x$ schreibt sich in unserer Schreibweise:

$$g_{\phi|x}(y,f_2(x,v)) = Dg_{\phi|x}\cdot y\cdot(v,v) - Dg_{\phi|x}\cdot v\cdot(v,y) - \frac{1}{2}Dg_{\phi|x}\cdot y\cdot(v,v) =$$
$$-\frac{1}{2}[Dg_{\phi|x}\cdot v\cdot(v,y) + Dg_{\phi|x}\cdot v\cdot(v,y) - Dg_{\phi|x}\cdot y\cdot(v,v) = g_{\phi|x}(-\Gamma_\phi(x)(v,v),y),$$

woraus durch Vergleich mit 5.1(1) die Behauptung folgt.

(ii) In Verallgemeinerung von 5.1 gilt: Ist T schiefsymmetrisches Tensorfeld in $L^2(TM;TM)$: $T\in\mathfrak{X}_{L^2_a(TM;TM)}(M)$, so gibt es genau einen riemannschen Zusammenhang K auf (M,g), der T als Torsionstensor besitzt. Der Beweis hierzu verläuft analog zu 5.1, indem man zur rechten Seite von 5.1(1) den Term

$$\frac{1}{2}[g_{\phi(p)}(w,T_{\phi(p)}(u,v)) + g_{\phi(p)}(v,T_{\phi(p)}(w,u)) - g_{\phi(p)}(u,T_{\phi(p)}(v,w))]$$

hinzufügt (wobei der Hauptteil $T_{\phi(p)}$ von T wie bei $g_{\phi(p)}$ in 5.1 durch $T_{\phi(p)} := T_\phi(\phi(p)) = T\phi_p\circ T_p\circ T\phi_p^{-1}\times T\phi_p^{-1}$ gegeben ist).

Ist $\mathring{K}$ der Levi-Civita-Zusammenhang von (M,g), so folgt für die zu $K,\mathring{K}$ gehörigen kovarianten Differentiationen aus dem Vergleich der Definitionsgleichungen der $\Gamma_\phi,\mathring{\Gamma}_\phi$ sofort:

$$g(\nabla_X Y,Z) = g(\mathring{\nabla}_X Y,Z) + \frac{1}{2}[g(Z,T(X,Y)) + g(Y,T(Z,X)) - g(X,T(Y,Z))$$

für alle $X,Y,Z\in\mathfrak{X}(M)$, sowie allgemeiner für alle Vektorfelder $Y,Z\in\mathfrak{X}(f)$ längs Morphismen $f:N\longrightarrow M$ und alle $X\in\mathfrak{X}(N)$:

$$g(\nabla_X Y,Z) = g(\overset{\circ}{\nabla}_X Y,Z) + \tfrac{1}{2}\big[g(Z,T(Tf\cdot X,Y)) + g(Y,T(Z,Tf\cdot X)) - g(Tf\cdot X,T(Y,Z))\big].$$

Einsetzung von 5.2 (2) bzw. 5.2 (3) in den ersten der rechts stehenden Summanden liefert zu 5.2 (2) bzw. 5.2 (3) analoge globale (Definitions-) Gleichungen für $\nabla_X Y$.

(iii) Seien $\nabla,\tilde{\nabla}$ zu $T,\tilde{T}\in\mathfrak{X}_{L^2_a(TM;TM)}(M)$ gemäß (ii) gegeben. In Verallgemeinerung des am Schluß von (ii) Festgestellten gilt mit den dortigen Argumenten

$$(*)\quad g(\nabla_X Y,Z) = g(\tilde{\nabla}_X Y,Z) + \tfrac{1}{2}\big[g(Z,(T-\tilde{T})(Tf\cdot X,Y)) + g(Y,(T-\tilde{T})(Z,Tf\cdot X)) - g(Tf\cdot X,(T-\tilde{T})(Y,Z))\big]$$

für alle Morphismen $f:N\longrightarrow M$ und alle $X\in\mathfrak{X}(N),Y,Z\in\mathfrak{X}(f)$.

Für C^∞-Kurven $f=c:I\longrightarrow M$ und $Z\in\mathfrak{X}(c)$ ergibt sich daraus speziell:

$$g_c(\nabla_c\dot{c},Z)=g_c(\tilde{\nabla}_c\dot{c},Z) + \tfrac{1}{2}\big[g_c(Z,(T-\tilde{T})(\dot{c},\dot{c}))+g_c(\dot{c},(T-\tilde{T})(Z,\dot{c}))-g_c(\dot{c},(T-\tilde{T})(\dot{c},Z))\big]$$
$$= g_c(\tilde{\nabla}_c\dot{c},Z) + g_c(\dot{c},(T-\tilde{T})(Z,\dot{c})),$$

woraus folgt, daß $\nabla,\tilde{\nabla}$ genau dann dieselben Geodätischen definieren, falls die 3-Form $g(..,(T-\tilde{T})(..,..))\in\mathfrak{X}_{L^3(TM)}(M)$, sogar Schnitt in $L^3_a(M)$ ist. Ist dies erfüllt, so gilt nach $(*)$ $\nabla_X Y = \tilde{\nabla}_X Y + \frac{1}{2}(T-\tilde{T})(X,Y)$.

(iv) Durch Auswertung von (ii) und (iii) folgt: Die Menge der riemannschen Zusammenhänge einer riemannschen Mannigfaltigkeit (M,g) ist ein affiner Unterraum $\mathfrak{g}$ des in 4.7(iv) betrachteten affinen Raumes $\mathfrak{K}$ aller Zusammenhänge auf M. Für die in 4.7(iv) betrachtete affine Abbildung

$$\vartheta:\mathfrak{K}\longrightarrow\mathfrak{X}_{L^2_a(TM;TM)}(M)\oplus\mathfrak{X}_{L^2_s(TM;TM)}(M),\ \nabla\longmapsto\nabla-\nabla_0 = D_a + D_s$$

gilt bzgl. der Levi-Civita-Differentiation ∇_0 von (M,g):

$pr_1\circ\vartheta:\mathfrak{g}\longrightarrow\mathfrak{X}_{L^2_a(TM;TM)}(M)$ ist durch $\nabla\longmapsto\frac{1}{2}T = D_a$ gegeben und affine Bijektion. Die auf den Torsionstensoren, also auf $\mathfrak{X}_{L^2_a(TM;TM)}(M)$ erklärte Äquivalenzrelation R_g:

"$T\sim\tilde{T} :\Longleftrightarrow g(..,(T-\tilde{T})(..,..)) = 2g(..,(D_a-\tilde{D}_a)(..,..))$' ist Schnitt in $L^3_a(TM)$" ist mit der Vektorraumstruktur von $\mathfrak{X}_{L^2_a(TM;TM)}(M)$ verträglich, und die dadurch bestimmte Zerlegung von $\mathfrak{g}$ in affine Unterräume (der Richtungsraum ist die Restklasse der o!) stimmt mit der aus 4.7(v), also der Zerlegung in die affinen Unterräume von $\mathfrak{g}$, auf denen $\nabla\longmapsto S$ konstant ist, überein (obiges D_s ist durch D_a stets eindeutig bestimmt und genau auf jedem dieser Unterräume konstant). Die Elemente $D=D_a+D_s$ des Richtungsraumes von $\mathfrak{g}$ sind genau die Schnitte in $L^2(TM;TM)$, die der Gleichung $g(D(u,v),w) = -g(D(u,w),v)$ genügen.

(v) Seien $i:\widetilde{M} \longrightarrow M, g, \tilde{g}, \nabla, \tilde{\nabla}$ wie in 5.3, $X \in \mathfrak{X}(i)$ und bezeichne ${}^{\top}X \in \mathfrak{X}(\widetilde{M})$ das nach dortigem zu $X^{\top} \in \mathfrak{X}(i)$ gehörige Vektorfeld auf $\widetilde{M}$ (die zurückgeholte Tangentialkomponente von X: $Ti \cdot {}^{\top}X = X^{\top}$, ${}^{\top}(X^{\top}) = {}^{\top}X$), für alle $Y \in \mathfrak{X}(\widetilde{M})$ gilt: $\tilde{g}({}^{\top}X, Y) = g(X, Ti \cdot Y)$. Die Abbildung

(1) $\quad S: \mathfrak{X}(\widetilde{M}) \times \mathfrak{X}(i)^{\perp} \longrightarrow \mathfrak{X}(\widetilde{M}), \; S(X,N) := {}^{\top}(\nabla_X N)$

lautet nach § 3 Einleitung und 5.3 Beweis lokal (bzgl. der in 5.3 gewählten Karten wegen $\omega_{\phi(q)} \cdot N_{\phi(q)} = o$):

$$S(X,N)_{\phi(q)} = \omega_{\phi(q)}(DN_{\phi(q)} \cdot X_{\phi(q)} + \Gamma_{\psi(i(q))}(X_{\phi(q)}, N_{\phi(q)}))$$

$$= -D\omega_{\phi(q)}(X_{\phi(q)})N_{\phi(q)}) + \omega_{\phi(q)} \cdot \Gamma_{\psi(i(q))}(X_{\phi(q)}, N_{\phi(q)}).$$

Es folgt, daß S als C^{∞}-Schnitt in $L(T\widetilde{M}, T\widetilde{M}^{\perp}; T\widetilde{M})$ aufgefaßt werden kann. Der <u>zweite Fundamentaltensor</u> S_N und die <u>zweite Fundamentalform</u> ℓ_N bzgl. einem Normalenfeld N längs i:

(2) $\quad \bigwedge_{X,Y \in \mathfrak{X}(\widetilde{M})} \quad S_N X := S(X,N), \ell_N(X,Y) := \tilde{g}(S_N X, Y)$

sind damit ebenfalls C^{∞}-Schnitte -in $L(T\widetilde{M}; T\widetilde{M})$ bzw. $L^2(T\widetilde{M}, T\widetilde{M})$. Letzterer ist sogar C^{∞}-Schnitt in $L^2_s(T\widetilde{M}; T\widetilde{M})$ (d.h. ersterer ist faserweise selbstadjungiert bzgl. $\tilde{g}$). Die Symmetrie von ℓ_N folgt dabei aus:

$$\tilde{g}(S_N X, Y) = g(\nabla_X N, Ti \cdot Y) \overset{3.8}{\underset{(2)}{=}} Xg(N, Ti \cdot Y) - g(N, \nabla_X Ti \cdot Y) \overset{8.2}{\underset{(6)}{=}}$$

$$-g(N, \nabla_Y Ti \cdot X + Ti \cdot [X,Y]) = -g(N, \nabla_Y Ti \cdot X) \overset{3.8}{\underset{(2)}{=}} g(\nabla_Y N, Ti \cdot X) = \tilde{g}(S_N Y, X).$$

In 5.3 wurde gezeigt: $Ti \cdot \tilde{\nabla}_X Y = (\nabla_X Ti \cdot Y)^{\top}$. Die letzte Rechnung ergibt für den dabei weggefallenen Normalteil $\ell(X,Y) := (\nabla_X Ti \cdot Y)^{\perp} \in \mathfrak{X}(i)^{\perp}$ (die <u>zweite Fundamentalform von $\widetilde{M}$ bzgl. i)</u> die Beziehung

(3) $\quad g(N, \ell(X,Y)) = -\ell_N(X,Y) \quad$ für alle $N \in \mathfrak{X}(i)^{\perp}$.

Nach § 3 Einleitung gilt mit den in 5.3 gebrauchten Karten (vgl. die dortigen Ergebnisse):

$$(\nabla_X Ti \cdot Y)_{\phi(p)} = D(Ti \cdot Y)_{\phi(p)} \cdot X_{\phi(p)} + \Gamma_{\psi(p)}((Ti \cdot X)_{\phi(p)}, (Ti \cdot Y)_{\phi(p)})$$

$$= DY_{\phi(p)} \cdot X_{\phi(p)} + \Gamma_{\psi(p)}(X_{\phi(p)}, Y_{\phi(p)}) \qquad \text{und}$$

$$(\nabla_X Ti \cdot Y)^{\top}_{\phi(p)} = DY_{\phi(p)} \cdot X_{\phi(p)} + \omega_{\phi(p)} \cdot \Gamma_{\psi(p)}(X_{\phi(p)}, Y_{\phi(p)}),$$

$$(\nabla_X Ti \cdot Y)^{\perp}_{\phi(p)} = (id - \omega_{\phi(p)}) \cdot \Gamma_{\psi(p)}(X_{\phi(p)}, Y_{\phi(p)}).$$

ℓ ist also ebenfalls als C^{∞}-Schnitt-in $L^2_s(T\widetilde{M}; T\widetilde{M}^{\perp})$- auffaßbar. Zusammenfassend gelten also die folgenden Gleichungen zwischen den kovarianten Differentiationen $\tilde{\nabla}, \nabla$ von $(\widetilde{M}, \tilde{g})$ bzw. (M,g):

(4) $\quad Ti \cdot \tilde{\nabla}_X Y + \ell(X,Y) = \nabla_X Ti \cdot Y \qquad$ und

(5) $\quad Ti \cdot S_N X + (\nabla_X N)^{\perp} = \nabla_X N \qquad .$

Wir bemerken ergänzend, daß $(\nabla_X N)^\perp$ eine kovariante Differentiation für das Bündel $T\widetilde{M}^\perp$ über $\widetilde{M}$ definiert (beachte: $\mathfrak{X}(i)^\perp = \mathfrak{X}_{T\widetilde{M}^\perp}(\widetilde{M})$), die $(\nabla_X N)^\perp \perp N$ für alle $N \in \mathfrak{X}(i)^\perp$ mit $g(N,N) \equiv 1$ erfüllt $(2g(\nabla_X N,N) = Xg(N,N) \equiv o!)$ und riemannsch bzgl. der durch g induzierten Metrik ist.

Sei $\widetilde{M}$ jetzt speziell riemannsche Untermannigfaltigkeit von (M,g), i also zusätzlich Inklusion und Einbettung (also auch Ti; das folgende läßt sich jedoch für den allgemeinen Fall unter Einfügung von i,Ti ebenso formulieren). Nach 5.3 gilt:

Jede C^∞-Kurve auf $\widetilde{M}$, die Geodätische von (M,g) -also des Levi-Civita-Zusammenhanges von (M,g)- ist, ist auch Geodätische von $(\widetilde{M},\widetilde{g})$; beachte: im Falle von Einbettungen i ist jede C^∞-Kurve c auf M mit Bild $c \subset \widetilde{M}$ bereits C^∞-Kurve auf $\widetilde{M}$.

$\widetilde{M}$ heißt <u>total-geodätische Untermannigfaltigkeit von (M,g)</u>, wenn alle Geodätischen von $(\widetilde{M},\widetilde{g})$ auch Geodätische von (M,g) sind (oder äquivalent: wenn alle Geodätischen c von $(\widetilde{M},\widetilde{g})$, die für ein t ihres Definitionsbereiches $c(t) \in \widetilde{M}$ und $\dot{c}(t) \in \widetilde{M}_{c(t)} \subset M_{c(t)}$ erfüllen, lokal eine Kurve auf $\widetilde{M}$ definieren).

Für total-geodätische Untermannigfaltigkeiten gilt also (mit naheliegenden Bezeichnungsweisen, vgl. § 4): $\widetilde{\exp} = \exp/T\widetilde{M} = \exp/T\widetilde{M} \cap \widetilde{TM}$. Jede offene Untermannigfaltigkeit U von M ist als riemannsche Untermannigfaltigkeit von (M,g) total-geodätisch.

Längs Kurven $c: I \longrightarrow \widetilde{M}$ gilt (auch bzgl. beliebiger isometrischer Abbildungen i und längs beliebiger Morphismen $f: N \longrightarrow \widetilde{M}$) für alle $N \in \mathfrak{X}(i)^\perp$ und alle $Y \in \mathfrak{X}(c)$ analog zu dem bei (2) Ausgeführten folgende Rechnung:

$$g_{i\circ c(t)}(\nabla_{i\circ c} Ti\cdot Y_t, N_{c(t)}) = -g_{i\circ c(t)}(Ti\cdot Y_t, \nabla_c N\circ c|_t) \overset{3.1}{\underset{(9)}{=}}$$

$$-\widetilde{g}_{c(t)}(Y_t, S_N(\dot{c}(t))) = -\ell_N(Y_t, \dot{c}(t)) = g_{i\circ c(t)}(N_{c(t)}, \ell(Y_t, \dot{c}(t))),$$

so daß also der Normalteil $(\nabla_{i\circ c} Ti\cdot Y)^\perp$ von $\nabla_{i\circ c} Ti\cdot Y$ genau dann stets verschwindet (also $Ti\circ\widetilde{\nabla}_c Y = \nabla_{i\circ c} Ti\circ Y$ gilt), wenn $\ell = o$ gilt (oder alle ℓ_N oder alle S_N verschwinden). Damit folgt:

$\widetilde{M}$ totalgeodätisch in $(M,g) \Longleftrightarrow$ Die zweite Fundamentalform ℓ von $\widetilde{M}$ bzgl. M verschwindet $\Longleftrightarrow$ Die durch (M,g) definierte Parallelverschiebung von Tangentialvektoren aus $T\widetilde{M} \subset TM$ längs Kurven $c: I \longrightarrow \widetilde{M} \subset M$ stimmt mit der durch $\widetilde{g}$ auf $\widetilde{M}$ gegebenen überein: $\widetilde{P}_{c|[o,t]} \cdot v = P_{c|[o,t]} \cdot v$ für alle $v \in \widetilde{M}_{c(o)}$.

Auf solchen Untermannigfaltigkeiten $\widetilde{M}$ gilt außerdem: Die nach 6.4 durch $g,\widetilde{g}$ auf $M,\widetilde{M}$ definierten Metriken $d,\widetilde{d}$ stimmen auf $\widetilde{M}$ lokal überein (auf Grund der Beziehung $i^*g = \widetilde{g}$ gilt bereits schon für alle $p,q \in \widetilde{M}$: $d(p,q) \leq \widetilde{d}(p,q)$). Dies folgt sofort mit Hilfe der in § 7 definierten konvexen Bälle, vgl. [2o], Prop. 14.4.

6. Das Gauß-Lemma. Folgerungen

Sei (M,g) riemannsche Mannigfaltigkeit und ∇, K der Levi-Civita-Zusammenhang von (M,g). Sei $p \in M$ und $\exp_p : M_p \longrightarrow M$ die Exponentialabbildung von ∇, also $T\exp_p : \widetilde{M}_p \times M_p \longrightarrow TM$. Die Metrik g_p von M_p induziert eine kanonische riemannsche Metrik g^p auf M_p:

$$g^p : \widetilde{M}_p \longrightarrow L^2(T\widetilde{M}_p) = \widetilde{M}_p \times L^2(M_p),\ v \longmapsto (v, g_p) =: g^p_v .$$

Sei $[a,b]$ kompaktes Intervall in $\mathbb{R}$ und $c : [a,b] \longrightarrow M$ C^∞-Kurve in M.

$$L_c\big|[t_1,t_2] := \int_{t_1}^{t_2} g_{c(t)}(\dot c(t), \dot c(t))^{1/2} dt \ ; \ L_c := L_c\big|[a,b]$$

heißt <u>Länge von c</u> zwischen $t_1, t_2 \in [a,b]$, $t_1 \leq t_2$. Die Länge ist invariant unter Parametertransformationen mittels monotoner C^∞-Funktionen φ:

$$L_{c\circ\varphi}\big|[t_1,t_2] = L_c\big|[\varphi(t_1), \varphi(t_2)] .$$

6.1 Lemma : (Gauß)

Für alle $v \in \widetilde{M}_p, w \in M_p$ gilt

$$g^p_v((v,v),(v,w)) = g_p(v,w) = g_{\exp_p(v)}(T\exp_p(v)\cdot v, T\exp_p(v)\cdot w),$$

d.h. $\exp_p : (\widetilde{M}_p, g^p) \longrightarrow (M,g)$ ist "radial isometrisch" (die Komponente eines Tangentenvektors an $\widetilde{M}_p$ in v in Richtung eines von v ausgehenden Strahls durch v wird durch $T\exp_p$ längentreu abgebildet.

<u>Bew.:</u> Sei o.B.d.A. $v,w \neq o$ angenommen und $a := \|v\|_p / \|w\|_p$. Da $v \in \widetilde{M}_p$ und $\widetilde{M}_p$ offen und sternförmig bzgl. o in M_p ist, gibt es ein $\varepsilon > o$, so daß $\tilde c : [o,1] \times (-\varepsilon, +\varepsilon) \longrightarrow \widetilde{M}_p$, $\tilde c(t,\alpha) := t\cdot(\cos\alpha \cdot v + a\cdot \sin\alpha \cdot w)$, also auch $c := \exp_p \circ \tilde c : [o,1] \times (-\varepsilon, +\varepsilon) \longrightarrow M$, wohldefiniert ist.

<u>Fall 1</u>: $g_p(v,w) = o$. Mit den in V.11 festgelegten Bezeichnungen für partielle Ableitungen gilt dann für die Länge der Geodätischen c_α auf Grund der Wahl von a für alle $\alpha \in (-\varepsilon, +\varepsilon)$:

$$L_{c_\alpha} = \int_o^1 g_{c(t,\alpha)}\left(\frac{\partial c}{\partial t}(t,\alpha), \frac{\partial c}{\partial t}(t,\alpha)\right)^{1/2} dt \overset{5.2}{=}$$

$$g_{c(o,\alpha)}\left(\frac{\partial c}{\partial t}(o,\alpha), \frac{\partial c}{\partial t}(o,\alpha)\right)^{1/2} \underset{(v)}{\overset{4.2}{=}} \left\|\frac{\partial \tilde c}{\partial t}(o,\alpha)\right\|_p \equiv \|v\|_p, \text{ also gilt}$$

$$o \equiv \frac{d}{d\alpha} \int_o^1 g_{c(t,\alpha)}\left(\frac{\partial c}{\partial t}(t,\alpha), \frac{\partial c}{\partial t}(t,\alpha)\right)^{1/2} dt = \int_o^1 \frac{\partial}{\partial\alpha}\left[g_{c(t,\alpha)}\left(\frac{\partial c}{\partial t}(t,\alpha), \frac{\partial c}{\partial t}(t,\alpha)\right)^{1/2}\right] dt$$

$$= \frac{1}{2 g_{c(o,\alpha)}\left(\frac{\partial c}{\partial t}(o,\alpha), \frac{\partial c}{\partial t}(o,\alpha)\right)^{1/2}} \cdot \int_o^1 \frac{\partial}{\partial\alpha}\left(g_{c(t,\alpha)}\left(\frac{\partial c}{\partial t}(t,\alpha), \frac{\partial c}{\partial t}(t,\alpha)\right)\right) dt$$

$$\overset{3.8}{=} \frac{1}{2L_{c_\alpha}} \cdot 2 \cdot \int_o^1 g_{c(t,\alpha)}\left(\frac{\partial c}{\partial t}(t,\alpha), \nabla_\alpha \frac{\partial c}{\partial t}(t,\alpha)\right) dt$$

$$\underset{(8)}{\overset{8.1}{=}} \frac{1}{\|v\|_p} \cdot \int_o^1 g_{c(t,\alpha)}\left(\frac{\partial c}{\partial t}(t,\alpha), \nabla_t \frac{\partial c}{\partial \alpha}(t,\alpha)\right) dt$$

$$\overset{3.8}{=} \|v\|_p^{-1} \cdot \int_o^1 \left[\frac{\partial}{\partial t} g_{c(t,\alpha)}\left(\frac{\partial c}{\partial t}(t,\alpha), \frac{\partial c}{\partial \alpha}(t,\alpha)\right) - g_{c(t,\alpha)}\left(\nabla_t \frac{\partial c}{\partial t}(t,\alpha), \frac{\partial c}{\partial \alpha}(t,\alpha)\right)\right] dt$$

$$= \|v\|_p^{-1} \cdot \int_o^1 \frac{\partial}{\partial t}\left(g_{c(t,\alpha)}\left(\frac{\partial c}{\partial t}(t,\alpha), \frac{\partial c}{\partial \alpha}(t,\alpha)\right)\right) dt$$

$$= \|v\|_p^{-1}\left(g_{c(1,\alpha)}\left(\frac{\partial c}{\partial t}(1,\alpha), \frac{\partial c}{\partial \alpha}(1,\alpha)\right) - g_{c(o,\alpha)}\left(\frac{\partial c}{\partial t}(o,\alpha), \frac{\partial c}{\partial \alpha}(o,\alpha)\right)\right),$$

also folgt $g_{c(1,\alpha)}(\frac{\partial c}{\partial t}(1,\alpha),\frac{\partial c}{\partial \alpha}(1,\alpha)) \equiv o$. Da aber nun $c(1,o) = \exp_p(v)$ und $\frac{\partial c}{\partial t}(1,o) = T\exp_p(v)\cdot v$ und $\frac{\partial c}{\partial \alpha}(1,o) = T\exp_p(v)\cdot(aw)$ gilt, folgt

$$g_{\exp_p(v)}(T\exp_p(v)\cdot v, T\exp_p(v)\cdot(aw)) = o,$$

also die Behauptung im betrachteten Fall.

Fall 2: $w=v$ (und damit auch $w=$ konst$\cdot v$):

$$g_{\exp_p(v)}(T\exp_p(v)\cdot v, T\exp_p(v)\cdot w) \overset{s.o.}{=} g_{c(1,o)}(\frac{\partial c}{\partial t}(1,o),\frac{\partial c}{\partial t}(1,o))$$

$$\overset{5.2}{=} g_{c(o,o)}(\frac{\partial c}{\partial t}(o,o),\frac{\partial c}{\partial t}(o,o)) = g_p(v,v).$$

Fall 3: Ist $w \in M_p$ beliebig, so läßt sich w folgendermaßen darstellen:

$$w = v_1+v_2,\ v_1 = \text{konst}\cdot v,\ v_2 \in \{v\}^{\perp},$$

so daß also der allgemeine Fall auf die Fälle 1,2 reduziert werden kann.

q.e.d.

6.2 Satz : (Vergleichssatz für Längen)

Sei $I := [a,b]$, $\tilde{c},\tilde{d} \in C^{\infty}(I,\tilde{M}_p)$ mit $\tilde{c}(t) = \frac{t-a}{b-a}\cdot v$, $\tilde{d}(a)=\tilde{c}(a)=o_p$, $\tilde{d}(b)=\tilde{c}(b)=v$

$c = \exp_p\circ\tilde{c}$, $d = \exp_p\circ\tilde{d} \in C^{\infty}(I,M)$ und $\varrho(p)$ wie in 4.6.

Beh.: $L_c \leq L_d$. Bild c $\neq$ Bild d $\wedge \|v\|_p < \varrho(p) \Longrightarrow L_c < L_d$.

Bew.: Es genügt, $I = [o,1]$ zu betrachten. Da eine Kurve der Länge o stets Punktkurve ist, können wir weiter o.B.d.A. annehmen: $v \neq o_p$ und $\tilde{d}(t) \neq o_p$ für alle $t \in (0,1]$ (indem man $\tilde{d}$ geeignet "verkürzt"). In $(o,1]$ gilt dann mit $r(t) := \frac{\tilde{d}(t)}{\|\tilde{d}(t)\|_p}$ und $u(t) := \tilde{d}'(t) - g_p(\tilde{d}'(t),r(t))\cdot r(t)$, also $g_p(u(t),r(t)) \equiv o$, die folgende Abschätzung:

$$g_{d(t)}(\dot{d}(t),\dot{d}(t)) = g_{d(t)}(T\exp_p(\tilde{d}(t))\cdot\tilde{d}'(t), T\exp_p(\tilde{d}(t))\cdot\tilde{d}'(t))$$

$$= g_{d(t)}(T\exp_p(\tilde{d}(t))\cdot[g_p(\tilde{d}'(t),r(t))\cdot r(t) + u(t)], T\exp_p(\tilde{d}(t))\cdot[\sim\cdots\sim])$$

$$\overset{6.1}{=} g_p(\tilde{d}'(t),r(t))^2\cdot g_p(r(t),r(t)) + g_{d(t)}(T\exp_p(\tilde{d}(t))\cdot u(t),\sim\cdots\sim)$$

$$\geq g_p(\tilde{d}'(t),r(t))^2 = \frac{1}{\|\tilde{d}(t)\|_p^2}\cdot g_p(\tilde{d}'(t),\tilde{d}(t)) = \left[\frac{d}{dt}\, g_p(\tilde{d}(t),\tilde{d}(t))^{1/2}\right]^2.$$

Es folgt $\quad \int_t^1 g_{d(t)}(\dot{d}(t),\dot{d}(t))^{1/2}dt \geq \int_t^1 \frac{d}{dt} g_p(\tilde{d}(t),\tilde{d}(t))^{1/2}dt$

für alle $t \in (o,1]$, also mittels Grenzwertbetrachtung

$$L_d \geq g_p(\tilde{d}(t),\tilde{d}(t))^{1/2}\Big|_o^1 = g_p(v,v)^{1/2} = L_c,$$

womit die erste Behauptung gezeigt ist. Gilt nun $L_c = L_d$, so folgt $g_{d(t)}(T\exp_p(\tilde{d}(t))\cdot u(t), T\exp_p(\tilde{d}(t))\cdot u(t)) = o$ auf $[o,1]$ und Bild $\tilde{d} \subset B_{\varrho(p)}(o_p)$ (da sonst nach dem ersten Teil der Behauptung nach Voraussetzung $\quad L_d \geq \varrho(p) > \|v\|_p = L_c$ (*) gelten würde, wie man durch Betrachtung einer geeigneten Teilkurve $\tilde{d}: [o,t_o] \longrightarrow \overline{B_{\varrho(p)}(o_p)}$ einsieht).

Da $\exp_p/B_{\varrho(p)}(o_p)$ Diffeomorphismus (also $T\exp_p(\tilde{d}(t))$ stets injektiv) ist, folgt $u=o$. Daraus folgt $\tilde{d}'(t)=g_p(\tilde{d}'(t),\frac{\tilde{d}(t)}{\|\tilde{d}(t)\|_p})\cdot\frac{\tilde{d}(t)}{\|\tilde{d}(t)\|_p}$ auf $(o,1]$, also $r'(t) = -\frac{1}{2}(\|\tilde{d}(t)\|_p^{-3})\cdot 2g_p(\tilde{d}'(t),\tilde{d}(t))\cdot\tilde{d}'(t) + \|\tilde{d}(t)\|_p^{-1}\cdot\tilde{d}'(t) = o$ auf $(o,1]$, also $r(t) = \frac{v}{\|v\|_p}$, also $\tilde{d}(t) = \|\tilde{d}(t)\|_p\cdot\frac{v}{\|v\|_p}$. Nach der in (*) angewandten Schlußweise gilt weiter $\alpha(t) := \frac{\|\tilde{d}(t)\|_p}{\|v\|_p} \in [0,1]$, also gilt: (da Bild α zusammenhängend und $\alpha(0),\alpha(1)=1$): $\alpha:[0,1] \longrightarrow [0,1]$ Surjektion (die auf $[0,1]$ vom Typ C^∞ ist!). Damit gilt: $\tilde{d} = \tilde{c}\circ\alpha$ und $d = c\circ\alpha$, also folgt die 2. Behauptung.

6.3 Bemerkung :

1) Der Beweis von 6.2 zeigt genauer: liegt v in einem ε-Ball um 0_p, in dem $\exp_p$ keine monokonjugierten Punkte hat (vgl. 6.7), so gilt $L_c = L_d$ genau dann, wenn $d = c\circ\alpha = \exp_p(\alpha\cdot v)$ mit einer monoton steigenden C^∞-Surjektion $\alpha:[0,1] \longrightarrow [0,1]$ erfüllt ist.

2) Mit Hilfe des letzten Satzes lassen sich die Geodätischen der Levi-Civita-Differentiation folgendermaßen charakterisieren: Eine Kurve $c \in C^\infty([a,b],M)$ ist genau dann Geodätische, wenn sie die folgende Bedingung (G1) erfüllt:
Für alle $t_0 \in [a,b]$ gibt es ein nichtentartetes Intervall $[a',b']$ um t_0, so daß für a',b' (und damit für alle $t_1 \leq t_2 \in [a',b']$) gilt: $L_c|[a',b'] = \inf\{L_{\tilde{c}}/\tilde{c} \in C^\infty([a',b'],M), \tilde{c}(a') = c(a'), \tilde{c}(b') = c(b')\} \overset{6.4}{=} d(c(a'),c(b'))$, und es ist $g_c(\dot{c},\dot{c}) =$ konst (c ist lokal Kürzeste und der Parameter von c ist proportional zur Bogenlänge von c).

3) 6.2 gilt in analoger Weise (und analogem Beweis) für das sogenannte <u>Energieintegral</u> von Kurven $c: [a,b] \longrightarrow M$:
$E_c|[t_1,t_2] := \frac{1}{2}\cdot\int_{t_1}^{t_2} g_{c(t)}(\dot{c}(t),\dot{c}(t))dt$ für alle $t_1,t_2 \in [a,b]$ mit $t_1 \leq t_2$.
Die (G1) entsprechende Charakterisierung (G2) von Geodätischen c mit Hilfe des Energieintegrals lautet: Das Energieintegral von c ist lokal minimal und der Parameter von c ist proportional zur Bogenlänge von c.

6.4 Definition :

Die riemannsche Metrik g auf M induziert folgendermaßen eine <u>Metrik</u> $d:M\times M \longrightarrow \mathbb{R}$ auf (jeder Zusammenhangskomponente von) M:
$\bigwedge_{p,q\in M} d(p,q) := \inf(\{L_c/c \in C^\infty([a,b],M) \wedge c(a) = p, c(b) = q\} \cup \{+\infty\})$;
es sind also auf riemannsche Mannigfaltigkeiten in kanonischer Weise Begriffe wie Abstand, Beschränktheit,... definiert. Diese Metrik ist mit der ursprünglichen Topologie von M verträglich (vgl. [38], VI; die Definition wird dort bzgl. beliebiger Finslermetriken für M gegeben).
Die Bälle in dieser Metrik bezeichnen wir mit

$$D_\varepsilon(p) \quad \left(:= \{q \in M/d(p,q) < \varepsilon\}, p \in M, \varepsilon > 0\right).$$

Für diese Bälle gilt (wie bei allen normierten Vektorräumen):
$\overline{D_\varepsilon(p)} = \{q \in M/d(p,q) \leq \varepsilon\}$, also Rd $D_\varepsilon(p) = \{q \in M/d(p,q) = \varepsilon\}$
(dies ist bei Metriken auf Mannigfaltigkeiten nicht selbstverständlich, wie man z.B. mittels $\tilde{d}:\mathbb{R}\times\mathbb{R} \longrightarrow \mathbb{R}, \tilde{d}(p,q) := \begin{cases} |x-y| & \text{für } |x-y| < 1 \\ 1 & \text{für } |x-y| \geq 1 \end{cases}$ einsieht: $\tilde{d}$ induziert die natürliche Topologie auf $\mathbb{R}$, hat aber nicht obige

Eigenschaft, falls $\varepsilon=1$).

Bew.: Da $\{q\in M/d(p,q)\le\varepsilon\}$ stets abgeschlossen ist, bleibt für die Metrik d einzusehen, daß gilt: $\{q\in M/d(p,q)=\varepsilon\}\subset\overline{D_\varepsilon(p)}$. Sei $q\in M$ mit $d(p,q)=\varepsilon$. Für alle $\delta>o$ gibt es eine C^∞-Kurve $c:[a,b]\longrightarrow M$ von p nach q mit $L_c\le\varepsilon+\delta$. Auf Grund der Stetigkeit von $d:M\times M\longrightarrow\mathbb{R}$ gibt es dazu $t_\delta\in(a,b)$ mit $d(p,c(t_\delta))=\varepsilon-\delta$ (für alle hinreichend kleinen δ). Damit folgt: $c(t_\delta)\in D_\varepsilon(p)$ und $d(q,c(t_\delta))\le L_{c|[t_\delta,b]}=L_c-L_{c|[a,t_\delta]}\le\varepsilon+\delta-$ $-d(p,c(t_\delta))=2\delta$, woraus die Behauptung ersichtlich ist.

Wir wollen jetzt die Gültigkeit der Gleichung $D_\varepsilon(p)=B_\varepsilon(p)$ zwischen den obigen und den in 4.6 definierten ε-Bällen untersuchen und untersuchen dazu zunächst die Gültigkeit der schon in 4.6 erwähnten Gleichung:

$$K_\varepsilon(p):=\exp_p(\overline{B_\varepsilon(o_p)})\overset{(1)}{=}\overline{B_\varepsilon(p)}:=\overline{\exp_p(B_\varepsilon(o_p))}.$$

Auf Grund der Stetigkeit von $\exp_p$ gilt stets $\exp_p(\overline{B_\varepsilon(o_p)})\subset\overline{B_\varepsilon(p)}$, so daß für (1) noch "$\supset$" zu zeigen bleibt: Da M metrisierbar ist, ist M insinsbesondere regulär (T_3), d.h. insbesondere gibt es eine Umgebung U(p) von p mit $\overline{U(p)}\subset B_{\varrho(p)}(p)$. Für hinreichend kleines $\varepsilon>o$ liegt aber $B_\varepsilon(p)$ stets ganz in U(p), so daß für diese ε gilt $\overline{B_\varepsilon(p)}\subset\overline{U(p)}\subset B_{\varrho(p)}(p)$, woraus durch Ausnutzung der Stetigkeit von $\exp_p^{-1}|B_{\varrho(p)}(p)$ die umgekehrte Inklusion folgt (vgl. hierzu und zu 6.5 auch die in Palais: Critical point theory and the minimax principle, Proc. Symp. Pure Math., Vol. XV, S. 2o1 formulierte allgemeinere Aussage bzgl. beliebiger Karten (ϕ,U) von regulären Banachmannigfaltigkeiten M).

Bei endlicher Dimension folgt die Gültigkeit von (1) für alle $\varepsilon\in(o,\varrho(p))$ -und sogar für alle $\varepsilon>o$ mit $\overline{B_\varepsilon(o_p)}\subset\tilde{M}_p$- sofort aus der Kompaktheit von $\overline{B_\varepsilon(o_p)}$, also aus einem Argument, das in unserer allgemeineren Situation nicht mehr verfügbar ist. Trotzdem dürfte auch bei unendlicher Dimension (1) im Diffeomorphiebereich erfüllt sein, was im Folgenden vorausgesetzt wird (sonst müßte man bei den folgenden Aussagen über die ε-Bälle $B_\varepsilon(p)$ ε obigem entsprechend noch kleiner wählen).

6.5 Lemma :

Sei $\varepsilon\in(o,\varrho(p))$ und $e:[a,b]\longrightarrow M$ C^∞-Kurve mit $e(a)=p$ und Bild $e\not\subset B_\varepsilon(p)$. Dann gibt es $t_o\in(a,b]$ mit $e([a,t_o))\subset B_\varepsilon(p)$ und $e(t_o)\in S_\varepsilon(p):=$ $\exp_p(S_\varepsilon(o_p))$.

Bew.: Sei $J:=\{t\in[a,b]/e(t)\notin B_\varepsilon(p)\}$ und $t_o:=\inf J$. Es gilt $t_o>o$ und $t_o\in J$. Da per Konstruktion gilt $e([a,t_o))\subset B_\varepsilon(p)$, folgt $e(t_o)\in \mathrm{Rd}\,B_\varepsilon(p)=\overline{B_\varepsilon(p)}-B_\varepsilon(p)\overset{(1)}{=}\exp_p(\overline{B_\varepsilon(o_p)})-\exp_p(B_\varepsilon(o_p))=$ $=\exp_p(\overline{B_\varepsilon(o_p)}-B_\varepsilon(o_p))=S_\varepsilon(p)$.

Kor.: Für obiges e gilt: $L_e\ge\varepsilon$.

Bew.: Sei t_o zu ε wie oben gewählt, $v:=\exp_p^{-1}((e(t_o))$ und $\tilde{e}:[a,t_o]\rightarrow\tilde{M}_p$

definiert durch $\exp_p^{-1}\circ e/_{[a,t_o]}$. 6.2 ergibt dann angewandt auf diese Kurve $\tilde{e}$: $L_{e|[a,t_o]} \geq \|v\|_p = \varepsilon$, also die Behauptung.

Für die Bälle $B_\varepsilon(p)$ gilt nach 4.6 für alle $\varepsilon\in(o,\varrho(p)]$:

Jeder Punkt $q\in B_\varepsilon(p) := \exp_p(B_\varepsilon(o_p))$ kann durch genau eine Geodätische der Form $c:[o,1]\longrightarrow B_\varepsilon(p)$ mit p verbunden werden: $c(o)=p, c(1)=q$. Diese lautet $c(t) = \exp_p(t\cdot\exp_p^{-1}(q))$; nach 5.2 folgt somit $L_c = \|\exp_p^{-1}(q)\|$, also $B_\varepsilon(p)\subset D_\varepsilon(p)$ (letzteres gilt in der Form $\exp_p(B_\varepsilon(o_p))\subset D_\varepsilon(p)$ sogar für alle $\varepsilon > o$).

6.6 Satz :

Sei $\varepsilon\in(o,\varrho(p))$. Es gilt $\quad B_\varepsilon(p) = D_\varepsilon(p)$.

<u>Bew.</u>: Sei $q\in D_\varepsilon(p)$ und $e:[a,b]\longrightarrow M$ C^∞-Kurve von p nach q mit $L_e<\varepsilon$. 6.5 angewandt auf $\varepsilon'\in(L_e,\varepsilon)$ liefert, daß Bild e in $B_{\varepsilon'}(p)\subset B_\varepsilon(p)$ liegen muß, woraus insbesondere $q = e(b)\in B_\varepsilon(p)$ folgt.

<u>Kor.</u>: Mit den in 4.6 benutzten Bezeichnungen lautet 6.6 auch: $S_\varepsilon(p) := \exp_p(S_\varepsilon(o_p)) = \{q\in M/d(p,q) = \varepsilon\}$, und dies besagt insbesondere, daß die obige Geodätische c, die die Punkte $p,q\in B_\varepsilon(p)$ verbindet und in $B_\varepsilon(p)$ verläuft, global von minimaler Länge ist: $L_c = d(p,q)$; sie ist einzige Geodätische von p nach q dieser Länge.

Zusammenfassend folgt damit für die Umkehrung des Diffeomorphismus $\exp_p$ und die zu g gehörige Finslerstruktur $\|..\|$ und Metrik d: $\|\exp_p^{-1}(q)\| = \|(\pi,\exp)^{-1}(p,q)\| = d(p,q)$ - "$\exp_p$ radial isometrisch"-für alle $q\in D_{\varrho(p)}(p)$, so daß damit d^2 vom Typ C^∞ ist auf der in 4.3 angegebenen Umgebung der Diagonalen von $M\times M$, auf der $(\pi,\exp)^{-1}$ Diffeomorphismus ist .

6.7 Anmerkungen :

Ein Punkt $v\in M_p$ heißt <u>monokonjugiert</u> bzw. <u>epikonjugiert</u>(zu $o\in M_p$), wenn $T\exp_p(v)$ nicht injektiv bzw. nicht surjektiv ist, vgl. Grossman [16]. Nach [8] ist das Jacobifeld $Y\in\mathfrak{X}(c)$ längs einer Geodätischen $c:[o,1]\longrightarrow M, c(t) = \exp_p(tv)$ zu den Anfangswerten $u,w\in M_p$ (d.h. das Feld Y mit $\nabla_c^2 Y+(R\circ c)\cdot(Y,\dot c,\dot c) = o, Y_o = u, \nabla_c Y|_o = w$, hinsichtlich R vgl. 8.1) durch

$$
\begin{aligned}
(1)\quad Y_t &= T\exp\circ(\tau,T\pi,K)^{-1}(tv,u,tw)\\
&= T\exp\circ(\tau,T\pi,K)^{-1}(tv,u,o) + T\exp_p(tv)\cdot tw
\end{aligned}
$$

gegeben (und Geodätische bzgl. K_T aus 8.3), wie man mit Hilfe von Variationen von c erkennt. Das Jacobifeld Y längs c mit den Anfangswerten o,w erhält man mittels der Variation $V(t,\varepsilon) := \exp(tv+\varepsilon w)$ von c folgendermaßen:

$$Y_t = T_2V(t,o) \quad .$$

Die mit diesen speziellen Jacobifeldern konstruierte Abbildung

(2) $$w = \nabla Y|_o \in M_p \longmapsto Y_1 \in M_{c(1)}$$

stimmt auf Grund von (1) mit der Abbildung $Texp_p(v)$ überein, ist also linear und stetig. Es folgt: v ist genau dann mono- bzw. epikonjugiert, wenn es ein Jacobifeld $Y \neq o$ längs c mit $Y_o = o \in M_p$ und $Y_1 = o \in M_{c(1)}$ bzw. wenn es ein $\tilde{w} \in M_{c(1)}$ und kein Jacobifeld Y mit $Y_o = o, Y_1 = \tilde{w}$ gibt. Wie bei endlicher Dimension folgt nun (bei Einschränkung auf monokonjugierte Punkte in der zweiten Behauptung!):

(3) Sei c die obige Geodätische, $V:[o,1]\times(-\alpha,+\alpha) \longrightarrow M$ eigentliche (gebrochene) Variation von c - d.h. $V(..,o) = c, V(o,..) \equiv c(o)$ und $V(1,..) \equiv c(1)$ - und bezeichne $V_s := V(..,s)$ die durch V gegebene Nachbarkurve von c zum Parameterwert $s \in (-\alpha,+\alpha)$.

Beh.: c hat keine konjugierten Punkte (d.h. $Texp_p(tv)$ ist topologischer Isomorphismus für alle $t \in [o,1]$) $\Longrightarrow$ Es gibt $\varepsilon \in (o,\alpha]$, so daß für jedes $s \in (-\varepsilon,+\varepsilon)$ entweder $L_{V_s} > L_c = L_{V_o}$ oder $V_s = V_o \circ \alpha$ mit einer (stückweise) differenzierbaren monotonen Surjektion α gilt (vgl. 6.2).

(4) c hat einen monokonjugierten Punkt $t_1 \in (o,1)$ (d.h. $Texp_p(t_1v)$ ist nicht injektiv) $\Longrightarrow$ Es gibt eine eigentliche gebrochene Variation $V:[o,1] \times (-\varepsilon,+\varepsilon) \longrightarrow M$ von c, so daß $L_{V_s} < L_{V_o} = L_c$ für alle $s \in (-\varepsilon,o) \cup (o,+\varepsilon)$ erfüllt ist. Diese Sätze lassen sich natürlich auch für beliebige Intervalle [a,b] anstelle von [o,1] formulieren (Jacobifelder sind -als Geodätische- invariant unter linearen Umparametrisierungen), und beim Beweis von (4) müssen zunächst die üblichen Variationsformeln für die Bogenlänge aufgestellt werden (vgl. [13], §4ff).
Mit Hilfe des zu $Texp_p(v)$ adjungierten Operators $Texp_p(v)^* : M_{c(1)} \longrightarrow M_{c(o)}$ und dazugehöriger Jacobifelder folgt, daß monokonjugierte Punkte v stets epikonjugiert sind (vgl. [16]); das Umgekehrte gilt nur, falls zusätzlich Bild $Texp_p(v)$ abgeschlossen in $M_{c(1)}$ ist. Beispiele von epikonjugierten, nicht monokonjugierten Punkten v auf Hilbertmannigfaltigkeiten findet man in [16]. Bild $Texp_p(v)$ ist in diesem Fall dicht und echt enthalten in $M_{c(1)}$.
Die Existenz solcher Punkte (und der Verlust der Offenheit bei stetigen Injektionen von M_p in M bei Hilbertmannigfaltigkeiten M) lassen die im Endlichdimensionalen gegebene Übereinstimmung des Injektivitätsradius mit dem Diffeomorphieradius von exp_p fragwürdig erscheinen. Wenn überhaupt im allgemeinen, so scheint die Injektivität von exp_p zum Verhalten der monokonjugierten Punkte und die Surjektivität von exp_p zum Verhalten der epikonjugierten Punkte zu korrespondieren.

7. Konvexe Umgebungen

$(M,g),\nabla,\exp,p,d,B_\varepsilon(p),S_\varepsilon(p)$ wie im letzten Paragraphen. Für alle $\varepsilon<\varrho(p)$ ist $S_\varepsilon(p)$ Untermannigfaltigkeit von M und $\exp_p : S_\varepsilon(o_p) \longrightarrow S_\varepsilon(p)$ Diffeomorphismus. Ein Tangentialvektor $v \in M_q$ von M in $q \in S_\varepsilon(p)$ ist genau dann tangential an die Untermannigfaltigkeit $S_\varepsilon(p)$, falls $g_p(\exp_p^{-1}(q), T\exp_p^{-1}(q)\cdot v) = o$ gilt (dies ist unmittelbare Übertragung der bekannten Situation bei $S_\varepsilon(o_p)$ in (M_p,g_p) mit Hilfe der natürlichen Karte $(\exp_p^{-1}, B_{\varrho(p)}(p))$).

7.1 Lemma :

Für alle hinreichend kleinen $\varepsilon > o$ ist $S_\varepsilon(p)$ <u>strikt konvex</u>, d.h.: Ist $c : [o,1] \longrightarrow M$ nichtkonstante Geodätische und gibt es $t_o \in (o,1)$, so daß $c(t_o) \in S_\varepsilon(p)$ und $\dot c(t_o)$ tangential zu $S_\varepsilon(p)$ in $c(t_o)$ gilt, so gibt es eine Umgebung U von t_o, so daß dort $d(p,c(t)) > \varepsilon$ für $t \neq t_o$ gilt.

<u>Bew.</u>: Für alle $\varepsilon < \varrho(p)$ ist $\tilde c = \exp_p^{-1} \circ c$ in einer Umgebung von t_o erklärt und vom Typ C^∞. Für die Funktion F, gegeben durch

$F(t) := g_p(\tilde c(t), \tilde c(t))$, gilt nach Voraussetzung

$F'(t_o) = 2g_p(\tilde c'(t_o), \tilde c(t_o)) = o$ sowie

$$F''(t_o) = 2\left[g_p(\tilde c'(t_o), \tilde c'(t_o)) + g_p(\tilde c''(t_o), \tilde c(t_o))\right],$$

so daß nach dem in 6.6 Festgestellten wegen $F(t_o) = \varepsilon^2$ noch $F''(t_o) > o$ für alle hinreichend kleinen ε nachzuweisen bleibt. Sei $(\phi,U) := (\exp_p^{-1}, B_{\varrho(p)}(p))$. Es gilt nach Voraussetzung bzgl. dem Christoffelsymbol Γ_ϕ von ∇ bzgl. (ϕ,U):

$\tilde c''(t) = -\Gamma_\phi(\tilde c(t))(\tilde c'(t), \tilde c'(t))$, also

$$F''(t_o) = 2\left[g_p(\tilde c'(t_o), \tilde c'(t_o)) - g_p(\Gamma_\phi(\tilde c(t_o))(\tilde c'(t_o), \tilde c'(t_o)), \tilde c(t_o))\right]$$

$$= 2\left[g_p(\tilde c'(t_o), \tilde c'(t_o) - (\Gamma_\phi(\tilde c(t_o))\cdot \tilde c'(t_o))^* \cdot \tilde c(t_o)\right],$$

wobei $(\Gamma_\phi(\tilde c(t_o))\cdot \tilde c'(t_o))^*$ die Adjungierte zu $\Gamma_\phi(\tilde c(t_o))(\tilde c'(t_o),\dots)$ bzgl. g_p bezeichnet, d.h. mit den (bzgl. g_p gebildeten) stetigen linearen Abbildungen

$$L(M_p;M_p) \xrightarrow{j} L(M_p;M_p) \qquad \text{und} \qquad L^2(M_p;M_p) = L(M_p;L(M_p;M_p)) \xrightarrow{J} L(M_p;L(M_p;M_p))$$

$$A \longmapsto A^* \qquad\qquad b \longmapsto j \circ b$$

gilt: $(\Gamma_\phi(\tilde c(t_o))\cdot \tilde c'(t_o))^* \cdot \tilde c(t_o) = J(\Gamma_\phi(\tilde c(t_o)))\cdot(\tilde c'(t_o), \tilde c(t_o))$.

Die Funktion $f : q \longmapsto J(\Gamma_{\phi(q)})\cdot(\dots,\phi(q));\ B_{\varrho(p)}(p) \longrightarrow L(M_p;M_p)$ ist vom Typ C^∞, und es gilt $f(p) = o$ wegen $\phi(p) = o_p$. Wähle nun zu $\delta < 1$ $\varepsilon_o > o$ so, daß (bzgl. g_p) $\|f(q)\| < \delta$ für alle $q \in B_{\varepsilon_o}(p)$ gilt.

Für alle $\varepsilon < \varepsilon_o$ folgt dann

$F''(t_o) \geq 2[g_p(\tilde{c}'(t_o),\tilde{c}'(t_o)) - \delta g_p(\tilde{c}'(t_o),\tilde{c}'(t_o))]$

$= 2(1-\delta)g_p(\tilde{c}'(t_o),\tilde{c}'(t_o)) > o$, da nach Voraussetzung $\tilde{c}'(t_o) \neq o$ gilt.

Bem.: Der Beweis zeigt, daß die Behauptung für beliebige Sprays und deren Exponentialabbildung auf beliebigen (regulären, vgl. 6.4ff.) Hilbertmannigfaltigkeiten gültig ist: Man wählt ein Skalarprodukt $\langle..,..\rangle$ (Norm $\|..\|$) für den hilbertisierbaren topologischen Vektorraum M_p und definiert niert $B_\varepsilon(o_p), S_\varepsilon(o_p), B_\varepsilon(p), S_\varepsilon(p), \varrho(p)$ wie in 4.6 bzgl. $\langle..,..\rangle$. Die Tangentialvektoren v an die Untermannigfaltigkeit $S_\varepsilon(p)$ in $q \in S_\varepsilon(p)$ sind dann wieder durch $\langle \exp_p^{-1}q, T\exp_p^{-1}(q)\cdot v\rangle = o$ bestimmt, und die Behauptung des Satzes lautet: Es gibt eine Umgebung U von t_o, so daß für $t \neq t_o$ gilt: $c(t) \in \complement\overline{B_\varepsilon(p)}$, d.h. $\|\exp_p^{-1}\circ c\|/U-\{t_o\} > \varepsilon$.

7.2 Definition :

Sei $G \subset M$ offen (und zusammenhängend). G heißt konvex, wenn es zu je zwei Punkten $q,q' \in G$ eine Geodätische c von q nach q' mit $L_c = d(q,q')$ gibt, die ganz in G verläuft.

7.3 Satz :

Zu jedem $p \in M$ gibt es $\varepsilon_o > o$, so daß $B_\varepsilon(p)$ konvex ist für alle $o < \varepsilon \leq \varepsilon_o$.

Bew.: Wähle eine Umgebung $U(p) = B_{\tilde{\varepsilon}}(p)$ von p, so daß $\exp_q^{-1}: B_{\tilde{\varepsilon}}(q) \longrightarrow B_{\tilde{\varepsilon}}(o_q)$ für alle $q \in B_{\tilde{\varepsilon}}(p)$ Diffeomorphismus ist. Sei $\tilde{\delta} > o$ so gewählt, daß für alle $o < \delta \leq \tilde{\delta}$ die Aussage von 7.1 bzgl. p gilt. Wir setzen: $3\cdot\varepsilon_o := \min\{\tilde{\varepsilon},\tilde{\delta}\}$. Sei $o < \varepsilon \leq \varepsilon_o$ und $q \in B_\varepsilon(p)$. Dann gilt: $B_{2\varepsilon}(q) \subset B_{3\varepsilon}(p)$. Sei $\tilde{q} \in B_\varepsilon(p)$. Dann gilt $\tilde{q} \in B_{2\varepsilon}(q)$. Nach 6.6 gibt es genau eine Geodätische $c:[o,1] \longrightarrow M$ mit $c(o) = q$ und $c(1) = \tilde{q}$ und $L_c = d(q,\tilde{q})$ (6.6 bzgl. $B_{2\varepsilon}(q)$ verstanden). Zu zeigen bleibt: Bild $c \subset B_\varepsilon(p)$ (wir wissen bereits: Bild $c \subset B_{2\varepsilon}(q) \subset B_{3\varepsilon}(p)$!).

Annahme: Es gibt $t_o \in (o,1)$ mit $d(c(t_o),p) \geq \varepsilon$. Wir können dann t_o so wählen, daß für alle $t \in [o,1]$ $d(c(t_o),p) \geq d(c(t),p)$ gilt (da $d(c(o),p) < \varepsilon$ und $d(c(1),p) < \varepsilon$). Wegen 6.6 gilt das Gleiche auch für $g_p(\exp_p^{-1}\circ c(t), \exp_p^{-1}\circ c(t))$, d.h. es gilt $\frac{d}{dt}g_p(\exp_p^{-1}\circ c(t),\exp_p^{-1}\circ c(t))\big|_{t=t_o} = o$, also ist 7.1 für $\varepsilon' = d(c(t_o),p) = \|\exp_p^{-1}(c(t_o))\|_p$ und $c(t_o)$ erfüllt, d.h. es gibt $t \in (o,1)$ mit $d(c(t),p) > \varepsilon'$ im Widerspruch zur Wahl von t_o.

Bem.: Wir haben sogar gezeigt, daß durch die Bedingung Bild $c \subset B_\varepsilon(p)$ die Geodätische c bereits eindeutig bestimmt ist, $B_\varepsilon(p)$ somit auch einfach ist, vgl. 4.6.

Sei wieder die allgemeinere Situation: "S Spray auf einer Hilbertmannigfaltigkeit M mit Exponentialabbildung exp" zugrundegelegt. Eine offene (zusammenhängende) Menge G aus M heißt konvex, wenn je zwei Punkte q,q' aus G durch eine ganz in G verlaufende Geodätische verbunden werden können. Es gilt wieder: Für alle $p \in M$ gibt es ein $\varepsilon_o > o$, so daß für alle $\varepsilon \in (o,\varepsilon_o)$ gilt: $B_\varepsilon(p)$ ist konvex (und einfach). Einen Beweis dafür mit Hilfe von 4.6 und der verallgemeinerten Aussage 7.1, der analog zu dem obigen verläuft, findet man in [28], S. 149 - 151, vgl. Lemma 2(1) und den daran anschließenden Beweis von 8.7.

7.4 Definition :

Eine offene, konvexe Menge G von (M,g) heißt <u>stark konvex</u>, wenn sie einfach ist und außerdem alle ε-Bälle $B_\varepsilon(q)$ um beliebige $q \in G$, die ganz in G liegen, konvex sind. Alle offenen, konvexen Teilmengen von G sind dann ebenfalls stark konvex. Die Zahl

$$r(p) := \sup\{\varepsilon \in \mathbb{R} \cup \{+\infty\} / B_\varepsilon(p) \text{ stark konvex}\}$$

heißt der <u>Konvexitätsradius</u> von (M,g) im Punkte p. Die dadurch gegebene Abbildung $r: M \longrightarrow \mathbb{R}^+ \cup \{o\} \cup \{+\infty\}$ ist stetig, denn entweder gilt $r \equiv \infty$ oder r ist stets endlich, und es gilt $|r(p) - r(q)| \leq d(p,q)$ für alle $p,q \in M$, wegen $r(q) \geq r(p) - d(p,q)$ für alle $p,q \in M$ (man beachte, daß hierbei der Begriff "<u>stark</u> konvex" ausgenutzt wurde, so daß die Stetigkeit der analog nur mit konvexen Mengen bebildeten Abbildung $s: M \longrightarrow \mathbb{R}$ nicht -wie in [31], S.16 behauptet- folgen muß).

Der folgende Satz zeigt: Bild $r \subset \mathbb{R}^+ \cup \{+\infty\}$ (d.h. r ist lokal stets von Null wegbeschränkt), indem er das in 7.3 benutzte Verfahren verschärft (entsprechendes gilt wiederum für beliebige Sprays $S: TM \longrightarrow T^2M$):

7.5 Satz :

Sei $p \in M$. Es gibt $\varepsilon > o$, so daß $B_\varepsilon(p)$ stark konvex ist.

<u>Bew.</u>: Sei $\tilde\varepsilon > o$ so, daß $(\pi,\exp) / \bigcup_{q \in B_{3\tilde\varepsilon}(p)} B_{3\tilde\varepsilon}(o_q)$ Diffeomorphismus ist, d.h. insbesondere gilt $\tilde\varepsilon \leq \varrho(q)/3$ für alle $q \in B_{\tilde\varepsilon}(p)$, vgl. 4.6. Sei ψ_q die durch $\exp_q^{-1}$ auf $B_{3\tilde\varepsilon}(q)$ definierte Karte. Die Abbildung Γ:

$$(q,\tilde q) \in B_{\tilde\varepsilon}(p) \times B_{2\tilde\varepsilon}(p) \longmapsto \Gamma_{\psi_q}\big|_{\psi_q(\tilde q)} \in L^2(M_q;M_q) \subset L^2(TM;TM)$$

ist wohldefiniert und vom Typus C^∞, wie man mittels der Transformationsregel 1.5 einsieht:

$$\Gamma_{\psi_q}\big|_{\psi_q(\tilde q)} = D(\psi_q \circ \psi_p^{-1})_{\psi_p(\tilde q)} \circ \Big[D^2(\psi_p \circ \psi_q^{-1})_{\psi_q(\tilde q)} + \Gamma_{\psi_p}\big|_{\psi_p(\tilde q)} \circ \big(D(\psi_p \circ \psi_q^{-1})_{\psi_q(\tilde q)}, D(\psi_p \circ \psi_q^{-1})_{\psi_q(\tilde q)}\big)\Big];$$

für $h := (\pi,\exp)^{-1} \circ (\mathrm{id},\exp) : B_{\tilde\varepsilon}(p) \times B_{2\tilde\varepsilon}(o_p) \longrightarrow \pi^{-1}(B_{\tilde\varepsilon}(p))$ gilt: h ist fasertreuer Diffeomorphismus auf einen offenen Teil von $\pi^{-1}(B_{\tilde\varepsilon}(p))$, und es gilt: $h(q,..) = \psi_q \circ \psi_p^{-1}, h_q^{-1} = \psi_p \circ \psi_q^{-1}$, d.h. die in der obigen Transformationsregel auftretenden Ableitungen sind einfach die Faserableitungen der Abbildungen h, h^{-1}.

Es gilt: $\Gamma_{\psi_p}\big|_{\psi_p(p)} = o$, also gibt es zu der durch g auf $L^2(TM;TM)$ induzierten Finslerstruktur $\|\cdot\cdot\|: L^2(TM;TM) \longrightarrow \mathbb{R}$ ein $\varepsilon_o \in (o,\tilde\varepsilon)$, so daß $\|\Gamma_{\psi_q}(\tilde q)\| < 1$ für alle $(q,\tilde q) \in B_{\varepsilon'}(p) \times B_{2\varepsilon'}(p)$ erfüllt ist (denn

$\|..\|\circ\Gamma : B_{\tilde\varepsilon}(p)\times B_{2\tilde\varepsilon}(p)\longrightarrow\mathbb{R}$ ist stetig). Ist nun zusätzlich $\varepsilon_0<1$ vorausgesetzt, so gilt für die analog zu f in 7.1 für jedes $q\in B_{\varepsilon'}(p)$ gebildete Funktion $f_q:\tilde q\in B_{\varepsilon'}(q)\longmapsto \mathcal{J}_q(\Gamma_{\psi_q}(\tilde q))\cdot(..,\psi_q(\tilde q))$ bzgl. der durch g_q induzierten Normen: $\|f_q\|\leq\|\Gamma_{\psi_q}(\tilde q)\|\cdot\|\psi_q(\tilde q)\|<1\cdot\varepsilon'<1$, und daraus folgt: Die Aussage 7.1 ist für jedes $S_\varepsilon(q)$ mit $\varepsilon\in(0,\varepsilon')$ und $q\in B_{\varepsilon'}(p)$ gültig. Damit ist aber auch die Wahl von ε_0 in 7.3 von der speziellen Wahl von $q\in B_{\varepsilon'}(p)$ unabhängig, somit folgt die Behauptung.

7.6 Satz :

Sei (M,g) bzw. (M',g') riemannsche Mannigfaltigkeit, d bzw. d' die dazugehörige Metrik auf M bzw. M' und $f:M\longrightarrow M'$ Morphismus.

Beh.: $\bigwedge_{p\in M}\ \bigvee_{\varepsilon>0}\ \bigvee_{C>0}\ \bigwedge_{q,\tilde q\in B_\varepsilon(p)}\ d'(f(q),f(\tilde q))\leq C\cdot d(q,\tilde q)$

Bew.: Sei U konvexe Umgebung von p, so daß es (natürliche Karten) (ϕ,U) bzw. (ψ,V) von M bzw. M' um p bzw. $f(p)$ gibt, so daß $\psi\circ f\circ\phi^{-1}:\phi(U)\longrightarrow\psi(V)$ definiert und $D(\psi\circ f\circ\phi^{-1}):\phi(U)\longrightarrow L(M_p,M'_{f(p)})$ beschränkt ist und die Metriken $g'_{\psi(r)}, r\in V$ bzw. $g_{\phi(s)}, s\in U$ auf $M'_{f(p)}$ bzw. M_p gleichmäßig äquivalent sind (diese Wahl ist möglich unter Ausnutzung von Stetigkeiten und Finslerstruktureigenschaften). Sei c die "kürzeste Geodätische" von q nach $\tilde q$ in U. Dann gilt

$$d'(f(q),f(\tilde q))\leq L_{f\circ c}=\int_0^1 g'_{f\circ c(t)}(Tf\circ\dot c(t),Tf\circ\dot c(t))^{1/2}dt=$$

$$=\int_0^1 g'_{\psi(f\circ c(t))}(D(\psi\circ f\circ\phi^{-1})_{\phi\circ c(t)}\cdot(\phi\circ c)'(t),\sim\cdot\sim)^{1/2}dt\leq$$

$$\leq C_1\cdot\int_0^1 g'_{f(p)}(D(\psi\circ f\circ\phi^{-1})_{\phi\circ c(t)}\cdot(\phi\circ c)'(t),\sim\cdot\sim)^{1/2}dt\leq$$

$$\leq C_2\cdot\int_0^1 g_p((\phi\circ c)'(t),(\phi\circ c)'(t))^{1/2}dt\leq C_3\cdot\int_0^1 g_{\phi(c(t))}((\phi\circ c)'(t),(\phi\circ c)'(t))^{1/2}dt$$

$$=C_3\cdot L_c=C_3\cdot d(q,\tilde q),$$

also folgt die Behauptung, da C_3 nicht von c oder $\tilde q$ abhängt.

Bem.: Die Bedingung "U konvex" ist im vorausgegangenen Beweis überflüssig, wie man mit Hilfe einer Folge c_n von $q,\tilde q$ verbindenden Kurven mit $\lim_{n\to\infty} L_{c_n}=d(q,\tilde q)$ einsieht. Man braucht also nur "U zusammenhängend".

8. Ergänzungen

1. Sei M Banachmannigfaltigkeit, $\pi:E\longrightarrow M$ Vektorraumbündel über M und ∇ kovariante Differentiation für E. Die Abbildung

$$(1)\qquad R:\mathfrak{X}(M)\times\mathfrak{X}(M)\times\mathfrak{X}_E(M)\longrightarrow\mathfrak{X}_E(M)$$
$$(X,Y,\xi)\longmapsto\nabla_X\nabla_Y\xi-\nabla_Y\nabla_X\xi-\nabla_{[X,Y]}\xi$$

heißt der Krümmungstensor von ∇. R ist in jeder Komponente $\mathfrak{F}(M)$-linear und erfüllt

(2) $R(X,Y,\xi)=-R(Y,X,\xi)$ für alle $X,Y\in\mathfrak{X}(M),\xi\in\mathfrak{X}_E(M)$.

Beides folgt z.B. aus der lokalen Darstellung von R:

(3) $R(X,Y,\xi)_{\phi(p)} = D\Gamma_{\phi(p)}\cdot X_{\phi(p)}\cdot(Y_{\phi(p)},\xi_{\phi(p)}) - D\Gamma_{\phi(p)}\cdot Y_{\phi(p)}\cdot(X_{\phi(p)},\xi_{\phi(p)}) +$

$+ \Gamma_{\phi(p)}(X_{\phi(p)},\Gamma_{\phi(p)}(Y_{\phi(p)},\xi_{\phi(p)})) - \Gamma_{\phi(p)}(Y_{\phi(p)},\Gamma_{\phi(p)}(X_{\phi(p)},\xi_{\phi(p)}))$

- Γ_ϕ das Christoffelsymbol von ∇ bzgl. (Φ,ϕ,U) und $D\Gamma_{\phi(p)} := D\Gamma_\phi|_{\phi(p)}$ - und diese impliziert außerdem (analog wie beim Torsionstensor T) die Deutung von R als C^∞-Schnitt in L(TM,TM,E;E), indem man R lokal, also bzgl. der durch $(T\phi,\phi,U)$, (Φ,ϕ,U) induzierten Trivialisierung von L(TM,TM,E;E) definiert durch:

$$\bigwedge_{u,v\in M,\, w\in E} R_{\phi(p)}(u,v,w) = D\Gamma_{\phi(p)}\cdot u\cdot(v,w) - D\Gamma_{\phi(p)}\cdot v\cdot(u,w) + \Gamma_{\phi(p)}(u,\Gamma_{\phi(p)}(v,w)) - \Gamma_{\phi(p)}(v,\Gamma_{\phi(p)}(u,w)).$$

Erst diese Deutung läßt R zum brauchbaren Begriff auf unendlichdimensionalen Mannigfaltigkeiten werden.

Aus der lokalen Darstellung folgt, daß R mit Einschränkungen auf offene Teilmengen U von M verträglich ist, d.h. R/U liefert den Krümmungstensor von ∇/U. Ist auf M zusätzlich ein torsionsfreier Zusammenhang ∇' gegeben, so lautet R mit Hilfe der in 1.6 beschriebenen höheren Ableitungen

(4) $R(X,Y,\xi) = \nabla^2\xi\cdot(X,Y) - \nabla^2\xi\cdot(Y,X)$, $\nabla^2\xi\cdot(X,Y) := \nabla(\nabla\xi)\cdot X\cdot Y$,

und im Falle $\nabla = \nabla'$ -also insbesondere E = TM - gilt die sogenannte <u>Bianchi-Identität</u>:

(5) $(\nabla_X R)(Y,Z,U) + (\nabla_Y R)(Z,X,U) + (\nabla_Z R)(X,Y,U) = o$.

Sei N weitere Banachmannigfaltigkeit, $f: N \longrightarrow M$ Morphismus und bezeichne ∇ die Erweiterung der gegebenen kovarianten Differentiation für E auf die Schnitte längs f (oder im Pull-back f^*E, vgl. §3). Es gelten die folgenden sog. <u>Cartanschen Strukturgleichungen</u> für die Tensoren T (E=TM dabei, vgl. 4.7(i)) und R von ∇:

(6) $T(Tf\cdot X,Tf\cdot Y) = \nabla_X Tf\cdot Y - \nabla_Y Tf\cdot X - Tf\cdot[X,Y]$

(7) $R(Tf\cdot X,Tf\cdot Y,\xi) = \nabla_X\nabla_Y\xi - \nabla_Y\nabla_X\xi - \nabla_{[X,Y]}\xi$

für alle $X,Y\in\mathfrak{X}(N)$ und $\xi\in\mathfrak{X}_E(f)$. Die Gleichung (7) besagt in der Schreibweise von §3 Einleitung: $\pi^*f\cdot R^*(X,Y,\xi) = R(Tf\cdot X,Tf\cdot Y,\pi^*f\cdot\xi)$, $\xi\in\mathfrak{X}_{f^*E}(N)$, stellt also eine Beziehung zwischen den Krümmungstensoren von ∇^*,∇ auf f^*E bzw. TM her; beachte: $Tf\cdot X, Tf\cdot Y\in\mathfrak{X}(f)$.

<u>Bew.</u>: Sei $(T\psi,\psi,V)$ Trivialisierung von TM und (ϕ,U) Karte von N mit $f(U)\subset V$. Nach §3 Einleitung und 4.7(i) ergibt sich für den Hauptteil des Vektorfeldes $T(Tf\cdot X,Tf\cdot Y)$ längs f an der Stelle $\phi(p)$ (vgl. V.1o):

$$T(Tf\cdot X,Tf\cdot Y)_{\phi(p)} = \Gamma_{\psi(f(p))}(D(\psi\circ f\circ\phi^{-1})_{\phi(p)}\cdot X_{\phi(p)},D(\psi\circ f\circ\phi^{-1})_{\phi(p)}\cdot Y_{\phi(p)}) - \Gamma_{\psi(f(p))}(D(\psi\circ f\circ\phi^{-1})_{\phi(p)}\cdot Y_{\phi(p)},D(\psi\circ f\circ\phi^{-1})_{\phi(p)}\cdot X_{\phi(p)}) .$$

Für die rechte Seite in (6) ergibt sich entsprechend: $(\nabla_X Tf\cdot Y)_{\phi(p)} =$
$D^2(\psi\circ f\circ\phi^{-1})_{\phi(p)}\cdot(Y_{\phi(p)},X_{\phi(p)}) + D(\psi\circ f\circ\phi^{-1})_{\phi(p)}\cdot(DY_{\phi(p)}\cdot X_{\phi(p)}) +$
$+\Gamma_{\psi(f(p))}(D(\psi\circ f\circ\phi^{-1})_{\phi(p)}\cdot X_{\phi(p)}, D(\psi\circ f\circ\phi^{-1})_{\phi(p)}\cdot Y_{\phi(p)})$
-sowie Analoges für $(\nabla_Y Tf\cdot X)_{\phi(p)}$- und
$(Tf\cdot[X,Y])_{\phi(p)} = D(\psi\circ f\circ\phi^{-1})_{\phi(p)}\cdot(DY_{\phi(p)}\cdot X_{\phi(p)} - DX_{\phi(p)}\cdot Y_{\phi(p)})$.
Zusammengesetzt folgt damit $T(Tf\cdot X,Tf\cdot Y)_{\phi(p)} = (\nabla_X Tf\cdot Y)_{\phi(p)} -$
$-(\nabla_Y Tf\cdot X)_{\phi(p)} - (Tf\cdot[X,Y])_{\phi(p)}$, da $D^2(\psi\circ f\circ\phi^{-1})_{\phi(p)}$ symmetrische, bilineare Abbildung ist, somit gilt (6).
Analog beweist man (7) durch Zusammensetzung der folgenden lokalen Termen: $R(Tf\cdot X,Tf\cdot Y,\xi)_{\phi(p)} =$
$D\Gamma_{\psi(f(p))}\cdot(D(\psi\circ f\circ\phi^{-1})_{\phi(p)}\cdot X_{\phi(p)})\cdot(D(\psi\circ f\circ\phi^{-1})_{\phi(p)}\cdot Y_{\phi(p)},\xi_{\phi(p)}) -$
$D\Gamma_{\psi(f(p))}\cdot(D(\psi\circ f\circ\phi^{-1})_{\phi(p)}\cdot Y_{\phi(p)})\cdot(D(\psi\circ f\circ\phi^{-1})_{\phi(p)}\cdot X_{\phi(p)},\xi_{\phi(p)}) +$
$+\Gamma_{\psi(f(p))}(D(\psi\circ f\circ\phi^{-1})_{\phi(p)}\cdot X_{\phi(p)},\Gamma_{\psi(f(p))}(D(\psi\circ f\circ\phi^{-1})_{\phi(p)}\cdot Y_{\phi(p)},\xi_{\phi(p)})) -$
$-\Gamma_{\psi(f(p))}(D(\psi\circ f\circ\phi^{-1})_{\phi(p)}\cdot Y_{\phi(p)},\Gamma_{\psi(f(p))}(D(\psi\circ f\circ\phi^{-1})_{\phi(p)}\cdot X_{\phi(p)},\xi_{\phi(p)}))$
und (unter Beachtung von $D\Gamma_{\psi(f(p))} := D\Gamma_\psi|_{\psi(f(p))}$ und $\Gamma_{\psi(f(p))} =$
$=\Gamma_\psi\circ(\psi\circ f\circ\phi^{-1})|_{\phi(p)}$ bei Ableitungen von Γ_ψ): $(\nabla_X\nabla_Y\xi)_{\phi(p)} =$
$D(\nabla_Y\xi)_{\phi(p)}\cdot X_{\phi(p)} + \Gamma_{\psi(f(p))}(D(\psi\circ f\circ\phi^{-1})_{\phi(p)}\cdot X_{\phi(p)},(\nabla_Y\xi)_{\phi(p)}) =$
$= D^2\xi_{\phi(p)}\cdot X_{\phi(p)}\cdot Y_{\phi(p)} + D\xi_{\phi(p)}\cdot(DY_{\phi(p)}\cdot X_{\phi(p)}) +$
$+ (D\Gamma_{\psi(f(p))}\circ D(\psi\circ f\circ\phi^{-1})_{\phi(p)})\cdot X_{\phi(p)}\cdot(D(\psi\circ f\circ\phi^{-1})_{\phi(p)}\cdot Y_{\phi(p)},\xi_{\phi(p)}) +$
$+\Gamma_{\psi(f(p))}(D^2(\psi\circ f\circ\phi^{-1})_{\phi(p)}\cdot X_{\phi(p)}\cdot Y_{\phi(p)} + D(\psi\circ f\circ\phi^{-1})_{\phi(p)}\cdot(DY_{\phi(p)}\cdot X_{\phi(p)}),\xi_{\phi(p)}) +$
$+\Gamma_{\psi(f(p))}(D(\psi\circ f\circ\phi^{-1})_{\phi(p)}\cdot Y_{\phi(p)},D\xi_{\phi(p)}\cdot X_{\phi(p)}) +$
$+\Gamma_{\psi(f(p))}(D(\psi\circ f\circ\phi^{-1})_{\phi(p)}\cdot X_{\phi(p)},D\xi_{\phi(p)}\cdot Y_{\phi(p)} + \Gamma_{\psi(f(p))}(D(\psi\circ f\circ\phi^{-1})_{\phi(p)}\cdot Y_{\phi(p)},\xi_{\phi(p)}))$
-sowie Analoges für $(\nabla_Y\nabla_X\xi)_{\phi(p)}$- und
$(\nabla_{[X,Y]}\xi)_{\phi(p)} = D\xi_{\phi(p)}\cdot(DY_{\phi(p)}\cdot X_{\phi(p)} - DX_{\phi(p)}\cdot Y_{\phi(p)}) +$
$+\Gamma_{\psi(f(p))}(D(\psi\circ f\circ\phi^{-1})_{\phi(p)}(DY_{\phi(p)}\cdot X_{\phi(p)} - DX_{\phi(p)}\cdot Y_{\phi(p)}),\xi_{\phi(p)})$.

q.e.d.

Bem.: Sei $(\alpha,\beta)\times(a,b)$ offenes Intervall in $\mathbb{R}^2$ und $V:(\alpha,\beta)\times(a,b)\longrightarrow E$, $(s,t)\longmapsto V(s,t)$ vom Typ C^∞, $\varkappa := \pi\circ V$ und bezeichne $\frac{\partial}{\partial s}$ bzw. ∇_s die partielle Ableitung bzw. partielle kovariante Ableitung nach s bei solchen Kurvenscharen (Entsprechendes gelte für t, vgl. auch V.11). Die Formel (6) ergibt angewandt auf $f=\varkappa$ mittels der Basisfelder

$x^i:(\alpha,\beta) \longrightarrow \mathbb{R}^2,(s,t) \longmapsto e_i; e_1=(1,o), e_2=(o,1)$ im Falle torsionsfreier Zusammenhänge ∇ für TM (als äquivalente Charakterisierung solcher Zusammenhänge, siehe den vorstehenden Beweis):

(8) $$\nabla_s \frac{\partial \varkappa}{\partial t} = \nabla_t \frac{\partial \varkappa}{\partial s} \quad .$$

Formel(7) ergibt analog für beliebige Zusammenhänge ∇ für E:

(9) $$\nabla_s \nabla_t V = \nabla_t \nabla_s V + R\cdot\left(\frac{\partial \varkappa}{\partial s}, \frac{\partial \varkappa}{\partial t}, V\right).$$

Die Gleichungen (8), (9) gelten auch für alle C^∞-Abbildungen auf abgeschlossenen Intervallen $V:[\alpha',\beta']\times[a',b'] \longrightarrow E$, $\varkappa := \pi\circ V$: $[\alpha',\beta']\times[a',b'] \longrightarrow M$, da solche Abbildungen stets auf ein Intervall vom obigen Typ erweiterbar sind.

Für den Krümmungstensor R des Levi-Civita-Zusammenhangs ∇ einer riemannschen Mannigfaltigkeit (M,g) gelten zusätzlich die folgenden 3 Beziehungen (die erste sogar für jeden torsionsfreien Zusammenhang auf M, die zweite für beliebige riemannsche Zusammenhänge auf Bündeln):

(1o) $R(X,Y,Z) + R(Y,Z,X) + R(Z,X,Y) = o$

(11) $g(R(X,Y,Z),U) = -g(R(X,Y,U),Z)$ für alle

(12) $g(R(X,Y,Z),U) = g(R(Z,U,X),Y)$ $X,Y,Z,U \in \mathfrak{X}(M)$.

Es genügt, diese Gleichungen auf den (lokalen) Basisfeldern zu Basen B der Modelle nachzuprüfen ($|B|$ beliebig!), da sie nur punktweise gezeigt zu werden brauchen. Deshalb kann o.B.d.A. angenommen werden, daß alle in obigen Gleichungen auftretenden Lieklammern verschwinden, so daß also der Beweis genau dem Beweis bei endlicher Dimension folgt.

Sei nun σ linearer Unterraum von M_p der Dimension 2, also Tangentialebene an M in $p\in M$ und $\{u,v\}$ Basis von σ. Die Zahl

(13) $$K(u,v) := \frac{k(u,v) := g(R(u,v,v),u)}{k_1(u,v) := \|u\|^2\cdot\|v\|^2 - g(u,v)^2}$$

ist dann wohldefiniert (zur vereinfachenden Schreibweise siehe auch V.1o) und hängt(nach bekanntem Beweis) nicht von der speziellen Basiswahl ab, weshalb auch

(14) $K_\sigma := K(u,v)$, $\{u,v\}$ Basis von σ

wohldefiniert ist. K_σ heißt die riemannsche Krümmung (Schnittkrümmung) von M bzgl. der Ebene σ. Die Zuordnung

$$R\in\mathfrak{X}_{L^3(TM;TM)}(M) \longmapsto k : \mathfrak{X}(M)\times\mathfrak{X}(M) \longrightarrow \mathfrak{F}(M), k(u,v) := g(R(u,v,v),u),$$

ist auf den Tensorfeldern R, die (2), (1o), (11), (12) erfüllen, injektiv, d.h. R ist vollständig durch k bestimmt (und insbesondere genau dann Null, falls k Null ist; vgl. die Darstellung von $g(R(u,v,w),z)$ durch k in [13], S. 93). Da insbesondere $R_1(u,v,w) := g(v,w)\cdot u - g(u,w)\cdot v$ Tensorfeld von diesem Typ ist, gilt dies auch für die dazugehörige "biquadratische Form" $k_1(u,v) = \|u\|^2\cdot\|v\|^2 - g(u,v)^2$; $k_1(u,v)$ ist das Quadrat des Flächeninhalts des durch u,v aufgespannten Parallelogramms.

Die obigen Krümmungszahlen vergleichen also in gewisser Weise R mit dem kanonischen Tensorfeld R_1.

Ist K in jedem $p \in M$ konstant, d.h. gibt es eine Abbildung $K: M \longrightarrow \mathbb{R}$ mit $K(p) = K_\sigma$ für alle $\sigma \in \mathfrak{G}_2(M_p)$, d.i. die Grassmann-Mannigfaltigkeit der Ebenen in M_p, so folgt sogar $R = K \cdot R_1$, denn $R_o := R - K \cdot R_1$ ist Tensorfeld vom "Typ R" und seine biquadratische Form k_o lautet $k_o = k - K \cdot k_1 = o$, woraus nach dem oben Festgestellten $R_o = o$ folgt.

Nach Schurs Theorem (vgl. Kobayashi-Nomizu: Foundations of Differential Geometry, Vol. 1; der Beweis überträgt sich nach Vorausgegangenem sofort auf unendliche Dimension) folgt, daß M dann sogar auf jeder Zusammenhangskomponente von konstanter Krümmung ist (falls $\operatorname{Dim} M \geq 3$ gilt).

Seien $i: (\tilde M, \tilde g) \longrightarrow (M, g), \nabla, \tilde\nabla, S, \ell$ wie in 5.4(v) und $u, v, w, z \in \tilde M_p \subset T\tilde M$. Für die Krümmungstensoren $\tilde R, R$ von $\tilde\nabla, \nabla$ gilt die folgende (Gauß-)Gleichung:

(15) $$g(R(Ti \cdot u, Ti \cdot v, Ti \cdot w), Ti \cdot z) = \tilde g(\tilde R(u,v,w), z) + g(\ell(u,w), \ell(v,z)) - g(\ell(v,w), \ell(u,z)) \; .$$

<u>Bew.</u>: Seien $U, V, W, Z \in \mathfrak{X}(\tilde M)$ mit $U_p = u, V_p = v, W_p = w, Z_p = z$. Es gilt dann:

$$R(Ti \cdot u, Ti \cdot v, Ti \cdot w)^T = (R \circ (Ti \cdot U, Ti \cdot V, Ti \cdot W)_p)^T \underset{(7)}{=}$$

$$(\nabla_U \nabla_V \, Ti \cdot W|_p)^T - (\nabla_V \nabla_U Ti \cdot W|_p)^T - (\nabla_{[U,V]} Ti \cdot W|_p)^T =$$

$$(\nabla_U \nabla_V Ti \cdot W|_p)^T - (\nabla_V \nabla_U Ti \cdot W|_p)^T - (\nabla_{\tilde\nabla_U V} Ti \cdot W|_p)^T +$$

$$+ (\nabla_{\tilde\nabla_V U} Ti \cdot W|_p)^T = (\nabla_U (Ti \cdot \tilde\nabla_V W + \ell(V,W))|_p)^T -$$

$$-(\nabla_V (Ti \cdot \tilde\nabla_U W + \ell(U,W))|_p)^T - Ti \cdot \tilde\nabla_{\tilde\nabla_U V} W|_p + Ti \cdot \tilde\nabla_{\tilde\nabla_V U} W|_p =$$

$$Ti \cdot \tilde\nabla_U \tilde\nabla_V W|_p + Ti \cdot S(U, \ell(V,W))_p - Ti \cdot \tilde\nabla_V \tilde\nabla_U W|_p - Ti \cdot S(V, \ell(U,W))_p -$$

$$- Ti \cdot \tilde\nabla_{[U,V]} W|_p = Ti \cdot \tilde R(U,V,W)_p + Ti \cdot (S(U, \ell(V,W))_p - S(V, \ell(U,W))_p).$$

Eingesetzt in g ergibt sich damit

$$g(R(Ti \cdot u, Ti \cdot v, Ti \cdot w), Ti \cdot z) = g(Ti \cdot \tilde R(u,v,w), Ti \cdot z) +$$

$$g(Ti \cdot (S(U, \ell(V,W))_p - S(V, \ell(U,W))_p), Ti \cdot z) =$$

$$\tilde g(\tilde R(u,v,w), z) + \tilde g(S_{\ell(V,W)} U|_p, z) - \tilde g(S_{\ell(U,W)} V|_p, z) =$$

$$\tilde g(R(u,v,w), z) + g(\ell(U,W)|_p, \ell(V,Z)|_p) - g(\ell(V,W)|_p, \ell(U,Z)|_p),$$

woraus die obige Behauptung folgt.

<u>Folgerungen</u>: a) Ist $\tilde M$ total-geodätische Untermannigfaltigkeit der riemannschen Mannigfaltigkeit (M,g), so folgt nach 5.4(v) unter Ausnutzung von $Ti = id$ und $g / T\tilde M \oplus T\tilde M = \tilde g$:

$g(R(u,v,w), z) = g(\tilde R(u,v,w), z)$ für alle $u, v, w, z \in \tilde M_p$, also aufgelöst

(16) $$\tilde R(u,v,w) = R(u,v,w)^T .$$

Damit sind in diesem Fall die Schnittkrümmungen von $(\tilde M, \tilde g)$ durch die entsprechend gebildeten von (M,g) gegeben: $\tilde K_\sigma = K_\sigma$ für alle an $\tilde M$ tangentialen Ebenen σ (im allgemeinen Fall gilt bzgl. der Ebenen $\tilde{\sigma}=$ Spann $\{u,v\}\subset\tilde{M}_p$, $\sigma=$ Spann $\{Ti\cdot u, Ti\cdot v\}\subset M_{i(p)}$, auf Grund der Gauß-Gleichung für die Krümmungen von $\tilde{M},M$:

(17) $K_\sigma = \tilde{K}_{\tilde{\sigma}} + \dfrac{g(\ell(u,v),\ell(u,v)) - g(\ell(u,u),\ell(v,v))}{\tilde{g}(u,u)\tilde{g}(v,v) - \tilde{g}(u,v)^2}$).

b) Sei $(\mathbb{E},\langle..,..\rangle)$ Hilbertraum. Als riemannsche Mannigfaltigkeit hat $(\mathbb{E},\langle..,..\rangle)$ die Abbildung

$$\nabla : \mathfrak{X}(\mathbb{E})\times\mathfrak{X}(\mathbb{E}) \longrightarrow \mathfrak{X}(\mathbb{E}) = C^\infty(\mathbb{E},\mathbb{E}),\ (X,Y)\longmapsto DY\cdot X$$

als Levi-Civita-Zusammenhang ($K: T^2\mathbb{E}=\mathbb{E}^4 \longrightarrow T\mathbb{E}=\mathbb{E}^2$, $K=(pr_1,pr_4)$ und $\Gamma_{id_{\mathbb{E}}}\equiv o$), also gilt: $R\equiv o$ und $K_\sigma\equiv o$ für alle tangentialen Ebenen σ.

Die Abbildung $f:\mathbb{E}\longrightarrow\mathbb{R}, x\longmapsto\langle x,x\rangle$ hat nur $o\in\mathbb{R}$ als kritischen Wert, alle $S_r := f^{-1}(r^2)$ mit $r>o$ sind also riemannsche Untermannigfaltigkeiten von $(\mathbb{E},\langle..,..\rangle)$ der Kodimension 1, die Sphären vom Radius r. Auf S_r gibt es genau ein $N\in\mathfrak{X}(S_r)^\perp$ mit $\langle N,N\rangle = 1$, definiert durch $N_p := \dfrac{p}{\sqrt{\langle p,p\rangle}}$. ℓ besitzt damit eine Darstellung der Form $\ell=\alpha\cdot N$ mit einem $\alpha: TS_r\oplus TS_r \longrightarrow \mathbb{R}$. Nach 5.4(v),(3) folgt für α:

$$\alpha = g(N,\alpha\cdot N) = -\ell_N,$$

so daß zur Bestimmung von α nur noch $S_N X$ -also $\nabla_X N|_p = DN'_p\cdot X_p$ für alle $X\in\mathfrak{X}(S_r)$ -berechnet werden muß; $N':\mathbb{E}-\{o\}\longrightarrow\mathbb{E}$, $q\longmapsto\dfrac{q}{\sqrt{\langle q,q\rangle}}$ die natürliche Erweiterung von N. Es gilt

$$DN'_p\cdot X_p = \frac{X_p}{\sqrt{\langle p,p\rangle}} - \frac{2\langle p,X_p\rangle}{2\sqrt{\langle p,p\rangle}\cdot\sqrt{\langle p,p\rangle}}\cdot X_p = \frac{X_p}{\sqrt{\langle p,p\rangle}},$$

da $X_p\in(S_r)_p = \text{grad}\, f|_p^\perp = p^\perp$ gilt. Es folgt also

$$\ell_N(u,v) = \langle\frac{u}{\sqrt{\langle p,p\rangle}},v\rangle = \frac{1}{r}\langle u,v\rangle \text{ für alle } p\in S_r \text{ und } u,v\in p^\perp = (S_r)_p.$$

Formel (17) ergibt damit für die Schnittkrümmungen von S_r:

$$\tilde{K}_{\tilde{\sigma}} = o - \frac{\frac{1}{r}\cdot\langle u,v\rangle\cdot\frac{1}{r}\langle u,v\rangle - \frac{1}{r}\cdot\langle u,u\rangle\cdot\frac{1}{r}\langle v,v\rangle}{\langle u,u\rangle\cdot\langle v,v\rangle - \langle u,v\rangle^2} = \frac{1}{r^2},$$

S_r hat also die konstante Krümmung $\frac{1}{r^2}$.

Ergänzend sei noch eine weitere Darstellung des Krümmungstensor im Falle riemannscher Untermannigfaltigkeiten $\tilde{M}$ von $(\mathbb{E},\langle..,..\rangle)$ aufgeführt (die ebenfalls zu einer leichten Berechnung der Krümmung von S_r führt):

Sei $\omega:\tilde{M}\longrightarrow L(\mathbb{E};\mathbb{E})$, $\omega_p(\mathbb{E})=\tilde{M}_p$ für alle $p\in M$, der in 5.3 eingeführte C^∞-Schnitt der Orthogonalprojektionen bzgl. $\langle..,..\rangle$. Die Levi-Civita-Differentiation $\tilde{\nabla}$ von $(\tilde{M},\langle..,..\rangle/T\tilde{M}\oplus T\tilde{M})$ lautet damit:

$$\bigwedge_{X,Y\in\mathfrak{X}(\tilde{M})} \tilde{\nabla}_X Y = \omega\cdot(dY\cdot X),$$

wobei dY die Umdeutung von $TY:T\tilde{M}\longrightarrow\mathbb{E}^2$ zu einem C^∞-Schnitt in $L(T\tilde{M};\mathbb{E})$ bezeichnet. Es folgt weiter

(18) $\tilde{\nabla}_X Y = dY\cdot X - (id-\omega)\cdot(dY\cdot X) = dY\cdot X - d\omega\cdot(X,Y)$

unter der zu dY analogen Deutung von $T\omega$ als Schnitt in $L(T\tilde{M},\mathbb{E};\mathbb{E})$ wegen

$(\mathrm{id}-\omega)\cdot Y = o$.
Sei $c\colon [a,b] \longrightarrow \tilde{M}$ C^∞-Kurve und $Y\colon [a,b] \longrightarrow \mathbb{E}$ vom Typ C^∞ mit $Y_t \in \omega_{c(t)}(\mathbb{E})$, also $Y \in \mathfrak{X}(c)$. 5.3 impliziert hierfür

$$\tilde{\nabla}_{\dot c} Y|_t = \omega_{c(t)}\cdot DY(t)\cdot 1 = DY(t) - d\omega_{c(t)}\cdot(\dot c(t), Y_t) .$$

Aus (9) folgt damit für den Krümmungstensor $\tilde{R}$ von $\tilde{\nabla}$ (mittels geeigneter Kurvenscharen):

(19) $\widehat{u,v,w\in\tilde{M}_p}$ $\tilde{R}(u,v,w) = d\omega(u,d\omega(v,w)) - d\omega(v,d\omega(u,w))$. Im Beispiel "Sphäre S_r" ergibt sich speziell (wieder):

a) $\omega = \tilde{\omega}/S_r$, wobei $\tilde{\omega}\colon \mathbb{E}-\{o\} \longrightarrow L(\mathbb{E};\mathbb{E})$ durch $\tilde{\omega}_p\cdot w = w - \frac{\langle w,p\rangle}{\langle p,p\rangle}\cdot p$ für $p\in\mathbb{E}-\{o\}$, $w\in\mathbb{E}$ gegeben ist.

b) $d\omega_p = D\tilde{\omega}_p/L(\tilde{M}_p,\mathbb{E};\mathbb{E})$ für alle $p\in\tilde{M}$, also

$$d\omega(u,w) = -\frac{(\langle w,u\rangle\cdot p + \langle w,p\rangle\cdot u)\langle p,p\rangle - \langle w,p\rangle p\cdot 2\langle p,u\rangle}{\langle p,p\rangle^2}$$

$$= -\frac{\langle u,w\rangle\cdot p + \langle w,p\rangle\cdot u}{\langle p,p\rangle} \quad \text{für alle } u\in\tilde{M}_p = p^\perp \text{ und alle } w\in\mathbb{E}.$$

c) $R(u,v,w) = \frac{\langle v,w\rangle}{\langle p,p\rangle}\cdot d\omega(u,p) - \frac{\langle u,w\rangle}{\langle p,p\rangle}\cdot d\omega(v,p)$

$= \frac{1}{r^2}(\langle v,w\rangle\cdot u - \langle u,w\rangle\cdot v)$ für alle $u,v,w\in p^\perp$.

d) $\tilde{K}_\sigma = \frac{1}{r^2}$ für alle tangentialen Ebenen σ an S_r.

2. (M,g) zusammenhängende, riemannsche Mannigfaltigkeit und $\nabla, \exp_p, d, \rho$ die (in den Paragraphen 4, 5, 6 eingeführten) dazugehörigen Abbildungen.

(1) Die riemannsche Mannigfaltigkeit M heißt <u>vollständig</u>, falls (M,d) vollständiger metrischer Raum ist, sie heißt <u>geodätisch-vollständig</u>, falls alle Geodätischen von (M,g) auf ganz $\mathbb{R}$ definiert sind, also $\widetilde{TM}=TM$ gilt (in der Sprechweise von 4.5: ∇ oder der dazugehörige Spray S sind vollständig). Es gilt:

(2) Ist (M,g) vollständig, so ist (M,g) geodätisch vollständig.

<u>Bew.</u>: Sei c_v die Geodätische zum Anfangswert $\dot c_v(o)=v\in TM$ und $[o,L)$, $L>o$ im Definitionsbereich von c_v enthalten. Es genügt zu zeigen, daß es stets $\varepsilon>o$ gibt, so daß c_v sogar auf $[o,L+\varepsilon)$ definiert ist. Sei $\{t_n\}_{n\in\mathbb{N}}$ Cauchyfolge in $[o,L)$, die gegen L konvergiert. Es gilt für alle $i,j\in\mathbb{N}$:
$d(c_v(t_i),c_v(t_j)) \le \left|\int_{t_i}^{t_j}\|\dot c_v(s)\|ds\right| \overset{5.2}{=} \|\dot c_v(o)\|\cdot\left|\int_{t_i}^{t_j}ds\right| = \|v\|\cdot|t_j-t_i|$,

d.h. $\{c_v(t_n)\}_{n\in\mathbb{N}}$ ist Cauchyfolge in (M,d), also konvergent, da M vollständig ist. Der Grenzwert p dieser Folge ist unabhängig von ihrer speziellen Wahl, d.h. es gilt $\lim_{t\nearrow L} c_v(t)=p$. Die gewünschte Erweiterung der Geodätischen c_v folgt damit sofort mittels der Wahl einer natürlichen Karte $(\exp_p, B_\varepsilon(p))$ um p.

Bei endlicher Dimension gilt der sog. Satz von Hopf-Rinow.

(3) Ist (M,g) geodätisch vollständig, so lassen sich je 2 Punkte $p,q \in M$ durch eine Geodätische $c:[o,1] \longrightarrow M$ minimaler Länge: $L_c = d(p,q)$ verbinden (oder äquivalent: so ist $\exp_p : B_\varepsilon(o_p) \longrightarrow D_\varepsilon(p)$ für alle $\varepsilon > o$ surjektiv; vgl. die schwächere Aussage 6.6).

Nach [16], [31] ist dieser Satz bei unendlicher Dimension i.a. nicht mehr richtig (ob nicht wenigstens $\exp_p : M_p \longrightarrow M$ stets surjektiv ist, ist nicht bekannt). Die Behauptung des Satzes von Hopf-Rinow läßt sich auf die folgende metrische Bedingung reduzieren:

(4) $\bigwedge_{p,q \in M} \ \bigvee_{o<\varepsilon<\varrho(p)} \ \bigvee_{p' \in S_\varepsilon(p)} \quad d(q, B_\varepsilon(p)) = d(q,p')$.

Bew.: "$\Downarrow$": Sei c zu p,q gemäß (3) gewählt und $\varepsilon \in (o, \varrho(p))$, $\varepsilon < d(p,q) =: r$. Es gilt dann $L_{c|[o,\varepsilon/r]} = \varepsilon$, d.h. $p' := c(\varepsilon/r) \in S_\varepsilon(p)$ und $d(q,B_\varepsilon(p)) = d(q,p')$.

"$\Uparrow$": Seien $p,q \in M$ und $r := d(p,q)$. Sei $\varepsilon > o$ und $p' \in S_\varepsilon(p)$ gemäß (4) zu p,q gewählt. Sei $v \in M_p$ definiert durch $v := \exp_p^{-1}(p'/\varepsilon)$, also $\|v\|_p = 1$ und $\exp_p(\varepsilon \cdot v) = p'$. Dann gilt $\exp_p(r \cdot v) = q$ $(*)$, und damit folgt sofort, daß die Geodätische c, definiert durch $c(t) := \exp_p(t \cdot v)$, kürzeste Verbindung von p nach q ist, d.h. es folgt (3). Der Beweis von $(*)$ ergibt sich durch direkte Übertragung des Beweises vom 1o.9 in [34] auf den hier betrachteten unendlichdimensionalen Fall unter Benutzung des folgenden Spezialfalles von 6.3: Ist $c: [o,b] \longrightarrow M$ C^∞-Kurve, die $L_c = d(c(o),c(b))$ erfüllt und deren Parameter proportional zur Bogenlänge ist ($\|\dot{c}(t)\| = \text{const}$), so ist c eine Geodätische (von minimaler Länge).

Bem.: Bedingung (4) ist z.B. auf riemannsche Mannigfaltigkeiten M erfüllt, bei denen die durch die abgeschlossenen ε-Bälle $\overline{B_\varepsilon(p)}$ erzeugte Topologie Γ auf M (oder eine feinere) die Eigenschaft hat, daß alle (hinreichend kleinen) $\overline{B_\varepsilon(p)}$ bzgl. Γ kompakt sind (also auf riemannschen Mannigfaltigkeiten, auf denen eine Art "schwache Topologie" existiert). Denn sind $p,q \in M$ gegeben und ist $\varepsilon \in \mathbb{R}^+$ hinreichend klein, also $\overline{B_\varepsilon(p)}$ kompakt bzgl. Γ, so gilt: Für alle genügend großen $r \in \mathbb{R}^+$ ist $\overline{B_\varepsilon(p)} \cap \overline{B_r(q)}$ nicht leer und abgeschlossen bzgl. Γ, also -da Teil von $\overline{B_\varepsilon(p)}$- kompakt bzgl. Γ. Dann ist aber auch der Durchschnitt aller dieser Mengen nicht leer (und, falls Γ hausdorffsch ist, auch kompakt), und jeder darin enthaltene Punkt ist als p' für (4) geeignet.

Der aus dem Satz von Hopf-Rinow resultierende Schluß, daß geodätisch-vollständige riemannsche Mannigfaltigkeiten auch vollständig sind, läßt sich nach dem oben Gesagten bei unendlicher Dimension i.a. nicht mehr analog durchführen, weshalb die Gültigkeit dieser Implikation nicht klar ist.

Grossman und McAlpin [16], [31] beschreiben Spezialfälle vollständiger riemannscher Mannigfaltigkeiten, für die der Satz von Hopf-Rinow gültig ist: Gilt $K_\sigma < 0$ für alle an M tangentialen Ebenen σ, so ist $\exp_p : M_p \longrightarrow M$ stets surjektiv (d.h. alle $p,q \in M$ lassen sich durch eine Geodätische verbinden), und $(M_p, \exp_p)$ ist stets universelle Überlagerung von M ($\exp_p$ besitzt keine kritischen Punkte, ist also lokal Diffeomorphismus). Ist M zusätzlich einfach zusammenhängend, so lassen sich je zwei Punkte $p,q \in M$ durch genau eine Geodätische der Länge $d(p,q)$ verbinden, und $\exp_p : M_p \longrightarrow M$ ist dann sogar global Diffeomorphismus (Satz von <u>Hadamard-Cartan</u>).

Weitere Beispiele liefern die im nächsten Kapitel definierten Kurvenmannigfaltigkeiten; Genaueres vgl. [10] und III.3.8(iii), 5.8.4.

Neben dem Aufspalten der konjugierten Punkte in mono- und epikonjugierte Punkte liegt also bei dem hier betrachteten Satz von Hopf-Rinow ein weiterer Verlust an Aussagen gegenüber dem Endlichdimensionalen vor. Dabei scheint es sinnvoll zu sein, anzunehmen, daß die Existenz von epikonjugierten, nicht monokonjugierten Punkten -vgl. 6.7- zum Verlust der Surjektivität von $\exp_p$ in 8.2(3) für gewisse $\varepsilon > \varrho(p)$ korrespondiert, daß also ein Zusammenhang zwischen diesen Schwierigkeiten besteht; die monokonjugierten Punkte haben wie bei endlicher Dimension die bekannte Beziehung zur "lokalen" Minimalität von Geodätischen, sind jedoch nicht mehr stets diskret verteilt (auf den Geodätischen), vgl. 6.7.

Nach Kuiper gilt für jeden unendlichdimensionalen, separablen Hilbertraum H (sowie vermutlich auch für beliebige Hilberträume unendlicher Dimension; vgl. [38]), daß $Gl(H)$ contractible ist, und dies impliziert, daß die dazu betrachteten Hilbertbündel (also insbesondere die Tangentialbündel von Hilbertmannigfaltigkeiten M mit solchen Modellen bei Existenz von Partitionen der Eins auf M) trivial sind. Wir haben also abschließend im Vergleich zur endlichen Dimension noch die Besonderheit, daß unendlich-dimensionale Hilbertmannigfaltigkeiten i.a. wohl parallelisierbar sind, was sich z.B. auch darin äußert, daß eine Unterteilung in orientierbare und nichtorientierbare Mannigfaltigkeiten hier nicht mehr möglich ist.

3. Zum Schluß betrachten wir noch auf TE durch Strukturen von TM und E induzierte Strukturen, die eine wichtige Anwendung in Kapitel II besitzen.

<u>Generalvoraussetzung</u>: (M,g) riemannsche Mannigfaltigkeit, $\pi : E \longrightarrow M$ Vektorraumbündel über M mit riemannscher Metrik g'. Seien die folgenden Zusammenhangsabbildungen K,K' gegeben (dazugehörige kovariante Differentiationen ∇, ∇'; analog werden weitere dazugehörige Abbildungen gekennzeichnet):

$$\begin{array}{ccc} TTM & \xrightarrow{K} & TM \\ {\scriptstyle \tau}\downarrow & & \downarrow{\scriptstyle \tau_0} \\ TM & \xrightarrow{\tau_0} & M \end{array} \quad , \quad \begin{array}{ccc} TE & \xrightarrow{K'} & E \\ {\scriptstyle \tau_1}\downarrow & & \downarrow{\scriptstyle \pi} \\ E & \xrightarrow{\pi} & M \end{array} \quad .$$

Sei weiter $\tau_2 : TTE \longrightarrow TE$ das Tangentialbündel von TE; im Falle E=TM reichen die Bezeichnungen: $\tau_i : T^{i+1}M \longrightarrow T^iM$.

<u>Satz</u>: Die Abbildung $g'' : E \longrightarrow L_s^2(TE)$, definiert durch

$$(1) \quad \bigwedge_{v\in E} \ \bigwedge_{A,B\in TE_v} \ g''_v(A,B) := g_{\pi(v)}(T\pi A, T\pi B) + g'_{\pi(v)}(K'A, K'B),$$

ist eine riemannsche Metrik für die Mannigfaltigkeit E.

<u>Bew.</u>: Wegen 2.3 bleibt die Differenzierbarkeit dieses Schnittes nachzuweisen: Bzgl. der Trivialisierung (Φ, ϕ, U) von E, also unter Verwendung der induzierten Trivialisierungen $(T\phi, \phi, U), (T\Phi, \Phi, \pi^{-1}(U))$ von TM bzw. TE, gilt mit den Bezeichnungen von 2.1,2.3:

$g''_\Phi = (g_\phi \circ \pi_\phi) \cdot T\pi_\phi \times T\pi_\phi + (g'_\phi \circ \pi_\phi) \cdot K_\phi \times K_\phi$, wobei $T\pi_\phi, K_\phi$ jetzt als C^∞-Abbildungen von $\phi(U)$ in $L(\mathbb{M} \times \mathbb{E}; \mathbb{M})$ bzw. $L(\mathbb{M} \times \mathbb{E}; \mathbb{E})$ aufgefaßt werden (vgl. §2 Einleitungen; und wobei $\pi_\phi : \phi(U) \times \mathbb{E} \longrightarrow \phi(U)$, $g_\phi : \phi(U) \longrightarrow L_s^2(\mathbb{M})$, $g'_\phi : \phi(U) \longrightarrow L_s^2(\mathbb{E})$, $g''_\phi : \phi(U) \longrightarrow L_s^2(\mathbb{M} \times \mathbb{E})$ ebenfalls C^∞-Abbildungen sind). Damit folgt die Behauptung auf Grund der bekannten Kompositionsregeln, [29], S.9.

<u>Bem.</u>: Die Konstruktion von g" (bei der K noch nicht benötigt wird) läßt sich auch folgendermaßen beschreiben:

Zu (M,g) und (E,g') haben wir das riemannsche Bündel $(TM \oplus E, g \oplus g')$ und damit das induzierte riemannsche Bündel $(\pi^*(TM \oplus E), \pi^*(g \oplus g'))$, da sich der Schnitt $g \oplus g'$ ebenfalls zurückziehen läßt und einen Schnitt $\pi^*(g \oplus g')$ im Pull-back $\pi^*L^2(TM \oplus E)$ ergibt (vgl. §3), und da π^* mit L^2 vertauschbar ist, vgl. [29], S. 47. Die Metrik g" ist dann die (eindeutig bestimmte) Metrik auf E, die den Vektorraumbündelisomorphismus

$$(\tau_1, T\pi, K') : TE \longrightarrow \pi^*(TM \oplus E) \qquad \text{(s. 2.4)}$$

zur Isometrie macht. Dabei wird das "Horizontal-" bzw. "Vertikalraumbündel" von TE isometrisch auf π^*TM bzw. π^*E abgebildet, und diese beiden Paare komplementärer Bündel sind jeweils orthogonal zueinander.

<u>Herleitung</u>: Zu den bisher betrachteten Bündeln TM,E und $TM \oplus E$ haben wir nach 2.7 (ii) die weiteren Bündel $T\tau_0 : TTM \longrightarrow TM$, $T\pi : TE \longrightarrow TM$, $T(\tau_0 \oplus \pi) : T(TM \oplus E) \longrightarrow TM$ sowie $T\tau_0 \oplus T\pi : TTM \oplus_{TM} TE \longrightarrow TM$ (man beachte, daß die letzte Summe nicht bzgl. der ursprünglichen Vektorraumbündelstrukturen von TTM und TE gebildet ist, was durch $\oplus_{TM}$ symbolisiert wird). Für diese Bündel gilt:

Es gibt einen kanonischen Vektorraumbündelisomorphismus

$$\begin{array}{ccc} T(TM \oplus E) & \xrightarrow{\quad i \quad} & TTM \oplus_{TM} TE \\ \Big\downarrow T(\tau_0 \oplus \pi) & & \Big\downarrow T\tau_0 \oplus T\pi \\ TM & \xrightarrow{\quad id \quad} & TM \end{array},$$

der lokal gegeben ist durch $(x, \xi_0, \eta_0, y, \xi_1, \eta_1) \longmapsto (x, y, \xi_0, \xi_1, \eta_0, \eta_1)$

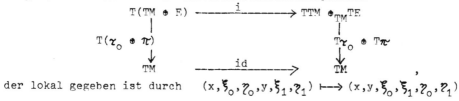

bzgl. der durch eine Trivialisierung (Φ,ϕ,U) von E induzierten Trivialisierungen dieser Bündel, vgl. auch Eliasson [8]. Es folgt, daß die Abbildung

$$\widetilde{K \oplus K'} := K \oplus K' \circ i : T(TM \oplus E) \longrightarrow TM \oplus E$$

Zusammenhangsabbildung für das Bündel $TM \oplus E \longrightarrow M$ ist mit dem folgendem Christoffelsymbol $\widetilde{\Gamma}_\phi : \phi(U) \longrightarrow L(\mathbb{M},\mathbb{M}\times\mathbb{E};\mathbb{M}\times\mathbb{E})$ bzgl. der durch (Φ,ϕ,U) induzierten Trivialisierungen:

$$\widetilde{\Gamma}_\phi(x)\cdot(y,(\xi,\eta)) = (\Gamma_\phi(x)\cdot(y,\xi),\Gamma'_\phi(x)\cdot(y,\eta)).$$

Nach §3 Einleitung bekommen wir damit einen induzierten Zusammenhang $\pi^*(\widetilde{K \oplus K'})$ für das Bündel $\pi^*(TM \oplus E)$ über E mit dem folgenden kommutativen Diagramm:

$$\begin{array}{ccc}
T(\pi^*(TM \oplus E)) & \xrightarrow{\ \pi^*(\widetilde{K \oplus K'})\ } & \pi^*(TM \oplus E) \\
\Big\downarrow{\scriptstyle i\circ Tpr} & & \Big\downarrow{\scriptstyle (\tau_0 \oplus \pi)^*\pi =:\ pr} \\
TTM \oplus_{TM} TE & \xrightarrow{\ \ K \oplus K'\ \ } & TM \oplus E
\end{array}$$

und mit Hilfe des in 2.4 beschriebenen Vektorraumbündelisomorphismus $(\tau_1,T\pi,K'):TE \longrightarrow \pi^*(TM \oplus E)$ über E auch einen Zusammenhang $K'':TTE \longrightarrow TE$ für die Mannigfaltigkeit TE (vgl. 3.9(ii); die Existenz von $\mathfrak{g},\mathfrak{g}'$ wird nicht benötigt). Für dieses K" gilt per Konstruktion:

(2) $\quad K'' = (\tau_1,T\pi,K')^{-1} \circ \pi^*(\widetilde{K \oplus K'}) \circ T(\tau_1,T\pi,K')$

(3) $\quad = (\tau_1,T\pi,K')^{-1} \circ (\tau_1 \circ T\tau_1, K\circ TT\pi, K'\circ TK')$

(4) $\quad = (\tau_1,T\pi,K')^{-1} \circ (\tau_1 \circ \tau_2, K\circ TT\pi, K'\circ TK')$.

Sind K,K' riemannsch bzgl, g,g', so auch $\widetilde{K \oplus K'}$, $\pi^*(\widetilde{K \oplus K'})$ und K" bzgl. $g \oplus g'$, $\pi^*(g \oplus g')$ bzw. g" (zu letzterem vgl. 3.9(ii)).

Beim Beweis der folgenden weiteren Behauptungen über K" wird auch das bisher Behauptete nochmal bewiesen, so daß obiges nur als Motivation der Kontruktion von K" angesehen zu werden braucht.

<u>Satz</u>: (i) Der Zusammenhang K" lautet dargestellt als kovariante Differenrentiation längs Morphismen $f:N \longrightarrow E$ für alle $X \in \mathfrak{X}(N)$, $Y \in \mathfrak{X}_{TE}(f)$, $p \in N$:

(5) $\quad \nabla''_X Y|_p = (\tau_1,T\pi,K')^{-1}(f(p),\nabla_X Y^1|_p,\nabla_X Y^2|_p)$,

wobei $Y^1 := T\pi \circ Y$ bzw. $Y^2 := K' \circ Y$, d.i. die vertikale bzw. die horizontale Komponente von Y, C^∞-Schnitte längs $\pi\circ f$ in TM bzw. E sind.

(ii) Die Exponentialabbildung $Exp:\widetilde{TE} \longrightarrow E$ von K" ist für alle $w \in TE$ mit $T\pi(w) \in \widetilde{TM}$ definiert; und es gilt:

(6) $\quad Exp\ (w) = P'_{c_{T\pi(w)}}\big|[0,1]\cdot(\tau_1(w) + K'(w))$,

wobei c_v die Geodätische in M zum Anfangswert $v \in \widetilde{TM}$ bzgl. K und P'_{c_v} die Parallelverschiebung längs c_v in E bzgl. K' bezeichnet.

<u>Bem.</u>: Längs Kurven $\varkappa:I \longrightarrow E$ lautet die obige kovariante Differentiation also für alle $Y \in \mathfrak{X}_E(\varkappa)$:

(7) $\nabla''_{\varkappa} Y = (\tau_1, T\pi, K')^{-1} \circ (\varkappa, \nabla_{\pi\circ\varkappa} T\pi Y, \nabla'_{\pi\circ\varkappa} K'Y)$.

Bew.: Die Gleichheit von (2) und (4) folgt aus dem folgenden kommutativen Diagramm

$$\begin{array}{ccccc}
\pi^*(TM \oplus E) & \xleftarrow{\widetilde{\pi^*(K \oplus K')}} & T(\pi^*(TM \oplus E)) & \xleftarrow{T(\tau_1, T\pi, K')} & TTE \\
\downarrow {\scriptstyle \pi^*(\tau_o \oplus \pi)} & & \downarrow & & \downarrow {\scriptstyle \tau_2} \\
E & \xleftarrow[\pi^*(\tau_o \oplus \pi)]{} & \pi^*(TM \oplus E) & \xleftarrow{(\tau_1, T\pi, K')} & TE
\end{array}$$

und die Gleichheit von (3) und (4) aus:

$$\begin{array}{ccc}
TTE & \xrightarrow{T\tau_1} & TE \\
\downarrow {\scriptstyle \tau_2} & & \downarrow {\scriptstyle \tau_1} \\
TE & \xrightarrow{\tau_1} & E
\end{array} \quad .$$

$$\begin{array}{ccc}
T^2E & \xrightarrow{(K\circ T^2\pi, K'\circ TK)} & TM \oplus E \\
\downarrow {\scriptstyle \tau_2} & & \downarrow {\scriptstyle \tau_o \oplus \pi} \\
TE & \xrightarrow{\tau_o\circ T\pi \overset{2.6(3)}{=} \pi\circ K'} & M
\end{array}$$

ist als elementare Zusammensetzung von Vektorraumbündelmorphismen ebenfalls Vektorraumbündelmorphismus, also auch $(\tau_1\circ\tau_2, K\circ T^2\pi, K'\circ TK')$, wie aus dem folgenden Vektorraumbündeldiagramm durch Liftung wie in 2.4(*) folgt (beachte: $\pi\circ\tau_1 = \tau_o\circ T\pi = \pi\circ K'$):

$$\begin{array}{ccccc}
 & & \overset{(K\circ T^2\pi,\, K'\circ TK')}{\frown\!\!\!\longrightarrow} & & \\
T^2E & \xrightarrow{(\tau_1\circ\tau_2, K\circ T^2\pi, K'\circ TK')} & \pi^*(TM \oplus E) & \xrightarrow{(\tau_o \oplus \pi)^*\pi} & TM \oplus E \\
\downarrow {\scriptstyle \tau_2} & & \downarrow {\scriptstyle \pi^*(\tau_o \oplus \pi)} & & \downarrow {\scriptstyle \tau_o \oplus \pi} \\
TE & \xrightarrow{\tau_1} & E & \xrightarrow{\pi} & M
\end{array} \quad .$$

Damit ist aber auch K" Vektorraumbündelmorphismus (längs τ_1 auf Grund der Darstellung (4)). Mittels (4) folgt weiter:

$K''\circ TY\cdot X_v = (\tau_1, T\pi, K')^{-1} (\tau_1\circ T(\tau_1\circ Y)\cdot X_v, K\circ T(T\pi\circ Y)\cdot X_v, K'\circ T(K'\circ Y)\cdot X_v)$,

also die in (i) behauptete Beziehung zwischen K'', ∇'' (womit auch $\nabla''_X Y \in \mathfrak{X}_E(f)$ gezeigt ist).

Um das Christoffelsymbol von K" bzgl. der durch (Φ, ϕ, U) induzierten Trivialisierung $(T\Phi, \Phi, \pi^{-1}(U))$ von $\tau_1: TE \longrightarrow E$ zu bestimmen, ist

$T\Phi\circ(\tau_1, T\pi, K')^{-1}\circ(\Phi\times T\phi\times\Phi)^{-1}\circ \Phi\times T\phi\times\Phi\circ(\tau_1\circ T\tau_1, K\circ TT\pi, K'\circ TK')\circ TT\Phi^{-1}$

auszurechnen. Wegen

$T\Phi\circ(\tau_1, T\pi, K')^{-1}\circ(\Phi\times T\phi\times\Phi)^{-1}(x,\xi,x,y,x,\eta) = (x,\xi,y,\eta - \nabla'_\phi(x)(y,\xi))$,

$\Phi\circ\tau_1\circ T\Phi^{-1}\circ T(\Phi\circ\tau_1\circ T\Phi^{-1})(x_1\ldots,x_8) = (x_1,x_2)$,

$T\phi\circ K\circ TT\phi^{-1}\circ TT(\phi\circ\pi\circ\Phi^{-1})(x_1,\ldots,x_8) = (x_1, x_7 + \nabla_\phi(x_1)(x_5,x_3))$,

$\Phi\circ K'\circ T\Phi^{-1}\circ T(\Phi\circ K'\circ T\Phi^{-1})(x_1,\ldots,x_8) = (x_1, x_8 + D\nabla'_\phi(x_1)\cdot x_5\cdot(x_3,x_2) +$
$+ \nabla'_\phi(x_1)(x_7,x_2) + \nabla'_\phi(x_1)(x_3,x_6) + \nabla'_\phi(x_1)(x_5,\nabla'_\phi(x_1)(x_3,x_2)))$

ist der obige Ausdruck durch

$$(x_1,\dots,x_8) \longmapsto (x_1,x_2,x_7+\nabla_\phi(x_1)(x_5,x_3),x_8+D\nabla''_\phi(x_1)\cdot x_5\cdot(x_3,x_2)+$$
$$\nabla'_\phi(x_1)(x_5,x_4)+\nabla'_\phi(x_1)(x_3,x_6)+\nabla'_\phi(x_1)(x_5,\nabla'_\phi(x_1)(x_3,x_2))-$$
$$-\nabla'_\phi(x_1)(\nabla_\phi(x_1)(x_5,x_3),x_2))$$

gegeben, und daraus ist das gewünschte Christoffelsymbol und die Behauptung: K" Zusammenhangsabbildung unmittelbar ablesbar (sowie: K" i.a. nicht torsionsfrei, auch falls K,K' dies sind!).

Zu (ii): Wir müssen zeigen, daß durch $\varkappa(t):=P'_{c_{t\cdot T\pi(w)}|[o,1]}\cdot(\tau_1(w)+t\cdot K'(w))$ eine C^∞-Kurve $\varkappa:[o,1]\longrightarrow E$ definiert wird, die Geodätische ist und $\dot\varkappa(o)=w$ erfüllt: Die C^∞-Eigenschaft folgt nach 3.6 wegen $P'_{c_{t\cdot T\pi(w)}|[o,1]}=P'_{c_{T\pi(w)}|[o,t]}$. Weiter gilt:

$T\pi\circ\dot\varkappa = \dot{\widehat{\pi\circ\varkappa}} = \dot c_{T\pi(w)}$ und $\nabla\dot c_{T\pi(w)}=o$, sowie $K'\circ\dot\varkappa(s) =$

$$K'(\tfrac{d}{dt}(P'_{c_{T\pi(w)}|[o,t]}\cdot tK'(w))|_{t=s}) \overset{3.6}{\underset{(ii)}{=}} P'_{c_{T\pi(w)}|[o,s]}\tfrac{d}{dt}(t\cdot K'(w))|_{t=s}$$
$$= P'_{c_{T\pi(w)}|[o,s]}\cdot K'(w), \text{ also } \nabla'(K'\circ\dot\varkappa) = o,$$

also ist $\varkappa$ Geodätische bzgl. ∇'', und obige Rechnung liefert speziell $(\tau_1,T\pi,K')(\dot\varkappa(o)) = (\tau_1(w),T\pi(w),K'(w))$, so daß $\varkappa$ auch den richtigen Anfangswert hat.

Es bleibt der Nachweis zu erbringen, daß (g",K") RMZ-Struktur ist, falls man von RMZ-Strukturen (g,K),(g',K') ausgeht, d.h. wir müssen zeigen: K" riemannsch bzgl. g" (wir zeigen 3.8(3) und wissen, daß dann unabhängig von der Existenz von Partitionen der Eins auch alle weiteren Charakterisierungen von "riemannsch" erfüllt sind). Sei also $\alpha:I\longrightarrow E$ beliebige C^∞-Kurve und $Y,Z\in\mathfrak{X}(\alpha)$, $c:=\pi\circ\alpha:I\longrightarrow M$:

$$\tfrac{d}{dt}g''_\alpha(Y,Z) = \tfrac{d}{dt}g_c(Y^1,Z^1) + \tfrac{d}{dt}g'_c(Y^2,Z^2) \overset{3.8}{=}$$
$$g_c(\nabla_c Y^1,Z^1) + g_c(Y^1,\nabla_c Z^1) + g'_c(\nabla'_c Y^2,Z^2) + g'_c(Y^2,\nabla'_c Z^2) =$$
$$g_c(\nabla_c Y^1,Z^1) + g'_c(\nabla'_c Y^2,Z^2) + g_c(Y^1,\nabla_c Z^1) + g'_c(Y^2,\nabla'_c Z^2) =$$
$$g''(\nabla''_\alpha Y,Z) + g''(Y,\nabla''_\alpha Z)$$

q.e.d.

Bem.: (i) Eliasson gibt in [8] (ebenfalls für beliebige Banachmannigfaltigkeiten) zu jedem torsionsfreien Zusammenhang $K:T^2M\dashrightarrow TM$ für M einen induzierten torsionsfreien Zusammenhang $K_T:T^3M\dashrightarrow T^2M$ für TM an, der aus dem oben konstruierten (bei E=TM!) entsteht durch Hinzufügen eines mit Hilfe des Krümmungstensors R von K gebildeten Terms. Dieser Zusammenhang lautet allgemeiner bei Vorgabe von zwei torsionsfreien Zusammenhängen $K,K':T^2M\longrightarrow TM$ und $Y^1,Y^2,\dots$ wie im Satz vorher:

(8) $K_T:=(\tau_1,T\tau_o,K')^{-1}(\tau_1\circ\tau_2,K\circ T^2\tau_o,K'\circ TK'-R'\circ(T\tau_o\circ T^2\tau_o,\tau_1\circ T\tau_1,\tau_1\circ T^2\tau_o)$

und bei Darstellung mittels kovarianter Differentiationen:

(9) $\overset{T}{\nabla}_X Y|_v = (\tau_1, T\tau_o, K')^{-1}(v, \nabla_X Y^1|_v, \nabla'_X Y^2|_v - R'(X^1_v, v, Y^1_v))$,

wobei R' bei K_T als 3-lineare Bündelabbildung $R': TM \oplus TM \oplus TM \longrightarrow TM$ aufgefaßt wird (vgl. V.1o, $\tau_{i+1}: T^{i+1}M \longrightarrow T^iM$, i=o,1,2).

Mit Hilfe der lokalen Darstellungen des vorausgegangenen Beweises erhält man für die Christoffelsymbole von K_T folgenden Ausdruck (vgl. 8.3

$$(\nabla_\phi(x_1)(x_5,x_3), \nabla''_\phi(x_1)(x_5,x_4) + \nabla''_\phi(x_3,x_6) - \nabla''_\phi(x_1)(x_2, \nabla_\phi(x_1(x_5,x_3)) + \nabla''_\phi(x_1)(x_2, \nabla'_\phi(x_1)(x_5,x_3)) + D\nabla'_\phi(x_1)\cdot x_2\cdot(x_5,x_3)),$$

woraus sich das bisher über K_T behauptete unmittelbar ablesen läßt, da auch K_T als Komposition von Vektorraumbündelmorphismen wieder Vektorraumbündelmorphismus (über τ_1) ist; unter Verwendung des bei K" Gezeigten, genügt es hier zu zeigen, daß $R'\circ(T\tau_o\circ T^2\tau_o, \tau_1\circ T\tau_1, \tau_1\circ T^2\tau_o): T^3M \longrightarrow TM$ Vektorraumbündelmorphismus über $\tau_o\circ T\tau_o = \tau_o\circ K' = \tau_o\circ\tau_1$ ist.

Dieser Zusammenhang ist aber nicht riemannsch, wie man durch Vergleich mit dem vorausgegangenen Beweis sofort sieht, und er hat nicht dieselben Geodätischen wie K", falls $R' \neq o$ gilt, da der damit hinzugefügte Term einen symmetrischen Teil enthält, vgl. 5.4.

Sei $f: N \longrightarrow TM$ Morphismus. Mittels (8) berechnet man für die Vektorfelder längs f, also für alle $X \in \mathfrak{X}(N)$, $Y \in \mathfrak{X}(f)$, $p \in N$:

$$\overset{T}{\nabla}_X Y|_p = (\tau_1, T\tau_o, K')^{-1}(f(p), \nabla_X Y^1|_p, \nabla'_X Y^2|_p - R'((Tf\cdot X)^1_p, f(p), Y^1_p)),$$

also für $f := \varkappa: I \longrightarrow TM$ C^∞-Kurve, $Y \in \mathfrak{X}(\varkappa)$, $c := \tau_o\circ\varkappa$:

$$\overset{T}{\nabla}_\varkappa Y|_t = (\tau_1, T\tau_o, K')^{-1}(\varkappa(t), \nabla_c Y^1|_t, \nabla'_c Y^2|_t - R'(\dot\varkappa^1_t, \varkappa(t), Y^1_t))$$

und speziell für $Y = \dot\varkappa$: $(\tau_1, T\tau_o, K')^{-1}(\varkappa(t), \nabla_c \dot c|_t, \nabla'_c\nabla'_c\varkappa|_t - R'(\dot c(t), \varkappa(t), \dot c(t)))$.

Damit folgt: 1) $\varkappa$ ist Geodätische von K_T zum Anfangswert $w \in T^2M \Longleftrightarrow \varkappa$ ist das Jacobifeld bzgl. K' längs der Geodätischen c von K zum Anfangswert $\dot c(o) = T\tau_o\cdot w$ mit den Anfangswerten $\varkappa(o) = \tau_1(w)$, $\nabla_c\varkappa|_o = K'(w)$ und 2) $T\tau_o^{-1}(\widetilde{TM}) \subset \widetilde{T^2M}$. Im Falle K=K' folgt für die Exponentialabbildungen exp, $\exp_T$ von K, K_T und die kanonische Involution σ, vgl. 2.7(ii) (11):

$$\exp_T = T\exp$$

(vgl. [8], S. 18o, dort wird die Abbildung $\exp_T$ zur Berechnung verschiedener Ableitungen von exp sowie zur Trivialisierung bei gewissen Bündeln wie bei uns Exp benutzt.)

(ii) Mit Hilfe des torsionsfreien Zusammenhangs K_T berechnet sich der Torsionstensor von K" (im Falle E=TM und K,K' torsionsfrei) folgendermaßen:

$$\text{(1o)}\quad T''(X_v,Y_v) = \nabla''_X Y|_v - \nabla''_Y X|_v - \overset{T}{\nabla}_X Y|_v + \overset{T}{\nabla}_Y X|_v$$
$$= (\tau_1, T\tau_o, K')^{-1}(v, o, R'(X^1_v, v, Y^1_v) - R'(Y^1_v, v, X^1_v));$$

mit $X, Y \in \mathfrak{X}(TM)$, $v \in TM$ und X^1_v, Y^1_v wie in 8.3(5).

Als Anwendung von 4.7(iv),(v) folgt damit, daß K" i.a. (bis auf $R'=o$, also $T''=o$) nicht dieselben Geodätischen wie der Levi-Civita-Zusammenhang von g" besitzt, da sonst $\tilde{\nabla}_X Y := \nabla''_X Y - \frac{1}{2}T''(X,Y)$ diesen Levi-Civita-Zusammenhang definieren müßte (was aber wie bei K_T als nicht richtig nachgewiesen werden kann).
Sind K,K' zusätzlich riemannsch (also die Levi-Civita-Zusammenhänge von g,g'), so folgt die Verschiedenheit der Geodätischenmengen auch aus 5.4(iii), da sonst die 3-Form $g''(..,T''(..,..))$ auf $(T^2M)^3$ schiefsymmetrisch sein müßte: Für alle $u,v,w \in TM_x \subset T^2M, x \in TM$ gilt jedoch $g''(u,T''(v,w)) = g'(K'\cdot u, R'(T\tau_o\cdot v,x,T\tau_o\cdot w) - R'(T\tau_o\cdot w,x,T\tau_o\, v))$.
Man sieht aber, daß diese 3-Form eingeschränkt auf die Horizontalteile bzw. Vertikalteile sich alternierend verhält (da sie dort sogar identisch verschwindet), womit nach dem in 5.4(iii) Gesagten, die in diese Richtungen startenden Geodätischen von K" und dem Levi-Civita-Zusammenhang übereinstimmen müssen.
Daß K_T nicht dieselben Geodätischen wie der Levi-Civita-Zusammenhang von g" definiert, ist nach 4.7(iv)(v) unmittelbar klar, da sonst K_T im Widerspruch zu dem in (i) Gesagten bereits der Levi-Civita-Zusammenhang wäre.

(iii) Wir haben im Vorausgegangenen den bzgl. g" einfachsten riemannschen und den einfachsten aus K,K' gebildeten torsionsfreien Zusammenhang beschrieben und mit dem Levi-Civita-Zusammenhang von g" verglichen. Der Vollständigkeit halber wollen wir jetzt auch letzteren Zusammenhang noch bestimmen. Dabei setzen wir voraus, daß K,K' die Levi-Civita-Zusammenhänge bzgl. g,g' sind, also insbesondere E=TM. Man verfährt am zweckmäßigsten folgendermaßen (vgl. 5.4): Der Zusatzterm von K_T gegenüber K" (ersterer torsionsfrei, letzterer riemannsch):

$$(v,o,\ -R'(X^1_v,v,Y^1_v))$$

wird in seinen symmetrischen und schiefsymmetrischen Teil zerlegt:

$$(-\tfrac{1}{2}R'(X^1_v,v,Y^1_v) - \tfrac{1}{2}R'(Y^1_v,v,X^1_v)) + (\tfrac{1}{2}R'(X^1_v,v,Y^1_v) + \tfrac{1}{2}R'(Y^1_v,v,X^1_v)),$$

und man versucht durch geeignete Abänderung des symmetrischen Tensors wieder die Bedingung "riemannsch" herzustellen, wobei ja "torsionsfrei" erhalten bleibt, also dann der Levi-Civita-Zusammenhang entsteht. Auf diesem Wege ergibt sich:

(11) <u>Satz</u>: Die folgende Abbildung $K: T^3M \longrightarrow T^2M$ beschreibt den Levi-Civita-Zusammenhang von (TM,g"):

$$\dot K = (\tau_1, T\tau_o, K')^{-1}\circ(\tau_1\circ\tau_2, K\circ T^2\tau_o + \tfrac{1}{2}\mathfrak{z}\circ R'\circ(\tau_1\circ T\tau_1, \tau_1\circ TK', T\tau_o\circ T\tau_1) +$$
$$+\tfrac{1}{2}\mathfrak{z}\circ R\circ(\tau_1\circ T\tau_1, K'\circ T\tau_1, \tau_1\circ T^2\tau_o), K'\circ TK' - \tfrac{1}{2}R'(T\tau_o\bullet T^2\tau_o, \tau_1\circ T^2\tau_o, \tau_1\circ T\tau_1)).$$

Die längs beliebiger Morphismen $f:N \dashrightarrow TM$ durch $\dot K$ induzierte kovariante Differentiation ∇ lautet für alle $X \in \mathfrak{X}(N), Y \in \mathfrak{X}(f), p \in N$:

$$\nabla_X Y|_p = (\tau_1, T\tau_0, K')^{-1}(f(p), \nabla_X Y^1|_p + \tfrac{1}{2}\mathfrak{J}\circ R'(f(p), Y_p^2, (Tf\cdot X)_p^1) +$$
$$+ \tfrac{1}{2}\mathfrak{J}\circ R'(f(p), (Tf\cdot X)_p^2, Y_p^1), \nabla'_X Y^2|_p - \tfrac{1}{2}R'((Tf\cdot X)_p^1, Y_p^1, f(p))) .$$

Dabei bedeutet der Index 1 bzw. 2 wieder, daß es sich um die vertikale bzw. (bzgl. K') horizontale Komponente des betreffenden Vektorfeldes in TTM handelt (die beidemal Vektorfeld längs $\tau_0\circ f$ ist), und $\mathfrak{J}$ meint den folgenden Vektorraumbündelisomorphismus: $\mathfrak{J} = \sigma^{-1}\circ\sigma' : TM \longrightarrow TM$, σ bzw. σ' die durch g bzw. g' induzierten Identifizierungen von TM mit TM^* :

$$v \longmapsto g(v,..) \text{ bzw. } v \longmapsto g'(v,..) .$$

Längs Kurven $f := \varkappa : N := I \longrightarrow TM$ ergibt sich damit speziell für alle $Y \in \mathfrak{X}(\varkappa), t \in I$:

$$\nabla_\varkappa Y|_t = (\tau_1, T\tau_0, K')^{-1}(\varkappa(t), \nabla_{\tau_0\circ\varkappa} Y^1|_t + \tfrac{1}{2}\mathfrak{J}\circ R'(\varkappa(t), Y_t^2, \dot\varkappa_t^1) +$$
$$+ \tfrac{1}{2}\mathfrak{J}\circ R'(\varkappa(t), \dot\varkappa_t^2, Y_t^1), \nabla'_{\tau_0\circ\varkappa} Y^2|_t - \tfrac{1}{2}R'(\dot\varkappa_t^1, Y_t^1, \varkappa(t))) ,$$

also lautet die Bestimmungsgleichung für Geodätische $\varkappa : I \longrightarrow TM$

$$(\tau_1, T\tau_0, K')^{-1}(\varkappa, \nabla_{\tau_0\circ\varkappa}\dot{\widehat{\tau_0\circ\varkappa}} + \tfrac{1}{2}\mathfrak{J}\circ R'(\varkappa, K'\circ\dot\varkappa, \dot{\widehat{\tau_0\circ\varkappa}}) +$$
$$+ \tfrac{1}{2}\mathfrak{J}\circ R'(\varkappa, K'\circ\dot\varkappa, \dot{\widehat{\tau_0\circ\varkappa}}), \nabla'_{\tau_0\circ\varkappa} K'\circ\dot\varkappa) = o \in \mathfrak{X}(\varkappa),$$

oder einfacher unter Verwendung von $c := \tau_0\circ\varkappa$:

$$\nabla_c \dot c + \mathfrak{J}\circ R'(\varkappa, \nabla'_c\varkappa, \dot c) = o \in \mathfrak{X}(c), \quad \nabla'_c\nabla'_c\varkappa = o \in \mathfrak{X}(c).$$

Es folgt, daß insbesondere alle bzgl. K' parallelen Felder $Y \in \mathfrak{X}(c)$ längs Geodätischer $c : I \longrightarrow M$ bzgl. K Geodätische von (TM, g'') sind.

<u>Bew.</u>: Wir zeigen zunächst die Beziehung zwischen $\dot K$ und ∇ :

$$\bigwedge_{X\in\mathfrak{X}(N)} \bigwedge_{Y\in\mathfrak{X}(f)} \bigwedge_{p\in N} \dot K\circ TY\cdot X_p = \nabla_X Y|_p \quad \text{(vgl. 2.2)},$$

d.h. wir brauchen nur zeigen:

(i) $T\tau_0\circ\dot K\circ TY\cdot X_p = \nabla_X Y^1|_p + \frac{1}{2}\mathfrak{J}(R'(f(p), Y_p^2, (Tf\cdot X)_p^1) + R'(f(p), (Tf\cdot X)_p^2, Y_p^1))$,

(ii) $K'\circ\dot K\circ TY\cdot X_p = \nabla'_X Y^2|_p - \frac{1}{2}R'(Tf\cdot X)_p^1, Y_p^1, f(p))$.

<u>Zu (i)</u>: Es gilt:
$$[K\circ T^2\tau_0 + \tfrac{1}{2}\mathfrak{J}\circ R'\circ(\tau_1\circ T\tau_1, \tau_1\circ TK', T\tau_0\circ T\tau_1) +$$
$$+ \tfrac{1}{2}\mathfrak{J}\circ R'\circ(\tau_1\circ T\tau_1, K'\circ T\tau_1, \tau_1\circ T^2\tau_0)](TY\cdot X_p) = K\circ T(T\tau_0\circ Y)\cdot X_p +$$
$$+ \tfrac{1}{2}\mathfrak{J}(R'(\tau_1(T(\tau_1\circ Y)\cdot X_p), \tau_1(T(K'\circ Y)\cdot X_p, T\tau_0(T(\tau_1\circ Y)\cdot X_p)) -$$
$$- R'(\tau_1(T(\tau_1\circ Y)\cdot X_p), K'(T(\tau_1\circ Y)\cdot X_p), \tau_1(T(T\tau_0\circ Y)\cdot X_p)) =$$
$$= \nabla_X Y^1|_p + \tfrac{1}{2}\mathfrak{J}(R'(f(p), Y_p^2, (Tf\cdot X)_p^1) + R'(f(p), (Tf\cdot X)_p^2, Y_p^1)),$$

wie aus den dazugehörigen kommutativen Diagrammen ersichtlich ist. Es folgt (i).

<u>Zu (ii)</u>: $[K'\circ TK' - \frac{1}{2}R'(T\tau_0\circ T\tau_1, \tau_1\circ T^2\tau_0, \tau_1\circ T\tau_1)](TY\cdot X_p) = K'(T(K'\circ Y)\cdot X_p) -$
$$- \tfrac{1}{2}R'(T\tau_0(T(\tau_1\circ Y)\cdot X_p), \tau_1(T(T\tau_0\circ Y)\cdot X_p), \tau_1(T(\tau_1\circ Y)\cdot X_p)) =$$

$= \nabla'_X Y^2|_p - \frac{1}{2}R'((Tf\cdot X)^1_p, Y^1_p, f(p))$.

Unter Ausnutzung des bei K" und K_T Gesagten folgt nun unmittelbar: Die Abbildung

$$\begin{array}{ccc} T^3M & \xrightarrow{\dot{K}} & T^2M \\ \downarrow{\scriptstyle \tau_2} & & \downarrow{\scriptstyle \tau_1} \\ T^2M & \xrightarrow{\tau_1} & TM \end{array}$$

ist Vektorraumbündelmorphismus längs τ_1, also ist $\dot\nabla$ als Abbildung von $\mathfrak{X}(N)\times \mathfrak{X}(f)$ in $\mathfrak{X}(f)$ für alle Morphismen $f:N \longrightarrow TM$ (also insbesondere im Falle $f=id_{TM}$ und im Falle von C^∞-Kurven $f=x:I\longrightarrow TM$) wohldefiniert. Wir zeigen

(1) $\bigwedge_{X,Y\in\mathfrak{X}(TM)} \dot{T}(X,Y) = o$ ($\dot\nabla$ torsionsfrei)

(2) $\bigwedge_{X,Y,Z\in\mathfrak{X}(TM)} Xg''(Y,Z) = g''(\dot\nabla_X Y,Z) + g''(Y,\dot\nabla_X Z)$ ($\dot\nabla$ riemannsch)

und haben damit auf Grund der in 5.1 formulierten Eindeutigkeit von Levi-Civita-Zusammenhängen gezeigt, daß $\dot{K}$ der Levi-Civita-Zusammenhang von g" ist, falls M Partitionen der Eins gestattet, da TM dann Lemma 1.3(ii) erfüllt. $\dot{K}$ ist aber auch im allgemeinen Fall, falls also keine Partitionen der Eins auf M nachweisbar sind, der Levi-Civita-Zusammenhang von (TM,g"). Dies folgt, da für jedes offene U in M die kovariante Differentiation des eingeschränkten Zusammenhangs $\dot{K}$/TTU wie in (11) gegeben ist und die zu den obigen Formeln (1) (2) entsprechenden Formeln bzgl. $(TU,g''|_{TU})$ erfüllt, also jeweils den Levi-Civita-Zusammenhang bzgl. dieser riemannschen Untermannigfaltigkeiten von TM darstellt, vgl. 5.1 (da bei hinreichend kleinem U die Mannigfaltigkeit TU 1.3(ii) erfüllt).

<u>Zu (1)</u>: Nach dem in 4.7 Festgestellten, genügt es zu zeigen, daß $\dot\nabla_X Y - \overset{T}{\nabla}_X Y = \dot\nabla_Y X - \overset{T}{\nabla}_Y X$ gilt. Für die linke Seite dieser Gleichung ergibt sich an der Stelle $v\in TM$:

$$(\tau_1.T\tau_o,K')^{-1}(v,\tfrac{1}{2}(R'(v,Y^2_v,X^1_v) + R'(v,X^2_v,Y^1_v)),$$
$$\tfrac{1}{2}R'(Y^1_v,X^1_v,v) + R'(X^1_v,v,Y^1_v)) \overset{8.1}{\underset{(10)}{=}}$$
$$= (\tau_1,T\tau_o,K')^{-1}(v,\tfrac{1}{2}(R'(v,Y^2_v,X^1_v) + R'(v,X^2_v,Y^1_v)), -$$
$$- \tfrac{1}{2}[R'(v,Y^1_v,X^1_v) + R'(X^1_v,v,Y^1_v)] + R'(X^1_v,v,Y^1_v)) =$$
$$(\tau_1,T\tau_o,K')^{-1}(v,\tfrac{1}{2}(R'(v,Y^2_v,X^1_v) + R'(v,X^2_v,Y^1_v)),\tfrac{1}{2}(R'(Y^1_v,v,X^1_v)+\tfrac{1}{2}R'(X^1_v,v,Y^1_v))).$$

Aus dem letzten Ausdruck ist die gewünschte Symmetrie sofort ersichtlich.

<u>Zu (2)</u>: Es gilt $Xg''(Y,Z) = X(g(Y^1,Z^1) + g'(Y^2,Z^2)) =$
$g(\nabla_X Y^1,Z^1) + g(Y^1,\nabla_X Z^1) + g'(\nabla'_X Y^2,Z^2) + g'(Y^2,\nabla'_X Z^2)$ und

$g''(\nabla''_X Y, Z)|_v + g''(Y, \nabla''_X Z)|_v = g(\nabla_X Y^1, Z^1)|_v + \frac{1}{2} g(\mathfrak{J}(R'(v, Y^2_v, X^1_v) +$
$R'(v, X^2_v, Y^1_v)), Z^1_v) + g'(\nabla'_X Y^2, Z^2)|_v - \frac{1}{2} g'(R'(X^1_v, Y^1_v, v), Z^2_v) +$
$g(Y^1, \nabla_X Z^1)|_v + \frac{1}{2} g(Y^1_v, \mathfrak{J}(R'(v, Z^2_v, X^1_v) + R'(v, X^2_v, Z^1_v))) +$
$g'(Y^2, \nabla'_X Z^2)|_v - \frac{1}{2} g'(Y^2_v, R'(X^1_v, Z^1_v, v))$. Nun gilt aber

$$g(\mathfrak{J}(R'(v, Y^2_v, X^1_v) + R'(v, X^2_v, Y^1_v)), Z^1_v) - g'(R'(X^1_v, Y^1_v, v), Z^2_v) +$$
$$g(\mathfrak{J}(R'(v, Z^2_v, X^1_v) + R'(v, X^2_v, Z^1_v)), Y^1_v) - g'(R'(X^1_v, Z^1_v, v), Y^2_v) =$$
$$g'(R'(v, X^2_v, Y^1_v), Z^1_v) + g'(R'(v, Y^2_v, X^1_v), Z^1_v) - g'(R'(X^1_v, Z^1_v, v), Y^2_v) +$$
$$g'(R'(v, X^2_v, Z^1_v), Y^1_v) + g'(R'(v, Z^2_v, X^1_v), Y^1_v) - g'(R'(X^1_v, Y^1_v, v), Z^2_v) = o$$

nach 8.1(11),(12), woraus die Gleichheit der beiden obigen Ausdrücke folgt.

q.e.d.

Bem.: Als Anwendung der in 4.7, 5.5 angestellten Überlegungen haben wir drei Zusammenhangsabbildungen $K'', K_T, \mathring{K}$ auf TM gefunden, die drei voneinander verschiedene Geodätischenmengen definieren (also drei voneinander verschiedene geodätische Sprays besitzen). Die drei Bestimmungsgleichungen der Geodätischen lauten in entsprechender Reihenfolge

$$(\nabla_{\tau_o\circ\varkappa} \dot{\overline{\tau_o\circ\varkappa}}, \nabla'_{\tau_o\circ\varkappa} \nabla'_{\tau_o\circ\varkappa} \varkappa) = (o,o) \in \mathfrak{X}(\tau_o\circ\varkappa) \times \mathfrak{X}(\tau_o\circ\varkappa),$$

$$(\nabla_{\tau_o\circ\varkappa} \dot{\overline{\tau_o\circ\varkappa}}, \nabla'_{\tau_o\circ\varkappa} \nabla'_{\tau_o\circ\varkappa} \varkappa - R'\circ(\dot c, \varkappa, \dot c)) = (o,o) \qquad \text{und}$$

$$(\nabla_{\tau_o\circ\varkappa} \dot{\overline{\tau_o\circ\varkappa}} + \mathfrak{J}\circ R'\circ(\varkappa, \nabla'_{\tau_o\circ\varkappa} \varkappa, \dot c), \nabla'_{\tau_o\circ\varkappa} \nabla'_{\tau_o\circ\varkappa} \varkappa) = (o,o),$$

und sie sind zum Anfangswert $(T\tau_o(w), K'(w))$ zu lösen, falls $w \in TTM$ der Anfangswert der Geodätischen $\varkappa$ in TM ist: $\dot\varkappa(o) = w$.
Liegt w vertikal in T^2M: $T\tau_o(w) = o$, so folgt in allen drei Fällen sofort $\tau_o\circ\varkappa \equiv \tau_o\circ\tau_1(w)$ (d.h. $\varkappa$ verläuft ganz in einer Faser von TM).
Die zweite Bestimmungsgleichung lautet in allen drei Fällen dann $\nabla'_{\tau_o\circ\varkappa}\nabla'_{\tau_o\circ\varkappa}\varkappa = o$, also, da $\varkappa$ als Kurve in $M_{\tau_o\circ\tau_1(w)}$ aufgefaßt werden kann, einfach $\varkappa'' \equiv o \in M_{\tau_o\circ\tau_1(w)}$. Damit ist $\varkappa$ bei vertikalem Anfangswert w in allen drei Fällen durch $\varkappa(t) = \tau_1(w) + t\cdot K'(w)$ gegeben. Bei horizontalem Anfangswert $w \in T^2M$ (bzgl. K': $K'(w) = o$) folgt in allen 3 Fällen, daß $\tau_o\circ\varkappa$ die Geodätische zum Anfangswert $T\tau_o(w)$ bzgl. K ist, und $\varkappa$ im ersten und letzten Fall das bzgl. K' parallele Feld längs $\tau_o\circ\varkappa$ zum Anfangswert $\tau_1(w)$ und im zweiten das Jacobifeld bzgl. K' zu den Anfangswerten $\varkappa(o) = \tau_1(w)$, $\nabla_c \varkappa|_o = o$ ist, d.h. nur im ersten und dritten Fall verläuft $\varkappa$ auch im weiteren ganz in horizontaler Richtung. Liegt allerdings der Anfangspunkt $\tau_1(w)$ sogar in $M \subset TM$: $\tau_1(w) = o$, so ist $\varkappa$

in allen drei Fällen das Nullfeld o_c längs c, verläuft also dann stets horizontal und zwar in M (die Fasern und M sind also in allen drei Fällen "total-geodätische" (abgeschlossene) Untermannigfaltigkeiten von TM, im letzten Fall sogar total-geodätische riemannsche Untermannigfaltigkeiten im Sinne von 5.5(v), da $i:(M_p,g_p) \longrightarrow (TM,g'')$ und $i:(M,g) \longrightarrow (TM,g'')$ isometrische Einbettungen sind, wie man unter Ausnutzung der üblichen Identifizierungen leicht nachprüft, vgl. 2.3).

Bem.: Der Zusammenhang $K'':TE \longrightarrow E$ ist genau dann vollständig, wenn $K:T^2M \longrightarrow M$ vollständig ist. Gleiches gilt für den Zusammenhang $K_T:T^3M \longrightarrow T^2M$ (beides folgt aus der globalen Definiertheit von parallelen Feldern bzw. Jacobifeldern längs Kurven bzw. Geodätischen). Auch bei $\dot{K}$ dürfte Ähnliches gelten. Dort gilt jedoch darüberhinaus (für $g = g'$): (TM,g'') ist genau dann vollständig, falls (M,g) vollständig ist (die eine Richtung ist trivial, da $d=d''/M\times M$ gilt und M abgeschlossen in TM ist). Da M trivialerweise genau dann (weg)zusammenhängend ist, wenn TM dies ist, ergibt sich daraus ein weiterer Beweis für 8.2(2): (M,g) vollständig $\Longrightarrow (M,g)$ geodätisch vollständig:
Ist c_v Geodätische von (M,g) zum Anfangswert $v \in TM$, so ist $\dot{c}_v$ Geodätische von (TM,g'') (zum Anfangswert $\ddot{c}_v(o)$) mit demselben maximalen Definitionsbereich wie c_v. Nach der in 8.2(2) angewandten Schlußweise existiert nicht nur $\lim_{t \underset{<}{\to} L} c_v(t)$, sondern auch $\lim_{t \underset{<}{\to} L} \dot{c}_v(t)$. Da $\dot{c}_v$ aber Integralkurve des geodätischen Sprays S von K ist, ist nach einem bekannten Satz über Lösungskurven von Vektorfeldern (vgl. [29], S.65), $\dot{c}_v$ sogar in einer Umgebung von $[o,L]$, also auf ganz $\mathbb{R}$ definiert.

II. DIE RIEMANNSCHE MANNIGFALTIGKEIT $H_1(I,M)$

o. Generalvoraussetzung: $\mathbb{E},\mathbb{F},\ldots$ bezeichnen im folgenden stets euklidische Vektorräume, sind also von endlicher Dimension und mit (irgend-) einem Skalarprodukt $\langle ..,..\rangle$ versehen (dazugehörige Norm: $\|..\|$); M,N,... bezeichnen "euklidische Mannigfaltigkeiten", das seien endlichdimensionale, hausdorffsche C^∞-Mannigfaltigkeiten ohne Rand (Modelle $\mathbb{M},\mathbb{N},\ldots$ euklidische Vektorräume der Dimension m,n,...), die eine riemannsche Metrik g besitzen (was genau dann der Fall ist, wenn die Mannigfaltigkeiten M,N,... parakompakt oder metrisierbar sind oder Partitionen der 1 gestatten o. abzählbare Basen besitzen; o.B.d.A. werden stets nur abzählbar viele Zusammenhangskomponenten betrachtet); $\pi:E\to M, \varrho:F\to N,\ldots$ bezeichnen "euklidische Vektorraumbündel", womit C^∞-Bündel über euklidische Mannigfaltigkeiten M,N,... mit endlichdimensionaler Faser gemeint sind (Modelle $\mathbb{E},\mathbb{F},\ldots$; Beispiel: $\tau:TM \longrightarrow M$). Die Totalräume E,F,.. von $\pi,\varrho,\ldots$ sind wieder euklidische Mannigfaltigkeiten, und jedes solche Bündel besitzt eine RMZ-Struktur (g,∇), vgl. I.3.7, 3.9, 8.3 (RMZ-Strukturen stellen für das folgende das geeignetste -nicht immer schwächste - Konstruktionshilfsmittel dar). Ein Morphismus von M in N oder E in F ist stets eine Abbildung aus der zu M,N bzw. E,F gehörigen Kategorie, also stets vom Typ C^∞.

$I=[a,b]$ bezeichnet ein nichtentartetes, kompaktes Intervall aus $\mathbb{R}$, $t_o\in I$ einen fest gewählten Punkt daraus und $C^k(I,M)$ für $k=o,1,2,\ldots,\infty$ die Menge der C^k-Kurven $c:I \longrightarrow M$.

1. Der Modellfall $H_1(I,\mathbb{E})$

Die folgenden Aussagen sind bis auf 1.1 elementar und sie skizzieren die für euklidische Mannigfaltigkeiten anzustellenden Betrachtungen im Spezialfall eines euklidischen Vektorraumes (ergänzende Erläuterungen findet man in Palais [39] sowie im Anhang zum 3. Kapitel; in den Beweisen braucht o.B.d.A. nur $\mathbb{E}=\mathbb{R}^n$ betrachtet zu werden).

1. Sei $H_o(I,\mathbb{E})$ der Vektorraum der quadratisch-integrierbaren Funktionen $f:I \longrightarrow \mathbb{E}$ (sonst übliche Bezeichnung: $L^2(I,\mathbb{E})$; es gilt $f\in L^2(I,\mathbb{E})$ genau dann, wenn alle Komponentenfunktionen bzgl. einer beliebigen Basis von $\mathbb{E}$ aus $L^2(I,\mathbb{R})$ sind).

Die Funktion $\langle ..,..\rangle_o : H_o(I,\mathbb{E})\times H_o(I,\mathbb{E}) \longrightarrow \mathbb{R}$

$$(f,g) \longmapsto \int_a^b \langle f(t),g(t)\rangle dt$$

ist ein Skalarprodukt für $H_o(I,\mathbb{E})$, das $H_o(I,\mathbb{E})$ zum separablen Hilbertraum ($\cong \ell^2$) macht (falls Funktionen, die sich nur auf einer Nullmenge unterscheiden, als identifiziert betrachtet werden). $\|..\|_o$ bezeichne die zu $\langle..,..\rangle_o$ gehörige Norm.

2. $C^o(I,\mathbb{E})$ ist der Raum der stetigen Abbildungen $f:I \longrightarrow \mathbb{E}$. Dieser wird durch $\|f\|_\infty := \max_{t\in I}\|f(t)\|$ zum separablen Banachraum.

Ist f_i in $C^o(I,\mathbb{E}_i)$ für i=o,..r und g in $C^o(I,L(\mathbb{E}_1,..\mathbb{E}_r;\mathbb{F}))$, so gilt bekanntlich: $g\cdot(f_1,\dots,f_r):t \longrightarrow g(t)\cdot(f_1(t),\dots,f_r(t))$ ist in $C^o(I,\mathbb{F})$, und es gilt $g\cdot(f_1,\dots,f_r)\in H_o(I,\mathbb{F})$, falls für eine der beteiligten Funktionen nur noch die H_o-Eigenschaft verlangt wird.

3. Der Raum $H_1(I,\mathbb{E}) := \{f:I \longrightarrow \mathbb{E}/f$ absolut stetig und $f'\in H_o(I,\mathbb{E})\}$, versehen mit der Metrik $\langle\!\langle..,..\rangle\!\rangle : H_1(I,\mathbb{E})\times H_1(I,\mathbb{E}) \longrightarrow \mathbb{R}$

$$(f,g) \longmapsto \langle f(t_o),g(t_o)\rangle + \int_a^b \langle f'(t),g'(t)\rangle\, dt,$$

ist ein separabler Hilbertraum ($\cong \ell^2$). Dies ist sofortige Folge des Satzes von Lebesgue, vgl. III.7, der in leichter Abänderung folgendes besagt: Die Abbildung $\mathfrak{F} : H_1(I,\mathbb{E}) \longrightarrow \mathbb{E}\times H_o(I,\mathbb{E})$, $f \longmapsto (f(t_o),f')$ ist wegen $f(t)=f(t_o)+\int_{t_o}^t f'(\tau)d\tau$ eine Isometrie (also die Abbildung $D : H_1(I,\mathbb{E}) \longrightarrow H_o(I,\mathbb{E})$, $f \longmapsto f'$ linear, stetig und von Norm 1). Es gilt $f\in H_1(I,\mathbb{E})$ genau dann, wenn alle Komponentenfunktionen bzgl. einer beliebigen Basis von $\mathbb{E}$ aus $H_1(I,\mathbb{R})$ sind, und 2. gilt analog, wenn man statt C^o überall H_1 schreibt, denn stärker gilt sogar: Ist $f:I \longrightarrow U\subset\mathbb{E}$ vom Typ H_1 und $G:U \longrightarrow \mathbb{F}$ vom Typ C^∞, so ist $g\circ f:I \longrightarrow \mathbb{F}$ vom Typ H_1. Der Raum $C^\infty(I,\mathbb{E})$ ist ein dichter Unterraum von $H_1(I,\mathbb{E})$ und $H_o(I,\mathbb{E})$.

4. Sind $t_1,t_2\in I$ mit $t_1\le t_2$, so gilt für $L_f|[t_1,t_2] := \int_{t_1}^{t_2}\|f'(t)\|\,dt$:

$$\|f(t_2) - f(t_1)\|^2 \le (L_f|[t_1,t_2])^2 \le (t_2-t_1)\int_a^b\|f'(t)\|^2dt,$$

und damit folgt sofort (Genaueres vgl. III.7.2.11):

(4a) $$\bigwedge_{f\in H_1(I,\mathbb{E})} \|f\|_\infty^2 \le 2k\cdot|||f|||^2$$

($|||..|||$ die Norm zu $\langle\!\langle..,..\rangle\!\rangle$ und $k := \max\{(b-a),(b-a)^{-1}\}$). Die Topologie von $(H_1(I,\mathbb{E}),|||..|||)$ ist also feiner als die Topologie von $(H_1(I,\mathbb{E}),\|..\|_\infty)$, die Bälle $B_\varepsilon^\infty(f) := \{g/g\in H_1(I,\mathbb{E})\wedge\|g-f\|_\infty<\varepsilon\}$ sind somit offen in $(H_1(I,\mathbb{E}),|||..|||)$.

5. Das Skalarprodukt $\langle..,..\rangle_1$ für $H_1(I,\mathbb{E})$, definiert durch

$$\bigwedge_{f,g\in H_1(I,\mathbb{E})} \langle f,g\rangle_1 := \int_a^b\langle f(t),g(t)\rangle dt + \int_a^b\langle f'(t),g'(t)\rangle dt,$$

ist zu $\langle\!\langle..,..\rangle\!\rangle$ äquivalent, denn für die Norm $\|..\|_1$ von $\langle..,..\rangle_1$ gilt:

$$\bigwedge_{f\in H_1(I,\mathbb{E})} (3k)^{-1}\cdot|||f|||^2 \le \|f\|_1^2 \le 3k\cdot|||f|||^2 .$$

Schärfer als es (4a) und 5. zeigen, gilt noch die folgende Abschätzung

(5a) $$\bigwedge_{f\in H_1(I,\mathbb{E})} \|f\|_\infty^2 \le 2k\cdot \|f\|_1^2$$

(doch lassen sich alle Ungleichungen hinsichtlich k oder der anderen Faktoren auch noch weiter verbessern, vgl. z.B.[41],[42]). Wir können also im folgenden $\langle\!\langle ..,..\rangle\!\rangle$ oder $\langle ..,..\rangle_1$ zur Betrachtung der topologischen Struktur von $H_1(I,\mathbb{E})$ verwenden, und diese hängt auch nicht von der Wahl von $\langle ..,..\rangle$ ab (wie auch die von $H_o(I,\mathbb{E})$ und $C^o(I,\mathbb{E})$).

6. Sei $U\subset I\times\mathbb{E}$ offen und $U_t := pr_2(t\times\mathbb{E}\cap U) \neq \emptyset$ für alle $t\in I$.
Die Menge $H_1(U) := \{f\in H_1(I,\mathbb{E}) \,/\, f(t)\in U_t$ für alle $t\in I\}$ ist offen in $(H_1(I,\mathbb{E}), \|..\|_\infty)$, also auch in $H_1(I,\mathbb{E}), \|..\|_1)$ und nicht leer.
Ist U von der Gestalt $I\times V$, somit $V\subset\mathbb{E}$ offen, so schreiben wir $H_1(I,V)$ statt $H_1(I\times V) = \{f\in H_1(I,\mathbb{E}) \,/\, \text{Bild } f\subset V\}$. $H_1(I,V)$ ist also Untermannigfaltigkeit von $H_1(I,\mathbb{E})$ mit einer einzigen Karte, der Inklusion, und für jedes $f\in H_1(I,V)$ können wir die Tangentialvektoren $X\in H_1(I,V)_f$ kanonisch als Elemente von $H_1(I,\mathbb{E})$ interpretieren und damit als Vektorfelder längs f. Diese Interpretation wird später auch bei beliebigen Mannigfaltigkeiten V möglich sein und ein einfaches Modell der Tangentialmannigfaltigkeiten $TH_1(I,V)$ ergeben.

7. Die kanonische Identifizierung
$$H_i(I,\mathbb{E}_1\times\mathbb{E}_2) \longrightarrow H_i(I,\mathbb{E}_1)\times H_i(I,\mathbb{E}_2),\quad c\longmapsto (pr_1\circ c,\ pr_2\circ c)$$
ist stets Isometrie (bzgl. $\langle ..,..\rangle_i$ bzw. $\langle\!\langle ..,..\rangle\!\rangle$, $i = o,1$).

8. Die linearen Inklusionen $H_1(I,\mathbb{E})\subset C^o(I,\mathbb{E})\subset H_o(I,\mathbb{E})$ sind stetig (wegen $k^{-1}\cdot\|f\|_o^2 \le \|f\|_\infty^2 \le 2k\cdot\begin{cases}\|f\|_1^2\\ |\!|\!|f|\!|\!|^2\end{cases}$; erstere ist sogar kompakt, d.h. die beschränkten Mengen von $H_1(I,\mathbb{E})$ sind als Teilmengen von $C^o(I,\mathbb{E})$ relativ kompakt, wie man mittels Arzela-Ascoli zeigt).

9. Es gelten folgende <u>Verallgemeinerungen des Lemmas von Palais</u> [39], §13:

1.1 Lemma:

Sei $U\subset I\times\mathbb{E}$ wie in 6. und $F : U \longrightarrow L(\mathbb{E}_1,..,\mathbb{E}_r;\mathbb{F})$ vom Typ C^∞, also auch $D_2^sF: U \longrightarrow L^s(\mathbb{E};L(\mathbb{E}_1,..,\mathbb{E}_r;\mathbb{F})) = L(\mathbb{E},..,\mathbb{E},\mathbb{E}_1,..,\mathbb{E}_r;\mathbb{F})$) vom Typ C^∞.

<u>Beh.</u>: Die Abbildung $\bar{F} : H_1(U) \longrightarrow L(H_1(I,\mathbb{E}_1),..,H_1(I,\mathbb{E}_r);H_1(I,\mathbb{F}))$
$$c \longmapsto \bar{F}_c \quad , \text{ gegeben durch}$$
$$\bar{F}_c\cdot(f_1,..,f_r)(t) := F(t,c(t))\cdot(f_1(t),..,f_r(t)),$$
ist (wohldefiniert und) eine C^∞-Abbildung, und für alle $s\in\mathbb{N}$ gilt:
$$D^s\bar{F} = \overline{D_2^sF}.$$

Analoges gilt bei Einschränkung auf symmetrische Operatoren.
<u>Zum Beweis</u> reduzieren wir diese Behauptung auf die des Lemmas in [39],

das hier in III. 7.2.1 formuliert und bewiesen ist:
Ist $c\in H_1(U)$, so gibt es einen "ε-Schlauch" um c in U der Form $V_\varepsilon := \bigcup_{t\in I}(t,\overline{B_\varepsilon(c(t))}) \subset U$. Da V_ε abgeschlossen in $\mathbb{R}\times\mathbb{E}$ ist (wie man mit Hilfe der stetigen Abbildung $(t,x)\in I\times\mathbb{E} \longmapsto \|x-c(t)\| \in \mathbb{R}$ einsieht), gibt es eine C^∞-Erweiterung G von F/V_ε auf $\mathbb{R}\times\mathbb{E}$. Das in III, 7.2.1 bewiesene Lemma gilt natürlich auch für beliebige euklidische Vektorräume $\mathbb{E}$ statt der dort benutzten Typen $\mathbb{R}^n$, also gilt: $\overline{G}:H_1(I,U)\longrightarrow L(H_1(I,\mathbb{E}_1),..,H_1(I,\mathbb{E}_r);H_1(I,\mathbb{F}))$ ist vom Typ C^1 und $D\overline{G}=\overline{DG}$. Nun ist $i:H_1(V_\varepsilon)\longrightarrow H_1(\mathbb{R}\times\mathbb{E})=H_1(I,\mathbb{R})\times H_1(I,\mathbb{E})$, $c\longmapsto(id_I,c)$ vom Typ C^∞ und $H_1(V_\varepsilon)$ offen in $H_1(U)$, also übertragen sich die Eigenschaften von $\overline{G}$ wegen $\overline{F}=\overline{G}\circ i$ sofort auf $\overline{F}$ (es gilt: $D\overline{F}_c=D(\overline{G}\circ i)_c= D\overline{G}_{i\circ c}\circ Di_c=\overline{D_2G}_{i(c)}=\overline{D_2F}_c$). Der Rest folgt mittels vollständiger Induktion.

$F = id : L(\mathbb{E}_1,..,\mathbb{E}_r;\mathbb{F}) \longrightarrow L(\mathbb{E}_1,..,\mathbb{E}_r;\mathbb{F})$ liefert als Spezialfall von 1.1:
Die Abbildung $i_r:H_1(I,L(\mathbb{E}_1,..,\mathbb{E}_r;\mathbb{F})) \longrightarrow L(H_1(I,\mathbb{E}_1),..,H_1(I,\mathbb{E}_r);H_1(I,\mathbb{F}))$

$$A \longmapsto \widetilde{A}\ ,$$

definiert durch $\quad \widetilde{A}(f_1,..,f_r)(t) := A(t)\cdot(f_1(t),..,f_r(t)) \quad (*)$,

ist eine <u>stetige</u> lineare Inklusion.
Die Vorschrift (*) definiert auch eine <u>stetige</u> lineare Inklusion.

$$j_r : H_1(I,L(\mathbb{E}_1,..,\mathbb{E}_r;\mathbb{F})) \longrightarrow L(H_1(I,\mathbb{E}_1),..,H_o(I,\mathbb{E}_i),..,H_1(I,\mathbb{E}_r);H_o(I,\mathbb{F})),$$

wie die folgende Rechnung zeigt:
Wähle zu den Skalarprodukten $\langle..,..\rangle$ von $\mathbb{E}_1,..,\mathbb{E}_r,\mathbb{F}$ ein Skalarprodukt $\langle..,..\rangle$ für $L(\mathbb{E}_1,..,\mathbb{E}_r;\mathbb{F})$, welches für alle $L\in L(\mathbb{E}_1,..,\mathbb{E}_r;\mathbb{F}), v_i\in\mathbb{E}_i$:

$$\|L(v_1,..,v_r)\| \le \|L\|\cdot\|v_1\|\cdot\ldots\cdot\|v_r\| \qquad \text{erfüllt } (\|L\| := \langle L,L\rangle).$$

Diese Wahl ist nach 5. zulässig, und es folgt damit

$$\begin{aligned}\|\widetilde{A}(f_1,..,f_r)\|_o^2 &= \int_a^b \|\widetilde{A}(f_1,..,f_r)(t)\|^2 dt\\ &\le \int_a^b \|A(t)\|^2\cdot\|f_1(t)\|^2\cdot\ldots\cdot\|f_i(t)\|^2\cdot\ldots\cdot\|f_r(t)\|^2 dt\\ &\le \|A\|_\infty^2\cdot\|f_1\|_\infty^2\cdot\ldots\cdot\|f_i\|_o^2\cdot\ldots\cdot\|f_r\|_\infty^2\\ &\le (2k)^r\cdot\|A\|_1^2\cdot\|f_1\|_1^2\cdot\ldots\cdot\|f_i\|_o^2\cdot\ldots\cdot\|f_r\|_1^2 \text{ , also}\end{aligned}$$

$$\|\widetilde{A}\|^2 \le (2k)^r\cdot\|A\|_1^2 \quad ,$$

also die behauptete Stetigkeit (man hätte auch die Stetigkeit von i_r auf diese Art beweisen können und dabei $\|\widetilde{A}\|^2 \le (2k)^{r+1}\cdot\|A\|_1^2$ erhalten).
Mit Hilfe von j_r folgt, daß Lemma 1.1 in gleicher Form auch für $\overline{F} : H_1(U) \longrightarrow L(H_1(I,\mathbb{E}_1),...,H_o(I,\mathbb{E}_i),...,H_1(I,\mathbb{E}_r);H_o(I,\mathbb{F}))$ gültig ist.

Das Lemma von Palais liefert unmittelbar den folgenden wichtigen Satz:

1.2 Satz :

Sei $\mathfrak{A}$ bzw. $\mathfrak{L}$ die Kategorie der offenen Mengen und C^∞-Abbildungen euklidischer Vektorräume bzw. unendlich-dimensionaler separabler Hilberträume. Seien U,V Objekte von $\mathfrak{A}$, $f \in Mor(U,V)$, und sei $F: I \times U \longrightarrow V$ definiert durch $F(t,x) := f(x)$, F ist also ebenfalls C^∞-Abbildung.

Beh.: (i) $H_1(f) : H_1(I,U) \longrightarrow H_1(I,V)$, definiert durch $c \longmapsto f \circ c$, ist wohldefiniert und C^∞, und für alle $r \in \mathbb{N}$ gilt:

$$D^r H_1(f) = \overline{D_2^r F} = i_r \cdot H_1(D^r f), \text{ also}$$

$$D^r H_1(f)_c \cdot (g_1,..,g_r)(t) = D^r f_{c(t)} \cdot (g_1(t),..,g_r(t)).$$

(ii) $H_1 : \mathfrak{A} \longrightarrow \mathfrak{L}$, definiert durch $U \longmapsto H_1(I,U), f \longmapsto H_1(f)$, ist ein kovarianter Funktor.

1o. Sei $\Lambda(\mathbb{E}) := \{f \in H_1(I,\mathbb{E}) / f(a) = f(b)\}$. $\Lambda(\mathbb{E})$ ist (abgeschlossener) Teilraum von $H_1(I,\mathbb{E})$ der Kodimension dim $\mathbb{E}$, denn es gilt $\Lambda(E)$ = Kern S, $S : H_1(I,\mathbb{E}) \longrightarrow \mathbb{E}$ die stetige lineare Abbildung $c \longmapsto c(b) - c(a)$.
Der Raum der "Strahlen" in $H_1(I,\mathbb{E})$:

$$\{f_v : I \longrightarrow \mathbb{E},\ f_v(t) := (t-t_o)\cdot v / v \in \mathbb{E}\}$$

ist das orthogonale Komplement von $\Lambda(\mathbb{E})$ in $(H_1(I,\mathbb{E}), \langle\langle..,..\rangle\rangle)$. $\Lambda(\mathbb{E})$ ist also ebenfalls wieder separabler Hilbertraum unendlicher Dimension, der sogenannte <u>Raum der geschlossenen Kurven auf $\mathbb{E}$</u>. Die bisher für $H_1(I,\mathbb{E})$ und $H_1(I,U)$ angestellten Betrachtungen gelten in analoger Weise für Λ, insbesondere kann auch Λ als Funktor der oben genannten Kategorien erklärt werden: $\Lambda(U) = H_1(I,U) \cap \Lambda(\mathbb{E})$, $\Lambda(f) = H_1(f)/\Lambda(U)$.

11. Ein weiterer interessanter Teilraum von $H_1(I,\mathbb{E})$ ist der Raum

$$\Lambda_o(\mathbb{E}) := \{c \in \Lambda(\mathbb{E}) \ / \ c(a) = c(b) = o\}$$

mit der Kodimension 2dim $\mathbb{E}$ in $H_1(I,\mathbb{E})$ und dem orthogonalen Komplement

$$\{f_{vw} : I \longrightarrow \mathbb{E},\ f_{vw}(t) := v + tw \ / \ v,w \in \mathbb{E}\} \text{ bzgl. } \langle\langle..,..\rangle\rangle \text{ und } t_o = o.$$

Für alle $v,w \in \mathbb{E}$ ist $\Lambda_{vw}(\mathbb{E}) := \{c \in H_1(I,\mathbb{E}) / c(a) = v, c(b) = w\}$,
$\Lambda_v(\mathbb{E}) := \Lambda_{vv}(\mathbb{E})$ i.a. nur abgeschlossener <u>affiner</u> Unterraum von $H_1(I,\mathbb{E})$ der Kodimension 2dim $\mathbb{E}$ (nur $\Lambda_o(\mathbb{E}) = \Lambda_{oo}(\mathbb{E})$ ist nach folgendem linearer Raum):

$$\Lambda_{vw}(\mathbb{E}) = S^{-1}(v,w) \ , \ S: H_1(I,\mathbb{E}) \longrightarrow \mathbb{E}\times\mathbb{E} \text{ die stetige, affine Abbildung}$$

$$c \longmapsto (c(a),c(b))$$

Hinsichtlich der späteren Verallgemeinerung kann man formulieren:
$\Lambda_{vw}(\mathbb{E})$ ist abgeschlossene Untermannigfaltigkeit von $H_1(I,\mathbb{E})$ mit Modell $\Lambda_o(\mathbb{E})$ (welches hier Richtungsraum des affinen Unterraumes $\Lambda_{vw}(\mathbb{E})$ von $H_1(I,\mathbb{E})$ ist).

Ist f wie in 1.2, so gilt $H_1(f)/\Lambda_o(\mathbb{E}) : \Lambda_o(\mathbb{E}) \longrightarrow \Lambda_{f(o)}(\mathbb{E})$, damit also Λ_o wie Λ zum Funktor wird, muß für die Morphismen f zusätzlich $f(o)=o$ verlangt werden (und müssen U,V Nullumgebungen sein, es wird also nur noch eine Teilkategorie von $\mathfrak{A}$ zugrundegelegt). Für das folgende ist davon nur interessant, daß Morphismen f aus $\mathfrak{A}$ C^∞-Abbildungen $\Lambda_o(f):\Lambda_o(U) \longrightarrow \Lambda_{f(o)}(V)$ sowie $\Lambda_{vw}(f):\Lambda_{vw}(U) \longrightarrow \Lambda_{f(v)f(w)}(V)$ induzieren (falls $o,v,w \in U$ gilt).

2. Grundlegende Übertragungen (auf euklidische Mannigfaltigkeiten)

Seien $M, \pi:E \longrightarrow M$ und I, t_o wie in o. und (g,∇) bzw. (g,K) eine (nach Voraussetzung existierende) RMZ-Struktur für π.

2.1 Definition :

(i) Eine Abbildung $c:I \longrightarrow M$ heißt $\underline{H_1\text{-Kurve auf } M}$, wenn für alle Karten (ϕ,U) von M die Abbildung $\phi \circ c$ von der Klasse H_1 (auf jedem kompakten Teilintervall ihres Definitionsbereiches im Sinne von § 1) ist. Es genügt, dies für eine Menge von Karten $(\phi_1,U_1),\ldots,(\phi_n,U_n)$ zu prüfen, für die es eine Zerlegung $a=t_o < t_1 < \ldots < t_{n-1} < t_n = b$ von I gibt, so daß für alle $i \in \{1,\ldots,n\}$ die Abbildung $\phi_i \circ c:[t_{i-1},t_i] \longrightarrow M$ wohldefiniert und vom Typ H_1 ist (eine solche Menge existiert stets), da Kartenwechsel die H_1-Eigenschaft erhalten (allgemeiner gilt: Ist c H_1-Kurve auf M und $f:M \longrightarrow N$ Morphismus, so ist $f \circ c$ H_1-Kurve auf N),

$H_1(I,M)$ bezeichnet die Menge der H_1-Kurven auf M. Es gilt:

$$C^\infty(I,M) \subset \ldots \subset C^1(I,M) \subset H_1(I,M) \subset C^0(I,M).$$

(ii) Sei $c \in H_1(I,M)$. $X \in H_1(I,E)$ heißt $\underline{H_1\text{-Schnitt längs } c}$, falls gilt: $\pi \circ X = c$. Die Menge der H_1-Schnitte längs c: $H_1^E(c)$ ist $\mathbb{R}$-Vektorraum bzw. $H_1(I,\mathbb{R})$-Modul (mittels punktweiser Verknüpfung; o_c bezeichnet die Null in $H_1^E(c)$: $o_c(t) := o_{c(t)}$; im Fall E=TM schreiben wir vereinfachend $H_1(c)$). Als technisches Hilfsmittel benötigen wir noch: $X:I \longrightarrow E$ heißt $\underline{H_o\text{-Schnitt längs } c}$, falls gilt: $\pi \circ X = c$ und $pr_2 \circ \Phi \circ X$ ist vom Typ H_o für alle Trivialisierungen (Φ,ϕ,U) des Bündels E. Es genügt wieder, dies für eine Bild X überdeckende Menge von Trivialisierungen zu fordern, da bei Kartenwechseln vom Typ Φ die H_o-Eigenschaft erhalten bleibt (vgl. § 1; H_o-Kurven <u>auf M</u> können nicht analog erklärt werden). Wir haben also auch die $\mathbb{R}$-Vektorräume $H_o^E(c)$, $H_o(c)$, wobei H_o-Schnitte, die sich nur auf einer Nullmenge von I unterscheiden, als identifiziert angesehen werden. Ist $c \in H_1(I,M)$, so ist c in fast allen $t \in I$ differenzierbar: $\dot{c}(t) := Tc(t)\cdot 1(t)$ (ansonsten definieren wir diese Ableitung durch Null), und es folgt: das Tangentialvektorfeld $\dot{c}$ von c (weitere Bezeichnung $\frac{dc}{dt}$) ist in $H_o(c)$.

Die Vektorräume $H_1^E(c)$, $H_o^E(c)$ sind die Vervollständigungen von $\mathfrak{X}_E(c)$, dem Prähilbertraum der C^∞-Schnitte längs c bzgl. der in I.3.9(iii) genannten Metriken ($n = o,1$, $c \in C^\infty(I,M)$), was wir mit Hilfe der folgenden Erweiterungen von $\nabla_c, \mathcal{G}_c$ aus I.3 und den Modellfällen zeigen werden.

2.2 Satz :

(i) Die durch $\nabla_c Y := K\circ\dot{Y}$ für jedes $c \in H_1(I,M)$ definierte $\mathbb{R}$-lineare Abbildung

$$\nabla_c : H_1^E(c) \longrightarrow H_o^E(c)$$

ist wohldefiniert und sie erfüllt die in I.3.1 genannten Regeln.

(ii) Für alle $t' \in I$, $Y_o \in E_{c(t')}$ gibt es genau einen parallelen Schnitt $Y \in H_1^E(c)$ längs c mit $Y_{t'} = Y_o$.

(iii) Für alle $t'' \in I$ ist die Abbildung

$P_c|[t',t'']: E_{c(t')} \longrightarrow E_{c(t'')}$, $Y_o \longrightarrow Y_{t''}$ (Y zu t',Y_o wie in (ii)),

Isomorphismus von $E_{c(t')}$ auf $E_{c(t'')}$, die sogenannte Parallelverschiebung längs c von t' nach t''. Sie erfüllt die in I.3.4 aufgeführten Regeln.

(iv) Für alle $X,Y \in H_1^E(c)$ gilt $\quad \frac{d}{dt}g_c(X,Y) = g_c(\nabla_c X,Y) + g_c(X,\nabla_c Y)$,

insbesondere ist die Parallelverschiebung längs H_1-Kurven isometrisch.

Bem.: (i) - (iv) sind elementare Erweiterungen der in I, § 3 für C^∞-Kurven und Felder gemachten Aussagen auf den H_1-Fall: Die Wohldefiniertheit von ∇_c folgt nach § 1,2, da K faserweise linear und $\dot{Y}$ H_o-Kurve ist. Die Regeln für ∇_c (Produkt- und Kettenregel) wie auch (ii) - (iv) gelten sogar für alle nur absolut stetigen Kurven und Felder (vgl. dazu z.B. die Sätze über Differentiation und Differentialgleichungen in [32] oder III.8.1.2; die lokale Darstellung $(\nabla_c Y)_{\phi t} = Y'_{\phi t} + \Gamma_{\phi(c(t))}((\phi\circ c)'(t), Y_{\phi t})$ von $\nabla_c Y$ liefert darüberhinaus, daß parallele Felder Y längs c vom Typ H_1 sind, falls c vom Typ H_1 ist). Absolute Stetigkeit stellt den allgemeinsten Funktionsbegriff dar, unter dem 2.2 noch gültig ist (außerdem gelten (i),(ii),(iii) -sowie 2.3(i),(ii)- natürlich auch für beliebige Zusammenhänge (∇,K) für E). Da die im folgenden als Modelle benötigten Schnitträume bzgl. der oben erwähnten Metriken jedoch vollständig sein müssen (und das Energieintegral existieren soll), ist es nötig, sich auf H_1-Kurven und Felder zu beschränken (also von nur summierbaren Ableitungen zu quadratisch-integriebaren überzugehen). Die Funktionen $g_c(X,Y)$, $g_c(X,\nabla_c Y)$, $g_c(\nabla_c X,\nabla_c Y)$, $g_c(\dot{c},\dot{c})$ und $g_c(\dot{c},\dot{c})^{1/2}$ von I in $\mathbb{R}$ sind dann stets summierbar (die ersten beiden sogar H_1 bzw. H_o), wie bei den vier ersten sofort aus lokalen Darstellungen und bei der letzten aus $o \leq g_c(\dot c,\dot c)^{1/2} \leq \max\{1, g_c(\dot c,\dot c)\}$ folgt.

2.3 Satz :
Sei $c \in H_1(I,M)$ und $(H_i(I,E_{c(t_o)}), \langle..,..\rangle_i)$ der zu $(E_{c(t_o)}, g_{c(t_o)})$ gemäß §1 gehörige Hilbertraum der H_i-Kurven (i = o,1).
(i) Die Abbildung $\tilde{Q}_c : H_i^E(c) \longrightarrow H_i(I,E_{c(t_o)})$, gegeben durch

$$Y \longmapsto (P_c|[t,t_o] \cdot Y_t)_{t\in I} ,$$

ist wohldefiniert und Isomorphismus (i = o,1).
(ii) Für alle $Y \in H_1^E(c)$ gilt $\frac{d}{dt}(\tilde{Q}_c Y) = \tilde{Q}_c(\nabla_c Y)$.
(iii) Die Prähilberträume $(H_i^E(c), g_{i,c})$:

$$\bigwedge_{X,Y \in H_i^E(c)} g_{i,c}(X,Y) := \sum_{k=0}^{i} \int_a^b g_{c(t)}(\nabla_c^k X(t), \nabla_c^k Y(t))dt$$

sind unter $\tilde{Q}_c$ <u>isometrisch</u> isomorph zu $(H_i(I,E_{c(t_o)}), \langle..,..\rangle_i)$ und damit ebenfalls separable Hilberträume; Bezeichnung der Normen $\|..\|_{i,c}$.
<u>Bew.:</u> Zu (i) ist nur zu zeigen, daß H_i-Kurven mittels $\tilde{Q}_c$ hin und zurück in H_i-Kurven überführt werden, was jeweils lokal, im H_o-Fall nach §1,2 und im H_1-Fall wie in I.3.5, 3.6 mittels der Differentialgleichung $S' = A(t)\circ S$, $A(t) := -\Gamma_\phi(\phi\circ c(t))((\phi\circ c)'(t),..)$ und ihrer Lösung $t \longmapsto \Phi_{c(t_o)}\circ P_c|[t,t_o]\circ \Phi_{c(t)}^{-1}$ zum Anfangswert $S(t_o)$ = id folgt (indem man zeigt, daß diese Lösung, also auch $t \longmapsto \Phi_{c(t)}\circ P_c|[t_o,t] \circ \Phi_{c(t_o)}^{-1}$ vom Typ H_1 ist, vgl. [32]).
Bei (ii) genügt es nach I.3.6, die folgende Gleichung nachzuweisen

$$\frac{d}{dt}\tilde{Q}_c Y|_{t_o} = \tilde{Q}_c(\nabla_c Y)|_{t_o} .$$

Sei (Φ,ϕ,U) Trivialisierung von E um $c(t_o)$. Dann gilt wie in I.3.6

$$\Phi_{c(t_o)}\cdot \frac{d}{dt}\tilde{Q}_c Y|_{t_o} = \frac{d}{dt}(\Phi_{c(t_o)}\circ P_c|[t,t_o]\circ\Phi_{c(t)}^{-1}\circ\Phi_{c(t)}\cdot Y_t)|_{t_o} ,$$

und durch geeignete Anwendung der Kettenregel für Kompositionen $g\circ f$, wo g vom Typ C^∞ und f vom Typ H_1 ist (beachte: $t \longmapsto \Phi_{c(t_o)}\circ P_c|[t,t_o]\circ\Phi_{c(t)}^{-1}$ und Y_ϕ sind nach (i) bzw. per Definition vom Typ H_1) ergibt sich mit den in I, §3 gebrauchten Bezeichnungen weiter:

$$= \frac{d}{dt}(\Phi_{c(t_o)}\circ P_c|[t,t_o]\circ\Phi_{c(t)}^{-1})|_{t_o}\cdot Y_{\phi t_o} + Y'_{\phi t_o} \qquad \text{(und damit auch)}$$

$$= -\frac{d}{dt}(\Phi_{c(t)}\circ P_c|[t_o,t]\circ\Phi_{c(t_o)}^{-1})|_{t_o}\cdot Y_{\phi t_o} + Y'_{\phi t_o} \qquad \text{(also wie in I.3.6)}$$

$$= \Phi_{c(t_o)}\cdot(\tilde{Q}_c\cdot\nabla_c Y|_{t_o}).$$

Behauptung (iii) folgt wieder sofort aus (ii) und 2.2(iv).

2.4 Bemerkungen :

(i) Die in (iii) angewandten Hilfsmittel liefern analog:

$$\tilde{Q}_c : (H_1^E(c), g_c^1) \longrightarrow (H_1(I, E_{c(t_o)}), \langle\!\langle .., .. \rangle\!\rangle), \quad g_c^1 \quad \text{gegeben durch}$$

$$g_c^1(X,Y) := g_{c(t_o)}(X(t_o), Y(t_o)) + \int_a^b g_{c(t)}(\nabla_c X(t), \nabla_c Y(t))dt \quad ,$$

ist isometrischer Isomorphismus (Bezeichnung der Norm $\|..\|_c$; für diese gilt nach §1,5. $(3k)^{-1} \cdot \|X\|_{1,c} \le \|X\|_c \le 3k \cdot \|X\|_{1,c}$ für alle $X \in H_1^E(c)$ sowie

$$\tilde{Q}_c : (H_1^E(c), \|..\|_{\infty,c}) \longrightarrow (H_1(I, E_{c(t_o)}), \|..\|_\infty), \|X\|_{\infty,c} := \sup_{t \in [a,b]} \|X(t)\|_{c(t)} ,$$

ist normerhaltender Isomorphismus (und für alle $X \in H_1^E(c)$ gilt $\|X\|_{\infty,c}^2 \le 2k \cdot \begin{cases} \|X\|_c^2 \\ \|X\|_{1,c}^2 \end{cases}$, $B_\varepsilon^\infty(X)$ ist also stets offen im Hilbertraum $H_1^E(c)$, vgl. §1,4.,5.).

(ii) Auf die gleiche Weise folgt mittels §1,3.: Die Abbildung

$$J : (H_1^E(c), g_c^1) \longrightarrow (E_{c(t_o)} \times H_o^E(c), \ g_{c(t_o)} \oplus g_{o,c}), \ X \longmapsto (X(t_o), \nabla_c X)$$

ist isometrischer Isomorphismus (insbesondere ist $\nabla_c : H_1^E(c) \longrightarrow H_o^E(c)$, $X \longmapsto \nabla_c X$ linear, stetig und von Norm 1).

(iii) Die Topologie der Hilberträume $H_o^E(c)$, $H_1^E(c)$ hängt nicht von der speziellen Wahl der RMZ-Struktur (g,∇) ab, d.h. alle Metriken g_c^o bzw. $g_{1,c}$, g_c^1 sind äquivalent (ebenso alle $\|..\|_{\infty,c}$). Im ersten Fall folgt dies auf Grund der Kompaktheit von Bild c, da wegen dieser für jede weitere RMZ-Struktur (g',∇') von E eine Konstante K_c existiert, so daß für alle $t \in I$, $v \in E_{c(t)}$

$$K_c^{-1} \cdot \|v\|_{c(t)} \le \|v\|'_{c(t)} \le K_c \cdot \|v\|_{c(t)} \quad \text{erfüllt ist,}$$

woraus $K_c^{-1} \cdot \|X\|_{o,c} \le \|X\|'_{o,c} \le K_c \cdot \|X\|_{o,c}$ (und $K_c^{-1} \cdot \|X\|_{\infty,c} \le \|X\|'_{\infty,c} \le K_c \cdot \|X\|_{\infty,c}$) folgt. Es bleibt noch $\|X\|'_{1,c} \le K \cdot \|X\|_{1,c}$ also nach obigem $\|\nabla'_c X\|_{o,c}^2 \le \tilde{K} \cdot \|X\|_{1,c}^2$ für alle $X \in H_1^E(c)$ nachzuweisen: Die Abbildung $D := \nabla' - \nabla$ ist ein Differentialoperator o-ter Ordnung, also ein C^∞-Schnitt in $L(TM,E;E)$ (vgl. I.4.7(iv)). Damit folgt

$$\|\nabla'_c X\|_{o,c}^2 \le 2(\|\nabla_c X\|_{o,c}^2 + \|D_c(\dot{c}, X)\|_{o,c}^2) \le$$

$$\le 2(\|\nabla_c X\|_{o,c}^2 + \|X\|_{\infty,c}^2 \cdot \|\dot{c}\|_{o,c}^2 \cdot \int_a^b \|D_{c(t)}\|^2 dt) \le$$

$$\le 2(\|\nabla_c X\|_{o,c}^2 + 2k \cdot \|X\|_{1,c}^2 \cdot \|\dot{c}\|_{o,c}^2 \cdot \int_a^b \|D_{c(t)}\|^2 dt) \quad ,$$

also die gewünschte Ungleichung (wobei zusätzlich eine RMZ-Struktur $(\tilde{g},\tilde{\nabla})$ für TM und die durch $g,\tilde{g}$ induzierte Finslerstruktur für $L(TM,E;E)$ verwandt wurden; $\|D_{c(t)}\|^2$ ist dann stetig in t, das Integral $\int_a^b \|D_{c(t)}\|^2 dt$ also endlich).

Das folgende Lemma macht 1.1 in Verbindung mit I.3.5, also hinsichtlich C^∞-Kurven $c:(\alpha,\beta)\longrightarrow M$ und den dadurch induzierten C^∞-Bündeln

$$\begin{array}{ccc} c^*E & \xrightarrow{\pi^*c} & E \\ \downarrow{\scriptstyle c^*\pi} & & \downarrow{\scriptstyle \pi} \\ (\alpha,\beta) & \xrightarrow{c} & M \end{array}$$

für beliebige euklidische Mannigfaltigkeiten und Bündel nutzbar:

2.5 Lemma :

Seien $r\in\mathbb{N}$, $\pi:E_i\longrightarrow M_i$, $\pi:E\longrightarrow M$ wie in o., $c_i\in C^\infty(I,M_i)$, $c\in C^\infty(I,M)$ und $\rho^i := c_i^*E_i$, $\rho := c^*E$ die dazugehörigen Pull-backs über einem (allen gemeinsamen) Intervall $(\alpha,\beta)\supset I$, $i=0,\dots,r$. Sei $U\subset\rho^0$ offen, so daß $c_0^*\pi(U)=(\alpha,\beta)$, also stets $U_t := U\cap\rho_t^0\neq\emptyset$ ist und sei

$F : U\longrightarrow L(\rho^1,\dots,\rho^r;\rho)$ fasertreuer Morphismus, also insbesondere

$F_t := F/U_t : U_t\longrightarrow L(\rho^1,\dots,\rho^r;\rho)_t = L(\rho_t^1,\dots,\rho_t^r;\rho_t)$ vom Typ C^∞.

Wir haben dann auch den fasertreuen Morphismus

$D_2^sF : U\longrightarrow L^s(\rho^0;L(\rho^1,\dots,\rho^r;\rho)) = L(\rho^0,\dots,\rho^0,\rho^1,\dots,\rho^r;\rho)$,

definiert durch $D_2^sF(t,v) := D^sF_t(t,v)$, die vertikale Ableitung s-ter Ordnung von F.

Beh.: (i) Die Menge $H_1(U) := \{\alpha\in H_1^{E_0}(c_0)\ /\ \bigwedge_{t\in I}(t,\alpha(t))\in U_t\}$ ist offen in $(H_1^{E_0}(c_0),\|..\|_{\infty,c_0})$ - also auch in $(H_1^{E_0}(c_0),\|..\|_{1,c_0})$ - und nicht leer.

(ii) Die Abbildung

$$\bar{F} : H_1(U)\longrightarrow\begin{cases} L(H_1^{E_1}(c_1),\dots,H_1^{E_r}(c_r);H_1^E(c)) \\ L(H_1^{E_1}(c_1),\dots,H_0^{E_i}(c_i),\dots,H_1^{E_r}(c_r);H_0^E(c)) \end{cases}$$

$$\alpha\longmapsto\bar{F}_\alpha,\text{ gegeben durch}$$

$\bar{F}_\alpha(X_1,\dots,X_r)(t) := pr_2\{F(t,\alpha(t))\cdot[(t,X_1(t)),\dots,(t,X_r(t))]\}$,

ist wohldefiniert, C^∞, und für alle $s\in\mathbb{N}$ gilt: $D^s\bar{F} = \overline{D_2^sF}$

Analoges gilt bei Einschränkung auf symmetrische Operatoren.

Bew.: Seien Q_{c_i}, Q_c die bzgl. irgendwelcher RMZ-Strukturen der Bündel E_i, E gemäß I.3.5 definierten (globalen) Trivialisierungen der Bündel ρ_i,ρ. Sei Q der durch die Q_{c_i}, Q_c induzierte Vektorraumbündelisomorphismus von $L(\rho^1,\dots,\rho^r;\rho)$ auf $(\alpha,\beta)\times L(\rho_{t_0}^1,\dots,\rho_{t_0}^r;\rho_{t_0})$. Die Abbildung

$G:=pr_2\circ Q\circ F\circ Q_{c_0}^{-1}: Q_{c_0}(U)\longrightarrow L(\rho_{t_0}^1,\dots,\rho_{t_0}^r;\rho_{t_0})$, $G(t,\alpha(t))\cdot(f_1(t),\dots,f_r(t))=$

$=P_c|[t,t_0]\cdot pr_2\{F(t,P_{c_0}|[t_0,t]\cdot\alpha(t))\cdot[(t,P_{c_1}|[t_0,t]\cdot f_1(t)),\dots,(t,P_{c_r}|[t_0,t]\cdot f_r(t))]\}$

genügt den Voraussetzungen in 1.1, also folgt: die Abbildung

$\bar{G} : H_1(Q_{c_o}(U)) \longrightarrow L(H_1(I,\rho^1_{t_o}),..,H_1(I,\rho^r_{t_o});H_1(I,\rho_{t_o}))$,

$\bar{G}_\alpha \cdot (f_1,..,f_r)(t) := G(t,\alpha(t))\cdot(f_1(t),..,f_r(t))$,

ist vom Typ C^∞ und sie erfüllt $D^s\bar{G} = \overline{D^s_s G}$ für alle $s \in \mathbb{N}$.
Sind nun $\tilde{Q}_{c_i}, \tilde{Q}_c$ wie in 2.3, und bezeichnet $\tilde{Q}$ den durch die $\tilde{Q}_{c_1},..,\tilde{Q}_{c_r},\tilde{Q}_c$ induzierten topologischen Isomorphismus

$L(H_1^{E_1}(c_1),..,H_1^{E_r}(c_r);H_1^E(c)) \longrightarrow L(H_1(I,\rho^1_{t_o}),..,H_1(I,\rho^r_{t_o});H_1(I,\rho_{t_o}))$,

so gilt $\bar{F} = \tilde{Q}^{-1}\circ\bar{G}\circ\tilde{Q}_{c_o}$, also $D^s\bar{F} = \overline{D^s_2 F}$, da $D^s_2 F = pr_2\circ Q\circ D^s_2 G\circ Q^{-1}_{c_o}$,

wobei bei diesem Q noch s-mal Q_{c_o} beteiligt ist. Damit folgen die Offenheit von $H_1(U)$ und behaupteten Eigenschaften der obigen Abbildung $\bar{F}$. Der Fall eines H_o-Terms wird analog auf 1.1 zurückgespielt.

Q.E.D.

Bem.: Als Spezialfall des Lemmas erhalten wir wieder: Die Abbildung

$$i_r : H_1^{L(E_1,..,E_r,E)}(c) \longrightarrow L(H_1^{E_1}(c),..,H_1^{E_r}(c);H_1^E(c)),$$

$$A \longmapsto \tilde{A},$$

$$\tilde{A}(X_1,..,X_r)(t) := A(t)\cdot(X_1(t),..,X_r(t))$$

ist stetige lineare Inkusion ($M_i=M$, $c_i=c \in C^\infty(I,M)$ in diesem Fall; analoges gilt bei Einschränkung auf symmetrische Operatoren oder bei Beteiligung von höchstens einem H_o-Term sowie für beliebige $c \in H_1(I,M)$ (zu letzterem vgl. [9]; eine Ausdehnung von 2.5 auf beliebige $c_i \in H_1(I,M_i)$, $c \in H_1(I,M)$ ist jedoch beweistechnisch nicht mehr von Interesse).
Wir erwähnen noch die folgenden linearen Inklusionen: $H_1^E(c) \subset C^o_E(c) \subset H_o^E(c)$, die nach der in 2.4 benutzten Übertragung von §1 ebenfalls stetig sind.

2.6 Bemerkung :

Bevor wir jetzt mit der Einführung einer differenzierbaren Struktur auf $H_1(I,M)$ beginnen, wollen wir noch andere (gröbere) Topologien auf $H_1(I,M)$ betrachten. Sei g riemannsche Metrik für M und d die dazugehörige Metrik auf M (vgl. I.6.4). Die Vorschrift

$$d_\infty(c,e) := \sup_{t\in I} d(c(t),e(t))$$

definiert eine Metrik auf $H_1(I,M)$ (die auch den Wert ∞ annimmt, falls M nicht zusammenhängend ist). Mit Hilfe "gebrochener Geodätischer" (Genaueres vgl. V.12) zeigt man leicht (indem man jede der abzählbar vielen Zusammenhangskomponenten von M extra betrachtet - was im Folgenden stets geschehen kann und soll): Es gibt eine abzählbare, dichte Teilmenge von $H_1(I,M)$, die aus stückweise differenzierbaren Kurven besteht; $(H_1(I,M),d_\infty)$ besitzt also eine abzählbare Basis (und obige dichte Menge kann sogar aus $C^\infty(I,M)$ ausgewählt werden).

Die Topologie des metrischen Raumes $(H_1(I,M),d_*)$:

$$d_*(c,e) := d_\infty(c,e) + \left(\int_a^b (\|\dot c(t)\|_{c(t)} - \|\dot e(t)\|_{e(t)})^2 dt\right)^{1/2} \quad \text{(vgl. Milnor [34])}$$

ist ebenfalls gröber als die der im folgenden betrachteten differenzierbaren Struktur auf $H_1(I,M)$, jedoch gerade fein genug, daß die Abbildungen $E,L:(H_1(I,M),d_*) \longrightarrow \mathbb{R}$, $c \longmapsto E(c),L(c)$ stetig sind:

$$E_c|[t_1,t_2] := 1/2\int_{t_1}^{t_2}\|\dot c(t)\|^2_{c(t)}dt, \qquad L_c|[t_1,t_2] := \int_{t_1}^{t_2}\|\dot c(t)\|_{c(t)}dt$$

$$E(c) := E_c|[a,b] \quad , \qquad L(c) := L_c|[a,b] \quad .$$

Wir bemerken ergänzend zu I.6.3ff, daß sich an der Metrik d und der Minimalisierungseigenschaft der Geodätischen von (M,g) (bzgl. der Längen- oder Energiefunktion) nichts ändert, wenn man statt der üblichen stückweise) C^∞-Kurven sämtliche H_1-Kurven zugrunde legt: Geodätische sind also gerade die H_1-Kurven, die lokal minimale Länge oder Energie haben, und deren Parameter proportional zur Bogenlänge ist (beachte: der Ausdruck $\nabla\dot c$ ist nicht für alle H_1-Kurven bildbar, wenn er jedoch existiert, (d.h. $\dot c$ absolut stetig) und gleich Null ist, so ist c Geodätische, also insbesondere vom Typ C^∞, vgl. dazu III,§2).

3. Die Hilbertmannigfaltigkeit $H_1(I,M)$. Die Funktoren H_1, H_o

Sei $I,M,\tau:TM \longrightarrow M,m$ wie in 0., (g,∇) bzw. (g,K) eine RMZ-Struktur auf M mit dazugehöriger Exponentialabbildung $\exp : \widetilde{TM} \longrightarrow M$ und $c \in C^\infty(I,M)$. Es sei eine C^∞-Erweiterung $c:(\alpha,\beta) \longrightarrow M$ von $c:I \longrightarrow M$, $\varepsilon > o$ und eine Umgebung U von M in TM, auf der exp Diffeomorphismus ist, gewählt, so daß $U \cap \bigcup_{t\in(\alpha,\beta)} M_{c(t)} = \bigcup_{t\in(\alpha,\beta)} B_\varepsilon(o_{c(t)})$ gilt (diese Wahl ist nach I.4.3 Bew. möglich, falls (α,β) so gewählt ist, daß c auch noch auf $[\alpha,\beta]$ erweiterbar ist).

3.1 Definition: (vgl. 2.4, 2.6; (*) gilt nur, falls K Levi-Civita-Diff.)

$$B_\varepsilon^\infty(o_c) := \{X \in H_1(c) / \bigwedge_{t\in I} X(t) \in B_\varepsilon(o_c(t))\} = \{X \in H_1(c) / \|X\|_{\infty,c} < \varepsilon\},$$

$$B_\varepsilon^\infty(c) := \{e \in H_1(I,M) / \bigwedge_{t\in I} e(t) \in B_\varepsilon(c(t))\} \overset{(*)}{=} \{e \in H_1(I,M) / d_\infty(c,e) < \varepsilon\},$$

$$\exp_c : B_\varepsilon^\infty(o_c) \longrightarrow B_\varepsilon^\infty(c), \; X \longmapsto \exp_c X := \exp\circ X = (\exp_{c(t)}X(t))_{t\in I}.$$

3.2 Herleitung:

Die eben definierten Abbildungen $\exp_c$ sind Bijektionen, die miteinander verträglich vom Typ C^∞ sind: Zur Bijektivität ist nach 2.1(i) zu zeigen, daß die Abbildung

$$G_c := (c^*\pi, \exp\circ\pi^*c) : \mathcal{O}_c := \bigcup_{t\in(\alpha,\beta)} (t, B_\varepsilon(o_c(t))) \longrightarrow (\alpha,\beta)\times M$$

ein Diffeomorphismus von der offenen Teilmenge O_c von c^*TM auf die offene Teilmenge $U_c := \bigcup_{t\in(\alpha,\beta)} (t, B_\varepsilon(c(t)))$ von $(\alpha,\beta)\times M$ ist (da X,e in äquivalenter Weise als H_1-Schnitte in den Bündeln c^*TM bzw. $(\alpha,\beta)\times M$ über (α,β) auffaßbar sind). Die Offenheit von O_c bzw. U_c folgt unmittelbar aus der Stetigkeit von $\pi^*c\colon c^*TM \longrightarrow TM$ bzw. $(c,id)\colon(\alpha,\beta)\times M \longrightarrow M\times M$, da U und V := $(\pi,\exp)(U)\subset M\times M$ offen sind. Nun ist c^*TM Untermannigfaltigkeit von $(\alpha,\beta)\times TM$ (vgl. I.3 Einleitung), und $(\alpha,\beta)\times M$ ist Untermannigfaltigkeit von $(\alpha,\beta)\times M\times M$ $- t\in(\alpha,\beta) \longmapsto (t,c(t))\in(\alpha,\beta)\times M$ ist bekanntlich Einbettung. O_c bzw. U_c ist also Untermannigfaltigkeit von $(\alpha,\beta)\times TM$ bzw. $(\alpha,\beta)\times M\times M$, also auch von $(\alpha,\beta)\times U$ bzw. $(\alpha,\beta)\times V$. Nach I.4.3 ist nun $id\times(\pi,\exp)$: $(\alpha,\beta)\times U \longrightarrow (\alpha,\beta)\times V$ Diffeomorphismus, also auch G_c, da wegen der obigen Identifikation $G_c = id\times(\pi,\exp)/U_c$ gilt (und G_c bijektiv ist).
Für jede weitere C^∞-Kurve $\tilde{c}\colon I \longrightarrow M$ gilt bei analog gewählten Bezeichnungen (bzgl. einem gemeinsam gewählten Hilfsintervall (α,β)): Die Abbildung $F := G_{\tilde{c}}^{-1}\circ G_c : G_c^{-1}(U_c\cap U_{\tilde{c}})\subset c^*TM \longrightarrow G_{\tilde{c}}^{-1}(U_c\cap U_{\tilde{c}})\subset \tilde{c}^*TM$ ist Diffeomorphismus (zwischen offenen Teilmengen dieser Bündel), also ist die nach 2.5 dadurch induzierte Abbildung

$$\exp_{\tilde{c}}^{-1}\circ\exp_c : \exp_c^{-1}(B_\varepsilon^\infty(c)\cap B_\varepsilon^\infty(\tilde{c})) \longrightarrow \exp_{\tilde{c}}^{-1}(B_\varepsilon^\infty(c)\cap B_\varepsilon^\infty(\tilde{c}))$$

C^∞-Abbildung zwischen offenen Teilmengen der Hilberträume $H_1(c), H_1(\tilde{c})$. Damit ist die eingangs gemachte Behauptung gezeigt und es folgt:

3.3 Satz :

$H_1(I,M)$ kann in eindeutiger Weise zur (hausdorffschen) Hilbertmannigfaltigkeit gemacht werden, so daß $\{(\exp_c^{-1}, B_\varepsilon^\infty(c))/c\in C^\infty(I,M),\ \varepsilon \text{ wie vorher}\}$ C^∞-Atlas dieser Mannigfaltigkeit ist. Dieser "<u>natürliche Atlas</u>" besitzt einen abzählbaren Teilatlas, die Hilbertmannigfaltigkeit $H_1(I,M)$ auf Grund der Separabilität der Modelle also eine abzählbare Basis. $C^\infty(I,M)$ ist dicht in $H_1(I,M)$ (da $\mathfrak{X}(c)$ dicht in $H_1(c)$ für alle $c\in C^\infty(I,M)$, §2).

<u>Bew.</u>: Bezeichne $D_\delta^\infty(c)$ den δ-Ball um c in $(H_1(I,M),d_\infty)$. Es genügt zu zeigen, daß jedes $B_\varepsilon^\infty(c)$ ein $D_\delta^\infty(c)$ enthält, denn dann folgt aus 2.6, daß eine abzählbare Teilmenge von (*): $\{B_\varepsilon^\infty(c)/c\in C^\infty(I,M),\ \varepsilon \text{ wie vorher}\}$ bereits $H_1(I,M)$ überdeckt, woraus die obige Behauptung mittels [29], II.1 unmittelbar ersichtlich ist. $D_\delta^\infty(c)\subset B_\varepsilon^\infty(c)$ ist aber gleichwertig zu $\bigwedge_{t\in I} D_\delta(c(t))\subset B_\varepsilon(c(t))$ -Notationen wie in I.6.4- und letzteres läßt sich realisieren, da $U_c := \bigcup_{t\in(\alpha,\beta)} (t, B_\varepsilon(c(t)))$ als offen in $(\alpha,\beta)\times M$ nachgewiesen wurde, vgl. die Argumentation in 3.4Bew.

<u>Bem.</u>: Unter $H_1(I,M)$ wird im folgenden stets obige Mannigfaltigkeit verstanden, falls nichts anderes gesagt wird. Der erste Teil des folgenden Beweises zeigt noch ($f=id_M$): Die durch (*) erzeugte Topologie ist stets die d_∞-Topologie (kompakt-offene Topologie), letztere also insbesondere echt gröber als die Topologie der Mannigfaltigkeit $H_1(I,M)$.

Sei $f\colon M\to N$ Morphismus, also nach 2.1 $f\circ c$ vom Typ H_1, falls c vom Typ H_1.

3.4 Satz :

Die Abbildung $H_1(f) : H_1(I,M) \longrightarrow H_1(I,N)$, $c \longmapsto f\circ c$ ist Morphismus.

Bew.: Für alle $c\in C^\infty(I,M)$ und $\varepsilon'>0$ gibt es $\varepsilon>0$, so daß für alle $t\in[\alpha,\beta]$ gilt $f(B_\varepsilon(c(t)))\subset B_{\varepsilon'}(f\circ c(t))$; dies folgt, da $f^{-1}(\bigcup_{t\in[\alpha,\beta]}(t,B_{\varepsilon'}(f\circ c)(t)))$ offen in $[\alpha,\beta]\times M$ ist durch Betrachtung im Pullback c^*TM mittels dem bei 1.9 über U Festgestellten (ε',ε seien so klein gewählt, daß sie die Voraussetzungen von 3.1 erfüllen). Damit gilt: $H_1(f)(B^\infty_\varepsilon(c))\subset B^\infty_{\varepsilon'}(f\circ c)$, d.h. die Abbildung $H_1(f)$ ist stetig. Nach 3.2 ist außerdem die folgende Abb. F:

$((f\circ c)^*\pi, \exp\circ\pi^*(f\circ c))^{-1}\circ(id\times f)\circ(c^*\pi,\exp\circ\pi^*c) : O_c \subset c^*TM \longrightarrow (f\circ c)^*TN$

wohldefiniert und fasertreuer Morphismus von der offenen Menge $O_c := \bigcup_{t\in(\alpha,\beta)}(t,B_\varepsilon(c(t)))$ in $(f\circ c)^*TN$, d.h. F genügt den Voraussetzungen von 2.5, die Abbildung

$\bar{F} : H_1(O_c) = B^\infty_\varepsilon(c) \longrightarrow H_1(f\circ c)$ ist also vom Typ C^∞.

Diese stimmt aber gerade mit der Abbildung $\exp^{-1}_{f\circ c}\circ H_1(f)\circ\exp_c$ überein (exp bezeichnet sowohl die Exponentialabbildung in M als auch in N bzgl. irgendwelcher RMZ-Strukturen in TM bzw. TN).

3.5 Bemerkung

Die differenzierbare Struktur (Topologie) von $H_1(I,M)$ hängt nicht von der auf M gewählten RMZ-Struktur ab (dies folgt sofort aus 3.4 mittels $f = id_M$), wir haben somit einen wohldefinierten <u>kovarianten Funktor H_1:</u>

$$M \longmapsto H_1(I,M),\ f \longmapsto H_1(f)$$

<u>von der Kategorie der euklidischen Mannigfaltigkeiten in die Kategorie der auf ℓ^2 modellierten Hilbertmannigfaltigkeiten</u> gegeben (dim $M\geq 1$). Dieser Funktor respektiert die Eigenschaften "injektiv", "offene Untermannigfaltigkeit" sowie "abgeschlossene Untermannigfaltigkeit" (also auch "abgeschlossene Einbettung", da Diffeomorphismen unter H_1 in Diffeomorphismen übergehen):

Ist U bzw. A offene bzw. abgeschlossene Untermannigfaltigkeit einer euklidischen Mannigfaltigkeit M, so gibt es RMZ-Strukturen auf U, M bzw. A,M, so daß U bzw. A totalgeodätische riemannsche Untermannigfaltigkeit von M wird. Es gibt dann für alle $c\in C^\infty(I,M)$ ein $\varepsilon>0$, so daß (mit jeweils naheliegenden Bezeichnungen)

$B^U_\varepsilon(c(t)) = B^M_\varepsilon(c(t))$ bzw. $B^A_\varepsilon(c(t)) = A\cap B^M_\varepsilon(c(t))$ für alle $t\in I$, also

$B^\infty_\varepsilon(c;U) = B^\infty_\varepsilon(c;M)$ bzw. $B^\infty_\varepsilon(c;A) = H_1(I,A)\cap B^\infty_\varepsilon(c;M)$, erfüllt ist.

Da die (zu den oben jeweils gewählten Levi-Civita-Zusammenhängen gehörigen) Exponentialabbildungen von U,A gerade die Einschränkung derjenigen von M sind, gilt gleiches für die in 3.1 definierten natürlichen Karten von $H_1(I,U)$, $H_1(I,A)$, mithin folgt: $H_1(I,U)$ bzw. $H_1(I,A)$ ist offene bzw. abgeschlossene Untermannigfaltigkeit von $H_1(I,M)$ (wobei im zweiten Fall noch: $H_1(I,A)$ abgeschlossen in $H_1(I,M)$ sowie $(H^A_1(c),g^A_{1,c})$ ist abgeschlossener topologischer Unterraum - also topologisch-direkter Summand - von $(H^M_1(c), g^M_{1,c})$ bzgl. der oben gewählten RMZ-Struktur einzusehen ist; dies folgt aber sofort aus: $H_1(I,A)$ abgeschlossen in $(H_1(I,M),d_\infty)$ bzw. $\bigwedge_{X\in H_1^A(c)} g^A_{1,c}(X,X) \leq g^M_{1,c}(X,X)$).

Aus dem eben Gezeigten folgt, daß die Zusammenhangskomponenten von M eine Zerlegung in unzusammenhängende (also offene und abgeschlossene) Untermannigfaltigkeiten von $H_1(I,M)$ induzieren, also bei allen Betrachtungen über $H_1(I,M)$ o.B.d.A auch "M zusammenhängend" vorausgesetzt werden kann.

Bekanntlich ist mit M,N auch M×N euklidische Mannigfaltigkeit. Es gilt: Die kanonische Identifikation

$$H_1(I,M\times N) \longrightarrow H_1(I,M)\times H_1(I,N)$$
$$c \longmapsto (pr_1\circ c,\ pr_2\circ c)$$

ist Diffeomorphismus, wie man mittels der Produktsstrukturen auf M×N einsieht.

Sei π: E $\longrightarrow$ M euklidisches Vektorraumbündel. Es gilt: $H_1(I,E) = \bigcup_{c\in H_1(I,M)} H_1^E(c)$, $H_1^E(c) = H_1(\pi)^{-1}(c) = \{X \in H_1(I,E)/\pi\circ X = c\}$, und diese Darstellung legt es nahe, daß zusätzlich zu den bereits gegebenen differenzierbaren Strukturen bei $H_1(\pi) : H_1(I,E) \longrightarrow H_1(I,M)$ eine kanonische Vektorraumbündelstruktur für $H_1(I,E)$ einführbar ist:

3.6 Vorbereitungen

Sei (g,K) RMZ-Struktur für τ: TM $\longrightarrow$ M und (g',K') RMZ-Struktur für π:E $\longrightarrow$ M. Nach I.8.3 haben wir eine kanonisch induzierte RMZ-Struktur (g",K") auf dem Tangentialbündel τ_1 : TE $\longrightarrow$ E von E. Seien P_c, P'_c, P''_c die Parallelverschiebungen in TM bzw. E bzw. TE und exp : $\widetilde{TM} \longrightarrow$ M, Exp : $\widetilde{TE} \longrightarrow$ E die Exponentialabbildungen der obigen Zusammenhänge (c_v bezeichnet wie üblich die Geodätische mit Anfangswert v: $\dot c_v(o)=v$). Sei o:M $\longrightarrow$ E der Nullschnitt, $c \in C^\infty(I,M)$, $o_c := o\circ c \in C^\infty(I,E)$, und (α,β), ε zu c wie bei 3.1 gewählt.

Die Abbildung (1): $i : o_c^*TE \longrightarrow c^*(TM\oplus E)$, $(t,w) \longmapsto (t, T\pi\cdot w, K'\cdot w)$ ist Vektorraumbündelisomorphismus über (α,β), wie mittels dem folgenden kommutativen Diagramm von Vektorraumbündelisomorphismen folgt:

$$(2)\qquad \begin{array}{ccc} o_c^*TE & \xrightarrow{\ i\ } & c^*(TM\oplus E) \\ {\scriptstyle Q''_{o_c}}\downarrow & & \downarrow{\scriptstyle Q_c\oplus Q'_c} \\ (\alpha,\beta)\times TE_{o_c(t_o)} & \xrightarrow{\ id\times i_{t_o}\ } & (\alpha,\beta)\times M_{c(t_o)}\times E_{c(t_o)}. \end{array}$$

Dabei sind Q_c, Q'_c, Q''_c die Trivialisierungen der beteiligten Pull-backs mittels der Parallelverschiebungen P_c, P'_c, P''_c von K,K',K" (die also mit den durch den Vektorraumbündelisomorphismus $(\tau_1, T\pi, K')$:TE$\longrightarrow\pi^*(TM\oplus E)$ induzierten Vektorraumbündelisomorphismen i, $id\times i_{t_o}$ kommutieren (vgl. I.3.5, I.8.3 und beachte: $o_c^*\pi^*(TM\oplus E) = c^*(TM\oplus E) = c^*TM\oplus c^*E$). Nach

3.2 haben wir die offenen Mengen

$O_c := \bigcup_{t\in(\alpha,\beta)} (t, B_\varepsilon(o_{c(t)})) \subset c^*TM$ und

$U_c := \bigcup_{t\in(\alpha,\beta)} (t, B_\varepsilon(c(t))) \subset (\alpha,\beta)\times M$ und den

Diffeomorphismus $G_c := (c^*\pi, \exp\circ\pi^*c) : O_c \longrightarrow U_c$. Es folgt, daß

$V_c := \bigcup_{t\in(\alpha,\beta)} (t, B_\varepsilon(o_{c(t)})\times E_{c(t)})$ und $W_c := \bigcup_{t\in(\alpha,\beta)} (t, \pi^{-1}(B_\varepsilon(c(t))))$

offen sind in $c^*(TM\oplus E)$ bzw. $(\alpha,\beta)\times E$ (wegen (2), bzw. da auch $id\times\pi : (\alpha,\beta)\times E \longrightarrow (\alpha,\beta)\times M$ ein Vektorraumbündel ist, also $id\times\pi$ insbesondere stetig, also das Urbild der offenen Menge U_c unter $id\times\pi$ offen ist). Damit ist auch $V'_c := i^{-1}(V_c)$ offen in o_c^*TE.

Die folgenden kommutativen Diagramme von Morphismen sind wohldefiniert (vgl. I.8.3) und entsprechen sich unter der Identifikation i, vgl. (2):

(3)
$$\begin{array}{ccc} V_c & \xrightarrow{\ H_c\ } & W_c \\ {\scriptstyle (pr_1,pr_2)}\downarrow & & \downarrow{\scriptstyle id\times\pi} \\ O_c & \xrightarrow{\ G_c\ } & U_c \end{array} \qquad H_c(t,u,v) := (t, P'_{c_u}|[0,1]\cdot v)$$

(4)
$$\begin{array}{ccc} V'_c & \xrightarrow{\ H'_c\ } & W_c \\ {\scriptstyle o_c^*(T\pi)}\downarrow & & \downarrow \\ O_c & \xrightarrow{\ G_c\ } & U_c \end{array} \qquad \begin{array}{l} H'_c(t,w) = (t, Exp(w)), \text{ also} \\ H'_c = (o_c^*\tau_1, Exp\circ\tau_1^*o_c) \text{ und} \\ o_c^*(T\pi)(t,w) = (t, T\pi(w)). \end{array}$$

Um H'_c analog zu G_c verwenden zu können, müssen wir zeigen, daß H'_c (oder H_c) Diffeomorphismus ist (daß beide bijektive Morphismen sind, ist auf Grund von (3) bzw. (4) bereits klar). Da aber

$$V_c \xrightarrow{(pr_1,pr_2)} O_c \text{ und } W_c \xrightarrow{id\times\pi} U_c$$

unmittelbar als Vektorraumbündel aufgefaßt werden können (unter Beibehaltung der bereits vorhandenen differenzierbaren Strukturen) und da H_c und H'_c faserweise linear sind, folgt aus G_c Diffeomorphismus, H_c, H'_c Vektorraumbündelisomorphismus, also insbesondere das gewünschte Resultat.

Die Abbildung H'_c ist damit jetzt wie G_c in 3.2 verwendbar, und wir bekommen nach dem dortigen Verfahren die folgenden (mit der bereits vorhandenen Struktur verträglichen) Karten von $H_1(I,E)$:

$$Exp_{o_c}^{-1} : H_1(\pi)^{-1}(B_\varepsilon^\infty(c)) \longrightarrow H_1(V'_c) \subset H_1(o_c),$$

die dem folgenden kommutativen Diagramm genügen:

(5)
$$\begin{array}{ccc} H_1(\pi)^{-1}(B_\varepsilon^\infty(c)) & \xrightarrow{\ Exp_{o_c}^{-1}\ } & H_1(V'_c) \\ {\scriptstyle H_1(\pi)}\downarrow & & \downarrow{\scriptstyle H_1(T\pi)/H_1(o_c)} \\ B_\varepsilon^\infty(c) & \xrightarrow{\ exp_c^{-1}\ } & B_\varepsilon^\infty(o_c) \end{array}$$

Damit haben wir als Vektorraumbündeltrivialisierungen geeignete Karten der Mannigfaltigkeit $H_1(I,E)$ konstruiert.

3.7 Satz :

(i): $H_1(\pi) : H_1(I,E) \longrightarrow H_1(I,M)$ ist – bei geeigneter Deutung der eben konstruierten Karten – Hilbertbündel über $H_1(I,M)$ mit den <u>Hilberträumen</u> $(H_1^E(e), g_{1,e})$ als Fasern $(e \in H_1(I,M))$.

(ii) Ist
$$\begin{array}{ccc} E & \xrightarrow{f} & E' \\ \downarrow & & \downarrow \\ M & \xrightarrow{f_o} & M' \end{array}$$
Vektorraumbündelmorphismus in ein euklidisches Bündel $\pi' : E' \longrightarrow M'$,

so ist auch
$$\begin{array}{ccc} H_1(I,E) & \xrightarrow{H_1(f)} & H_1(I,E') \\ {\scriptstyle H_1(\pi)}\downarrow & & \downarrow{\scriptstyle H_1(\pi')} \\ H_1(I,M) & \xrightarrow{H_1(f_o)} & H_1(I,M) \end{array}$$
Vektorraumbündelmorphismus.

<u>Bew.:</u> Um die eingeführten Karten besser handhaben zu können, benutzen wir noch die folgende durch $TE = \pi^*(TM \oplus E)$ induzierte Identifizierung: Das Diagramm
$$\begin{array}{ccc} H_1(o_c) & \xrightarrow{\bar{I}} & H_1(c) \times H_1^E(c) \\ {\scriptstyle H_1(T\pi)/H_1(o_c)}\downarrow & & \downarrow{\scriptstyle pr_1} \\ H_1(c) & \xrightarrow{id} & H_1(c) \end{array}$$
ist kommutativ und $\bar{I}$ Isometrie bzgl. $g^{\#}_{1,o_c}$, $g_{1,c} \times g'_{1,c}$ (Gleiches gilt bei Verwendung von g^1 und beides folgt unmittelbar aus 3.7(2)).
Damit hat die "Trivialisierung" 3.7(5) jetzt die folgende Gestalt:
$$\begin{array}{ccc} H_1(\pi)^{-1}(B^\infty_\varepsilon(c)) & \xrightarrow{Exp^{-1}_{o_c}} & B^\infty_\varepsilon(o_c) \times H_1^E(c) \subset H_1(c) \times H_1^E(c) \\ {\scriptstyle H_1(\pi)}\downarrow & & \downarrow{\scriptstyle pr_1} \\ B^\infty_\varepsilon(c) & \xrightarrow{exp^{-1}_o} & B^\infty_\varepsilon(o_c) \end{array}$$
(wobei $Exp^{-1}_{o_c}(X)(t)$ wieder durch $Exp^{-1}_{o_c(t)}(X(t))$ gegeben wird).

<u>Zu (i)</u>: Seien $c, \tilde{c}$ wie in 3.2 und $F : O_1 \longrightarrow O_2$ der dazu in 3.2 betrachtete Diffeomorphismus. Wir definieren analog:

$V_1 := (o_c^*\tau_1, Exp \circ \tau_1^* o_c)^{-1}(W_c \cap W_{\tilde{c}})$, $V_2 := (o_{\tilde{c}}^*\tau_1, Exp \circ \tau_1^* o_c)^{-1}(W_c \cap W_{\tilde{c}})$ – also $V_i = (pr_1, pr_2)^{-1}(O_i)$ – und $H : V_1 \longrightarrow V_2$,

$H := (o_{\tilde{c}}^*\tau_1, Exp \circ \tau_1^* o_{\tilde{c}})^{-1} \circ (o_c^*\tau_1, Exp \circ \tau_1^* o_c)$. Es gilt:

V_i ist Vektorraumbündel über O_i und H Vektorraumbündelisomorphismus, H induziert also insbesondere einen fasertreuen Morphismus:

$$L : O_1 \subset c^*TM \longrightarrow L(c^*E;\tilde{c}^*E),\ (t,v) \longmapsto H_{(t,v)} \quad ,$$

$$H_{(t,v)}\cdot(t,w) := (t, P'_{c_u}|_{[0,1]}^{-1} \circ P'_{c_v}|_{[0,1]}\cdot w),\ u := pr_2 \circ F(t,v).$$

Die Abbildung $\bar{L} : H_1(O_1) \longrightarrow L(H_1^E(c);H_1^E(\tilde{c}))$ stimmt mit der Abbildung

$$\exp_c^{-1}(B_\varepsilon^\infty(c) \cap B_\varepsilon^\infty(\tilde{c})) \longrightarrow L(H_1^E(c);H_1^E(\tilde{c}))$$

$$\tilde{d} \longmapsto d = \exp_c \tilde{d} \longmapsto (Exp_{o_{\tilde{c}}}^{-1} \circ Exp_{o_c})_d \quad \text{überein,}$$

sie ist nach 2.5 vom Typ C^∞ und auf Grund ihrer zweiten Darstellung gerade die Übergangsabbildung der Trivialisierungen Exp_{o_c}, $Exp_{o_{\tilde{c}}}$ von $H_1(I,E)$, wir haben also gezeigt: $\{(Exp_{o_c}^{-1}, H_1(\pi)^{-1}(B_\varepsilon^\infty(c)))/c \in C^\infty(I,M)\}$ bildet eine trivialisierende Überdeckung für $H_1(I,E)$, induziert also eine eindeutig bestimmte Vektorraumbündelstruktur auf $H_1(I,E)$.

Daß die Topologie der Fasern $H_1^E(e)$ von $H_1(I,E)$ gerade die in §2 eingeführte Hilbertraumtopologie von $H_1^E(e)$ ist, folgt für $e \in C^\infty(I,M)$ unmittelbar aus der Gleichung $(Exp_{o_c})_e = id_{H_1^E(e)}$ und für die übrigen Kurven e analog mittels der nach 3.10 bildbaren "kleineren" Karten $Exp_{o_e}^{-1}: B_\varepsilon^\infty(o_e) \longrightarrow U(o_e,o_e) \subset H_1(e) \times H_1^E(e)$, da der Vergleich der beiden auf $H_1^E(e)$ eingeführten Topologien nur lokal durchgeführt zu werden braucht.

Zu (ii): Es genügt, die in I, §2 Einleitung angegebene C^∞-Eigenschaft der lokalen Darstellung von $H_1(f)$ nachzuweisen, da $H_1(f)$ trivialerweise faserweise linear und nach 3.4 bereits Morphismus ist. Der Nachweis der C^∞-Eigenschaft folgt aber analog zu (1) mittels c, $f_o \circ c$, $\varepsilon, \varepsilon'$ wie in 3.4.

Bem.: Die im Vektorraumbündel $H_1(I,E)$ auftretenden differenzierbaren Strukturen sind die bereits in 3.3 eingeführten, und $f = id_E$ zeigt, daß die Vektorraumbündelstruktur von $H_1(I,E)$ nicht von der Wahl der RMZ-Strukturen abhängt: H_1 ist also auch kovarianter Funktor von der Kategorie der euklidischen Bündel in die Kategorie der Hilbertbündel (mit Modell ℓ^2).

3.8 Satz :

(i) Die Menge $H_o(I,E) := \bigcup_{c \in H_1(I,M)} H_o^E(c)$ zusammen mit der natürlichen Projektion $H_o(\pi) : H_o(I,E) \longrightarrow H_1(I,M)$, $X \longmapsto \pi \circ X$ kann in kanonischer Weise zum Vektorraumbündel über der Mannigfaltigkeit $H_1(I,M)$ gemacht werden.

(ii) Die Abbildung

$$\begin{array}{ccc} H_o(I,E) & \xrightarrow{H_o(f)} & H_o(I,E') \\ \downarrow & & \downarrow \\ H_1(I,M) & \xrightarrow{H_1(f_o)} & H_1(I,M') \end{array} \qquad H_o(f)(X) := f \circ X$$

ist Vektorraumbündelmorphismus.
Die Vektorraumbündelstruktur von $H_o(I,E)$ ist wieder von den speziellen Konstruktionshilfsmitteln unabhängig, so daß wir ergänzend einen <u>kovarianten Funktor H_o von der Kategorie der euklidischen Bündel in die Kategorie der Hilbertbündel</u> bekommen. Die Topologie der Fasern $H_o^E(c)$ ist die frühere Hilbertraumtopologie (vgl. §2).
<u>Bew.:</u> Die früher erklärte Abbildung

$$\begin{array}{ccc} H_1(\pi)^{-1}B_\varepsilon^\infty(c)) & \xrightarrow{\;Exp_{o_c}^{-1}\;} & B_\varepsilon^\infty(o_c)\times H_1^E(c) \\ {\scriptstyle H_1(\pi)}\downarrow & & \downarrow{\scriptstyle pr_1} \\ B_\varepsilon^\infty(c) & \xrightarrow{\;exp_{o_c}^{-1}\;} & B_\varepsilon^\infty(o_c) \end{array}$$

ist faserweise auch bzgl. der $\langle ..,..\rangle_o$-Topologien topologischer Isomorphismus und läßt sich (faserweise) zu einer Bijektion mit dem folgenden kommutativen Diagramm erweitern

$$\begin{array}{ccc} H_o(\pi)^{-1}(B_\varepsilon^\infty(c)) & \xrightarrow{\;Exp_{o_c}^{-1}\;} & B_\varepsilon^\infty(o_c)\times H_o^E(c) \\ {\scriptstyle H_o(\pi)}\downarrow & & \downarrow{\scriptstyle pr_1} \\ B_\varepsilon^\infty(c) & \xrightarrow{\;exp_{o_c}^{-1}\;} & B_\varepsilon^\infty(o_c) \end{array}$$

Diese erweiterten "Trivialisierungen" liefern nun die Behauptungen analog zu 3.7 mittels der "H_o-Form" des Lemmas 2.5 (unter Verwendung der gleichen Ausgangsabbildungen $H,\ldots$; die Stetigkeit der linearen Abbildungen $H_o(f)_c : H_o^E(c) \longrightarrow H_o^{E'}(f\circ c)$ folgt **durch** sofortige Normabschätzung.

3.9 Ergänzungen :

1. Mit den eingeführten Trivialisierungen folgt sofort: Die natürliche Inklusion

$$\begin{array}{ccc} H_1(I,E) & \xrightarrow{\;i\;} & H_o(I,E) \\ {\scriptstyle H_1(\pi)}\downarrow & & \downarrow{\scriptstyle H_o(\pi)} \\ H_1(I,M) & \xrightarrow{\;id\;} & H_1(I,M) \end{array}$$

ist Vektorraumbündelmorphismus über $H_1(I,M)$ (jedoch ist $H_1(I,E)$ weder Unterbündel (vgl. 3.) noch Untermannigfaltigkeit von $H_o(I,E)$; man beachte, daß die Menge $H_o(I,M)$ nicht in Analogie zu $H_1(I,M)$ erklärt und zur Mannigfaltigkeit gemacht werden kann (vgl. 2.1), weshalb erstere Bezeichnung in 3.8 für andere Zwecke genutzt werden konnte.

2. Nach Vorausgegangenem haben wir die Bündel $H_1(I,L(E_1,..,E_r;E))$ und $L(H_1(I,E_1),..,H_1(I,E_r);H_1(I,E))$ mit den Fasern $H_1^{L(E_1..E_r;E)}(c)$ bzw. $L(H_1^{E_1}(c),..,H_1^{E_r}(c);H_1^E(c))$ über $c\in H_1(I,M)$. Damit erweitert sich 2.5Bem.

zu der Aussage: Die Abbildung

$$A \in H_1(I,L(E_1,..,E_r;E)) \xrightarrow{i_r} \tilde{A} \in L(H_1(I,E_1),..,H_1(I,E_r);H_1(I,E))$$

$$\tilde{A}(X_1,..,X_r)(t) := A(t)\cdot(X_1(t),..,X_r(t)), t \in I$$

ist injektiver Vektorraumbündelmorphismus über $H_1(I,M)$ (analoges gilt beim Auftreten eines H_o-Terms oder für symmetrische Operatoren). Zum Beweis vergleiche man [9],1.2; es wird dabei eine kanonisch induzierte RMZ-Struktur auf $L(E_1,..,E_r;E)$ benutzt.

3. Nach Lang [29], III, §3 heißt eine Teilmenge $S \subset E$ eines Bündels $\pi:E \longrightarrow M$ Unterbündel von π, falls es eine exakte Bündelsequenz über M der Form $o \longrightarrow \pi' \xrightarrow{f} \pi$ gibt mit $f(E')=S$. Eine solche Menge S kann in eindeutiger Weise zum Vektorraumbündel über M gemacht werden, so daß die Inklusion $i:S \longrightarrow E$ Vektorraumbündelmorphismus wird.
Mit Hilfe des in Lang Gesagten zeigt man leicht die folgende (äquivalente) Charakterisierung der Unterbündel S von E über M: Für alle $p \in M$ gibt es eine Trivialisierung (Φ,ϕ,U) um p von E und einen topologisch-direkten Summanden $\mathbb{F}$ des Modells $\mathbb{E}$ von Φ, so daß $\Phi(\pi^{-1}(U) \cap S) = \phi(U) \times \mathbb{F}$ gilt. Es folgt: Die Fasern S_p von S sind topologisch-direkte Summanden von E_p, und S ist abgeschlossene Untermannigfaltigkeit von E (bzgl. der durch seine Vektorraumbündelstruktur induzierten differenzierbaren Struktur). Sind π,π' euklidische Bündel, so ist die obige Sequenz sogar spaltend, d.h. es gibt einen surjektiven Vektorraumbündelmorphismus $g:\pi \longrightarrow \pi'$ (mit spaltendem Kern), der $g \circ f = id$ erfüllt (vgl. [29],III, §5). Es gilt dann π = Bild $f \oplus$ Kern g.
Für die induzierte Sequenz $o \rightleftarrows H_1(\pi') \underset{H_1(g)}{\overset{H_1(f)}{\rightleftarrows}} H_1(\pi)$ folgt deshalb für alle $c \in H_1(I,M)$: Bild $H_1(f)_c \oplus$ Kern $H_1(g)_c = H_1^E(c)$, also da $H_1(f)_c$ injektiv und Kern $H_1(g)_c$ abgeschlossener Unterraum des Hilbertraumes $H_1^E(c)$ ist: Die durch den Funktor H_1 aus einer exakten Sequenz $o \longrightarrow \pi' \xrightarrow{f} \pi$ induzierte Sequenz ist exakt (und spaltend). Insbesondere haben wir damit gezeigt, daß der Funktor H_1 die Eigenschaft "Unterbündel" erhält sowie mit der Whitneysummenbildung verträglich ist (zu letzterem folgt genaueres in 4.6). Weiter folgt: Bild $H_1(f) = H_1(I,$Bild $f)$ sowie Kern $H_1(g) = H_1(I,$Kern $g)$ und damit: Der Funktor H_1 kommutiert mit der Faktorbündelbildung ([29], III, §3).
Ebenso gilt, daß exakte Sequenzen $\pi \xrightarrow{g} \pi'' \longrightarrow o$ in exakte Sequenzen $H_1(\pi) \xrightarrow{H_1(g)} H_1(\pi') \longrightarrow o$ übergehen (und ebenso exakte Sequenzen $o \longrightarrow \pi' \xrightarrow{f} \pi \xrightarrow{g} \pi'' \longrightarrow o$) ; es genügt dabei einzusehen, daß für alle $c \in H_1(I,M)$ $H_1(g)_c$: $H_1^E(c) \longrightarrow H_1^{E''}(c)$ surjektiv ist. Dies folgt, da mit $\pi \xrightarrow{g} \pi'' \longrightarrow o$ auch die Sequenz $o \longrightarrow$ Kern $g \xrightarrow{i} \pi \xrightarrow{g} \pi'' \longrightarrow o$ exakt

(und spaltend) ist, also ein Unterbündel ϱ von π existiert, für das gilt: Kern $g \oplus \varrho = \pi$ und $g: \rho \longrightarrow \pi''$ Vektorraumbündelisomorphismus (vgl. [1], §6). Das hier über Bündel und den Funktor H_1 Ausgesagte gilt in analoger Weise für den Funktor H_o und findet später in den Spezialfällen TM, TTM und den Unterbündeln Kern $T\pi$, Kern K von TTM sowie bei der Einführung induzierter RMZ-Strukturen Verwendung.

4. Der obige Funktor kann noch auf Faserbündel $\pi: E \longrightarrow M$ ausgedehnt werden (vgl. dazu [38], S.166); die Faser $H_1(\pi)^{-1}(c)$ von $H_1(I,E)$ über c wird wieder von der Menge der H_1-Schnitte längs c in E gebildet (ein erstes Ergebnis in dieser Richtung liefert 3.11, wo gezeigt wird, daß $H_1(\pi)$ mit π Submersion ist, also alle $H_1(I,E)_c$ abgeschlossene Untermannigfaltigkeiten von $H_1(I,E)$ sind; man beachte, daß bei solchen Morphismen π die Surjektivität unter H_1 erhalten bleibt).

3.1o Lemma :
Sei $c \in H_1(I,M)$ und sei $\varepsilon > o$ so, daß $(\pi,\exp)$ auf einer Umgebung U von $\bigcup_{t\in I} B_\varepsilon(o_c(t)) \subset TM$ erklärt und Diffeomorphismus (auf eine Umgebung V von $\bigcup_{t\in I} c(t)\times B_\varepsilon(c(t))$) ist.

<u>Beh.:</u> Die Abbildung $\exp_c: B_\varepsilon^\infty(o_c) \longrightarrow B_\varepsilon^\infty(c),\ X \longmapsto \exp\circ X(t)$ ist Diffeomorphismus, d.h. wir haben jetzt zu <u>jeder</u> H_1-Kurve c *in* c zentrierte natürliche Karten $(\exp_c^{-1}, B_\varepsilon^\infty(c))$ von $H_1(I,M)$ gegeben.

<u>Bew.:</u> Nach Voraussetzung ist $H_1(\pi,\exp) : H_1(I,U) \longrightarrow H_1(I,V)$ Diffeomorphismus. Da aber nach Vorausgegangenem $B_\varepsilon^\infty(o_c)$ (mit der Hilbertraumtopologie) Untermannigfaltigkeit von $H_1(I,TM)$, also auch von $H_1(I,U)$ ist und ebenso $B_\varepsilon^\infty(c)$ Untermannigfaltigkeit von $H_1(I,M)\times H_1(I,M) = H_1(I,M\times M)$, also von $H_1(I,V)$ ist, folgt die Behauptung, da $\exp_c: B_\varepsilon^\infty(o_c) \longrightarrow B_\varepsilon^\infty(c)$ offensichtlich Bijektion ist und $\exp_c = H_1((\pi,\exp))/B_\varepsilon^\infty(o_c)$ gilt (beachte: Definitions- und Bildbereich von $\exp_c$ sind nach früherem bereits offen!).

3.11 Satz :
Sei M euklidische Mannigfaltigkeit mit dem Tangentialbündel $\pi: TM \longrightarrow M$ und sei $\tau: TH_1(I,M) \longrightarrow H_1(I,M)$ das Tangentialbündel von $H_1(I,M)$. $[\exp_c^{-1}, B_\varepsilon^\infty(c); X]_e$ bezeichnet den durch das Tripel $(\exp_c^{-1}, B_\varepsilon^\infty(c), X)$ bestimmten Tangentialvektor an e (vgl. [29]) und $T\exp_c^{-1}: \tau^{-1}(B_\varepsilon^\infty(c) \longrightarrow B_\varepsilon^\infty(o_c)\times H_1(c)$ die übliche, durch das Tangential von $\exp_c^{-1}$ induzierte Trivialisierung von $TH_1(I,M)$:

$$[\exp_c^{-1}, B_\varepsilon^\infty(c); X]_e \in H_1(I,M)_e \longmapsto (\exp_c^{-1} e, X) \in H_1(c)\times H_1(c).$$

Auf Grund von 3.1o können wir jetzt definieren

$$i_T: TH_1(I,M) \longrightarrow H_1(I,TM) \quad \text{durch}$$

$i_T/H_1(I,M)_c = (T\exp_c^{-1})_c$, d.h. $i_T([\exp_c^{-1}, B_\varepsilon^\infty(c); X]_c) = X \in H_1(c)$.

Sei N weitere euklidische Mannigfaltigkeit, $f:M \longrightarrow N$ Morphismus und i_T' analog zu i_T bzgl. N gebildet.

<u>Beh.:</u>

$$\begin{array}{ccc} TH_1(I,M) & \xrightarrow{\quad i_T \quad} & H_1(I,TM) \\ \downarrow{\scriptstyle \tau} & & \downarrow{\scriptstyle H_1(\pi)} \\ H_1(I,M) & \xrightarrow{\quad id \quad} & H_1(I,M) \end{array}$$

ist Vektorraumbündelisomorphismus über $H_1(I,M)$, und es gilt

$$H_1(Tf) = i_T' \circ TH_1(f) \circ i_T^{-1}.$$

Die Tangentialvektoren an $c \in H_1(I,M)$ sind also durch die H_1-Vektorfelder längs c darstellbar, und bei dieser Identifikation geht das Tangential von $H_1(f)$

$$\begin{array}{ccc} TH_1(I,M) & \xrightarrow{\quad TH_1(f) \quad} & TH_1(I,N) \\ \downarrow & & \downarrow \\ H_1(I,M) & \xrightarrow{\quad H_1(f) \quad} & H_1(I,N) \end{array}$$

in den Vektorraumbündelmorphismus

$$\begin{array}{ccc} H_1(I,TM) & \xrightarrow{\quad H_1(Tf) \quad} & H_1(I,TN) \\ \downarrow & & \downarrow \\ H_1(I,M) & \xrightarrow{\quad H_1(f) \quad} & H_1(I,N) \end{array}$$

über, kurz: <u>Die Funktoren H_1, T kommutieren</u>. Mittels $f = id_M$ folgt: Die Abbildung i_T hängt nicht von der Wahl der RMZ-Struktur auf M ab (ist also kanonische Identifizierung, analog zu $[\exp_p, B_\varepsilon(p); v]_p \in TM \overset{id}{\longmapsto} v \in TM$!).

<u>Bew.: zu (i):</u> Da $i_T : H_1(I,M)_c \longrightarrow (H_1(c), g_{1,c})$ nach Definition von $TH_1(I,M)$ topologischer Isomorphismus ist, bleibt wieder nur die C^∞-Eigenschaft der lokalen Darstellung von i_T nachzuweisen: Sei $c \in C^\infty(I,M)$. Der Kartenwechsel

$$\mathrm{Exp}_{o_c}^{-1} \circ i_T \circ T\exp_c : B_\varepsilon^\infty(o_c) \times H_1(c) \longrightarrow B_\varepsilon^\infty(o_c) \times H_1(c)$$

induziert eine Abbildung

$$(*) \qquad d \in B_\varepsilon^\infty(o_c) \longmapsto (\mathrm{Exp}_{o_c}^{-1} \circ i_T \circ T\exp_c)_d \in L(H_1(c); H_1(c)) \quad ,$$

die als C^∞ nachzuweisen bleibt. Es gilt mit $\tilde{d} = \exp \circ d$:

$$(\mathrm{Exp}_{o_c}^{-1} \circ i_T \circ T\exp_c)_d \cdot X(t) = (\mathrm{Exp}_{o_c}^{-1})_d \circ (T\exp_d^{-1})_d \circ (T\exp_c)_d \cdot X(t) =$$

$$(\mathrm{Exp}_{o_c}^{-1})_d \cdot (D(\exp_d^{-1} \circ \exp_c)_{\tilde{d}} X)(t) \overset{2.5}{\underset{3.4}{=}} pr_2 \circ \mathrm{Exp}_{o_c(t)}^{-1'} (D(\exp_{d(t)}^{-1} \circ \exp_{c(t)})_{\tilde{d}(t)} X(t))$$

$$= pr_2 \circ \mathrm{Exp}_{o_c(t)}^{-1} (T\exp_{c(t)} |_{\tilde{d}(t)} \cdot X(t)).$$

Diese Abbildung induziert einen fasertreuen Morphismus

$$F : U \oplus c^*TM \longrightarrow c^*TM, \qquad U := \bigcup_{t \in (\alpha,\beta)} (t, B_\varepsilon(o_{c(t)})),$$

also einen fasertreuen Morphismus $G : U \longrightarrow L(c^*TM; c^*TM)$, also folgt die Behauptung wieder aus 2.5, da $\tilde{G}$ mit $(*)$ übereinstimmt.

<u>Zu (ii):</u> $(i_T^! \circ TH_1(f) \circ i_T^{-1})_c \circ X(t) = D(\exp_{f\circ c}^{-1} \circ H_1(f) \circ \exp_c)_{o_c} \cdot X(t) \overset{3.5}{=}$

$D(\exp_{f\circ c(t)}^{-1} \circ f \circ \exp_{c(t)})_{o_c(t)} \circ X(t) = Tf \circ X(t)$ für alle $c \in H_1(I,M), X \in H_1(c)$.

<u>Bem.:</u> Ist $f:M \longrightarrow N$ Immersion (Submersion), so ist auch $H_1(f):H_1(I,M) \longrightarrow H_1(I,N)$ Immersion (Submersion): Denn nach Lang [29], III, §3 impliziert f die folgende exakte Sequenz

$$o \longrightarrow TM \xrightarrow{(\tau,Tf)} f^*TN \qquad (TM \xrightarrow{(\tau,Tf)} f^*TN \longrightarrow o) ,$$

also haben wir nach 3.9.3 folgende exakte Sequenz

$$o \longrightarrow H_1(I,TM) \xrightarrow[(H_1(\tau),H_1(Tf))]{H_1(\tau,Tf)} H_1(I,f^*TN) = H_1(f)^* H_1(I,TN) \quad \text{bzw.}$$

$$H_1(I,TM) \xrightarrow[(H_1(\tau),H_1(Tf))]{H_1(\tau,Tf)} H_1(I,f^*TN) = H_1(f)^* H_1(I,TN) \longrightarrow o.$$

Daraus folgt aber für alle $c \in H_1(I,M)$: Die Abbildung $H_1(Tf)_c:H_1(c) \longrightarrow H_1(f\circ c)$ ist injektiv (surjektiv) und spaltend, also folgt die obige Behauptung (auf Grund der im obigen Satz durchgeführten Identifikation).

3.12 Bemerkung :

Sei $\varkappa: [\alpha,\beta] \longrightarrow H_1(I,M)$ C^∞-Kurve, d.h. $\varkappa$ ist auch als Abbildung $\varkappa: [\alpha,\beta]\times I \longrightarrow M$, $\varkappa(s,t) = \varkappa(s)(t)$ auffaßbar (welche in der ersten Komponente vom Typ C^∞ ist). Nach 3.3 gilt weiter: $\varkappa:[\alpha,\beta] \longrightarrow (H_1(I,M),d_\infty)$ ist stetig (Topologie der gleichmäßigen Konvergenz!), also ist $\varkappa: [\alpha,\beta]\times I \longrightarrow M$ (simultan) stetig, also <u>als Homotopie zwischen $\varkappa(\alpha)$ und $\varkappa(\beta)$</u> deutbar. Die Identifikation $TH_1(I,M) = H_1(I,TM)$ ergibt bzgl. der beiden Auffassungen der obigen Kurve

$$(*) \qquad \dot\varkappa(s) = \frac{\partial\varkappa}{\partial s}(s,..) = T_1\varkappa(s,..)\cdot 1(s) ,$$

wie man z.B. mit der Submersion $p_t:H_1(I,M) \longrightarrow M$, $c \longmapsto c(t)$, vgl. 4.3, einsieht: $\frac{\partial\varkappa}{\partial s}(s,t) = \frac{d}{ds}(p_t\circ\varkappa)(s) = p_t\circ\frac{d\varkappa}{ds}(s) = \dot\varkappa(s)(t)$, ($Tp_t:H_1(I,TM) \longrightarrow TM$ hat dieselbe Form wie p_t, ist also durch $X \longmapsto X(t)$ gegeben und T_i bezeichnet die i-te partielle Ableitung auf Mannigfaltigkeiten; die Gleichung (*) kann umgekehrt auch zur Identifikation von $TH_1(I,M)$ mit $H_1(I,TM)$ verwandt werden, wenn man bei $TH_1(I,M)$ die Definition mittels Äquivalenzklassen von Kurven zugrundelegt). Da $\dot\varkappa$ C^∞-Kurve ist, ist auch $\frac{\partial\varkappa}{\partial s}$ (simultan) stetig und Vektorfeld längs $\varkappa:[\alpha,\beta]\times I \longrightarrow M$, die Deformationswege $\varkappa(..,t_1)$ haben also wohldefinierte (endliche) Länge, die stetig von t_1 abhängt. Das Studium der C^∞-Kurven auf $H_1(I,M)$ entspricht somit dem Studium gewisser Homotopien auf M, was im dritten Kapitel mit Hilfe spezieller Kurven zur Gewinnung spezieller Homotopien ausgenutzt werden wird.

Mit Hilfe von (*) folgt noch, daß die Trivialisierungen $T\exp_c^{-1}$ von $TH_1(I,M)$ unter i_T in durch die Faserableitung $T_2\exp$ von $\exp:\widetilde{TM} \longrightarrow M$ induzierte Trivialisierungen von $H_1(I,TM)$ übergehen: $T\exp_c(u,X)(t) =$

$T_2\exp(u(t),X(t)) = T(\exp_{c(t)})(u(t),X(t))$, wobei $T_2\exp = T\exp/\text{Kern } T\pi$.

4. Riemannsche Metriken und Zusammenhänge über $H_1(I,M)$

Seien $\tau: TM \longrightarrow M$, $\pi: E \longrightarrow M$ wie in o. mit irgendwelchen RMZ-Strukturen $(\tilde{g},\tilde{K})$ bzw. (g,K) versehen und die daraus abgeleiteten Hilfsmittel wie in §3 bezeichnet. Sei $\tau_1: TE \longrightarrow E$ das Tangentialbündel von E und ∇_c die zu K gehörige kovariante Differentiation längs Kurven $c \in H_1(I,M)$. Nach §2 gilt: $\nabla_c \in L(H_1^E(c);H_0^E(c))$. Die folgenden Herleitungen riemannscher Metriken und Zusammenhänge bauen auf den in [7],[9] angestellten Überlegungen unter Benutzung der Trivialisierungen Exp_{o_c} auf.

4.1 Lemma :
Die Abbildung $\vartheta: H_1(I,M) \longrightarrow H_0(I,TM)$, $d \longmapsto \dot{d}$ ist ein C^∞-Schnitt im Bündel $H_0(I,TM)$.
Bew.: Zu zeigen ist, daß der Hauptteil dieses Schnittes vom Typ C^∞ ist: Dieser lautet bzgl. der Trivialisierung $(\text{Exp}_{o_c}^{-1}, \exp_c^{-1}, B_\varepsilon^\infty(c))$ von $H_0(I,TM)$ um $c \in C^\infty(I,M)$ unter Benutzung von $TTM = \tau^*(TM \oplus TM)$:

$$u \in B_\varepsilon^\infty(o_c) \longmapsto (pr_2 \circ \text{Exp}_{o_c(t)}^{-1}(T\exp \circ Tu(t)))_{t \in I} \in H_0(c)$$
$$= (pr_2 \circ \text{Exp}_{o_c(t)}^{-1}(T\exp(u(t),\dot{c}(t),\nabla_c u(t))))_{t \in I} \ .$$

Die Abbildung $F_c: \bigcup_{t \in (\alpha,\beta)} (t, B_\varepsilon(o_c(t))) \subset c^*TM \longrightarrow L(c^*TM;c^*TM)$

$$(t,u) \longmapsto (t, pr_2 \circ \text{Exp}_{o_c(t)}^{-1}(T\exp(u,\dot{c}(t),..)))$$

ist fasertreuer Morphismus, induziert also nach 2.5 eine C^∞-Abbildung

$$\bar{F}_c : B_\varepsilon^\infty(o_c) \longrightarrow L(H_0(c);H_0(c)).$$

Obiger Hauptteil wird damit durch $u \longrightarrow \bar{F}_c(u) \cdot \nabla_c u$ gegeben, ist also als Komposition von C^∞-Abbildungen vom Typ C^∞.

4.2 Lemma :
Die Abbildung $\Theta: H_1(I,M) \longrightarrow L(H_1(I,E);H_0(I,E))$, $d \longmapsto \nabla_d$ ist C^∞-Schnitt im Bündel $L(H_1(I,E);H_0(I,E))$ (für jeden Zusammenhang K von E).

Bew.: Wir zeigen wieder, daß

$$\begin{array}{ccc} u \longmapsto \nabla_{\exp_c u} & \longmapsto & (\text{Exp}_{o_c}^{-1})_u \circ \nabla_{\exp_c u} \circ (\text{Exp}_{o_c})_u \\ \cap & & \\ B_\varepsilon^\infty(c) & \xrightarrow{\Theta_c} & L(H_1^E(c);H_0^E(c)) \end{array} \quad \text{vom Typ } C^\infty \text{ ist}$$

bzgl. Trivialisierungen $(\text{Exp}_{o_c}^{-1}, \exp_c^{-1}, B_\varepsilon^\infty(c))$ um $c \in C^\infty(I,M)$: Für $X \in H_1^E(c)$

gilt $\Theta_c(u) \cdot X(t) = pr_2 \circ \text{Exp}_{o_c}^{-1}(K \circ T(\text{Exp}_{o_c}(u,X))(t)$

$$= pr_2 \circ \text{Exp}_{o_c(t)}^{-1}(K \circ T\text{Exp} \circ T(o_c,u,X)(t)) =$$

$$= pr_2\circ \mathrm{Exp}_{o_c(t)}^{-1}(K\bullet T\mathrm{Exp}\circ(o_c,u,X,\dot c,o_c,\tilde{\nabla}_c u,\nabla_c X)(t))$$

$$= pr_2\circ \mathrm{Exp}_{o_c(t)}^{-1}(K\circ T_1\mathrm{Exp}\circ(o_c,u,X,\dot c,o_c)(t)) +$$

$$+ pr_2\circ \mathrm{Exp}_{o_c(t)}^{-1}(K\circ T_2\mathrm{Exp}\circ(o_c,u,X,\tilde{\nabla}_c u)(t)) + \nabla_c X(t)$$

auf Grund der Identifikationen $TE = \pi^*(TM\oplus E)$, $TTE = T(\pi^*(TM\oplus E)) = \tau_1^*(\pi^*(TM\oplus E)\oplus\pi^*(TM\oplus E)) = (\pi\circ\tau_1)^*(TM\oplus E\oplus TM\oplus E) = (\pi\circ\tau_1)^*(TM\oplus E)\oplus(\pi\circ\tau_1)^*TM\oplus(\pi\circ\tau_1)^*E$ bzgl. $(\tau_1,T\pi,K)$ bzw. $(\tau_2,T\tau_1,\tilde{\tilde{K}})$ (vgl. I, §2; τ_2:TTE $\longrightarrow$ TE die Projektion, $T_i\mathrm{Exp}$ die Einschränkung von TExp auf das i-te der drei Unterbündel der letzten Whitneysumme und $\tilde{\tilde{K}}$ zu $\tilde{K}$,K gemäß I, §8,3.) und wegen $K\circ T_3\mathrm{Exp}\circ(o_c,u,X,\nabla_c X)(t) = K\circ T_2(\mathrm{Exp}_{o_c(t)})(u(t),X(t))\circ\nabla_c X(t) = \mathrm{Exp}_{o_c(t)}(u(t),\nabla_c X(t))$. Wir haben also wieder fasertreue Morphismen

$$c^*TM \xrightarrow{F_1} L(c^*E;c^*E),$$

$$(t,u)\longmapsto(t,pr_2\circ\mathrm{Exp}_{o_c(t)}^{-1}(K\circ T_1\mathrm{Exp}(o_c(t),u,..,\dot c(t),o_c(t)))),$$

$$c^*TM \xrightarrow{F_2} L(c^*TM,c^*E;c^*E)$$

$$(t,u)\longmapsto(t,pr_2\circ\mathrm{Exp}_{o_c(t)}^{-1}(K\circ T_2\mathrm{Exp}(o_c(t),u,..,..)))$$

auf $\bigcup_{t\in(\alpha,\beta)}(t,B_\varepsilon(o_c(t)))$, also nach 2.5 Morphismen

$$\bar F_1: B_\varepsilon^\infty(o_c)\longrightarrow L(H_1^E(c);H_o^E(c)),\qquad \bar F_2: B_\varepsilon^\infty(o_c)\longrightarrow L(H_o(c),H_1^E(c);H_o^E(c)),$$

für die gilt $\Theta_c(u)\cdot X = \bar F_1(u)\cdot X + \bar F_2(u)\cdot(\tilde{\nabla}_c u,X) + \nabla_c X$,

woraus die Behauptung für Θ_c ersichtlich ist (bei $\bar F_1$ wurde zusätzlich die lineare stetige Inklusion $i:H_1^E(c)\longrightarrow H_o^E(c)$ benutzt).

4.3 Bemerkung :

Sei $t\in I$, $i:M\longrightarrow H_1(I,M)$ die Abbildung $p\longmapsto c\equiv p$ und $p_t:H_1(I,M)\longrightarrow M$ die Abbildung $c\longmapsto c(t)$. Die erste Abbildung ist Einbettung auf die abgeschlossene Untermannigfaltigkeit der Punktkurven in $H_1(I,M)$ (also: $M\subset H_1(I,M)$), die zweite ist surjektive Submersion, und es gilt $p_t\circ i=\mathrm{id}_M$. Diese Behauptungen sind sofort aus der lokalen Darstellung mittels Exponentialkarten $\exp_p,\exp_c$ ersichtlich, insbesondere sieht man dabei, daß die Tangentialabbildung von p_t dieselbe Gestalt wie p_t hat.

Die Abbildung

$$\begin{array}{ccc} H_1(I,E) & \xrightarrow{J} & p_t^*E\oplus H_o(I,E) \\ \downarrow & & \downarrow \\ H_1(I,M) & \xrightarrow{\mathrm{id}} & H_1(I,M) \end{array}$$

$$J/H_1^E(c) : H_1^E(c)\longrightarrow E_{c(t)}\, H_o^E(c),\ X\longmapsto(X(t),\nabla_c X)$$

ist Vektorraumbündelisomorphismus: Dies folgt, da $p_t: H_1(I,E) \longrightarrow E$ und $\nabla: H_1(I,E) \longrightarrow H_o(I,E), X \longmapsto \nabla_{\pi \circ X} X$ Vektorraumbündelmorphismen sind (letzterer ist Umdeutung von ⊛ gemäß I. §2 Einleitung), also auch $J = (p_t, \nabla)$ Vektorraumbündelmorphismus ist, der nach §2 faserweise topologischer Isomorphismus, also damit insgesamt Vektorraumbündelisomorphismus ist.

4.4 Satz :

Seien $\pi: E \longrightarrow M$ und (g,K) wie zu Beginn des Paragraphen gewählt.

<u>Beh.:</u> Die Abbildungen

a) $c \in H_1(I,M) \xmapsto{g_o} g_{o,c} \in L_s^2(H_o^E(c)) \subset L_s^2(H_o(I,E))$

b) $c \in H_1(I,M) \xmapsto{g_1, g^1} g_{1,c}(\text{bzw. } g_c^1) \in L_s^2(H_1^E(c)) \subset L_s^2(H_1(I,E))$

sind riemannsche Metriken für die Bündel $H_o(I,E)$ bzw. $H_1(I,E)$ über $H_1(I,M)$ (vgl. 2.3, 2.4; dazugehörige Normen $\|..\|_{o,c}$, $\|..\|_{1,c}$, $|\!|\!|..|\!|\!|_c$).

<u>Bew.:</u> Es ist jeweils nur noch die Eigenschaft "Morphismus" nachzuweisen: Der Hauptteil von g_o lautet bzgl. Trivialisierungen $(\mathrm{Exp}_{o_c}^{-1}, \exp_c^{-1}, B_\varepsilon^\infty(c))$:

$$\begin{array}{ccc} u \longmapsto d = \exp_c u & \longmapsto & g_{o,d}((\mathrm{Exp}_{o_c})_d(..), (\mathrm{Exp}_{o_c})_d(..)) \\ \cap & & \cap \\ B_\varepsilon^\infty(o_c) & \xrightarrow{(g_o)_c} & L^2(H_o^E(c)), \end{array} \qquad \text{also}$$

$$(g_o)_c(X,Y) = \int_a^b g_{d(t)}(\mathrm{Exp}_{o_c(t)}(u(t),X(t)), \mathrm{Exp}_{o_c(t)}(u(t),Y(t)))dt.$$

Da g auch als Morphismus von $E \oplus E$ in $\mathbb{R}$ aufgefaßt werden kann, ist auch

$$(t,u,v,w) \in c^*(TM \oplus E \oplus E) \longmapsto g(\mathrm{Exp}(o_c(t),u,v), \mathrm{Exp}(o_c(t),u,w)) \in \mathbb{R}$$

Morphismus, also auch

$$G_c: \bigcup_{t \in (\alpha,\beta)} B_\varepsilon(o_c(t)) \subset c^*TM \longrightarrow L_s^2(c^*E) = c^*L_s^2(E)$$

$$(t,u) \longmapsto (t, g(\mathrm{Exp}(o_c(t),u,..), \mathrm{Exp}(o_c(t),u,..))).$$

Damit bekommen wir nach 2.5 einen Morphismus $\bar{G}_c: B_\varepsilon(o_c) \longrightarrow H_1^{L_s^2(E)}(c)$.

Die Abbildung $H_1^{L_s^2(E)}(c) \xrightarrow{i} L_s^2(H_o^E(c))$, $\quad A \longmapsto \tilde{A}$,

$$\tilde{A}(X,Y) := \int_a^b A(t)\cdot(X(t),Y(t))dt \quad \text{ist linear und stetig:}$$

$$|A(X,Y)|^2 \leq \|A\|_{\infty,c}^2 \cdot \|X\|_{o,c}^2 \cdot \|Y\|_{o,c}^2 \leq 2k \cdot \|A\|_{1,c}^2 \cdot \|X\|_{o,c}^2 \cdot \|Y\|_{o,c}^2, \text{ also } \|\tilde{A}\|^2 \leq 2k \cdot \|A\|_{1,c}^2.$$

Damit folgt: $(g_o)_c = i_2 \circ \bar{G}_c$ ist Morphismus!

Mit Hilfe von g_o folgt nun die Eigenschaft "Morphismus" bei g_1, g^1: Die Abbildung $i: H_1(I,E) \longrightarrow H_o(I,E)$ ist Vektorraumbündelmorphismus, also ist auch $L_s^2(i) : L_s^2(H_o(I,E)) \longrightarrow L_s^2(H_1(I,E))$ Vektorraumbündelmorphismus, d.h. g_o ist auch differenzierbarer Schnitt in $L_s^2(H_1(I,E))$. Nach 4.3 ist $\nabla: H_1(I,E) \longrightarrow H_o(I,E)$ Vektorraumbündelmorphismus, also auch $L_s^2(\nabla) : L_s^2(H_o(I,E)) \longrightarrow L_s^2(H_1(I,E))$.

Damit gilt $g_1 = g_o + L_s^2(\nabla)\circ g_o$, d.h. g_1 ist Morphismus.

Im Bündel $p_{t_o}^* E \oplus H_o(I,E)$ haben wir die C^∞-Metrik $p_{t_o}^* g \oplus g_o$:

$$(p_{t_o}^* g \oplus g_o)_c((u,X),(v,Y)) = g_{c(t_o)}(u,v) + \int_a^b g_{c(t)}(X(t),Y(t))dt.$$

Da aber J bzgl. g^1 und dieser Metrik faserweise isometrischer Vektorraumbündelisomorphismus ist (vgl. 2.4), folgt die Behauptung auch für g^1 mittels $L_s^2(J)$.

4.5 Bemerkungen :

1) Auf Grund der Darstellung $TH_1(I,M) = \bigcup_{c\in H_1(I,M)} H_1(c) = H_1(I,TM)$ liefert 4.4 insbesondere riemannsche Metriken für $H_1(I,M)$: Die riemannschen Mannigfaltigkeiten $(H_1(I,M),g^1),(H_1(I,M),g_1)$ sind auf jeder Zusammenhangskomponente kanonisch metrisierbar: d^1,d_1 (vgl. I.6.4), und für diese Metriken gilt nach 2.4(i) für alle $c,e\in H_1(I,M)$:

$$\frac{1}{(3k)}\cdot d^1(c,e) \leq d_1(c,e) \leq 3k\cdot d^1(c,e) \quad \text{, d.h.}$$

sie sind äquivalent, der Begriff der Cauchyfolge also von der Wahl von d^1 oder d_1 (i.a. jedoch nicht von (g,K)) unabhängig. Die Existenz einer riemannschen Metrik ist (wegen der Separabilität der Modelle) äquivalent zur Existenz von Partitionen der Eins auf $H_1(I,M)$ (sowie sogar zur Parakompaktheit von $H_1(I,M)$), 4.4 impliziert also, daß $H_1(I,M)$ stets metrisierbare, Partitionen der Eins gestattende Hilbertmannigfaltigkeit (mit abzählbarer Basis) ist.

2) (M,g) ist riemannsche Untermannigfaltigkeit von $H_1(I,M)$ bzgl. g_1 und g^1 (ersteres nur, falls $I = [0,1]$ gilt).

Ist $i:M \longrightarrow \hat{M}$ isometrischer Morphismus bzgl. gegebener Metriken $g,\hat{g}$, so gilt bzgl. der Levi-Civita-Zusammenhänge $\nabla,\hat{\nabla}$ von (M,g) bzw. $(\hat{M},\hat{g})$ für alle $c\in H_1(I,M)$ und alle $X\in H_1(c)$:

$$g_{1,c}(X,X) = \int_a^b g_{c(t)}(X(t),X(t)dt + \int_a^b g_{c(t)}(\nabla_c X(t),\nabla_c X(t))dt =$$

$$\int_a^b \hat{g}_{i\circ c(t)}(Ti\circ X(t),Ti\circ X(t))dt + \int_a^b \hat{g}_{i\circ c(t)}((\hat{\nabla}_{i\circ c} Ti\circ X)^\top(t),(\hat{\nabla}_{i\circ c} Ti\circ X)^\top(t))dt$$

$$\leq \int_a^b \hat{g}_{i\circ c(t)}(Ti\circ X(t),Ti\circ X(t))dt + \int_a^b \hat{g}_{i\circ c(t)}(\hat{\nabla}_{i\circ c} Ti\circ X(t),\hat{\nabla}_{i\circ c} Ti\circ X(t))dt,$$

und hieraus folgt, daß $H_1(i) : H_1(I,M) \longrightarrow H_1(I,\hat{M})$ i.a. nicht isometrisch bzgl. $g_1,\hat{g}_1$ ist (sondern nur falls z.B. dim M = dim M gilt oder M zusammenhängende vollständige totalgeodätische Untermannigfaltigkeit von M ist, vgl. [20], S.80; gleiches gilt bei Verwendung von $g^1,\hat{g}^1$).

Der Einbettungssatz von Nash liefert also i.a. keine kanonischen Metriken auf $H_1(I,M)$ (da $H_1(i)$ jedoch stets Immersion ist, sind alle durch diese - und beliebige andere Immersionen i - gewonnenen Metriken faserweise äquivalent, d.h. der letzte der obigen Ausdrücke $(i^*g)_c(X,Y) :=$

$\hat{g}_{i\circ c}(Ti\circ X, Ti\circ Y)$ definiert – für alle Immersionen $i: M \longrightarrow \hat{M}$ – eine riemannsche Metrik auf $H_1(I,M)$).
Die Isometriegruppe $I(M)$ von M geht unter H_1 in eine Untergruppe der Isometriegruppe von $H_1(I,M)$ bzgl. g_1 und auch g^1 über; die Isometrien von M lassen sich kanonisch auf ganz $H_1(I,M)$ ausdehnen.

3) Ist $[\alpha,\beta]$ Intervall in $\mathbb{R}$ und $\varkappa: [\alpha,\beta] \longrightarrow H_1(I,M)$ C^∞-Kurve, so berechnet sich die Länge von $\varkappa$ gemäß 3.12 z.B. bzgl. g_1 durch $L_{\varkappa|[\alpha,\beta]} =$
$\int_\alpha^\beta (\int_a^b g_{\varkappa(s,t)}(\frac{\partial}{\partial s}\varkappa(s,t), \frac{\partial}{\partial s}\varkappa(s,t)) + g_{\varkappa(s,t)}(\nabla_2 \frac{\partial}{\partial s}\varkappa(s,t), \nabla_2 \frac{\partial}{\partial s}\varkappa(s,t))dt)^{1/2} ds$
Analoges gilt für die Energie $E_{\varkappa|[\alpha,\beta]}$.
<u>Ergänzung:</u> Nach 3.12 ist obige partielle kovariante Ableitung des Vektorfeldes $\frac{\partial}{\partial s}\varkappa$: $\nabla_2 \frac{\partial}{\partial s}\varkappa = K \circ \frac{\partial}{\partial t}\frac{\partial}{\partial s}\varkappa$ wohldefiniert. Da $\frac{\partial}{\partial t}\varkappa = \partial \circ \varkappa$ gilt (vgl. 4.1), ist auch $\nabla_1 \frac{\partial}{\partial t}\varkappa$ wohldefiniert, und es gilt

$$(*) \qquad \nabla_2 \frac{\partial}{\partial s}\varkappa(s,t) = \nabla_1 \frac{\partial}{\partial t}\varkappa(s,t)$$

als Verallgemeinerung einer bekannten Regel für beliebige torsionsfreie Zusammenhänge ∇, K, vgl. [22], Chap. VIII.
Für beliebige Zusammenhänge K für $\pi: E \longrightarrow M$ gilt (ebenfalls in Verallgemeinerung von Bekanntem) für alle C^∞-Kurven $\lambda: [\alpha,\beta] \longrightarrow H_1(I,E)$, $\pi\circ\lambda = \varkappa$:

$$(**) \qquad \nabla_1\nabla_2\lambda(s,t) = \nabla_2\nabla_1\lambda(s,t) + R(\frac{\partial}{\partial s}\varkappa(s,t), \frac{\partial}{\partial t}\varkappa(s,t), \lambda(s,t))$$

für die gemischten partiellen kovarianten Ableitungen von λ und den Krümmungstensor R von K, vgl. [22]; die Wohldefiniertheit der beiden Terme folgt wegen $\nabla_2\lambda \overset{4.3}{=} \nabla\circ\lambda$, $\nabla_1\lambda \overset{4.4}{=} H_1(K)\circ\lambda$ (C^∞-Kurven auf $H_1(I,E)$, $H_o(I,E)$).

4.6 Lemma :
Der Funktor H_1 ist verträglich mit Whitneysummenbildung und Pullbacks, d.h. sind E,E' Bündel über M und ist $f: N \longrightarrow M$ Morphismus, so gilt unter kanonischen (isometrischen) Vektorraumbündelisomorphismen:

$$\begin{array}{ccc} H_1(I,E\oplus E') & = & H_1(I,E)\oplus H_1(I,E') \\ H_1(\pi\oplus\pi') \big\downarrow & = & \big\downarrow H_1(\pi)\oplus H_1(\pi') \\ H_1(I,M) & \xrightarrow{\ id\ } & H_1(I,M) \end{array}$$

$$\begin{array}{ccccc} H_1(I,f^*E) & = & H_1(f)^*H_1(I,E) & \xrightarrow[=H_1(\pi^*f)]{H_1(\pi)^*H_1(f)} & H_1(I,E) \\ H_1(f^*\pi) \big\downarrow & = & \big\downarrow H_1(f)^*H_1(\pi) & & \big\downarrow H_1(\pi) \\ H_1(I,N) & \xrightarrow{\ id\ } & H_1(I,N) & \xrightarrow{H_1(f)} & H_1(I,M). \end{array}$$

Dabei bedeutet "isometrisch" grob gesagt: $(g \oplus g')_1 = g_1 \oplus g'_1$ bzw. $(L_s^2(\pi^*f)\circ g\circ f)_1 = L_s^2(H_1(\pi^*f))\circ g_1\circ H_1(f)$ bzgl. der auf Whitney-Summen und Pullbacks induzierten RMZ-Strukturen, vgl. I.8.3. Analoges gilt bzgl. g^1 sowie für den Funktor H_o und g_o.
<u>Bew.:</u> Die obigen Identifizierungen sind faserweise durch

$$H_i^{E\oplus E'}(c) = H_i^E(c)\oplus H_i^{E'}(c) \quad \text{bzw.} \quad H_i^{f^*E}(e) = (e, H_i^E(f\circ e))$$

gegeben. Daß diese Identifizierungen insgesamt Vektorraumbündelisomorphismen darstellen, folgt mit Hilfe der erwähnten induzierten RMZ-Strukturen sowie der üblichen induzierten Trivialisierungen.

Beispiel: Wir haben bekanntlich die Identifizierung $TE = \pi^*(TM \oplus E) = \text{Kern } K \oplus \text{Kern } T\pi$, die also die folgende Identifizierung induziert:

$H_1(\tau_1, T\pi, K) = (H_1(\tau_1), H_1(T\pi), H_1(K))$ oder $H_1(I,TE) = H_1(I, \pi^*(TM \oplus E)) = H_1(\pi)^*(H_1(I,TM) \oplus H_1(I,E)) = H_1(I,\text{Kern } K) \oplus H_1(I,\text{Kern } T\pi)$.

Es handelt sich um die Aufteilung in horizontale und vertikale Vektoren bzgl. des jetzt folgenden Zusammenhangs $H_1(K)$, der, im Gegensatz zu den, erst bei Vorgabe von (auch beliebigem) g und K induzierten Metriken g_1, g^1, unabhängig von g für jeden Zusammenhang K für $\pi: E \longrightarrow M$ gegeben ist.

Ein Zusammenhang dieses Typs reicht aber noch nicht aus, um zusammen mit g_1 bzw. g^1 aus RMZ-Strukturen (g,K) für π RMZ-Strukturen für $H_1(\pi)$ zu gewinnen:

4.7 Satz :

Sei ∇,K Zusammenhang für $\pi: E \longrightarrow M$ und seien S,exp,T,R die gemäß Kapitel I daraus abgeleiteten Abbildungen.

Beh.: (i) $H_1(K): H_1(I,TE) \longrightarrow H_1(I,E)$ ist Zusammenhang für $H_1(I,E)$ mit dem Krümmungstensor $H_1(R): H_1(I,M) \longrightarrow L(H_1(I,TM), H_1(I,TM), H_1(I,E); H_1(I,E))$ vgl. 3.9.2, dessen kovariante Differentiation $\overset{H_1}{\nabla}$ für alle Vektorfelder vom Typ $H_1(X) \in \mathfrak{X}(H_1(I,M)), H_1(Y) \in \mathfrak{X}_{H_1(I,E)}(H_1(I,M))$, also für alle $X \in \mathfrak{X}(M), Y \in \mathfrak{X}_E(M)$, die Gleichung

$$\overset{H_1}{\nabla}_{H_1(X)} H_1(Y) = H_1(\nabla_X Y) \qquad \text{erfüllt.}$$

(ii) Im Falle E = TM ist $H_1(S), H_1(\exp), H_1(T)$ der geodätische Spray bzw. die Exponentialabbildung bzw. der Torsionstensor von $H_1(K)$, also ist $H_1(K)$ torsionsfrei bzw. vollständig, (genauer: $H_1(I,\widetilde{TM}) = \widetilde{H_1(I,TM)}$), falls K dies ist.

Bem.: Als direkte, weitere Konsequenzen ergeben sich: Die natürlichen Karten des Zusammenhangs $H_1(K)$, vgl. I.4, stimmen mit den in 3.1 zu K definierten Karten überein. Die Geodätischen $\varkappa: [0,1] \longrightarrow H_1(I,M)$ von $H_1(K)$ genügen der Differentialgleichung $\nabla_1 \frac{\partial \varkappa}{\partial s}(s,t) = 0$, sind also gerade die Deformationen $\varkappa$, bei denen alle Deformationswege Geodätische in M bzgl. K sind ($\varkappa_X(s)(t) = c_{X(t)}(s)$ für alle $X \in H_1(c)$). Ist K Levi-Civita-Zusammenhang bzgl. der riemannschen Metrik g, so gilt bzgl. der nach §2 induzierten Metriken:

$$d_\infty(\varkappa(0),\varkappa(s)) = d_\infty(\varkappa(0), \exp_{\varkappa(0)} s \cdot \dot\varkappa(0)) = \|\dot\varkappa(0)\|_{\infty,c} = \|\dot\varkappa(s)\|_{\infty,c} = \sup_{t \in I} \left\|\frac{\partial \varkappa}{\partial s}(s,t)\right\|$$ für obige Geodätische $\varkappa$ und $s < \varrho(\varkappa(0))$.

Aus (i) folgt, daß $H_1(I,M)$ bzgl. g_1 und g^1 flach ist, falls (M,g) flache Mannigfaltigkeit ist, da $H_1(K)$ dann (und nur dann) der Levi-Civita-Zusammenhang bzgl. dieser Metriken ist. Die obigen Geodätischen (Variationen) sind jedoch auch bei nicht flachem (M,g) kurz genug, um in wichtigen Fällen als Ersatz der Geodätischen von $(H_1(I,M),g_1)$ oder $(H_1(I,M),g^1)$ dienen zu können (vgl. Kap. III sowie [22], 8.23ff).

Bew.: Für die lokale Darstellung von $H_1(K)$:

$$\mathrm{Exp}_{o_c}^{-1}\circ H_1(K)\circ T(\mathrm{Exp}_{o_c}) : B^\infty_\varepsilon(o_c)\times H_1^E(c)\times H_1(c)\times H_1^E(c) \longrightarrow B^\infty_\varepsilon(o_c)\times H_1^E(c),$$

ergibt sich per Definition und wegen 3.12 :

$$\mathrm{Exp}_{o_c}^{-1}\circ H_1(K)\circ T(\mathrm{Exp}_{o_c})(U,X,V,Y)(t) =$$

$$\mathrm{Exp}_{o_c(t)}^{-1}\circ K\circ T(\mathrm{Exp}_{o_c(t)})(U(t),X(t),V(t),Y(t)) \overset{\text{vgl.}}{\underset{\text{I.2.1}}{=}}$$

$$(U(t),Y(t) + \Gamma_{\mathrm{Exp}_{o_c(t)}^{-1}}(U(t))\cdot(X(t),V(t))).$$

Der fasertreue Morphismus

$$F: \bigcup_{t\in I}(t,B_\varepsilon(c(t)))\subset c^*TM \longrightarrow L(c^*TM,c^*E;c^*E)$$
$$(t,u) \longmapsto (t,\Gamma_{\mathrm{Exp}_{o_c(t)}^{-1}}(u)\circ pr_2\times pr_2)$$

induziert nach 2.5 eine C^∞-Abbildung $\bar{F}: B^\infty_\varepsilon(o_c) \longrightarrow L(H_1(c),H_1^E(c);H_1^E(c))$, die gerade das Christoffelsymbol $\Gamma_{\mathrm{Exp}_{o_c}^{-1}}$ von $H_1(K)$ zur obigen lokalen Darstellung liefert. Der Vektorraumbündelmorphismus $H_1(K)$ ist also (stark differenzierbarer) Zusammenhang für $H_1(I,E)$. Aus der obigen Darstellung von $\Gamma_{\mathrm{Exp}_{o_c}^{-1}}$ folgt nach 2.5 die Gleichung

$$D\Gamma_{\mathrm{Exp}_{o_c}^{-1}}(u)\cdot v\cdot(w_1,w_2)(t) = D(\Gamma_{\mathrm{Exp}_{o_c(t)}^{-1}}(u(t))\cdot v(t)\cdot(w_1(t),w_2(t)),$$

und damit folgt durch lokale Darstellung von $H_1(T),H_1(R)$ bzgl. $\mathrm{Exp}_{o_c}^{-1}$, daß es sich bei diesen Abbildungen gerade um den Torsionstensor bzw. den Krümmungstensor von $H_1(K)$ handelt (vgl. I.4.7, 8.1). Die restlichen Aussagen sind direkte Konsequenz der Funktoreigenschaft von H_1 und seiner Vertauschbarkeit mit dem Funktor T (sowie von 3.12).

4.8 Bemerkung :

Sei K torsionsfreier Zusammenhang auf M. Nach 4.7 gilt für die Lieklammer $[\,.\,.\,,\,.\,.\,]$ zweier Vektorfelder $X,Y \in \mathfrak{X}(H_1(I,M))$:

$$\begin{aligned}
[X,Y]_c(t) &= (H_1(K)(TY_c\cdot X_c) - H_1(K)(TX_c\cdot Y_c))\ (t) \qquad (*)\\
&= (K\circ(TY_c\cdot X_c) - K\circ(TX_c\cdot Y_c))\ (t)\\
&= K(T_1Y_{(c,t)}\cdot X_c) - K(T_1X_{(c,t)}\cdot Y_c)\\
&= K(\tfrac{\partial}{\partial r}(Y\circ\varkappa)(o,o,t) - \tfrac{\partial}{\partial s}(X\circ\varkappa)(o,o,t))\\
&= \nabla_r(Y\circ\varkappa)(o,o,t) - \nabla_s(X\circ\varkappa)(o,o,t)
\end{aligned}$$

für jede Abbildung $\varkappa: U(o,o)\subset \mathbb{R}^2 \longrightarrow H_1(I,M)$ vom Typ C^∞ mit $\varkappa(o,o) = c, \frac{\partial\varkappa}{\partial r}(o,o) = X_c, \frac{\partial\varkappa}{\partial s}(o,o) = Y_c$ ($Y\circ\varkappa, X\circ\varkappa$ sind gemäß 3.12 als Funktionen dreier Variabler (r,s,t) aufgefaßt).

Nach $(*)$ gilt speziell: $[H_1(X),H_1(Y)] = H_1([X,Y])$ für alle $X,Y\in\mathfrak{X}(M)$.

Wir bemerken ergänzend zu 4.5, daß für alle C^∞-Kurven $\varkappa : [\alpha,\beta] \longrightarrow H_1(I,M)$ i.a. nur $\nabla_1 \frac{\partial}{\partial s}\varkappa$ bzw. $\nabla_2 \frac{\partial}{\partial s}\varkappa$ und $\nabla_1 \frac{\partial}{\partial t}\varkappa$ definiert und C^∞-Kurven in $H_1(I,TM)$ bzw. $H_o(I,TM)$ sind (vgl. insbesondere 4.7 und 4.9; die beiden letzten stimmen im Falle torsionsfreier Zusammenhänge K, wie bereits bemerkt, überein).

4.9 Satz :

Sei K,∇ Zusammenhang für $\pi: E \longrightarrow M$. Es gibt einen Zusammenhang $H_o(K), \overset{H_o}{\nabla}$ für $H_o(I,E)$, dessen Christoffel-Symbole durch Erweiterung der in 4.7 beschriebenen Christoffel-Symbole von $H_1(K)$ gewonnen werden.

Bew.: Die in 4.7 definierte Abbildung F induziert nach 2.5 auch eine C^∞-Abbildung $\bar{F} : B^\infty_\varepsilon(c) \longrightarrow L(H_1(c), H^E_o(c); H^E_o(c))$. Wir definieren damit:

$$\mathrm{Exp}^{-1}_{o_c} \circ H_o(K) \circ T\mathrm{Exp}_{o_c}(u,x,v,y) := (u, y + \bar{F}(u)(v,x)), \text{ also}$$

$$\mathrm{Exp}^{-1}_{o_c} \circ H_o(K) \circ T\mathrm{Exp}_{o_c}(u,x,v,y)(t) = (u(t), y(t) + \Gamma_{\mathrm{Exp}^{-1}_{o_c}(t)}(u(t))(x(t),v(t))).$$

Es folgt, daß diese lokale Definition von $H_o(K)$ nicht von der speziellen Wahl der Trivialisierung $\mathrm{Exp}^{-1}_{o_c}$ abhängt, so daß wir damit eine global definierte Abbildung $H_o(K) : TH_o(I,E) \longrightarrow H_o(I,E)$ erklären können, die auf Grund ihrer lokalen Darstellung Zusammenhangsabbildung ist (mit dem Christoffel-Symbol $\bar{F}$ bzgl. $\mathrm{Exp}^{-1}_{o_c}$).

Bem.: Da $TH_o(I,E) \neq H_o(I,TE)$ gilt, handelt es sich bei $H_o(K)$ nicht einfach um die durch den Funktor H_o aus $K : TE \longrightarrow E$ induzierte Abbildung (im Unterschied zu $H_1(K)$; die Funktoren T, H_o kommutieren auf Grund der "unsymmetrischen" Definition von $H_o(I,E)$ nicht). Man kann jedoch folgendermaßen einige Analogien retten:

Nach I.2.7(ii) ist $T\pi: TE \longrightarrow TM$ als Vektorraumbündel T_ME über TM deutbar, so daß $\tau_1, K: TE \longrightarrow E$ Vektorraumbündelmorphismen sind. Der Funktor H_o induziert nun einmal einen Vektorraumbündelmorphismus $H_o(\tau_1) : H_o(I,T_ME) \longrightarrow H_o(I,E)$, der sich wieder als Vektorraumbündel deuten läßt, welches kanonisch isomorph zum Tangentialbündel von $H_o(I,E)$ ist, und zum anderen einen Vektorraumbündelmorphismus $H_o(K) : H_o(I,T_ME) \longrightarrow H_o(I,E)$, der dem in 4.9 eingeführten Zusammenhang unter der erwähnten Identifizierung entspricht.

Die in 4.9 benutzte Bezeichnung $H_o(K)$ ist damit gerechtfertigt. Für unsere Zwecke reicht aber die in 4.9 gemachte Aussage zusammen mit einem Teil der folgenden (nämlich $H_o(K) = pr_2 \circ i_o$, was mittels obiger lokaler Darstellung sofort ersichtlich ist): Sei $\lambda : [\alpha,\beta] \longrightarrow H_o(I,E)$ C^∞-Kurve im Bündel $H_o(\pi): H_o(I,E) \longrightarrow H_1(I,M)$. Die Identifizierung (Vektorraumbündelisomorphismus über $H_o(I,E)$!):

$$\dot{\lambda}(s) \in TH_o(I,E) \overset{i_o}{\longmapsto} (\lambda(s), \tfrac{\partial}{\partial s}(\pi\circ\lambda)(s,..), \nabla_1\lambda(s,..)) \in H_o(\pi)^*(H_1(I,TM) \oplus H_o(I,E)),$$

liefert eine weitere Darstellung des Tangentialbündels von $H_o(I,E)$, bzgl. der $H_o(K)$ in pr_3 übergeht. Diese Identifizierung entspricht der Aufspaltung in horizontale und vertikale Vektoren: $(i_o)_c = (TH_o(\pi), H_o(K))_c$ für alle $c \in H_1(I,M)$.

4.1o Satz :

(i) Ist K riemannsch bzgl. (π, g), so ist $H_o(K)$ riemannsch bzgl. $(H_o(\pi), g_o)$; zur Definition von g_o durch g vgl. 4.4.

(ii) Ist K torsionsfrei, so gilt: $\overset{H_o}{\nabla} \vartheta = \Theta$

(vgl. 4.1, 4.2 und I.1.6(i); E = TM jetzt!).

Bew.:Zu (i): Seien $\lambda_1, \lambda_2 \in C^\infty([\alpha,\beta], H_o(I,E))$ parallel bzgl. $H_o(K)$ längs $\varkappa \in C^\infty([\alpha,\beta], H_1(I,M))$, d.h. nach dem vor 4.1o Festgestellten gilt $\nabla_1 \lambda_i = o$ für $i = 1,2$. Damit folgt $\frac{d}{ds} g_o(\lambda_1(s), \lambda_2(s)) =$

$$= \frac{\partial}{\partial s}\int_a^b g_{\varkappa(s,t)}(\lambda_1(s,t), \lambda_2(s,t))dt \overset{[D2]}{\underset{19.2}{=}} \int_a^b \frac{\partial}{\partial s} g_{\varkappa(s,t)}(\lambda_1(s,t), \lambda_2(s,t))dt =$$

(da der Integrand nach folgendem f.ü. gleich Null ist)

$$= \int_a^b [g_{\varkappa(s,t)}(\nabla_1\lambda_1(s,t), \lambda_2(s,t)) + g_{\varkappa(s,t)}(\lambda_1(s,t), \nabla_1\lambda_2(s,t))]dt = o,$$

also folgt $H_o(K)$ riemannsch.

Zu (ii): Sei $c \in H_1(I,M), X \in H_1(c)$ und $\varkappa \in C^\infty((-\varepsilon,+\varepsilon), H_1(I,M))$ mit $\varkappa(o) = c$ und $\dot\varkappa(o) = X$. Es gilt:

$$i_o(T\vartheta_c \cdot X) = i_o(\widehat{\vartheta\circ\varkappa}(o)) \overset{4.9}{=} (\vartheta\circ\varkappa(o,..), \frac{\partial}{\partial s}(\pi\circ\vartheta\circ\varkappa)(o,..), \nabla_1(\vartheta\circ\varkappa)(o,..)) =$$

$$(\dot c, X, \nabla_1 \frac{\partial}{\partial t}\varkappa(o,..)) \overset{4.5}{=} (\dot c, X, \nabla_2 \frac{\partial}{\partial s}\varkappa(o,..)) = (\dot c, X, \nabla_c X), \text{ also}$$

$$H_o(K)(T\vartheta_c \cdot X) = pr_3 \circ i_o(T\vartheta_c \cdot X) = \nabla_c X \quad .$$

Herleitung: Im Unterschied zum bisher lückenhaften H_1-Fall 4.7 induzieren also bei H_o RMZ-Strukturen (g,K) für π unmittelbar RMZ-Strukturen $(g_o, H_o(K))$ für $H_o(\pi)$. Die folgende Definition des Integrals für Vektorfelder $X \in H_o^E(c), c \in H_1(I,M)$ mittels der nach 2.3 gegebenen Abbildung $\tilde{\Omega}_c$ dient u.a. zur anschließenden Darstellung eines bzgl. g^1 riemannschen Zusammenhangs K_R:

$$\int_{t_1}^t X(s)ds := \tilde{\Omega}_c^{-1}\int_{t_1}^t \tilde{\Omega}_c X(s)ds, \qquad \fint_t^{t_1} X(s)ds := \tilde{\Omega}_c^{-1}\int_t^{t_1} \tilde{\Omega}_c X(s)ds \quad .$$

Diese(unbestimmten) Integrale definieren Funktionen aus $H_1^E(c)$, die nicht von der Wahl von t_o bei $\tilde{\Omega}_c$ abhängen, an der Stelle t_1 verschwinden und $\int_{t_1}^t X(s)ds = -\fint_t^{t_1} X(s)ds$, $\nabla_c \int_{t_1}^t X(s)ds = X(t)$, $\int_t \nabla_c Y(s)ds = Y - Y(t_1)$ für alle $X \in H_o^E(c), Y \in H_1^E(c)$ erfüllen. Dabei meint $Y(t_1)$ -da es mit einem Vektorfeld verknüpft wird -(wie üblich) das parallele Feld längs c mit Wert $Y(t_1)$ an der Stelle t_1. Die Unterscheidung $\int, \fint$ ist notwendig, da längs geschlossener H_1-Kurven $c: [o,1] \longrightarrow M$ $P_c|_{[o,1]} \cdot \int_o^1 X(s)ds = \fint_o^1 X(s)ds$, also i.a. $\int_o^1 X(s)ds \neq \fint_o^1 X(s)ds$ gilt; wir benutzen jedoch meist $\int$ für $\fint$, da $\fint$ nicht weiter gebraucht wird.

Als Beispiel beschreiben wir die Umkehrbildung J^{-1} des Vektorraumbündelisomorphismus J aus 4.3: $(v,X) \in p_{t_o}^* E \oplus H_o(I,E) \longmapsto v + \int_{t_o} X(s)ds \in H_1(I,E)$.

Ein Zusammenhang K für π induziert nach 4.9 einen Zusammenhang $H_o(K)$ für $H_o(\pi)$ und -wie in I.3, I.8.3 ausgeführt- Zusammenhänge $\tilde{K}:T(p_{t_o}^* E) \longrightarrow p_{t_o}^* E$ sowie $\tilde{K} \oplus H_o(K) : T(p_{t_o}^* E \oplus H_o(I,E)) \longrightarrow p_{t_o}^* E \oplus H_o(I,E)$ mit den bekannten kommutativen Diagrammen ($p_{t_o}^* : H_1(I,M) \longrightarrow M$ wie in 4.3). Nach I.3.9(ii) liefert die in 4.3 definierte Identifizierung $J:H_1(I,E) \longrightarrow p_{t_o}^* E \oplus H_o(I,E)$ folglich einen Zusammenhang K_R für $H_1(I,E)$, der auf Grund seiner Herleitung riemannsch bzgl. g^1 sein sollte (falls K riemannsch bzgl. g ist):

4.11 Satz :

Sei (g,K) RMZ-Struktur für π, R der Krümmungstensor von K, t_o, g^1 wie in 2.4, 4.4 und $X \in \mathfrak{X}(H_1(I,M))$, $Y \in \mathfrak{X}_{H_1(I,E)}(H_1(I,M))$.

<u>Beh.</u>: Die Abbildung $\overset{R}{\nabla} : \mathfrak{X}(H_1(I,M)) \times \mathfrak{X}_{H_1(I,E)}(H_1(I,M)) \longrightarrow \mathfrak{X}_{H_1(I,E)}(H_1(I,M))$,

definiert durch $\overset{R}{\nabla}_X Y|_c(t) = \overset{H_1}{\nabla}_X Y|_c(t) + \int_{t_o}^{t} R(X_c(\tau),\dot{c}(\tau),Y_c(\tau))d\tau$,

vgl. 4.7, ist die zu K_R gehörige kovariante Differentiation; sie ist riemannsch bzgl. g^1, jedoch i.a. nicht torsionsfrei (im Falle E = TM).

<u>Bew.</u>: Wir wollen zunächst noch Genaueres zur Definition von K_R sagen: Nach Definition des Funktors T sind $Tp_{t_o}^* E$ bzw. $TH_o(I,E)$ Bündel über $p_{t_o}^* E$ bzw. $H_o I,E)$; da $p_{t_o}^* E$ und $H_o(I,E)$ Bündel über $H_1(I,M)$ sind, sind ihre Tangentialbündel nach I.2.7(ii) auch Bündel über $H_1(I,TM)$. Die diesbezüglich gebildete Whitneysumme $Tp_{t_o}^* E \oplus_{H_1(I,TM)} TH_o(I,E)$ ist kanonisch isomorph zu $T(p_{t_o}^* E \oplus H_o(I,E))$, und zwar derartig, daß für jede Kurve $\gamma = (\alpha,\beta)$ in $p_{t_o}^* E \oplus H_o(I,E)$ bzgl. dieser Identifizierung gilt: $\dot{\gamma} = (\dot{\alpha},\dot{\beta})$, vgl. [8],1.1.

Mit Hilfe der bei 4.9 genannten Darstellung des Zusammenhangs $H_o(K)$:

$$\overset{H_o}{\nabla}_{\varkappa}\lambda := H_o(K)\cdot\dot{\lambda} = \nabla_1\lambda, \quad \varkappa = H_o(\pi)\circ\lambda = \pi\circ\lambda$$

folgt damit aus der Definitionsgleichung

$$K_R := J^{-1}\circ \tilde{K} \oplus H_o(K) \circ TJ$$

für alle C^∞-Kurven $\lambda:[\alpha,\beta] \longrightarrow H_1(I,E)$, $\varkappa := H_1(\pi)\circ\lambda$ (wegen $J\circ\lambda(s) = (\varkappa(s),\lambda(s,t_o),\nabla_2\lambda(s,..))$, $\varkappa^* p_{t_o}\circ\tilde{K} = K\circ T(\pi^* p_{t_o})$):

$$\overset{R}{\nabla}_{\varkappa}\lambda|_s(t) := (K_R\cdot\dot{\lambda}(s))(t) =$$

$$J^{-1}(K\cdot\tfrac{\partial}{\partial s}\lambda(s,t_o),(H_o(K)\cdot\tfrac{\partial}{\partial s}\nabla_2\lambda(s,..))(t)) =$$

$$\nabla_1\lambda(s,t_o) + \int_{t_o}^{t}\nabla_1\nabla_2\lambda(s,\tau)d\tau \overset{4.5}{=}$$

$$\nabla_1\lambda(s,t_o) + \int_{t_o}^{t}\nabla_2\nabla_1\lambda(s,\tau)d\tau + \int_{t_o}^{t}R(\tfrac{\partial\varkappa}{\partial s}(s,\tau),\tfrac{\partial\varkappa}{\partial t}(s,\tau),\lambda(s,\tau))d\tau =$$

$$= \nabla_1\lambda(s,t_o) + \nabla_1\lambda(s,t) - \nabla_1\lambda(s,t_o) + \int_{t_o}^{t}R(\tfrac{\partial\varkappa}{\partial s}(s,\tau),\tfrac{\partial\varkappa}{\partial t}(s,\tau),\lambda(s,\tau))d\tau$$

$$= \overset{H_1}{\nabla}_{\varkappa}\lambda|_s(t) + \int_{t_o}^{t}R(\tfrac{\partial\varkappa}{\partial s}(s,\tau),\tfrac{\partial\varkappa}{\partial t}(s,\tau),\lambda(s,\tau))d\tau.$$

Nach I.3.1 gilt $\overset{R}{\nabla}_X Y|_c = \overset{R}{\nabla}_{\varkappa} Y\circ\varkappa|_o$ für die Integralkurve $\varkappa$ von X zum Anfangswert $\varkappa(o) = c$, also folgt die behauptete Darstellung von $\overset{R}{\nabla}$ aus dem soeben Hergeleiteten wegen $\dot{\varkappa}(o) = \frac{\partial\varkappa}{\partial s}(o,..) = X_c$ und $\frac{\partial\varkappa}{\partial t}(o,..) = \dot{c}$.

$\underline{K_R}$ riemannsch: Sei $\tilde{\lambda}$ weitere Kurve mit $H_1(\pi)\circ\tilde{\lambda} = \varkappa$ und $s \in [\alpha,\beta]$. Es gilt:

$g^1_{\varkappa}(\overset{R}{\nabla}_{\varkappa}\lambda|_s, \tilde{\lambda}(s)) + g^1_{\varkappa}(\lambda(s), \overset{R}{\nabla}_{\varkappa}\tilde{\lambda}|_s) =$

$g(\nabla_1 (s,t_o), \tilde{\lambda}(s,t_o)) + \int_a^b g(\nabla_1\nabla_2\lambda(s,t), \nabla_2\tilde{\lambda}(s,t))dt +$

$+ g(\lambda(s,t_o), \nabla_1\tilde{\lambda}(s,t_o)) + \int_a^b g(\nabla_2\lambda(s,t), \nabla_1\nabla_2\tilde{\lambda}(s,t))dt \underset{\text{riemannsch}}{\overset{K, H_o(K)}{=}}$

$\frac{d}{ds} g(\lambda(s,t_o), \tilde{\lambda}(s,t_o)) + \frac{d}{ds}\int_a^b g(\nabla_2\lambda(s,t), \nabla_2\tilde{\lambda}(s,t))dt =$

$\frac{d}{ds} g^1_{\varkappa}(\lambda,\tilde{\lambda})|_s$, folglich: K_R riemannsch (in Ergänzung zu 4.7 sieht man hier: $H_1(K)$ kann i.a. nicht riemannsch sein, weil die gemischten partiellen kovarianten Ableitungen gerade in der anderen Reihenfolge auftreten).

$\underline{K_R}$ nicht torsionsfrei: Ist E = TM und K torsionsfrei, so folgt für den Torsionstensor T_R von K_R:

$$
\begin{aligned}
T_R(X,Y)_c(t) &= \overset{R}{\nabla}_X Y|_c(t) - \overset{R}{\nabla}_Y X|_c(t) - [X,Y]_c(t) \\
&= \overset{H_1}{\nabla}_X Y|_c(t) - \overset{H_1}{\nabla}_Y X|_c(t) - [X,Y]_c(t) \\
&+ \int_{t_o}^t R(X_c(\tau), \dot{c}(\tau), Y_c(\tau))d\tau - \int_{t_o}^t R(Y_c(\tau), \dot{c}(\tau), X_c(\tau))d\tau \\
&= o + \int_{t_o}^t R(X_c(\tau), Y_c(\tau), \dot{c}(\tau))d\tau,
\end{aligned}
$$

so daß $T_R = o$ nur im bereits in 4.7 betrachteten Fall $R = o$ erfüllt ist, also falls $\overset{R}{\nabla}$ mit dem torsionsfreien Zusammenhang $\overset{H_1}{\nabla}$ übereinstimmt.

Bem.: 1) Eine C^∞-Kurve $\varkappa: [\alpha,\beta] \longrightarrow H_1(I,M)$ ist Geodätische bzgl. $K_R: H_1(I,TTM) \longrightarrow H_1(I,TM)$ genau dann, wenn $\varkappa(..,t_o)$ Geodätische auf M bzgl. K ist und $\nabla_1\nabla_2\frac{\partial\varkappa}{\partial s}(s,t) \equiv o$ erfüllt ist.

2) Nach I.4.7(iv), (v) errechnet man leicht: Der zu K_R äquivalente, torsionsfreie Zusammenhang (mit gleichem Spray S!) ist nicht mehr riemannsch (auf diesem Wege der Levi-Civita-Zusammenhang von $(H_1(I,M), g^1)$ also nicht gewinnbar).

Wir haben bis jetzt den einfachsten torsionsfreien und den (bzgl. g^1) einfachsten riemannschen Zusammenhang bestimmt und wenden jetzt I.5.4(ii)ff. an, um noch die Levi-Civita-Zusammenhänge von $H_1(I,M)$ bzgl. g^1 und g_1 zu bestimmen.

Um $H_1(K)$ zu einem riemannschen Zusammenhang zu verändern, ohne die Torsionsfreiheit zu zerstören, müssen wir also einen symmetrischen Tensor

$$B \in \mathfrak{X}_{L^2_s(H_1(I,TM);H_1(I,TM))}(H_1(I,M))$$

(anstelle des für K_R hinzugefügten nichtsymmetrischen Tensors A) hinzufügen. Wir bemerken, daß man den bzgl. g_1 einfachsten riemannschen Zusammenhang mittels Ersetzung des in 4.11 gebrauchten C^∞-Schnittes

$A : c \longmapsto A_c, A_c(u,v) := \int_{t_o}^{t} R(u(s),\dot{c}(s),v(s))ds$ durch die folgende Umdeutung von A zu einem C^∞-Schnitt $\tilde{A} \in \mathfrak{X}_{L^2(H_1(I,TM);H_1(I,TM))}(H_1(I,M))$ erhält:

$$g_1(\tilde{A}(..,..),..) := g^1(A(..,..),..).$$

Die Bestimmung von B kann in ähnlicher (aber wegen der Symmetriebedingung natürlich komplizierterer) Weise vorgenommen werden. Das folgende Resultat stammt von H.Karcher.

4.12 Satz :

(M,g), τ: $TM \longrightarrow M$ wie stets und ∇,K der Levi-Civita-Zusammenhang von (M,g) mit dazugehörigem Krümmungstensor R.

Beh.: Die durch

(1) $$\nabla_X Y := \overset{H_1}{\nabla}_X Y + B(X,Y) \qquad \text{und}$$

(2) $\widehat{c \in H_1(I,M)}\ \widehat{v_1,v_2,w \in H_1(c)}$ $g_c^1(B(v_1,v_2),w) :=$ bzw. $g_{1,c}(B(v_1,v_2),w) :=$

$$\frac{1}{2}\int_a^b [g_{c(t)}(R(\dot{c}(t),\nabla v_2(t),v_1(t)),w(t)) + g_{c(t)}(R(\dot{c}(t),\nabla v_1(t),v_2(t),w(t)) + g_{c(t)}(R(v_1(t),\dot{c}(t),v_2(t)),\nabla w(t)) + g_{c(t)}(R(v_2(t),\dot{c}(t),v_1(t)),\nabla w(t))]\,dt$$

definierte kovariante Differentiation $\nabla : \mathfrak{X}(H_1(I,M)) \times \mathfrak{X}(H_1(I,M)) \longrightarrow \mathfrak{X}(H_1(I,M))$ ist die Levi-Civita-Differentiation der riemannschen Mannigfaltigkeit $(H_1(I,M),g^1)$ bzw. $(H_1(I,M),g_1)$.

Bew.: Da $H_1(I,M)$ Partitionen der Eins gestattet, genügt es zu zeigen, daß ∇ jeweils I.3.8(3) erfüllt, da für die Christoffelsymbole dieser ∇ dann I.5.1(1) erfüllt sein muß (vgl. den dortigen Beweis), also insbesondere folgt, daß ∇ eine Abbildung in $\mathfrak{X}(H_1(I,M))$ definiert; beachte dabei: ∇ torsionsfrei ist unmittelbar klar, da $\overset{H_1}{\nabla}$ torsionsfrei ist und durch (2) nach dem Satz von Riesz (dessen Voraussetzung anschließend noch verifiziert wird) auf jedem Tangentialraum $H_1(c)$ von $H_1(I,M)$ eine symmetrische, bilineare Abbildung B definiert wird (bzgl. g_1 sowie bzgl. g^1)!
Die Abbildung $l : w \in H_1(c) \longmapsto g_c^1(B(v_1,v_2),w) = g_{1,c}(B(v_1,v_2),w) \in \mathbb{R}$ ist (linear und) stetig, denn für alle $v_1,v_2 \in H_1(c)$ gilt (wegen $(a+b)^2 \leq 2(a^2+b^2)$ und $\|X\|_{o,c} \in H_o(I,R)$ für alle $X \in H_o(c)$):

$$|g_{1,c}(B(v_1,v_2),w)|^2 \leq \left(\int_a^b g_{c(t)}(R(\dot{c}(t),\nabla v_2(t),v_1(t)),w(t))dt\right)^2 + \left(\int_a^b g_{c(t)}(R(\dot{c}(t),\nabla v_1(t),v_2(t)),w(t))dt\right)^2 + \left(\int_a^b g_{c(t)}(R(v_1(t),\dot{c}(t),v_2(t)),\nabla w(t))dt\right)^2 + \left(\int_a^b g_{c(t)}(R(v_2(t),\dot{c}(t),v_1(t)),\nabla w(t))dt\right)^2 \overset{2.4}{\leq}$$

$$\leq \|R\circ c\|_{\infty,c}^2 \cdot \|v_1\|_{\infty,c}^2 \cdot \left(\int_a^b \|\nabla v_2(t)\| \cdot \|\dot{c}(t)\|\,dt\right)^2 \cdot \|w\|_{\infty,c}^2 +$$

$$+ \|R\circ c\|_{\infty,c}^2 \cdot \|v_2\|_{\infty,c}^2 \cdot \left(\int_a^b \|\nabla v_1(t)\| \cdot \|\dot{c}(t)\|\,dt\right)^2 \cdot \|w\|_{\infty,c}^2 +$$

$$+ \|R\circ c\|^2_{\infty,c}\cdot\|v_1\|^2_{\infty,c}\cdot\|v_2\|^2_{\infty,c}\cdot\left(\int_a^b\|\dot c(t)\|\,\|\nabla w(t)\|\,dt\right)^2 +$$

$$+ \|R\circ c\|^2_{\infty,c}\cdot\|v_1\|^2_{\infty,c}\cdot\|v_2\|^2_{\infty,c}\cdot\left(\int_a^b\|\dot c(t)\|\cdot\|\nabla w(t)\|\,dt\right)^2 \overset{2.4}{\leq}$$

$$\leq 4\|R\circ c\|_{\infty,c}\cdot\|\dot c\|_{0,c}\cdot\|v_1\|^2_{1,c}\|v_2\|^2_{1,c}\cdot\|w\|^2_{1,c}.$$

$B(v_1,v_2)$ ist also bzgl. g^1_c wie auch bzgl. $g_{1,c}$ wohldefiniert.

<u>∇ riemannsch bzgl. g^1</u>: Sei $\varkappa: [\alpha,\beta] \longrightarrow H_1(I,M)$ C^∞-Kurve und $\lambda,\tilde\lambda \in \mathfrak{X}(\varkappa)$. Es gilt nach Definition von B für alle $s \in [\alpha,\beta]$:

$$g^1_{\varkappa(s)}(\nabla_\varkappa \lambda|_s,\tilde\lambda(s)) \overset{1.31}{=} g^1_{\varkappa(s)}(\overset{H_1}{\nabla}_\varkappa \lambda|_s,\tilde\lambda(s)) + g^1_{\varkappa(s)}(B(\dot\varkappa(s),\lambda(s)),\tilde\lambda(s)) =$$

$$= g_{\varkappa(s,t_o)}(\nabla_1\lambda(s,t_o),\tilde\lambda(s,t_o)) + \int_a^b g_{\varkappa(s,t)}(\nabla_2\nabla_1\lambda(s,t),\nabla_2\tilde\lambda(s,t))dt +$$

$$+\tfrac{1}{2}\int_a^b\Big[g_{\varkappa(s,t)}(R(\tfrac{\partial}{\partial t}\varkappa(s,t),\nabla_2\lambda(s,t),\tfrac{\partial}{\partial s}\varkappa(s,t)),\tilde\lambda(s,t)) +$$

$$+g_{\varkappa(s,t)}(R(\tfrac{\partial}{\partial t}\varkappa(s,t),\nabla_2\tfrac{\partial}{\partial s}\varkappa(s,t),\lambda(s,t)),\tilde\lambda(s,t)) +$$

$$+g_{\varkappa(s,t)}(R(\tfrac{\partial}{\partial s}\varkappa(s,t),\tfrac{\partial}{\partial t}\varkappa(s,t),\lambda(s,t)),\nabla_2\tilde\lambda(s,t)) +$$

$$+g_{\varkappa(s,t)}(R(\lambda(s,t),\tfrac{\partial}{\partial t}\varkappa(s,t),\tfrac{\partial}{\partial s}\varkappa(s,t)),\nabla_2\tilde\lambda(s,t))\Big]dt.$$

Entsprechendes gilt für $g^1_{\varkappa(s)}(\lambda(s),\nabla_\varkappa\tilde\lambda|_s)$

Wie bereits in 4.11 begründet, gilt weiter:

$$\tfrac{d}{ds}g^1_{\varkappa(s)}(\lambda(s),\tilde\lambda(s)) =$$

$$= \tfrac{d}{ds}g_{\varkappa(s,t_o)}(\lambda(s,t_o),\tilde\lambda(s,t_o)) + \tfrac{d}{ds}\int_a^b g_{\varkappa(s,t)}(\nabla_2\lambda(s,t),\nabla_2\tilde\lambda(s,t))dt =$$

$$= g_{\varkappa(s,t_o)}(\nabla_1\lambda(s,t_o),\tilde\lambda(s,t_o)) + g_{\varkappa(s,t_o)}(\lambda(s,t_o),\nabla_1\tilde\lambda(s,t_o)) +$$

$$+ \int_a^b\Big[g_{\varkappa(s,t)}(\nabla_1\nabla_2\lambda(s,t),\nabla_2\tilde\lambda(s,t)) + g_{\varkappa(s,t)}(\nabla_2\lambda(s,t),\nabla_1\nabla_2\tilde\lambda(s,t))\Big]dt,$$

so daß der Nachweis der Gleichung

$$\tfrac{d}{ds}g^1_{\varkappa(s)}(\lambda(s),\tilde\lambda(s)) = g^1_{\varkappa(s)}(\nabla_\varkappa\lambda|_s,\tilde\lambda(s)) + g^1_{\varkappa(s)}(\lambda(s),\nabla_\varkappa\tilde\lambda|_s)$$

sich reduziert auf den Nachweis der folgenden Gleichung (vgl. 4.5 Erg.):

$$\tfrac{1}{2}\int_a^b\Big[g_{\varkappa(s,t)}(R(\tfrac{\partial}{\partial t}\varkappa(s,t),\nabla_2\lambda(s,t),\tfrac{\partial}{\partial s}\varkappa(s,t)),\tilde\lambda(s,t)) +$$

$$+g_{\varkappa(s,t)}(R(\tfrac{\partial}{\partial t}\varkappa(s,t),\nabla_2\tfrac{\partial}{\partial s}\varkappa(s,t),\lambda(s,t)),\tilde\lambda(s,t)) -$$

$$-g_{\varkappa(s,t)}(R(\tfrac{\partial}{\partial s}\varkappa(s,t),\tfrac{\partial}{\partial t}\varkappa(s,t),\lambda(s,t)),\nabla_2\tilde\lambda(s,t)) +$$

$$+g_{\varkappa(s,t)}(R(\lambda(s,t),\tfrac{\partial}{\partial t}\varkappa(s,t),\tfrac{\partial}{\partial s}\varkappa(s,t)),\nabla_2\tilde\lambda(s,t)) +$$

$$+g_{\varkappa(s,t)}(R(\tfrac{\partial}{\partial t}\varkappa(s,t),\nabla_2\tilde\lambda(s,t),\tfrac{\partial}{\partial s}\varkappa(s,t)),\lambda(s,t)) +$$

$$+g_{\varkappa(s,t)}(R(\tfrac{\partial}{\partial t}\varkappa(s,t),\nabla_2\tfrac{\partial}{\partial s}\varkappa(s,t),\tilde\lambda(s,t)),\lambda(s,t)) -$$

$$-g_{\varkappa(s,t)}(R(\tfrac{\partial}{\partial s}\varkappa(s,t),\tfrac{\partial}{\partial t}\varkappa(s,t),\tilde\lambda(s,t)),\nabla_2\lambda(s,t)) +$$

$$+g_{\varkappa(s,t)}(R(\tilde\lambda(s,t),\tfrac{\partial}{\partial t}\varkappa(s,t),\tfrac{\partial}{\partial s}\varkappa(s,t)),\nabla_2\lambda(s,t))\Big]dt = 0$$

deren Gültigkeit aus 8.1(1o)-(12) sofort ersichtlich ist (man beachte die durch die Pfeile gesetzten Zuordnungen). Der Beweis im Falle g_1 verläuft völlig analog.

Bem.: Sei $\varkappa : [\alpha,\beta] \longrightarrow H_1(I,M)$ Geodätische bzgl. ∇, d.h. es gilt $\overset{H_1}{\nabla}_{\dot\varkappa}\dot\varkappa|_s + B(\dot\varkappa(s),\dot\varkappa(s)) \equiv 0$. Bzgl. g^1 ergibt sich damit für solche Kurven $\varkappa$:

$$
\begin{aligned}
0 &= g^1_{\varkappa(s)}(\overset{H_1}{\nabla}_{\dot\varkappa}\dot\varkappa|_s + B(\dot\varkappa(s),\dot\varkappa(s)),w) = \\
&= g^1_{\varkappa(s)}(\overset{H_1}{\nabla}_{\dot\varkappa}\dot\varkappa|_s,w) + g^1_{\varkappa(s)}(B(\dot\varkappa(s),\dot\varkappa(s)),w) = \\
&= g_{\varkappa(s,t_0)}(\nabla_1\tfrac{\partial}{\partial s}\varkappa(s,t_0),w(t_0)) + \int_a^b g_{\varkappa(s,t)}(\nabla_2\nabla_1\tfrac{\partial}{\partial s}\varkappa(s,t),\nabla w(t)) + \\
&+ \tfrac{1}{2}\int_a^b [g_{\varkappa(s,t)}(R(\tfrac{\partial}{\partial t}\varkappa(s,t),\nabla_2\tfrac{\partial}{\partial s}\varkappa(s,t),\tfrac{\partial}{\partial s}\varkappa(s,t)),w(t)) + \\
&\qquad + g_{\varkappa(s,t)}(R(\tfrac{\partial}{\partial t}\varkappa(s,t),\nabla_2\tfrac{\partial}{\partial s}\varkappa(s,t),\tfrac{\partial}{\partial s}\varkappa(s,t)),w(t)) + \\
&\qquad + g_{\varkappa(s,t)}(R(\tfrac{\partial}{\partial s}\varkappa(s,t),\tfrac{\partial}{\partial t}\varkappa(s,t),\tfrac{\partial}{\partial s}\varkappa(s,t)),\nabla w(t)) + \\
&\qquad + g_{\varkappa(s,t)}(R(\tfrac{\partial}{\partial s}\varkappa(s,t),\tfrac{\partial}{\partial t}\varkappa(s,t),\tfrac{\partial}{\partial s}\varkappa(s,t)),\nabla w(t))]dt = \\
&= g_{\varkappa(s,t_0)}(\nabla_1\tfrac{\partial}{\partial s}\varkappa(s,t_0),w(t_0)) + \\
&+ \int_a^b g_{\varkappa(s,t)}(\nabla_2\nabla_1\tfrac{\partial}{\partial s}\varkappa(s,t) + R(\tfrac{\partial}{\partial s}\varkappa(s,t),\tfrac{\partial}{\partial t}\varkappa(s,t),\tfrac{\partial}{\partial s}\varkappa(s,t)),\nabla w(t))dt + \\
&+ \int_a^b g_{\varkappa(s,t)}(R(\tfrac{\partial}{\partial t}\ (s,t),\nabla_2\tfrac{\partial}{\partial s}\varkappa(s,t),\tfrac{\partial}{\partial s}\varkappa(s,t)),w(t))dt = \\
&= g_{\varkappa(s,t_0)}(\nabla_1\tfrac{\partial}{\partial s}\varkappa(s,t_0),w(t_0)) + \int_a^b g_{\varkappa(s,t)}(\nabla_1\nabla_2\tfrac{\partial}{\partial s}\varkappa(s,t),\nabla w(t))dt + \\
&\quad \int_a^b g_{\varkappa(s,t)}(R(\tfrac{\partial}{\partial t}\varkappa(s,t),\nabla_2\tfrac{\partial}{\partial s}\varkappa(s,t),\tfrac{\partial}{\partial s}\varkappa(s,t)),w(t))dt
\end{aligned}
$$

für alle $w \in H_1(\varkappa(s))$, $s \in [\alpha,\beta]$.

Damit folgt: Ist $c : [a,b] \longrightarrow M$ Geodätische bzgl. g, so ist $\varkappa : (-\varepsilon,+\varepsilon)\times[a,b] \longrightarrow M$, $\varkappa(s,t) := c(s+t)$ für hinreichend kleines $\varepsilon > 0$ wohldefiniert und als C^∞-Kurve $\varkappa : (-\varepsilon,+\varepsilon) \longrightarrow H_1(I,M)$ auffaßbar (beachte: $(\exp_c^{-1}\circ\varkappa(s))(t) = s\cdot\dot c(t)$) und Geodätische von $H_1(I,M)$ bzgl. g^1 (da $\frac{\partial}{\partial s}\varkappa(s,t) = \frac{\partial}{\partial t}\varkappa(s,t)$ gilt).

Bzgl. g_1 ergibt sich Entsprechendes, da in der obigen Rechnung jeweils nur der erste Term durch $\int_a^b g_{\varkappa(s,t)}(\nabla_1\frac{\partial}{\partial s}\varkappa(s,t),w(t))dt$ ersetzt werden muß.

In beiden Fällen folgt damit: (M,g) ist (abgeschlossene) total-geodätische riemannsche Untermannigfaltigkeit von $H_1(I,M)$, vgl. I.5.4(v); hinsichtlich der Eigenschaft "riemannsche Untermannigfaltigkeit" beachte 4.5.2. Nach I.8.1(15)ff. gilt somit, daß die Krümmung von (M,g) mit den durch g_1 bzw. g^1 auf dem Wege über $H_1(I,M)$ gegebenen Werten übereinstimmt, also (M,g) (genau dann) flach ist, wenn $(H_1(I,M),g_1)$ bzw. $(H_1(I,M),g^1)$ flach ist, wenn also der in 4.7 definierte Zusammenhang $H_1(K)$

gerade der Levi-Civita-Zusammenhang bzgl. g_1 bzw. g^1 ist.
Wir werden im Kapitel III.1 zeigen, daß M sogar total-geodätische Untermannigfaltigkeit im Sinne von [20] ist, das heißt, daß eine Geodätische auf $H_1(I,M)$, die lokal in M verläuft, ganz in M verlaufen muß.

4.13 Anmerkungen :
Das Folgende soll kurz auf mögliche Verallgemeinerungen von Kapitel II hinweisen (vgl. dazu Genaueres z.B. in [8], [9]) und gleichzeitig die im Vorausgegangenen benutzten Konstruktionsverfahren deutlicher machen.

Sei N zusammenhängende, kompakte riemannsche C^∞-Mannigfaltigkeit (mit Rand ∂N und Dimension n), M parakompakte Banachmannigfaltigkeit vom Typ C^∞ (ohne Rand), $\pi: E \longrightarrow N$ Vektorraumbündel über N, $\mathcal{L}$ die Kategorie der (reellen) banachisierbaren topologischen Vektorräume und VB(N) die Kategorie der Vektorraumbündel über N mit Fasern in $\mathcal{L}$ (analog ist $VB(N,\mathfrak{A})$ für jede volle Unterkategorie $\mathfrak{A}$ von $\mathcal{L}$, die abgeschlossen bzgl. der Bildung von direkten Summen, Produkten und von Räumen stetiger linearer Abbildungen ist, aufzufassen).

<u>Def.</u>: (i) Ein kovarianter Funktor $\mathcal{F}: VB(N,\mathfrak{A}) \longrightarrow \mathcal{L}$ heißt <u>Schnittfunktor</u>, falls gilt:
1. Für jedes $E \in VB(N,\mathfrak{A})$ gibt es einen linearen Raum $\mathcal{F}^\infty(E)$, so daß
$$C_0^\infty(E) \subset \mathcal{F}^\infty(E) \subset C^\infty(E) \quad \text{und} \quad \mathcal{F}^\infty(E) \text{ dicht in } \mathcal{F}(E)$$
gilt (d.h. $\mathcal{F}(E)$ ist ein Vektorraum von Schnitten in E, der durch Vervollständigung bzgl. einer Norm aus einem Raum von C^∞-Schnitten in E, der alle C^∞-Schnitte ξ mit Träger $\xi \subset \mathring{N} = N - \partial N$ enthält, entsteht).
2. Für alle $E,F \in VB(N,\mathfrak{A})$ ist
$$\mathcal{F}_* : C^\infty(L(E;F)) \longrightarrow L(\mathcal{F}(E);\mathcal{F}(F)),\ A \longmapsto \tilde{A},$$
$$\tilde{A}(\xi) := A\cdot\xi \text{ für alle } \xi \in \mathcal{F}^\infty(E),$$
stetige, lineare Inklusion.
(ii) Ein Schnittfunktor $\mathcal{F}$ heißt <u>Mannigfaltigkeitsmodell</u>, falls gilt:
1. $\mathcal{F}(E) \subset C^0(E)$ und dies eine <u>stetige</u>, lineare Einbettung ist.
2. $A \in \mathcal{F}(L(E;F)) \longmapsto \tilde{A} \in L(\mathcal{F}(E;\mathcal{F}(F)),\ \tilde{A}(\xi) := A\cdot\xi$
ist stetige, lineare Einbettung für alle $E,F \in VB(N,\mathfrak{A})$.
3. Ist $\mathcal{O} \subset E$ offene Umgebung des Nullschnitts in E ($\mathcal{O}_p := \mathcal{O} \cap E \supset \{o_p\}$ für alle $p \in N$) und $f: \mathcal{O} \longrightarrow F$ fasertreue Abbildung vom Typ C^∞, so ist $f\circ\xi \in \mathcal{F}(F)$ für alle $\xi \in \mathcal{F}(E)$ mit Bild $\xi \subset \mathcal{O}$ (die Menge dieser ξ bezeichnen wir mit $\mathcal{F}(\mathcal{O})$.
4. Die Abbildung $\mathcal{F}(f): \mathcal{F}(\mathcal{O}) \longrightarrow \mathcal{F}(F),\ \xi \longmapsto f\circ\xi$ ist stetig.

<u>Satz</u>: Sei M auf $\mathfrak{A}$ modelliert, K Zusammenhang für M mit Exponentialabbildung exp und $\mathcal{F}$ wie in (ii). Es gibt genau eine Banachmannigfaltigkeit $\mathcal{F}(N,M)$ vom Typ C^∞, so daß
$$\exp_h = \mathcal{F}(\exp) : \mathcal{F}(h^*U) \longrightarrow \mathcal{F}(N,M),\ \xi \longmapsto \exp\circ\xi$$

Karte von $\mathcal{A}(N,M)$ ist für alle $h \in C^{\infty}(N,M)$ und eine Umgebung U des Nullschnittes o in $\tau : TM \longrightarrow M$, auf der $(\tau, \exp)$ Diffeomorphismus ist.

Bem.: Der Beweis beruht auf dem folgenden Lemma:

Die in (ii) betrachtete Abbildung $\mathcal{A}(f)$ ist vom Typ C^{∞}, und es gilt

$$D^s \mathcal{A}(f) = \mathcal{A}(D_2^s f) \qquad \text{für alle } s \in \mathbb{N}",$$

denn damit braucht man die Kartenwechsel der obigen Mannigfaltigkeit $\mathcal{A}(N,M)$ nur noch auf die Form $\mathcal{A}(f)$ zu reduzieren:

Dazu folgendes: Analog zu früherem dient als Modell von $\mathcal{A}(N,M)$ um $h \in C^{\infty}(N,M)$ der Raum der Schnitte im Pull-back $h^*\tau : TM \longrightarrow N$ von $\tau : TM \longrightarrow M$ vom Typ $\mathcal{A}$; beachte: $h^*\tau \in VB(N,\alpha)$ nach Voraussetzung. Ist U wie im Satz und h^*U die Liftung von U in h^*TM, so ist auch $(h^*\tau, \exp) : h^*U \longrightarrow N \times M$ Diffeomorphismus Φ_h auf eine offene Umgebung U_h des Graphen von h. Damit ist jeder Kartenwechsel $\exp_{h'} \circ \exp_h^{-1}$ durch $\mathcal{A}$ aus $\Phi_{h'} \circ \Phi_h^{-1}$ im Sinne des obigen Lemmas induziert und also vom Typ C^{∞}.

$\mathcal{A}(N,M)$ kann nun als Menge der Abbildungen $g \in C^0(N,M)$ definiert werden, für die es ein $h \in C^{\infty}(N,M)$ gibt, so daß der Graph von g in U_h liegt und $\Phi_h \circ (id, g) \in \mathcal{A}(h^*U)$ gilt (diese g sind gerade die in der Karte $\mathcal{A}(\exp), \mathcal{A}(h^*(U))$ um h liegenden $g \in \mathcal{A}(N,M)$).

Damit sind die Grundzüge zur Herstellung von Abbildungsmannigfaltigkeiten dargestellt. Der folgende Satz liefert entsprechendes für (über solchen Mannigfaltigkeiten induzierte) Bündel :

Satz: Sei $\mathcal{A}$ Schnittfunktor und $\mathcal{Y}$ Mannigfaltigkeitsmodell auf $VB(N,\alpha)$ und $\pi : E \longrightarrow M$ Vektorraumbündel über M modelliert auf α. Für jedes $h \in C^{\infty}(N,M)$ ist h^*E aus $VB(N,\alpha)$, also $\mathcal{A}(h^*E)$ definiert. Sei weiter für alle $E,F \in VB(N,\alpha)$

$$\mathcal{Y}(L(E,F)) \subset L(\mathcal{A}(E), \mathcal{A}(F)) \qquad \text{erfüllt}$$

und diese Inklusion stetig und linear.

Beh.: $\mathcal{A}$ kann auf alle $f^*E, f \in \mathcal{Y}(N,M)$ in eindeutiger Weise erweitert werden, so daß

$$\begin{array}{c} \mathcal{A}(\mathcal{Y}(N,M)^*E) := \bigcup\limits_{f \in \mathcal{Y}(N,M)} \mathcal{A}(f^*E) \\ \downarrow \\ \mathcal{Y}(N,M) \end{array}$$

ein C^{∞}-Vektorraumbündel über $\mathcal{Y}(N,M)$ definiert (dabei wird zusätzlich ein Zusammenhang K' für E benötigt!).

Kor.: Die Voraussetzung des obigen Satzes ist insbesondere im Falle $\mathcal{A} = \mathcal{Y}$ erfüllt. Im Spezialfall $E = TM$ ergibt sich als induziertes Bündel das Tangentialbündel von $\mathcal{Y}(N,M)$ (bzgl. einer einfachen Identifizierung):

$$T\mathcal{Y}(N,M) = \mathcal{Y}(\mathcal{Y}(N,M)^*TM) = \bigcup_{f \in \mathcal{Y}(N,M)} \mathcal{Y}(f^*TM).$$

Identifiziert man $\mathcal{Y}(f^*E)$ noch mit dem Raum $\mathcal{Y}_E(f)$ der Schnitte längs $f : N \longrightarrow M$ in E vom Typ $\mathcal{Y}$, so ergibt sich vereinfachend die Darstellung

$$T\mathcal{F}(N,M) = \mathcal{F}(N,TM) = \bigcup_{f \in \mathcal{F}(N,M)} \mathcal{F}_{TM}(f);$$

die Projektion lautet dann $\mathcal{F}(\tau) : X \longmapsto \tau \circ X$.

<u>Bem.</u>: 1. Mit Hilfe des erwähnten Lemmas folgt weiter, daß Morphismen $\Theta : M \longrightarrow M'$ Morphismen $\mathcal{F}(\Theta) : \mathcal{F}(N,M) \longrightarrow \mathcal{F}(N,M')$, $f \longmapsto \Theta \circ f$ induzieren; gleiches gilt für Vektorraumbündelmorphismen bzgl. der im letzten Satz beschriebenen Schnittfunktoren $\mathfrak{F}$. Damit folgt, daß die Definition der Banachmannigfaltigkeit $\mathcal{F}(N,M)$ nicht von der Wahl von K abhängt, die Zuordnung

$$M \longmapsto \mathcal{F}(N,M), \Theta \longmapsto \mathcal{F}(\Theta)$$

also einen kovarianten Funktor $\mathcal{F}$ der Kategorie der Banachmannigfaltigkeiten, die mit einem Zusammenhang versehen werden können, in sich (vgl(*)) darstellt; gleiches läßt sich für Bündel und jeden Schnittfunktor $\mathfrak{F}$ formulieren. Bzgl. der im vorausgegangenen Korollar vorgenommenen Identifizierung ergibt sich weiter

$$T\mathcal{F}(\Theta) = \mathcal{F}(T\Theta).$$

Schließlich folgt(*): $\mathcal{F}(\exp)$ ist die Exponentialabbildung des Zusammenhangs $\mathcal{F}(K)$ auf $\mathcal{F}(N,M)$. Damit haben wir insbesondere die Existenz von Zusammenhängen auf $\mathcal{F}(N,M)$ gegeben, die Konstruktion von $\mathcal{F}(N,\mathcal{F}(N,M))$, etc... kann also nach Vorausgegangenem ausgeführt werden.
Hinsichtlich weiterer Verallgemeinerungen (auch bzgl. Kap.III) vgl.[8],[9].

2. Beispiele von Mannigfaltigkeitsmodellen sind durch die Schnittfunktoren $C^k, 0 \leq k < \infty$ und $H^k (k > \frac{1}{2}\dim N$ und M endlich-dimensional z.B.) gegeben; wir haben in diesem Kapitel nur H_1 im Falle N=I betrachtet sowie zusätzlich den, dem letzten Satz genügenden Schnittfunktor H_0. Man sieht daran, daß für die Bildung von Vektorraumbündeln über den, durch Mannigfaltigkeitsmodelle erzeugten Mannigfaltigkeiten $\mathcal{F}(N,M)$ auch schwächere Schnittfunktoren als die durch Mannigfaltigkeitsmodelle gegebenen herangezogen werden können.

3. Es können auf diesen induzierten Mannigfaltigkeiten und Bündeln wieder finslersche oder riemannsche Strukturen induziert werden und weitere dazugehörige Objekte betrachtet werden (vgl. [8]; §6).
Zum Beispiel haben wir auf $C^0(I,M)$ die Finslermetrik

$$\|..\|_\infty : C^0(I,TM) \longrightarrow \mathbb{R}, \|X\|_\infty := \sup_{t \in I} \|X(t)\|, \|..\|_\infty / C^0(c) = \|..\|_{\infty,c} \quad \text{(vgl. 2.4)}$$

bei Vorgabe einer Finslermetrik $\|..\| : TM \longrightarrow M$ auf M.
Der Funktor C^0 kann also nach Eliasson sogar zu einem Funktor der Kategorie der Banachmannigfaltigkeiten, die mit einer Finslermetrik $\|..\|$ und einer Zusammenhangsabbildung K versehen werden können, in sich erklärt werden.
Sei (M,g) jetzt riemannsche Mannigfaltigkeit mit Levi-Civita-Zusammenhang K und kanonischer Abstandsfunktion d. Es gilt dann für alle

$c,e \in C^0(I,M)$ und alle c,e-verbindenden C^∞-Kurven $\varkappa: [0,1] \longrightarrow C^0(I,M)$:

$$d_\infty(c,e) := \sup_{t\in I} d(c(t),e(t)) \leq L_\varkappa := \int_0^1 \sup_{t\in I} \|\tfrac{\partial}{\partial s}\varkappa(s,t)\| ds,$$

d.h. für die durch die Finslermetrik $\|..\|_\infty$ auf $C^0(I,M)$ induzierte Abstandsfunktion $\tilde{d}_\infty$ gilt stets:

$$(*) \qquad d_\infty(c,e) \leq \tilde{d}_\infty(c,e).$$

Gleichheit gilt (wenigstens) dann, wenn es ein $\varkappa$ gibt, so daß alle $\varkappa_t$ kürzeste Geodätische von c(t) nach e(t) in (M,d) sind (also z.B. wenn e in einer natürlichen Karte von $C^0(K)$ um c enthalten ist; dies besagt: die durch $d_\infty, \tilde{d}_\infty$ induzierten Topologien stimmen überein - mit der Topologie der differenzierbaren Struktur von $C^0(I,M)$).

Bew.: $L_\varkappa \geq \sup_{t\in I} \int_0^1 \|\frac{\partial}{\partial s}\varkappa(s,t)\| ds = \sup_{t\in I} L_{\varkappa_t} \geq$

$$\geq \sup_{t\in I} d(c(t),e(t)) = d_\infty(c,e) \qquad \text{(vgl. auch 4.7).}$$

Die durch $C^0(K)$ definierten Geodätischen sind also lokal Kürzeste bzgl. der Metriken d_∞ und $\tilde{d}_\infty$, und die zu $C^0(K)$ gehörigen natürlichen Karten $(\exp_c^{-1}, B_\varepsilon^\infty(c))$ sind radial normerhaltend:

$$d_\infty(c,\exp_c X) = \|X\|_{\infty,c} \quad \text{für alle } X \in B_\varepsilon^\infty(o_c)$$

($B_\varepsilon^\infty(c)$ bzw. $B_\varepsilon^\infty(o_c)$ wie bei 3.1 definiert).

Ist (M,g), d.h. (M,d) vollständig, so ist bekanntlich auch $(C^0(I,M),d_\infty)$ vollständig. Auf Grund des nach (*) Festgestellten ist dann auch die Finslermannigfaltigkeit $(C^0(I,M), \|..\|_\infty)$ vollständig, und letztere Vollständigkeit impliziert wieder die von (M,d), da (M,d) abgeschlossener metrischer Teilraum von $(C^0(I,M),\tilde{d}_\infty)$ ist. Diese verschiedenen Vollständigkeiten bedingen sich also gegenseitig (und gelten bei endlich-dimensionalem M genau dann, falls die Exponentialabbildung von K oder falls die Exponentialabbildung von $C^0(K)$ überall definiert ist).

Damit ist das in 2.6 und 3.3 über die d_∞-Metrik Gesagte in Entsprechung zu dem bei $H_1(I,M)$ Dargestellten verallgemeinert.

4\. Die in I.3.9(iii) angestellten Untersuchungen über die Fréchetträume $C^\infty(I,E_{c(t_0)}), \mathfrak{X}_E(c)$ lassen sich vermutlich ebenfalls fortsetzen hinsichtlich der Einführung von "Fréchetmannigfaltigkeiten" $C^\infty(I,M), C^\infty(N,M)$, also von Mannigfaltigkeitsmodellen vom Typ C^∞.

III. PERIODISCHE GEODÄTISCHE AUF KOMPAKTEN RIEMANNSCHEN MANNIGFALTIGKEITEN

o. Voraussetzungen, Vorbemerkungen: Für das folgende seien $M, \tau: TM \longrightarrow M$ und $\pi: E \longrightarrow M$ wie in II.o gewählt mit RMZ-Strukturen (g,K) bzw. (g',K') und dazugehörigen Normen $\|..\|$, $\|..\|'$, kovarianten Differentiationen ∇, ∇' und Exponentialabbildungen exp, Exp (ab §2 betrachten wir nur noch E=TM, g=g' und den Levi-Civita-Zusammenhang K=K' von g).
Zu $[a,b] \subset \mathbb{R}$ und $t_o \in [a,b]$ haben wir nach Kapitel II (vgl. V.13) dann die folgenden induzierten Objekte: $C^o([a,b],M)$, d_∞, $H_1([a,b],M)$, $H_1(\tau)$, $H_1(\pi)$, $H_1(\exp)$, g_o, $\|..\|_o$, g_1, g^1, $\|..\|_1$, $|||..|||$, d_1, d^1, $H_1(K)$,... (beachte: M wird erst ab der Einführung von Bedingung (C) als kompakt vorausgesetzt, kann aber o.B.d.A. stets als (weg-)zusammenhängend vorausgesetzt werden, da einer Zerlegung von M in Zusammenhangskomponenten stets eine Zerlegung der dazugehörigen Kurvenmannigfaltigkeiten in unzusammenhängende Teile entspricht, also jede Zusammenhangskomponente von M für sich betrachtet werden kann, vgl. II.35).
Sei [a',b'] weiteres kompaktes Intervall in $\mathbb{R}$ und $\varphi: [a,b] \longrightarrow [a',b']$ der Diffeomorphismus $t \longmapsto a' + \frac{t-a}{b-a}\cdot(b'-a')$. φ induziert einen Diffeomorphismus $\bar{\varphi}: H_1([a',b'],M) \longrightarrow H_1([a,b],M)$, $c \longmapsto c\circ\varphi$, wie man sofort mittels der natürlichen Karten von $H_1(K)$ einsieht ($T\bar{\varphi} = \bar{\varphi}_T$; $\bar{\varphi}_T$ analog zu $\bar{\varphi}$ bzgl. TM definiert). Dieser Diffeomorphismus respektiert die im folgenden festgestellten Untermannigfaltigkeitsstrukturen, so daß wir jetzt stets o.B.d.A. $I=[o,1]$ anstelle von [a,b] zugrundelegen können. $\bar{\varphi}$ führt Geodätische (hin und zurück) in Geodätische über ($\bar{\varphi}^{-1} = \overline{\varphi^{-1}}$).
Zusätzlich zur Normierung $I=[o,1]$ betrachten wir im folgenden die Metrik g^1 der Einfachheit halber nur noch bzgl. $t_o = o$ (wie auch andere damit zusammenhängende Größen):

$$g^1_c(X,Y) = g_{c(o)}(X_o,Y_o) + \int_o^1 g_{c(t)}(\nabla_c X(t), \nabla_c Y(t))dt ,$$

da sie (sinnvollerweise) in Zusammenhang mit dem im folgenden eingeführten Raum $\Lambda_{pq}(M)$ benutzt werden soll, wo sie einfach durch

$$g^1_c(X,Y) = g^o_c(\nabla_c X, \nabla_c Y)$$

gegeben ist (wir lassen also die anderen (äquivalenten) riemannschen Metriken jetzt weg; wählt man $t_o \in (o,1]$, so bekommt man eine besonders einfache Metrik auf den Teilraum der Kurven von $H_1(I,M)$, die an der Stelle t_o einen festen Punkt $p \in M$ passieren. Wir bemerken, daß das Normenbündel dieses Teilraumes von $H_1(I,M)$ bzgl. $(H_1(I,TM), g^1)$ gerade durch die parallelen Felder längs dieser Kurven gegeben ist).
Wir erinnern noch an die vor II.4.11 bzgl. $c \in H_1(I,M)$, $X \in H_1(c)$ gemachte Definition:

$$\int_t^{t'} X(\tau)d\tau := P_c\big|_{[o,t']} \cdot \int_t^{t'} P_c\big|_{[\tau,o]} \cdot X(\tau)\, d\tau.$$

1. Die Untermannigfaltigkeiten $\Lambda(M), \Lambda_{AB}(M)$ von $H_1(I,M)$

Die jetzt (in Verallgemeinerungen von II.1) einzuführenden Untermannigfaltigkeiten von $H_1(I,M)$ sind das eigentliche Ziel der in II gemachten Ausführungen, da aus $H_1(I,M)$ nicht viel Information über M ablesbar ist; $H_1(I,M)$ ist topologisch gesehen nicht interessanter als M und dient uns nur als "Container" der interessanten Strukturen.

1.1 Definition :

$\Lambda(M) := \{c \in H_1(I,M) / c(o) = c(1)\}$, analog $\Lambda(E)$ bzgl. E.

$\Lambda(c) := \{X \in H_1(c) / X(o) = X(1)\} = \Lambda(TM) \cap H_1(c)$ für $c \in \Lambda(M)$,

analog $\Lambda^E(c)$ mittels $H_1^E(c)$; beachte $\Lambda(c) = \Lambda^{TM}(c)$.

Es gilt $C^\infty(S^1,M) \subset \Lambda(M)$; erstere Kurven heißen differenzierbar geschlossen, und $\Lambda(M)$ heißt der Raum der geschlossenen Kurven auf M.

$\Lambda^o(..)$ bezeichnet die entsprechenden Gebilde von stetigen Kurven. Nach II.2.4, 4.5 haben wir (z.B.)die folgenden stetigen Inklusionen (im ersten Fall zusätzlich linear, im zweiten Fall auch differenzierbar bzgl. der nach 1.2 bzw. II.4.13 dazugehörigen differenzierbaren Strukturen:

$$(\Lambda^E(c), \|..\|_{1,c}) \subset (\Lambda^o_E(c), \|..\|_{\infty,c}) \quad \text{und} \quad (\Lambda(M), d_1) \subset (\Lambda^o(M), d_\infty).$$

Wenn wir Räume stetiger Kurven benötigen, so stets nur mit den in II.2.4 bzw. II.2.6 definierten Topologien der gleichmäßigen Konvergenz, d.h. das in II.4.13 Festgestellte diente nur zur genaueren Information über solche Räume und wird im folgenden nicht ausgenutzt.

Der folgende Satz faßt die wichtigsten, aus $H_1(I,M)$ für $\Lambda(M)$ ablesbaren Eigenschaften von $\Lambda(M)$ zusammen.

1.2 Satz :

(i) $\Lambda(M)$ ist abgeschlossene Untermannigfaltigkeit von $H_1(I,M)$ der Kodimension dim M mit den auf $\Lambda(M)$ eingeschränkten natürlichen Karten von $H_1(I,M)$ als natürlichem Atlas (die Modelle $\Lambda(c)$ sind also abgeschlossene Teilräume von $H_1(c)$). Wir bekommen damit einen kovarianten Funktor Λ von der Kategorie der euklidischen Mannigfaltigkeiten in die Kategorie der separablen, parakompakten Hilbertmannigfaltigkeiten. Dieser Funktor respektiert injektiv, offene und abgeschlossene Einbettungen und cartesische Produkte. $C^\infty(S^1,M)$ liegt dicht in $\Lambda(M)$.

Unter $\Lambda(M)$ verstehen wir im folgenden stets diese Hilbertmannigfaltigkeit, falls nichts anderes gesagt wird.

(ii) $\Lambda(\pi):\Lambda(E) \longrightarrow \Lambda(M)$ ist mit den induzierten Trivialisierungen wieder Hilbertbündel über $\Lambda(M)$, Fasern $\Lambda^E(c)$, und die(faserweisen) Einschränkungen von g^1, g_1 definieren riemannsche Metriken für diese Bündel. Der obige Funktor erweitert sich also ebenfalls auf Bündel, wobei er mit exakten Sequenzen und Pull-back- und Whitneysummenbildung verträglich ist, jedoch nicht mit dem Funktor L^r kommutiert.

(iii) Die Funktoren T und Λ kommutieren (vermittels der Einschränkung der früheren Identifizierung), d.h. ist $f: M \longrightarrow N$ Morphismus, so ist die Tangentialabbildung von $\Lambda(f)$ durch das folgende kommutative Diagramm gegeben:

$$\begin{array}{ccc} \Lambda(TM) & \xrightarrow{\Lambda(Tf)} & \Lambda(TN) \\ {\scriptstyle \Lambda(\tau)} \downarrow & & \downarrow {\scriptstyle \Lambda(\tau)} \\ \Lambda(M) & \xrightarrow{\Lambda(f)} & \Lambda(N) \end{array} \qquad \begin{array}{l} \Lambda(TM) = \bigcup\limits_{c \in \Lambda(M)} \Lambda(c) \\ \Lambda(f) \;\;= H_1(f)/\Lambda(M) \\ \text{(analog der Rest)} \end{array}$$

$(\Lambda(M),g_1)$, $(\Lambda(M),g^1)$ sind also riemannsche Mannigfaltigkeiten und riemannsche Untermannigfaltigkeiten von $H_1(I,M)$ bzgl. g_1 bzw. g^1, d.h. es gilt für alle $c,e \in \Lambda(M)$ z.B. im Falle d_1:

$$d_1^{H_1(I,M)}(c,e) \leq d_1^{\Lambda(M)}(c,e)$$

(bei naheliegender -im folgenden aber unterdrückter- Bezeichnungsweise für die durch die gegebenen riemannschen Metriken induzierten Abstandsfunktionen).

Wie bei $H_1(I,M)$ in II.4.5.1 gilt auch bei $\Lambda(M)$ für $d_1^{\Lambda(M)}, d^1_{\Lambda(M)}$:

$$\bigwedge_{c,e \in \Lambda(M)} \tfrac{1}{3} d^1(c,e) \leq d_1(c,e) \leq 3d^1(c,e) \qquad (k=1 \text{ jetzt}).$$

(iv) (M,g) ist abgeschlossene, total-geodätische riemannsche Untermannigfaltigkeit auch von $(\Lambda(M),g_1)$ und $(\Lambda(M),g^1)$, und die durch g induzierte Abstandsfunktion d stimmt mit der Einschränkung von d_1 und d^1 auf $M \times M \subset \Lambda(M) \times \Lambda(M)$ überein.

<u>Bew.</u>: <u>zu (i)</u>: Für die in II.3.1o erklärten natürlichen Karten von $H_1(I,M)$ gilt: $\exp_c : B^\infty_\varepsilon(o_c) \cap \Lambda(c) \longrightarrow B^\infty_\varepsilon(c) \cap \Lambda(M)$ ist für alle $c \in \Lambda(M)$ Bijektion, also Karte für $\Lambda(M)$, da $\Lambda(c)$ = Kern S abgeschlossener Teilraum des Hilbertraumes $H_1(c)$ ist; $S: H_1(c) \longrightarrow M_{c(o)}$ die stetige, lineare Surjektion $X \longmapsto X(1) - X(o)$. $\Lambda(M)$ ist also Untermannigfaltigkeit von $H_1(I,M)$; sie ist abgeschlossen, da sie abgeschlossen in $(H_1(I,M),d_\infty)$ ist, vgl. II.3.3. Die restlichen Behauptungen aus (i) sowie (ii), (iii) übertragen sich analog von $H_1(I,M)$ bzw. $H_1(I,E)$ auf $\Lambda(M)$ bzw. $\Lambda(E)$.

<u>Zu (iv)</u>: Die Einbettung von M in $\Lambda(M)$ lautet wie bei $H_1(I,M)$ in II.4.3: $p \in M \longmapsto c \equiv p \in \Lambda(M)$; sie ist trivialerweise isometrisch, und die Punktkurven sind abgeschlossen in $\Lambda(M)$, da sie abgeschlossen in $(\Lambda(M),d_\infty)$ sind (der Tangentialraum in $c \equiv p \in M$ an $M \subset \Lambda(M)$ ist durch die konstanten Vektorfelder in $\Lambda(c)$, also durch M_p gegeben).

Da die Einbettung von M in $\Lambda(M)$ isometrisch bzgl. g_1, g^1 ist, gilt für alle $c,e \in M \subset \Lambda(M)$:

$$d(c,e) \geq d_1(c,e), d^1(c,e).$$

Andererseits gilt für alle C^∞-Kurven $\varkappa: [\alpha,\beta] \longrightarrow \Lambda(M)$ von c nach e und die damit für alle $t \in I$ bildbaren C^∞-Kurven $\varkappa(..,t): [\alpha,\beta] \longrightarrow M$

von c nach e auf Grund bekannter Ungleichungen: $L_\varkappa \overset{\text{I}}{\underset{4.5.3}{=}}$

$$= \int_\alpha^\beta \Big(\int_0^1 g_{\varkappa(s,t)}\big(\tfrac{\partial}{\partial s}\varkappa(s,t), \tfrac{\partial}{\partial s}\varkappa(s,t)\big) + g_{\varkappa(s,t)}\big(\nabla_2 \tfrac{\partial}{\partial s}\varkappa(s,t), \nabla_2 \tfrac{\partial}{\partial s}\varkappa(s,t)\big) dt \Big) ds$$

$$\geq \int_\alpha^\beta \Big(\int_0^1 g_{\varkappa(s,t)}\big(\tfrac{\partial}{\partial s}\varkappa(s,t), \tfrac{\partial}{\partial s}\varkappa(s,t)\big) dt \Big)\, ds$$

$$\geq \int_\alpha^\beta \int_0^1 \big\| \tfrac{\partial}{\partial s}\varkappa(s,t) \big\|\, dt\, ds = \int_0^1 \int_\alpha^\beta \big\| \tfrac{\partial}{\partial s}\varkappa(s,t) \big\|\, ds\, dt =$$

$$= \int_0^1 L_{\varkappa(\ldots,t)} dt \geq L_{\varkappa(\ldots,t_o)} \text{ für ein geeignetes } t_o \in I,$$

da $L_{\varkappa(\ldots,t)}$ nach II.3.12 stetig von t_o abhängt (Entsprechendes folgt sofort für g^1 und das t_o, bzgl. dem g^1 definiert wurde, woraus jetzt insgesamt

$$d = d_1/M\times M = d^1/M\times M \qquad \text{folgt.}$$

Ist $\varkappa: [\alpha,\beta] \longrightarrow M \subset \Lambda(M)$ nun Geodätische von (M,g), so ist $\varkappa$ lokal Kürzeste in (M,d), also auch lokal Kürzeste in $(\Lambda(M),d_1)$ bzw. $(\Lambda(M),d^1)$, also ist $\varkappa$ auch Geodätische in $\Lambda(M)$ bzgl. g_1 und g^1, da der Parameter von $\varkappa$ bzgl. g_1 und g^1 ebenfalls proportional zur Bogenlänge ist, vgl. I.6.3. Damit ist M total-geodätische Untermannigfaltigkeit von $(\Lambda(M),g_1)$ bzw. $(\Lambda(M),g^1)$ in dem in I.5.5 definierten Sinne (und jede Geodätische $\varkappa$ in M läßt sich nicht in $\Lambda(M)$ - M bzgl. g_1 oder g^1 fortsetzen, da M abgeschlossen in $\Lambda(M)$ ist).
Das hier für $\Lambda(M)$ Ausgeführte gilt völlig analog auch für $H_1(I,M)$.

q.e.d.

Das folgende Lemma dient der Übertragung von (riemannschen) Zusammenhängen und Gradienten von $H_1(I,M)$ auf $\Lambda(M)$.

1.3 Lemma :
Das orthogonale Komplement $\Lambda^E(c)^\perp$ von $\Lambda^E(c), c \in \Lambda(M)$ in $(H_1^E(c), g_{1,c})$ besteht genau aus den $X \in H_1(c)$ der folgenden Gestalt:

(1) $\quad X(t) := -\cosh(1-t)\cdot v^+(t) + \cosh(t)\cdot v^-(t),$

wobei v^+ bzw. v^- das bzgl. K' parallele Feld längs c in E mit $v^+(o)=v$ bzw. $v^-(1)=v$ zu (beliebigem) $v \in E_{c(o)} = E_{c(1)}$ bezeichnet.

<u>Bem.</u>: Bzgl. $(H_1^E(c), g_c^1)$ gilt analog:

(2) $\quad X(t) := t\cdot U(t) + (U(o) - U(1))(t),$

wobei U irgendein paralles Feld längs c und U(o) - U(1) (wie üblich) das parallele Feld längs c mit (U(o) - U(1))(o) = U(o) - U(1) ist.

Damit sind insbesondere die Normalenbündel von $\Lambda(M)$ in $(H_1(I,M),g_1)$ und $(H_1(I,M),g^1)$ bestimmt.

<u>Bew.</u>: Die in (1) definierten X bilden einen $(\dim E_{c(o)})$-dimensionalen Unterraum von $H_1^E(c)$; Basen von $E_{c(o)}$ induzieren gemäß (1) sofort Basen dieses Unterraumes. Wegen $\operatorname{codim} \Lambda^E(c) = \dim E_{c(o)}$ (denn $\Lambda^E(c)$ ist der

Kern der stetigen, linearen Surjektion $S: H_1^E(c) \longrightarrow E_{c(o)}, X \longmapsto X(o)-X(1)$) bleibt für obige X nur noch die Gleichung

$$(*) \qquad \int_o^1 [g(X(t),Y(t)) + g(\nabla X(t),\nabla Y(t))]\,dt = o$$

für alle $Y \in \Lambda^E(c)$ nachzuweisen:

(*) stimmt auf Grund von II.2.2(iv) und $\nabla X \in H_1^E(c)$ mit

$$\int_o^1 [g(X(t),Y(t)) - g(\nabla^2 X(t),Y(t))]\,dt + g(Y(1),\nabla X(1)) - g(Y(o),\nabla X(o))$$

überein, und daraus ist die Behauptung wegen

$$\nabla X(t) = \sinh(1-t)\cdot v^+(t) + \sinh(t)\cdot v^-(t) ,$$

$$\nabla^2 X(t) = -\cosh(1-t)\cdot v^+(t) + \cosh(t)\cdot v^-(t) \quad \text{und}$$

$$\nabla X(o) = \nabla X(1) = \sinh(1)\cdot v$$

sofort ersichtlich. Analog folgt (2).

1.4 Bemerkung :

(i) Es gilt $H_1(K')//\Lambda(TE) = \Lambda(K')$, also ist auch $\Lambda(K')$ eine Zusammenhangsabbildung (für $\Lambda(E)$). Für die dazugehörige kovariante Differentiation $\overset{\Lambda}{\nabla}$ gilt

$$\bigwedge_{X \in \mathfrak{X}(\Lambda(M))} \ \bigwedge_{Y \in \mathfrak{X}_{\Lambda(E)}(\Lambda(M))} \quad \overset{\Lambda}{\nabla}_X Y = \overset{H_1}{\nabla}_X Y$$

(bei $\overset{H_1}{\nabla}$ wird Y als Vektorfeld in $H_1(I,E)$ längs $i:\Lambda(M) \longrightarrow H_1(I,M)$ angesehen).

Das für $H_1(K')$ in II Festgestellte überträgt sich vollständig auf $\Lambda(K')$, und es gilt unter naheliegender Verallgemeinerung von I.5.4(iv): $\Lambda(M)$ ist total-geodätische Untermannigfaltigkeit von $H_1(I,M)$ bzgl. $H_1(K');E=TM$ jetzt.

(ii) Die Levi-Civita-Zusammenhänge ∇ von $(\Lambda(M),g_1)$ und $(\Lambda(M),g^1)$ sind nicht einfach die Einschränkungen der für $H_1(I,M)$ in II.4.12 ermittelten ∇ (beachte die dortigen Voraussetzungen), sondern sie müssen über 1.3 gemäß I.5.3 gewonnen werden (dies folgt, da die bei $H_1(I,M)$ aufgestellten Bestimmungsgleichungen II.4.12(1),(2) auch auf den Fall $\Lambda(M)$ zutreffen -nur $c \in \Lambda(M), v_1, v_2, w \in \Lambda(c)$ jetzt- jedoch die damit ermittelten B nicht durch Einschränkung der in II.4.12 ermittelten entstehen: $B(v_1,v_2)$ muß nicht geschlossen sein, falls v_1,v_2 dies sind).

Darüberhinaus gilt sogar, daß $\Lambda(M)$ nicht einmal <u>total-geodätische</u> riemannsche Untermannigfaltigkeiten von $H_1(I,M)$ bzgl. g_1 oder g^1 ist, denn mit I.5.4(v) ergibt sich (z.B. im Falle g_1):

$$\ell_N(X,Y) := g_1(\nabla_X N,Y) \overset{\text{II.}}{\underset{4.12}{=}} g_1(\overset{H_1}{\nabla}_X N,Y) + g_1(B(X,N),Y) =$$

$$\ell_N^{H_1}(X,Y) + g_1(B(X,N),Y) \overset{(i)}{=} g_1(B(X,N),Y) = -g_1(B(X,Y),N) \overset{\text{i.a.}}{\neq} o$$

für alle $X,Y \in \mathfrak{X}(\Lambda(M))$ und alle $N \in \mathfrak{X}(\Lambda(M))^{\perp}$.

(iii) Im Falle $(\Lambda(M),g_1)$ ist der Zusatzterm des Levi-Civita-Zusammenhangs $B(v_1,v_2)$ durch Lösung der folgenden Differentialgleichung ermittelbar:

$$B(v_1,v_2) - \nabla^2 B(v_1,v_2) = \tfrac{1}{2}[R(\dot c,\nabla v_2,v_1) + R(\dot c,\nabla v_1,v_2) - \nabla R(v_1,\dot c,v_2) - \nabla R(v_2,\dot c,v_1)]\ ,$$

Anfangswerte: $B(v_1,v_2)(o) = B(v_1,v_2)(1), \nabla B(v_1,v_2)(o) = \nabla B(v_1,v_2)(1)$.

Analoges läßt sich in den anderen Fällen und auch bei den in 4.12 Bem. aufgestellten Geodätischengleichungen durchführen.

(iv) Ist $c:I \longrightarrow M$ periodische Geodätische (also $c:S^1 \longrightarrow M$ insbesondere vom Typ C^∞), so ist auch die folgende C^∞-Kurve $\varkappa$ von I in $\Lambda(M)$ oder $H_1(I,M)$ periodische Geodätische bzgl. g_1 oder g^1,

$$\bigwedge_{s\in I}\ \bigwedge_{t\in I}\ \varkappa(s)(t) := c(s+t-[s+t])\ ,$$

und $\varkappa$ hat die gleiche Länge wie c (bzgl. g_1 bzw. g^1). Dies folgt wie in 4.12 Bem., da die dort ermittelten Bestimmungsgleichungen der Geodätischen auch bei $\Lambda(M)$ diese Gestalt haben.

Das folgende Lemma untersucht das Konvergenzverhalten von Folgen auf $H_1(I,M)$, $\Lambda(M)$ und findet wichtige Anwendungen im darauffolgenden Satz (Beh. (a)) sowie beim Nachweis der Vollständigkeit von $H_1(I,M), \Lambda(M)$ (Beh. (c)) und der Bedingung (C) für das (in II.2.6 definierte) Energieintegral E auf $H_1(I,M), \Lambda(M)$ (Beh. (b)).

Für den Rest dieses Paragraphen werden nur noch RMZ-Strukturen (g,K), wo K der Levi-Civita-Zusammenhang von g ist, benutzt.

1.5 Lemma :

(a) Sei $\{c_n\}_{n\in\mathbf{N}}$ eine gegen $c \in H_1(I,M)$ konvergente Folge in $(H_1(I,M),d_\infty)$; $X_n := \exp_c^{-1} c_n$ ist also für hinreichend große $n\in\mathbf{N}$ als Element von $H_1(c)$ definiert (und Nullfolge bzgl. $\|\cdot\|_\infty$ -vgl. II.3.3).

<u>Beh.</u>: Es gilt: $|\!|\!|X_n|\!|\!|^2 \le \|X_n(o)\|^2 + \mathrm{const}\cdot E(c) + \mathrm{const}\cdot E(c_n)$ sowie

$$|\!|\!|X_n|\!|\!|^2 \le \|X_n(o)\|^2 + \left|\int_0^1 g(\nabla X_n(t),\dot c(t))dt\right| + \left|\int_0^1 g(\nabla Y_n(t),\dot c_n(t))dt\right| + \sqrt{2E(c)}\cdot h_n,$$

wobei $\{h_n\}_{n\in\mathbf{N}}$ eine Nullfolge ist und Y_n ein mittels X_n geeignet gewähltes Vektorfeld aus $H_1(c_n)$ mit $\sup_{n\in\mathbf{N}}|\!|\!|Y_n|\!|\!| \le \mathrm{const}\cdot\sup_{n\in\mathbf{N}}|\!|\!|X_n|\!|\!|$.

<u>Zusatz</u>: Da $\exp^{-1}$ Karte um c ist, gilt trivialerweise: $\{c_n\}$ konvergiert gegen c in $(H_1(I,M),d^1)$ genau dann, wenn $|\!|\!|X_n|\!|\!|$ Nullfolge in $\mathbb{R}$ ist.

(b) Sei $\{c_n\}_{n\in\mathbf{N}}$ Folge in $H_1(I,M)$, die in $(C^0(I,M),d_\infty)$ konvergiert, so daß die Folge $\{E(c_n)\}_{n\in\mathbf{N}}$, beschränkt ist. Sei $c := \lim_{n\to\infty} c_n \in C^0(I,M)$ und $X_{kn} := \exp_{c_k}^{-1} c_n, \varkappa(s) := \exp_{c_k}(s\cdot X_{kn})$, also $\varkappa$ die c_k, c_n verbindende Geodätische bzgl. $H_1(K)$ (für genügend große $k,n\in\mathbf{N}$ ist dies wohldefiniert, vgl. I.4.3 Bew. und II.3.1 oder II.4.13).

<u>Beh.</u>: Ist $\{|\!|\!|X_{kn}|\!|\!|\}$ Nullfolge, so ist $\{c_n\}_{n\in\mathbf{N}}$ Cauchyfolge in $(H_1(I,M),d^1)$.

Die Abschätzungen in (a) gelten analog für X_{kn} bzw. c_k anstelle von X_n bzw. c.

(c) Sei $\{c_n\}_{n\in\mathbb{N}}$ Folge in $H_1(I,M)$, die in $(C^0(I,M),d_\infty)$ konvergiert und $c_o \in H_1(I,M)$ so nahe bei $c := \lim_{n\to\infty} c_n \in C^0(I,M)$ (bzgl. d_∞), daß

$X_n := \exp_{c_o}^{-1} c_n \in H_1(c_o)$ für fast alle $n\in\mathbb{N}$ definiert ist.

Beh.: $\{c_n\}_{n\in\mathbb{N}}$ Cauchyfolge in $(H_1(I,M),d^1) \Longrightarrow \{X_n\}_{n\in\mathbb{N}}$ konvergente Folge in $(H_1(c_o),|||..|||)$.

(d) Die in (a), (b), (c) für $H_1(I,M),C^0(I,M)$ gemachten Behauptungen übertragen sich unmittelbar auf $\Lambda(M),\Lambda^0(M)$ und lassen sich natürlich in ähnlicher Weise für $\|..\|_1,d_1$ anstelle von $|||..|||,d^1$ formulieren.

Bew.: Zu (a): Da $c_n \xrightarrow{d_\infty} c$, gibt es eine kompakte Umgebung A von Bild (c,c) in M×M, auf der $(\tau,\exp)^{-1}$ erklärt und Diffeomorphismus ist und die Bild (c,c_n) für alle hinreichend großen n enthält. Für solche n gilt:

$$\nabla X_n(t) = K\circ T(\tau,\exp)^{-1}_{(c(t),c_n(t))}\cdot(\dot c(t),\dot c_n(t)) =$$

$$K\circ T_1(\tau,\exp)^{-1}_{(c(t),c_n(t))}\cdot\dot c(t) + K\circ T_2(\tau,\exp)^{-1}_{(c(t),c_n(t))}\cdot\dot c_n(t), \text{ also}$$

$$\int_0^1 g_{c(t)}(\nabla X_n(t),\nabla X_n(t))dt = \int_0^1 g_{c(t)}(\nabla X_n(t),K\circ T_1(\tau,\exp)^{-1}_{(c(t),c_n(t))}\cdot\dot c(t))dt$$
$$+\int_0^1 g_{c_n(t)}\big((K\circ T_2(\tau,\exp)^{-1}_{(c(t),c_n(t))})^*\cdot\nabla X_n(t),\dot c_n(t)\big)dt$$

$$\leq \left|\int_0^1 g_{c(t)}(\nabla X_n(t),\dot c(t))dt\right| + \left|\int_0^1 g_{c_n(t)}(\nabla Y_n(t),\dot c_n(t))dt\right| +$$

$$+ \|X_n\|_o\cdot\sup_{t\in I}\|K\circ T_1(\tau,\exp)^{-1}_{(c(t),c_n(t))} - K\circ T_1(\tau,\exp)^{-1}_{(c(t),c(t))}\|\cdot\sqrt{2E(c)}\ ,$$

wobei $Y_n \in H_1(c_n)$ das eindeutig (mittels Parallelverschiebung) bestimmte Vektorfeld mit $(K\circ T_2(\tau,\exp)^{-1}_{(c(t),c_n(t))})^*\cdot\nabla X_n(t) = \nabla Y_n(t), Y_n(o) = o$ ist;

beachte $K\circ T_1(\tau,\exp)^{-1}_{(c(t),c(t))} = -\,\mathrm{id}_{M_{c(t)}}$). Es gilt $\|X_n\|_o \leq \|X_n\|_\infty$ und

$$\sup_{t\in I}\|K\circ T_1(\tau,\exp)^{-1}_{(c(t),c_n(t))} - K\circ T_1(\tau,\exp)^{-1}_{(c(t),c(t))}\| \longrightarrow o \text{ für } n \longrightarrow \infty$$

(auf Grund der gleichmäßigen Stetigkeit von $K\circ T_1(\tau,\exp)^{-1}$ auf A) und

$$|||Y_n||| \leq \sup_{n,t}\|K\circ T_2(\tau,\exp)^{-1}_{(c(t),c_n(t))}\|\cdot\|\nabla X_n\|_o \leq \sup_{(p,q)\in A}\|K\circ T_2(\tau,\exp)^{-1}_{(p,q)}\|\cdot|||X_n|||,$$

womit die zweite Abschätzung gezeigt ist. Weiter gilt

$$|||X_n|||^2 \leq d(c(o),c_n(o))^2 +$$
$$+ \int_0^1\|K\circ T_1(\tau,\exp)^{-1}_{(c(t),c_n(t))}\cdot\dot c(t) + K\circ T_2(\tau,\exp)^{-1}_{(c(t),c_n(t))}\cdot\dot c_n(t)\|^2 dt$$
$$\leq d(c(o),c_n(o))^2 + k_1\cdot\|\dot c\|_o^2 + k_2\|\dot c_n\|_o^2$$

mit geeigneten Konstanten $k_1,k_2 \in \mathbb{R}$, woraus die erste Abschätzung folgt.

Zu (b): Sei o.B.d.A. $X_{kn} \neq o$, also $c_k \neq c_n$ und damit $\dot{\varkappa}(s) \neq o$ stets. Dann gilt:

$$\frac{d}{ds}|||\dot{\varkappa}(s)||| \overset{4.11}{=} \frac{1}{2|||\dot{\varkappa}(s)|||} \cdot 2 \cdot g^1_{\varkappa(s)}(K_R \cdot \ddot{\varkappa}(s), \dot{\varkappa}(s)) \underset{4.7}{\overset{4.11}{=}}$$

$$\frac{1}{|||\dot{\varkappa}(s)|||} \cdot \int_o^1 g_{\varkappa(s,t)}(R(\frac{\partial}{\partial s}\varkappa(s,t), \frac{\partial}{\partial t}\varkappa(s,t), \frac{\partial}{\partial s}\varkappa(s,t)), \nabla_2 \frac{\partial}{\partial s}\varkappa(s,t))ds,$$

also folgt mittels Integration für alle $s_1 \in [o,1]$: $\left| |||\dot{\varkappa}(s_1)||| - |||\dot{\varkappa}(o)||| \right| =$

$$\left| \int_o^{s_1} \left[\frac{1}{|||\dot{\varkappa}(s)|||} \int_o^1 g_{\varkappa(s,t)}(R(\frac{\partial}{\partial s}\varkappa(s,t), \frac{\partial}{\partial t}\varkappa(s,t), \frac{\partial}{\partial s}\varkappa(s,t)), \nabla_2 \frac{\partial}{\partial s}\varkappa(s,t)dt \right] ds \right| \leq$$

$$\leq \int_o^{s_1} \left[\frac{\|R\|}{|||\dot{\varkappa}(s)|||} \cdot \int_o^1 \| \frac{\partial}{\partial t}\varkappa(s,t)\| \cdot \| \frac{\partial}{\partial s}\varkappa(s,t)\|^2 \|\nabla_2 \frac{\partial}{\partial s}\varkappa(s,t)\| dt \right] ds \overset{4.7}{\leq}$$

$$\leq \int_o^{s_1} \left[\|R\| \cdot d_\infty(c_k,c_n)^2 \cdot \sqrt{\int_o^1 \| \frac{\partial}{\partial t}\varkappa(s,t)\|^2 dt} \cdot \frac{1}{|||\dot{\varkappa}(s)|||} \sqrt{\int_o^1 \|\nabla_2 \frac{\partial}{\partial s}\varkappa(s,t)\|^2 dt} \right] ds \leq$$

$$\leq \|R\| \cdot d_\infty(c_k,c_n)^2 \cdot \int_o^{s_1} \sqrt{2E(\varkappa(s))}\ ds,$$

wobei $\|R\| := \sup_{p \in B} \|R_p\| < \infty$, $\|..\|$ die zu g gehörige Finslerstruktur von $L^3(TM;TM)$, $R \in \mathfrak{X}(L^3(TM;TM)) = \mathfrak{X}_{L^3(TM;TM)}(M)$ der Krümmungstensor von K und B kompakte Umgebung von Bild c, die alle $c_k(t), c_n(t)$ und die diese Punkte verbindenden kürzesten Geodätischen von K enthält. Es folgt $d^1(c_k,c_n) \leq \int_o^1 |||\dot{\varkappa}(s)||| ds = L_\varkappa \leq \|R\| \cdot d_\infty(c_k,c_n)^2 \cdot \max_{s \in [o,1]} \sqrt{2E(\varkappa(s))} + |||X_{kn}|||$.

Die in §3 bewiesene Abschätzung $\left| \sqrt{2E(c)} - \sqrt{2E(e)} \right| \leq d^1(c,e)$ liefert angewandt auf $\varkappa$: $\max_{s \in [o,1]} \left| \sqrt{2E(\varkappa(s))} - \sqrt{2E(\varkappa(o))} \right| \leq L_\varkappa$, woraus mittels der Abschätzung (*) folgt

$$\max_{s \in [o,1]} \sqrt{2E(\varkappa(s))} \cdot (1 - \|R\| \cdot d_\infty(c_k,c_n)^2) \leq \sqrt{2E(c_k)} + |||X_{kn}||| .$$

Damit ist aber die Beschränktheit der Zahlen $\max_{s \in [o,1]} \sqrt{2E(\varkappa(s))}$ und die Behauptung "$\{c_n\}_{n \in \mathbb{N}}$ ist Cauchyfolge" ersichtlich, da $|||X_{kn}|||$ beschränkt und Cauchyfolge in $\mathbb{R}$ ist.

Der Rest ist nach (a) bereits klar (unter Verwendung von c_k anstelle von c).

Zu (c): Die Behauptung ist direkte Folge von I.7.6 ($f = \exp_{c_o}^{-1} : B^\infty_\varepsilon(c_o) \longrightarrow H_1(c_o)$), wenn man das dortige $B_\varepsilon(p)$ gleich (irgendeinem) $B^\infty_\varepsilon(c_o)$ wählen darf. Dazu ist nach dem dortigen Beweis nur einzusehen, daß die Metriken

$$(g^1)_{\exp_{c_o}^{-1}(X)}, X \in B^\infty_\varepsilon(o_{c_o}) \qquad (*)$$

gleichmäßig äquivalent sind ($\phi = \exp_{c_o}^{-1}, \psi = id$).

Die Gültigkeit von (*) für g_o anstelle von g^1 ist sofort aus II.4.4 ersichtlich. Bei geeignet gewählten $\varepsilon > o$ ist aber der Hauptteil von Θ aus II.4.2 beschränkt (wie aus dem dortigen Beweis ersichtlich ist), also folgt die benötigte gleichmäßige Äquivalenz für g_1 (und damit auch für g^1) aus der folgenden global wie auch lokal -bzgl. Trivialisierungen $(\exp_{c_o}^{-1}, B_\varepsilon^\infty(c_o))$- gültigen Darstellung von g_1 bzw. des Hauptteils von g_1:

$$g_1 = g_o + g_o \circ \Theta \times \Theta \ .$$

q.e.d.

1.6 Satz :

Die stetige Inklusion $i: H_1(I,M) \longrightarrow C^o(I,M)$ (Metriken d^1, d_1 bzw. d_∞) ist eine Homotopieäquivalenz, d.h. es gibt eine stetige Abbildung $h: C^o(I,M) \longrightarrow H_1(I,M)$, für die gilt $h \circ i \sim id_{H_1(I,M)}, i \circ h \sim id_{C^o(I,M)}$. Da h und die benutzten Deformationen so gewählt werden können, daß sie die Endpunkte der Kurven fortlassen, gilt diese Behauptung analog für die eben eingeführte Untermannigfaltigkeit $\Lambda(M)$.

Bew.: (vgl. Milnor [34], S.93; dort wird Analoges für einen Teilraum von $H_1(I,M)$ mit der gröberen d_*-Topologie, vgl. II.2.6, gezeigt). Wähle eine Überdeckung von M mit offenen, konvexen Mengen N_α. Sei $k \in \mathbf{N}$ und $C_k^o(I,M)$ diejenige Teilmenge stetiger Kurven aus $C^o(I,M)$, die die Intervalle $[(j-1)/2^k, j/2^k], j=1,\ldots,2^k$, jeweils ganz in eine der Mengen N_α abbilden. Dann ist

$$C_1^o(I,M) \subset C_2^o(I,M) \subset C_3^o(I,M) \ \ldots .$$

eine aufsteigende Folge offener Teilmengen von $C^o(I,M)$, die $C^o(I,M)$ "ausschöpft". Es gilt: $i : H_1(I,M) \longrightarrow C^o(I,M)$ ist stetig, also auch $i_k: H_1^k(I,M) := i^{-1}(C_k^o(I,M)) \longrightarrow C_k^o(I,M)$. Wir zeigen obige Behauptung zunächst für i_k für ein beliebiges $k \in \mathbf{N}$.
Sei $e \in C_k^o(I,M)$ und $h_k(e)$ die nach Voraussetzung eindeutig bestimmte längenminimale gebrochene Geodätische durch $e(o), e(1/2^k), \ldots, e(1)$. Wir zeigen, daß die damit gegebene Abbildung

$$(*) \qquad h_k : C_k^o(I,M) \longrightarrow H_1^k(I,M) \qquad \text{stetig ist.}$$

Sei $e_n, e \in C_k^o(I,M)$ mit $e_n \xrightarrow{d_\infty} e$. Zu zeigen ist $h_k(e_n) =: c_n \xrightarrow{d^1} h_k(e) =: c$. Nach 1.5(a) ist dazu nur noch $|||X_n||| \longrightarrow o$, also

$$\left|\int_o^1 g_{c_k(t)}(\nabla X_n(t), \dot{c}(t))dt\right| + \left|\int_o^1 g_{c_n(t)}(\nabla Y_n(t), \dot{c}_n(t))dt\right| \longrightarrow o$$

für $X_n := \exp_c^{-1} c_n$ nachzuweisen (da die Energiewerte der Kurven c_n beschränkt sind). Nun gilt für den ersten Summanden $\int_o^1 g_{c(t)}(\nabla X_n(t), \dot{c}(t))dt = g_{c(t)}(X_n(t), \dot{c}(t))\Big|_o^1$, woraus (*) wegen $X_n(o), X_n(1) \longrightarrow o$ folgt (ebenso erledigt sich der zweite Summand). Für die Abbildung $i_k \circ h_k : C_k^o(I,M) \longrightarrow C_k^o(I,M)$ ist $i_k \circ h_k \sim id_{C_k^o(I,M)}$ nach [34] bereits klar. Es bleibt also noch

$h_k \circ i_k : H_1^k(I,M) \longrightarrow H_1^k(I,M) \sim \mathrm{id}_{H_1^k(I,M)}$ nachzuweisen:

Sei $t_j := j/2^k$ für $j = 1,..,2^k$ und $H_k : I \times H_1^k(I,M) \longrightarrow H_1^k(I,M)$ definiert durch

$$H_k(\tau,e)(t) := \begin{cases} h_k(e)(t) & \text{für } o \leq t \leq t_{j-1} \\ & \text{wobei } t_{j-1} \text{ durch } t_{j-1} < \tau \leq t_j \text{ bestimmt ist.} \\ c(t) & \text{für } t_{j-1} \leq t \leq \tau,\ c:[t_{j-1},\tau] \longrightarrow M \text{ die Geodätische minimaler Länge von } e(t_{j-1}) \text{ nach } e(\tau) \\ e(t) & \text{für } \tau \leq t \leq 1 \end{cases}$$

$H_k(o,e)(t) := e(t)$, $H_k(1,e)(t) := h_k(e)(t)$,

also $H_k(o,..) = \mathrm{id}$, $H_k(1,..) = h_k \circ i_k$.

Wir zeigen mittels 1.5(a), daß H_k stetig ist, d.h., daß für alle $\{e_n\}, e$ aus $H_1^k(I,M), \{\tau_n\}, \tau$ aus I gilt:

(beachte: $d_\infty(c_n,c) \longrightarrow o$ folgt wie in [34]):

$$X_n := \exp_c^{-1} c_n \xrightarrow{\|.\|} o, \text{ falls } \begin{cases} e_n \xrightarrow{d^1} e \\ \tau_n \longrightarrow \tau \end{cases} \text{ und } \begin{cases} c_n := H_k(\tau_n,e_n) \\ c := H_k(\tau,e) \end{cases}$$

Wähle zu $\tau \in I$ das $j \in \{o,..,2^k\}$ mit $t_{j-1} < \tau \leq t_j$ bzw. $t_{j-1} \leq \tau < t_j$. Es genügt, Folgen $\{\tau_n\}$ zu betrachten, die von unten bzw. von oben gegen τ konvergieren. Dabei kann die Betrachtung auf das Intervall $[t_{j-1},t_j]$ eingeschränkt werden, da in den restlichen analog zum vorausgegangenen bereits alles klar ist. Nach 1.5 (a) bleibt also

$$\left|\int_{t_{j-1}}^{t_j} g_{c(t)}(\nabla X_n(t),\dot c(t))dt\right| + \left|\int_{t_{j-1}}^{t_j} g_{c_n(t)}(\nabla Y_n(t),\dot c_n(t))dt\right| \longrightarrow o$$

einzusehen. Dies geschieht durch Aufspaltung dieser Integrale in jeweils 3 Integrale bzgl. der Zerlegung t_{j-1},τ_n,τ,t_j bzw. t_{j-1},τ,τ_n,t_j von $[t_{j-1},t_j]$; die beiden zu den Randpunkten gehörigen Intervalle lassen sich analog vorausgegangenem behandeln, beim mittleren ist nur zu zeigen, daß der Integrand beschränkt ist.

Es gilt also: $i_k : H_1^k(I,M) \longrightarrow C_k^o(I,M)$ ist Homotopieäquivalenz.

Da $H_1(I,M)$ bzw. $C^o(I,M)$ der homotop-direkte Limes der $H_1^k(I,M)$ bzw. $C_k^o(I,M)$ ist, vgl. Beispiel 1, S.149 in [34], gilt also nach dem dort folgenden Theorem A auch

$$i : H_1(I,M) \longrightarrow C^o(I,M) \quad \text{ist Homotopieäquivalenz.}$$

1.7 Satz :

Der Homotopietyp der Mannigfaltigkeiten $H_1(I,M)$ bzw. $\Lambda(M)$ hängt nur vom Homotopietyp der zugrundeliegenden Mannigfaltigkeit M ab.

Bew.: Nach 1.6 genügt es, dies für $(C^o(I,M),d_\infty)$ bzw. $(\Lambda^o(M),d_\infty)$ einzusehen. Seien M,N euklidische Mannigfaltigkeiten und $f:M \longrightarrow N$ (stetige) Homotopieäquivalenz, d.h. es gibt eine stetige Abbildung $g:N \longrightarrow M$

mit $f\circ g \sim id_N$ und $g\circ f \sim id_M$. Die dadurch induzierten Abbildungen $c \in C^o(I,M) \xrightarrow{C^o(f)} f\circ c \in C^o(I,N), e \in C^o(I,N) \xrightarrow{C^o(g)} g\circ e \in C^o(I,M)$ sind bzgl. der d_∞-Topologien trivialerweise stetig (vgl. auch II.4.3). Gleiches gilt für die durch stetige Abbildungen $h: [o,1]\times N \longrightarrow N$, $h': [o,1]\times M \longrightarrow M$ (mit $h(o,..) = f\circ g, h(1,..) = id_N, h'(o,..) = g\circ f$, $h'(1,..) = id_M$) induzierten Abbildungen

$$\bar{h}: [o,1]\times C^o(I,N) \longrightarrow C^o(I,N),\quad h': [o,1]\times C^o(I,M) \longrightarrow C^o(I,M)$$
$$(\tau,c) \longmapsto h_\tau \circ c \quad , \qquad (\tau,e) \longmapsto h'_\tau \circ e$$

(da sie als Einschränkungen von Abbildungen vom Typ $C^o(h), C^o(h')$ dargestellt werden können).

Für diese Abbildungen gilt $\bar{h}(o,..) = C^o(f\circ g)$, $\bar{h}(1,..) = id_{C^o(I,N)}$, etc. Also folgt $C^o(f)\circ C^o(g) = C^o(f\circ g) \sim id_{C^o(I,N)}$ und $C^o(g)\circ C^o(f) = C^o(g\circ f) \sim id_{C^o(I,M)}$, also:

$C^o(I,M)$ ist homotopieäquivalent zu $C^o(I,N)$.

Der Beweis für $\Lambda(M)$ verläuft genauso.

Bem.: 1) Da es möglich ist, f,g,h,h' durch gleichgeartete C^∞-Abbildungen $\tilde{f},\tilde{g},\tilde{h},\tilde{h}'$ zu ersetzen, so daß bzgl. $\tilde{h},\tilde{h}'$ wieder $\tilde{f}\circ\tilde{g} \sim id_N, \tilde{g}\circ\tilde{f} \sim id_M$ gilt, kann der vorstehende Beweis auch genauso mit Hilfe des Funktors H_1 bzw. Λ geführt werden.

2) Die in 1.6 angegebenen Abbildungen induzieren Bijektionen zwischen den Zusammenhangskomponenten von $H_1(I,M)$ und $C^o(I,M)$ sowie $\Lambda(M)$ und $\Lambda^o(M)$, insbesondere ist also $H_1(I,M)$ genau dann zusammenhängend, wenn M dies ist und $\Lambda(M)$ genau dann zusammenhängend, wenn M einfach zusammenhängend ist.

Eine Haupteigenschaft der d_∞-Topologie ist die folgende

$$\varkappa \in C^o(I, C^o(I,M)) \Longleftrightarrow \varkappa \in C^o(I\ I,M) \quad ,$$

d.h. Homotopien zwischen stetigen Kurven c_1,c_2 sind gerade stetige Kurven auf $C^o(I,M)$, die c_1,c_2 verbinden. Betrachten wir dasselbe bzgl. $\Lambda^o(M)$, so haben wir entsprechend die sog. freien Homotopien auf M als Kurven auf $\Lambda^o(M)$.

1.6 ergibt nach obigem, daß die durch C^∞-Kurven auf $H_1(I,M)$ bzw. $\Lambda(M)$ gegebenen Homotopien auf M keine stärkere, sondern die gleiche (freie) Homotopieklasseneinteilung wie beliebige (freie) Homotopien definieren: c_1,c_2 liegen in der gleichen Zusammenhangskomponente von $H_1(I,M)$ bzw. $\Lambda(M) \Longleftrightarrow d_1(c_1,c_2)<\infty \vee d^1(c_1,c_2)<\infty \Longleftrightarrow \tilde{d}_\infty(c_1,c_2)<\infty$ (vgl. II.4.13) $\Longleftrightarrow c_1,c_2$ sind (frei) homotop.

3) Nach [6], [6a] gilt: Sind X,Y parakompakte C^∞-Mannigfaltigkeiten mit Modell ℓ^2 und ist $\varphi: X \longrightarrow Y$ Homotopieäquivalenz, so ist φ homotop zu einem Diffeomorphismus von X auf Y. In unserem Fall ergibt sich damit: Sind M,N vom gleichen Homotopietyp, so sind $H_1(I,M), H_1(I,N)$

bzw. $\Lambda(M),\Lambda(N)$ diffeomorph.
Für solche $X,Y,..$ gilt weiter, daß sie C^∞-Einbettungen auf offene Mengen des ℓ^2 gestatten (also insbesondere parallelisierbar sind, daß sie stabil sind (X diffeomorph zu $X\times\ell^2$) und daß gilt: Ist $A\subset X$ abgeschlossen und lokal-kompakt, so ist $i:X-A \longrightarrow X$ Homotopieäquivalenz (also i homotyp zu einem Diffeomorphismus von $X-A$ auf X; Beispiel: $M\subset H_1(I,M)$ oder $M\subset\Lambda(M)$ oder auch: ℓ^2 ist diffeomorph zu der in ihm enthaltenen Sphäre.

1.8 Anmerkungen :

1) Seien A,B totalgeodätische Untermannigfaltigkeiten von M (bzgl. irgendeiner riemannschen Metrik g für M; z.B. A,B offen oder A,B abgeschlossen und disjunkt - oder gleich).

$$\Lambda_{AB}(M) := \{c\in H_1(I,M)/c(o)\in A\wedge c(1)\in B\}$$

$$\Lambda_{AB}(c) := \{X\in H_1(c)/X(o)\in A_{c(o)}\wedge X(1)\in B_{c(1)}\} \text{ für } c\in\Lambda_{AB}(M)$$
$$= \Lambda_{TA,TB}(TM)\cap H_1(c)$$

Im Falle $A=\{p\},B=\{q\},p,q\in M$ schreiben wir speziell $\Lambda_{pq}(M),\Lambda_p(M) := \Lambda_{pp}(M)$ und $\Lambda_o(c)$ statt $\Lambda_{\{p\}\{q\}}(c) = \{X\in H_1(c)/X(o)=o_p\wedge X(1)=o_q\} = \Lambda_{o_p o_q}(TM)\cap H_1(c), \Lambda_{o_p o_q}(TM) = \bigcup_{c\in\Lambda_{pq}(M)}\Lambda_o(c)$.

Analog bezeichnen wir die entsprechenden Gebilde aus C^∞-Kurven bzw. stetigen Kurven (letztere mittels zusätzlichem Index o wieder); es gilt

$$C^\infty_{AB}(M)\subset\Lambda_{AB}(M)\subset\Lambda^o_{AB}(M) \quad .$$

Da $\varphi:[o,1]\longrightarrow[o,1], t\longmapsto 1-t$ einen Diffeomorphismus $\bar\varphi:H_1(I,M)\longrightarrow H_1(I,M), \bar\varphi(c) = c\circ\varphi$ definiert, der die betrachteten Teilräume ineinander überführt, hängt $\Lambda_{AB}(M)$ nicht wesentlich von der Reihenfolge von A,B ab.

2) Die in 1.2 aus $H_1(I,M)$ für $\Lambda(M)$ gewonnenen Behauptungen gelten meist analog auch für $\Lambda_{AB}(M)$; wir erwähnen folgende Besonderheiten (die Bedingung A,B total-geodätisch wird gebraucht, um die Karten $(\exp_c^{-1}, B^\infty_\varepsilon(c))$ von $H_1(I,M)$ einschränken zu können!):
Sind A,B offen (abgeschlossen), so ist $\Lambda_{AB}(M)$ offen (abgeschlossen) in $H_1(I,M)$, lokale Modelle $\Lambda_{AB}(c)$, und es gilt: $\operatorname{codim}\Lambda_{AB}(M) = \operatorname{codim} A + \operatorname{codim} B$ (codim bzgl. $H_1(I,M)$ bzw. M).
Das Funktorverhalten von Λ ist hier nicht mehr ganz vollständig gegeben, doch gilt z.B. wieder, daß Morphismen $f:M\longrightarrow N$ Morphismen $\Lambda(f) : \Lambda_{pq}(M)\longrightarrow\Lambda_{f(p)f(q)}(N), c\longmapsto f\circ c$ induzieren (durch Einschränkung von $H_1(f)$!)
Die Identifizierung $TH_1(I,M) = H_1(I,TM)$ liefert, daß die Tangentialabbildung von $\Lambda(f)$ durch das folgende kommutative Diagramm gegeben

ist:

$$\begin{array}{ccc} \bigcup_{c\in\Lambda_{pq}(M)}\Lambda_o(c) = \Lambda_{o_p o_q}(TM) & \xrightarrow{\quad\Lambda(Tf)\quad} & \Lambda_{o_{f(p)}o_{f(q)}}(TN) \\ \Big\downarrow{\scriptstyle\Lambda(\tau)} & & \Big\downarrow{\scriptstyle\Lambda(\tau)} \\ \Lambda_{pq}(M) & \xrightarrow{\quad\Lambda(f)\quad} & \Lambda_{f(p)f(q)}(N) \end{array}$$

Analoges ergibt sich bei $\Lambda_{AB}(M), \Lambda_{A'B'}(N)$, falls $f(A)\subset A', f(B)\subset B'$.
Es gilt $M \cap \Lambda_{AB}(M) = A \cap B$, so daß die Aussage (iv) bzgl M entfällt.

3) $\Lambda_{AB}(M)$ ist ebenfalls in trivialer Weise riemannsche Untermannigfaltigkeit von $H_1(I,M)$; es gilt bzgl. g^1:

$$\Lambda_{AB}(c)^{\perp} = \{X \in H_1(c) / X(t) := U(t) + V(t) + t\cdot V(t)\},$$

wobei U,V parallel längs c und $U(o) \in A^{\perp}_{c(o)}, V(1) \in B^{\perp}_{c(1)}$.

Damit lassen sich Gradienten und Zusammenhänge aus den auf $H_1(I,M)$ gegebenen berechnen, insbesondere also die Levi-Civita-Zusammenhänge von $(\Lambda_{AB}(M),g^1)$ und $(\Lambda_{AB}(M),g_1)$ aus den für $H_1(I,M)$ bestimmten; vgl. die bei $\Lambda(M)$ in 1.4 gemachten Bemerkungen. Grossman [18] gibt einen riemannschen Zusammenhang für $(\Lambda_{pq}(M),g_1)$ an, der auf Grund eines Irrtums nicht torsionsfrei ist und starke Ähnlichkeit zu dem in II.4.11 auf $H_1(I,M)$ konstruierten Zusammenhang K_R besitzt.
1.5, 1.6 gelten natürlich in analoger Weise auch für $\Lambda_{AB}(M)$.

4) Die in diesem Paragraphen eingeführten Untermannigfaltigkeiten haben z.B. die folgenden Anwendungen (in Verbindung mit dem in II.2.6 eingeführten Energieintegral E):

$\Lambda(M)$	im Studium periodischer Geodätischer auf M, passende Metrik g_1 (da $O(2)$ - invariant)
$\Lambda_{pq}(M)$	im Studium der p,q-verbindenden Geodätischen; passende Metrik g^1 (da diese sich hier auf einen Summanden reduziert)
$\Lambda_N(M) := \Lambda_{N,N}(M)$	im Studium der Lotgeodätischen von N (N kompakte Untermannigfaltigkeit von M, vgl. [45]).

5) Wir haben die folgenden disjunkten Zerlegungen von $H_1(I,M), \Lambda(M)$, $\Lambda_{AB}(M)$ in abgeschlossene (riemannsche) Untermannigfaltigkeiten der Kodimension 2dim M, dim A + dim B, dim M (mit den Einschränkungen der natürlichen Karten als Atlas; die Projektionen auf $M\times M$ bzw. $A\times B$ bzw. M sind Submersionen!):

$$H_1(I,M) = \bigcup_{(p,q)\in M\times M}\Lambda_{pq}(M), \Lambda_{AB}(M) = \bigcup_{(p,q)\in A\times B}\Lambda_{pq}(M), \Lambda(M) = \bigcup_{p\in M}\Lambda_p(M) \quad (*).$$

Nach Serre [25] (vgl. auch [24]) versteht man unter einem <u>Faserbündel</u>

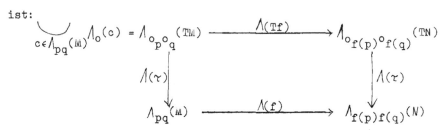

$p:E \longrightarrow B$ eine stetige Abbildung p zwischen topologischen Räumen E,B, die für alle topologischen Räume P die folgende Bedingung erfüllt: Jedes kommutative Diagramm stetiger Abbildungen

$$\begin{array}{ccc} P & \xrightarrow{g} & E \\ \downarrow{\scriptstyle i_1} & & \downarrow{\scriptstyle p} \\ P\times I & \xrightarrow{f} & B \end{array}$$

läßt sich zu einem Diagramm stetiger Abbildungen der folgenden Art

$$\begin{array}{ccc} P\times I & \xrightarrow{h} & E \\ \downarrow{\scriptstyle id} & & \downarrow{\scriptstyle p} \\ P\times I & \xrightarrow{f} & B \end{array}$$

erweitern ($h\circ i_1=g$; Homotopien sind liftbar!).
Legt man bei den in (*) angedeuteten Faserungen alle stetigen Kurven $c:I \longrightarrow M$ (statt nur die H_1-Kurven) zugrunde, so gilt nach [24], daß es sich bei (*) um Faserungen in dem eben genannten Sinne (jedoch <u>nicht</u> im Sinne von Trivialisierungen) über $M\times M$ bzw. $A\times B$ bzw. M (oder der Diagonalen von $M\times M$) handelt.
Da die in 1.6 erklärten Abbildungen i,h fasererhaltend sind, liegen ab aber auch bei den in (*) dargestellten Fällen Faserungen im Sinne von Serre vor.
Ist $f:M \longrightarrow N$ Morphismus, so hat man weiter folgende kommutative Diagramme von Morphismen (Faserbündelabbildungen!):

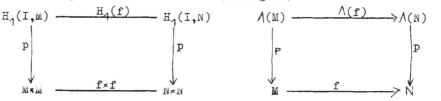

$$\begin{array}{ccc} H_1(I,M) & \xrightarrow{H_1(f)} & H_1(I,N) \\ \downarrow{\scriptstyle p} & & \downarrow{\scriptstyle p} \\ M\times M & \xrightarrow{f\times f} & N\times N \end{array} \qquad \begin{array}{ccc} \Lambda(M) & \xrightarrow{\Lambda(f)} & \Lambda(N) \\ \downarrow{\scriptstyle p} & & \downarrow{\scriptstyle p} \\ M & \xrightarrow{f} & N \end{array} .$$

H_1,Λ können damit auch als kovariante Funktoren in die Kategorie der obigen Faserbündel gedeutet werden.

6) Ist M Liegruppe (mit Einselement e), so sind auch $H_1(I,M)$, $\Lambda(M)$ und $\Lambda_e(M)$ Liegruppen, denn

$$(c\cdot d)(t) := c(t)\cdot d(t),\ c^{-1}(t) := c(t)^{-1}$$

definieren differenzierbare Gruppenoperationen auf $H_1(I,M)$ bzw. $\Lambda(M)$ bzw. $\Lambda_e(M)$ (es handelt sich einfach um die durch den Funktor H_1 bzw. Λ induzierten Abbildungen; die restlichen $\Lambda_p(M)$ sind keine Liegruppen mehr, aber $\Lambda_e(M)$ ist Lietransformationsgruppe von jedem $\Lambda_p(M)$ bzgl. der obigen Operation ".").
Die Abbildung $\Lambda(M) \longrightarrow M\times\Lambda_e(M)$, $c \longmapsto (c(o),c(o)^{-1}\cdot c)$ ist Diffeomorphismus (d.h. ist M Liegruppe, so lassen sich die eben beschriebenen

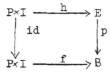

Faserungen global trivialisieren).

7) Aus 5) ergeben sich nach [24], [25] noch die folgenden Aussagen: Alle Fasern $\Lambda_{pq}(M), \Lambda_p(M)$ von $H_1(I,M)$ sind vom gleichen Homotopietyp, sie haben also isomorphe Homologie- und Homotopiegruppen. M ist Deformationsretrakt von $H_1(I,M)$, jedoch i.a. nicht von $\Lambda(M)$ (dort sind nur Retraktionen (Submersionen) $P_s : \Lambda(M) \longrightarrow M$, $c \longmapsto c(s)$ angebbar). Wie in 1.7 folgt (mittels geeigneter Homotopien): Der Homotopietyp von $\Lambda_{pq}(M)$ hängt nur vom Homotopietyp von M ab (und nicht -wie gerade bemerkt- von der Wahl von $p,q \in M$). Das nach 1.7 Bemerkte überträgt sich auf $\Lambda_{pq}(M)$, insbesondere gilt: $\Lambda_{pq}(M)$ ist zusammenhängend genau dann, wenn M einfach zusammenhängend ist, sowie:

$$\pi_{n+1}(M) = \pi_n(\Lambda_p(M)) \quad \text{für alle } n \in \mathbb{N} \cup \{o\}, p \in M.$$

2. Das Energieintegral E und seine kritischen Punkte

Für den Rest von Kapitel III benötigen wir an Bündeln über der riemannschen Mannigfaltigkeit (M,g) nur noch das Tangentialbündel $\pi: TM \longrightarrow M$ zusammen mit dem Levi-Civita-Zusammenhang ∇, K von g.

2.1 Satz :

Die Abbildung

$$E : H_1(I,M) \longrightarrow \mathbb{R}$$
$$c \longmapsto E(c) := \tfrac{1}{2}\int_0^1 g_{c(t)}(\dot{c}(t),\dot{c}(t))dt$$

ist ein Morphismus (das sogenannte Energieintegral auf $H_1(I,M)$). Für alle $X \in H_1(c)$ gilt:

$$TE_c \cdot X = \int_0^1 g_{c(t)}(\nabla_c X(t),\dot{c}(t))dt$$

(unter den kanonischen Identifizierungen $TH_1(I,M) = H_1(I,TM), \mathbb{R}_{E(c)} = \mathbb{R}$). Gleiches folgt per Einschränkung sofort für $\Lambda(M)$.

Bew.: Es gilt $\quad E = \tfrac{1}{2}g_o \circ \vartheta \times \vartheta \quad$, also

$$TE_c \cdot X = g_{o,c}(\vartheta_c, \mathring{\nabla}\vartheta|_c \cdot X) = g_{o,c}(\dot{c},\nabla_c X)$$

auf Grund der in II.4 gezeigten Eigenschaften von ϑ, Θ und $\mathring{\nabla}$ (für deren Gültigkeit "∇ riemannsch" und "∇ torsionsfrei" benötigt wird).

2.2 Bemerkung :

Sei (X,g) riemannsche Mannigfaltigkeit und $f: X \longrightarrow \mathbb{R}$ Morphismus! $p \in X$ heißt kritischer Punkt von f $:\Longleftrightarrow Tf_p = o \Longleftrightarrow \operatorname{grad} f|_p = o$. $\alpha = f(p)$ heißt dann kritischer Wert von f. Alle anderen Punkte p von X bzw. Werte in $\mathbb{R}$ heißen regulär; Tf_p ist dann also surjektiv (und zerfallend) bzw. $f^{-1}(\alpha)$ besteht dann nur aus regulären Punkten. Ist α regulärer Wert von f, so ist $f^{-1}(\alpha)$ abgeschlossene Untermannigfaltigkeit von X der Kodimension 1, eine sog. Niveaufläche von f, deren Tangentialraum in $p \in f^{-1}(\alpha)$ durch Kern $Tf_p = \{\operatorname{grad} f|_p\}^{\perp}$, gegeben ist.

Beisp.: $(X,g) = (H_1(I,M),g^1)$ und $f=E$. Es gilt:

$$\operatorname{grad} E|_c(t) = \int_0^t \dot{c}(s)ds$$

für alle $c \in H_1(I,M), t \in I$ (wie man sofort nachrechnet), also
$\|\operatorname{grad} E|_c\|^2 = E(c)$. Die Menge der kritischen Punkte von $E: H_1(I,M) \to \mathbb{R}$ ist also durch die Untermannigfaltigkeit $M = E^{-1}(o)$ der Punktkurven in $H_1(I,M)$ gegeben; o ist einziger kritischer Wert von E. Wir haben hier eine vollständige Aufteilung in unendlich-dimensionale "reguläre Untermannigfaltigkeiten" und eine endlich-dimensionale "kritische Untermannigfaltigkeit" vorliegen (alle Niveauflächen von $(H_1(I,M),E)$ sind Untermannigfaltigkeiten).
Der Gradient von $E/\Lambda(M)$ bzgl. g^1 ist bekanntlich die an $\Lambda(M)$ tangentiale Komponente des obigen Feldes grad E, er ist also nach 1.3 Bem. von der Gestalt:

$$(1) \qquad \operatorname{grad} E|_c(t) = \int_o^t \dot{c}(s)ds - t\,U(t) - (U(o) - U(1))(t);$$

für den Anfangswert $U(o)$ des parallelen Feldes U ergibt sich aus der Geschlossenheit von $\operatorname{grad} E|_c$ die (eindeutig lösbare) Gleichung

$$3U(o) - P_c|[1,o] \cdot U(o) - P_c|[o,1] \cdot U(o) = P_c|[1,o] \int_o^1 \dot{c}(s)ds.$$

Auf $H_1(I,M)$, also auch auf $\Lambda(M)$ gilt wegen
$|TE_c \cdot X|^2 \leq g_{o,c}(\dot{c},\dot{c}) \cdot g_{o,c}(\nabla_c X, \nabla_c X) \leq 2E(c) \cdot \|\nabla_c X\|^2$
die Abschätzung $\|\operatorname{grad} E|_c\| \leq \sqrt{2E(c)}$ (ebenso folgt $\|\operatorname{grad} E|_c\|_1 \leq \sqrt{2E(c)}$).
Mittels (1) ergibt sich für die kritischen Punkte von $E: \Lambda(M) \to \mathbb{R}$.

2.3 Satz :
$TE_c = o \iff c$ ist differenzierbar-geschlossene (periodische) Geodätische von (M,g) (d.h. insbesondere: der Parameter von c ist proportional zur Bogenlänge von c).

Bew.: " $\Longrightarrow$ ": Aus (1) ergibt sich gemäß Voraussetzung $\dot{c} \overset{f.\ddot{u}.}{=} U$, woraus mit Hilfe lokaler Darstellungen folgt:
$c: I \to M$ ist vom Typ C^∞ und $\nabla\dot{c} \equiv o$ (d.h. $c: I \to M$ ist Geodätische).
Ist aber $c \in \Lambda(M)$ kritischer Punkt von $E/\Lambda(M)$, so auch $\tilde{c}, \tilde{c}(t) := c(t+s - [t+s])$ für jedes $s \in \mathbb{R}$ ((grad $E \in \mathfrak{X}(H_1(I,M))$ ist äquivariant bzgl. $O(2)$, §6). Damit folgt in Verbindung mit dem vorherigen:
$\tilde{c}: I \to M$ ist Geodätische, d.h. c ist periodische Geodätische.
" $\Longleftarrow$ " Für das in (1) definierte U folgt nach Voraussetzung
$U(o) = \dot{c}(o) = \dot{c}(1)$ (da $\dot{c}$ parallel längs c und geschlossen ist), also $U = \dot{c}$, also

$$\operatorname{grad} E|_c(t) = \int_o^t \dot{c}(s)ds - t \cdot \dot{c}(t) - \dot{c}(t) + \dot{c}(t) = o.$$

Bem.: Es gibt auch hier Fälle, wo $M \subset \Lambda(M)$ die Gesamtheit der kritischen Punkte von $E/\Lambda(M)$ darstellt (z.B. $M = \mathbb{R}^n$), jedoch werden i.a. wesentlich mehr kritische Punkte als bei $H_1(I,M)$ vorliegen (z.B. existieren auf allen kompakten M nichttriviale periodische Geodätische, vgl. ff).

Daß bei $H_1(I,M)$ nur triviale kritische Punkte vorliegen, korrespondiert (wie noch ersichtlich wird) zu der in §1 gezeigten Aussage: M ist Deformationsretrakt von $H_1(I,M)$. Bei kompakten Mannigfaltigkeiten M gilt Ähnliches auch bei $\Lambda(M)$ für Kurven hinreichend kleiner Energie:

2.4 Satz :
Ist M kompakt, so ist o isolierter kritischer Wert von $E/\Lambda(M)$, d.h. die Energieintegrale (Längen) der nichttrivialen periodischen Geodätischen können nicht beliebig klein werden.

Bew.: Sei $\eta > o$, so daß für alle $p \in M$ $\exp_p/B_{\eta/2}(o_p)$ injektiv ist. Wir zeigen indirekt, daß es keine periodische Geodätische mit $o < L(c) < \eta$ gibt, woraus wegen $L(c) = \sqrt{2E(c)}$ die Behauptung folgt. Denn ist c eine solche Geodätische, so gilt Bild $c \subset B_{\eta/2}(c(o))$ und $\{\dot{c}(o)/2, -\dot{c}(o)/2\} \subset B_{\eta/2}(o_p) - \{o_p\}$, also $\exp(+\dot{c}(o)/2) = \exp(-\dot{c}(o)/2)$ im Widerspruch zur Wahl von η.

2.5 Def. :
Sei (X,g) riemannsche Mannigfaltigkeit mit Levi-Civita-Zusammenhang ∇ und $f:X \longrightarrow \mathbb{R}$ Morphismus.
Nach I.1.6(i) ist $\nabla(\text{grad } f)$ als C^∞-Schnitt im Bündel $L(TX;TX)$ über X auffaßbar; Bezeichnung: <u>Hessesches Tensorfeld</u> H_f von f. Die dazugehörige <u>Hessesche Form</u> h_f ist durch $h_f := g(H_f(..),..)$ definiert und C^∞-Schnitt in $L^2_s(TX)$, also syymetrisches (2,o) - Tensorfeld.
Die Symmetrie von $h_f(p) \in L^2_s(X_p)$ erkennt man folgendermaßen: Für alle $u,v \in \mathfrak{X}(X)$ (wie auch für alle lokalen Vektorfelder) gilt:

$$[u,v]f = u(vf) - v(uf) \quad \text{und}$$

$$u(vf) = u(Tf\cdot v) = u(g(\text{grad } f,v)) = g(\nabla_u(\text{grad } f),v) + g(\text{grad } f,\nabla_u v),$$

also gilt

$$g(\nabla_u(\text{grad } f),v) - g(\nabla_u(\text{grad } f),v) = [u,v]f - g(\text{grad } f,\nabla_u v - \nabla_v u) =$$

$$g(\text{grad } f,\nabla_u v - \nabla_v u - [u,v]) = o, \text{ da } \nabla \text{ torsionsfrei ist.}$$

Ist nun $p \in X$ kritischer Punkt von f, so folgt insbesondere eine von der Wahl von (g,∇) unabhängige Darstellung der Hesseschen Form:

$$h_f(u,v)|_p = h_f(u_p,v_p) = u_p(vf) = v_p(uf),$$

also bzgl. einer Karte (ϕ,U) um $p \in X$:

$$h_f(u_p,v_p) = D^2(f\circ\phi^{-1})_{\phi(p)}(u_{\phi(p)},v_{\phi(p)}).$$

Die Hessesche Form von f gibt weiteren Aufschluß über das Verhalten der Funktion f in der Umgebung kritischer Punkte $p \in X$. Wir definieren dazu: Eine zusammenhängende (abgeschlossene) Untermannigfaltigkeit Y von X, die nur aus kritischen Punkten besteht, heißt <u>nichtdegenerierte kritische Untermannigfaltigkeit von (X,f)</u>, falls in jedem $p \in Y$ $H_f(p)$

auf Y_p injektiv, also $h_f(p)$ dort nicht entartet ist. Dies gilt (genau) dann auch für jeden anderen topologisch-direkten Summanden Z_p von Y_p in X_p und ist (im Falle endlicher Dimension genau dann) erfüllt, falls die Tangentialräume Y_p von Y mit den Nullräumen von $h_f(p)$ übereinstimmen (vgl. [5], [33]). Im Fall $Y = \{p\}$ sprechen wir speziell von <u>nichtdegenerierten kritischen Punkten p von f</u>; man weiß, daß solche Punkte wie auch die obigen Untermannigfaltigkeiten stets isoliert liegen.
Der <u>Index von Y</u> ist der (von $p \in Y$ unabhängige) Wert des Indexes der Bilinearform $h_f(p) : X_p \times X_p \longrightarrow \mathbb{R}$. In nichtdegenerierten kritischen Punkten von f vom Index o liegen stets lokale Minima von f vor.

2.6 Satz:
Die Hessesche von $E:\Lambda(M) \longrightarrow \mathbb{R}$ lautet in kritischen Punkten $c \in \Lambda(M)$:

$$h_E(c)(u,v) = g_{o,c}(\nabla_c u, \nabla_c v) - g_{o,c}(R(u,\dot c,\dot c),v)$$

(für alle $u,v \in \Lambda(c)$; R der Krümmungstensor von (M,g)).

<u>Bew.</u>: Sei $\phi:U(o,o) \longrightarrow \Lambda(M)$ die durch $\phi(r,s) := \exp_c(r\cdot u + s\cdot v)$ auf einer Umgebung von $o \in \mathbb{R}^2$ nach 1.2 definierte C^∞-Abbildung. Es gilt $\phi(o,o) = c$, $\frac{\partial}{\partial r}\phi(o,o) = u$, $\frac{\partial}{\partial s}\phi(o,o) = v$. Nach II.3.12, 4.5 folgt damit für alle $X,Y \in \mathfrak{X}(\Lambda(M))$ mit $X_c=u, Y_c=v$:

$$h_E(c)(u,v) = h_E(X,Y)|_c = Y_p(XE) = \frac{\partial}{\partial s}\frac{\partial}{\partial r}(E\circ\phi)(o,o) =$$
$$\frac{\partial}{\partial s}\int_o^1 g_{\phi(r,s,t)}(\nabla_1\frac{\partial}{\partial t}\phi(r,s,t),\frac{\partial}{\partial t}\phi(r,s,t))dt\Big|_{(o,o,t)} =$$
$$\int_o^1 g_{\phi(o,o,t)}(\nabla_2\nabla_3\frac{\partial}{\partial r}\phi(o,o,t),\frac{\partial}{\partial t}\phi(o,o,t))dt +$$
$$\int_o^1 g_{\phi(o,o,t)}(\nabla_3\frac{\partial}{\partial r}\phi(o,o,t),\nabla_2\frac{\partial}{\partial t}\phi(o,o,t))dt =$$
$$\int_o^1 g_{\phi(o,o,t)}(\nabla_3\nabla_2\frac{\partial}{\partial r}\phi(o,o,t),\frac{\partial}{\partial t}\phi(o,o,t))dt +$$
$$\int_o^1 g_{\phi(o,o,t)}(R(\frac{\partial}{\partial s}\phi(o,o,t),\frac{\partial}{\partial t}\phi(o,o,t),\frac{\partial}{\partial r}\phi(o,o,t)),\frac{\partial}{\partial t}\phi(o,o,t))dt +$$
$$\int_o^1 g_{\phi(o,o,t)}(\nabla_3\frac{\partial}{\partial r}\phi(o,o,t),\nabla_3\frac{\partial}{\partial s}\phi(o,o,t))dt =$$
$$-\int_o^1 g_{\phi(o,o,t)}(\nabla_2\frac{\partial}{\partial r}\phi(o,o,t),\nabla_3\frac{\partial}{\partial t}\phi(o,o,t))dt +$$
$$\int_o^1 \frac{d}{dt}g_{\phi(o,o,t)}(\nabla_2\frac{\partial}{\partial r}\phi(o,o,t),\frac{\partial}{\partial t}\phi(o,o,t))dt +$$
$$\int_o^1 g_{c(t)}(R(v(t),\dot c(t),u(t)),\dot c(t))dt + \int_o^1 g_{c(t)}(\nabla_c u(t),\nabla_c v(t))dt,$$

und damit folgt die Behauptung, da $\nabla_3\frac{\partial}{\partial t}\phi(o,o,t) = \nabla\dot c(t) \equiv o$ und $t \longmapsto g_{c(t)}(\nabla_2\frac{\partial}{\partial r}\phi(o,o,t),\dot c(t))$ geschlossen ist:
$\nabla_2\frac{\partial}{\partial r}\phi(o,o,) = \Lambda(K)\frac{\partial}{\partial s}\frac{\partial}{\partial r}\phi(o,o) \in \Lambda(TM)$.

Für die Hessesche von $E:H_1(I,M) \longrightarrow \mathbb{R}$ ergibt sich auf Grund derselben Rechnung derselbe Ausdruck, wobei der zweite Term hier wegen $\dot c$=o entfällt.

2.7 Bemerkung :

1. Die abgeschlossene riemannsche Untermannigfaltigkeit $\mathbb{M}$ von $H_1(I,\mathbb{M})$ oder $\Lambda(\mathbb{M})$ ist nichtdegenerierte kritische Untermannigfaltigkeit bzgl. E vom Index o. Denn ist $c \equiv p \in \mathbb{M}$, so gilt $h_E(c)(u,v) = \int_0^1 g_p(u'(t),v'(t))dt$, da u,v als Kurven in $\mathbb{M}_p$ aufgefaßt werden können, und man ersieht, daß gerade die konstanten Vektorfelder längs c (also die tangentialen Vektoren an $\mathbb{M}$ in c) den Nullraum von $h_E(c)$ bilden.
Es folgt(schwächer als in 2.4, aber für beliebiges $\mathbb{M}$), daß $\mathbb{M}$ positiven Abstand von der Menge der restlichen kritischen Punkte von $E:\Lambda(\mathbb{M}) \longrightarrow \mathbb{R}$ hat (doch braucht $o \in \mathbb{R}$ nicht isolierter kritischer Wert von E zu sein, wie man am Beispiel "Traktrix" sieht).
Hat (M,g) durchweg nicht positive Krümmung, so gilt $g_{o,c}(R(u,\dot{c},\dot{c}),u) \leq o$ für alle $u \in H_1(c)$, also ist dann auch der Index aller weiteren kritischen Untermannigfaltigkeiten von $\Lambda(M)$ gleich Null.
Nach §1 bestimmt jede nichttriviale periodische Geodätische $c:S^1 \longrightarrow M$ von (M,g) eine nichttriviale periodische Geodätische $\varkappa:S^1 \longrightarrow \Lambda(M)$

$$\varkappa(s)(t) := c(s+t)$$

von $(\Lambda(M),g_1)$; es gilt $\exp_c^{-1}(\varkappa(s)) = s\cdot\dot{c}$ für hinreichend kleine s und $\dot{\varkappa}(s)(t) = \dot{c}(s+t - [s+t])$. Die Geodätische $\varkappa$ hat die gleiche Periode α (≤ 1) wie c und ist innerhalb einer Periode doppelpunktfrei, d.h. $\varkappa:[o,\alpha]/\{o,\alpha\} \longrightarrow \Lambda(\mathbb{M})$ ist Einbettung, Bild $\varkappa$ also Untermannigfaltigkeit von $\Lambda(\mathbb{M})$. Jede periodische Geodätische c bestimmt also eine kompakte, zusammenhängende kritische Untermannigfaltigkeit K von $\Lambda(\mathbb{M})$ mit dem Tangentialraum $K_{\varkappa(s)} = \text{Spann}\{(\dot{c}(s+t - [s+t]))_{t\in I}\}$ an der Stelle $\varkappa(s)$
Wie im trivialen Fall $H_1(I,M)$ gibt es also auch auf $\Lambda(M)$ keine nichtdegenerierten kritischen Punkte c.
Im Falle S^n z.B. sind auch die eben betrachteten kritischen Untermannigfaltigkeiten K degeneriert (sie liegen nicht isoliert!).
Ist (M,g) jedoch von strikt negativer Krümmung, so ist $h_E(\varkappa(s))$ für alle $s \in I$ auf $\dot{\varkappa}(s)^{\perp}$ positiv definit, also auf $K_{\varkappa(s)}^{\perp}$ nicht entartet, somit sind hier die kritischen Untermannigfaltigkeiten K nicht degeneriert (und liegen damit isoliert).

2. Wir hatten bereits die Vektorraumbündel $H_o(\pi):H_o(I,T\mathbb{M}) \longrightarrow H_1(I,\mathbb{M})$ und $\Lambda(\pi):\Lambda(TM) \longrightarrow \Lambda(M)$. Mit Hilfe der dortigen Trivialisierungen folgt sofort, daß auch

$$H_o(\pi)^{-1}(\Lambda(\mathbb{M})) = \bigcup_{c\in\Lambda(\mathbb{M})} H_o(c) \longrightarrow \Lambda(M),$$

$$F_o := H_o(\pi)^{-1}(M) = \bigcup_{c\equiv p\in\mathbb{M}} H_o(c) = \bigcup_{p\in\mathbb{M}} H_o(I,\mathbb{M}_p) \longrightarrow \mathbb{M} \quad \text{und}$$

$$F_1 := \Lambda(\pi)^{-1}(M) = \bigcup_{c\equiv p\in\mathbb{M}} \Lambda(c) = \bigcup_{p\in M} \Lambda(\mathbb{M}_p) \longrightarrow M$$

C^{∞}-Vektorraumbündel sind. Der Schnitt $c \xmapsto{\vartheta} \dot{c}$ in $H_o(I,T\mathbb{M})$ ergibt durch Einschränkung einen C^∞-Schnitt $\vartheta : \Lambda(M) \longrightarrow H_o(\pi)^{-1}(\Lambda(M))$.

Die mittels $\tilde{Q}_c$ aus II.2.3 ($t_o = o!$) folgendermaßen gebildete Abbildung $f : H_o(\pi)^{-1}(\Lambda(M)) \longrightarrow \Lambda(TM)$:

$$Y \in H_o(c) \longmapsto Z \in \Lambda(c)$$

$$Z(t) := \frac{1}{2-2\cosh(1)} \cdot \tilde{Q}_c^{-1} \cdot \Big\{ P_c|_{[1,o]} \int_o^t \tilde{Q}_c(Y)(s) \cdot [-\cosh(1+s-t) + \cosh(s-t)]\, ds + \int_t^1 \tilde{Q}_c(Y)(s) \cdot [\cosh(1-s+t) - (-\cosh(-s+t)]\, ds \Big\}$$

ist wohldefiniert ($Z(o) = Z(1)!$) und(zumindest stetiger) Vektorraumbündelmorphismus über $\Lambda(M)$, wie aus dem folgenden Diagramm ersichtlich ist:

$$\begin{array}{ccccccc}
H_o(\pi)^{-1}(\Lambda(M)) & \xrightarrow{(H_o(\pi),\tilde{Q})} & p_o^* F_o & \xrightarrow{(id,\tilde{f}\circ pr)} & p_o^* F_1 & \xrightarrow{(\Lambda(\pi),\tilde{Q})^{-1}} & \Lambda(TM) \\
\downarrow pr & & \downarrow pr & & \downarrow pr & & \downarrow pr \\
\Lambda(M) & \xrightarrow{id} & \Lambda(M) & \xrightarrow{id} & \Lambda(M) & \xrightarrow{id} & \Lambda(M)
\end{array} ,$$

$\tilde{Q}(X) := \tilde{Q}_{\pi\circ X}(X)$ für $X \in H_o(\pi)^{-1}(\Lambda(M))$ bzw. $X \in \Lambda(TM)$ und

$$\tilde{f}(X) = P_c|_{[1,o]} \cdot \int_o^t X(s) \cdot [-\cosh(1+s-t) + \cosh(s-t)]\, ds + \int_t^1 X(s) \cdot [\cosh(1-s+t) - \cosh(-s+t)]\, ds \quad \text{für } X \in F_o$$

(beachte: die beiden äußeren Abbildungen sind Vektorraumbündelisomorphismen und $p_o : \Lambda(M) \longrightarrow M$ ist die Abbildung $c \longmapsto c(o)$, vgl. II.4.3).

Wir haben damit gezeigt, daß $f \circ \vartheta : \Lambda(M) \longrightarrow \Lambda(TM)$ einen(stetigen) Schnitt in $\Lambda(TM)$ definiert. Dieser Schnitt stimmt mit dem bzgl. g_1 gebildeten C^∞-Schnitt grad E: $\Lambda(M) \longrightarrow \Lambda(TM)$ überein.

<u>Bew.</u>: Auf Grund der Stetigkeit von $f \circ \vartheta$ genügt es, dies für alle $c \in C^\infty(S^1 M)$ nachzuweisen, d.h. wir müssen die folgende Gleichung für alle solchen c und $Y = f \circ \vartheta_c$ und alle $X \in \Lambda(c)$ zeigen:

$$\int_o^1 g_{c(t)}(\dot{c}(t), \nabla_c X(t))\, dt = \int_o^1 g_{c(t)}(Y(t), X(t)) + g_{c(t)}(\nabla_c Y(t), \nabla_c X(t))\, dt.$$

Nach II.2.2 ist diese Gleichung äquivalent zu der folgenden

$$\int_o^1 [g_{c(t)}(\nabla_c^2 Y(t), X(t)) - g_{c(t)}(Y(t), X(t)) - g_{c(t)}(\nabla_c \dot{c}(t), X(t))]\, dt +$$

$$g_{c(1)}(\dot{c}(1), X(1)) - g_{c(o)}(\dot{c}(o), X(o)) - g_{c(1)}(\nabla_c Y(1), X(1)) +$$

$$g_{c(o)}(\nabla_c Y(o), X(o)) \overset{(*)}{=} o \quad ,$$

da für $c \in C^\infty(S^1, M)$ auch Y und $\dot{c}$ vom Typ C^∞ sind.

Mittels II.2.3 folgt weiter (auf Grund bekannter Ableitungsregeln):

$$\nabla_c Y(t) = \frac{1}{2-2\cosh(1)} \cdot \tilde{Q}_c^{-1} \cdot \Big\{ P_c|_{[1,O]} \int_o^t \tilde{Q}_c(\dot{c})(s) [\sinh(1+s-t) - \sinh(s-t)]\, ds +$$

$+ \int_t^1 \tilde{Q}_c(\dot{c})(s)\cdot[\sinh(1-s+t) - \sinh(-s+t)]ds\} + \dot{c}(t)$ und

$$\nabla_c^2 Y(t) = \frac{1}{2-2\cdot\cosh(1)}\cdot \tilde{Q}_c^{-1}\cdot\{P_c|[1,0]\cdot\int_0^t \tilde{Q}_c(\dot{c})(s)\cdot[-\cosh(1+s-t)+\cosh(s-t)]ds$$

$$+ \int_t^1 \tilde{Q}_c(\dot{c})[\cosh(1-s+t) - \cosh(-s+t)]\,ds\} + \nabla_c\dot{c}(t),$$

so daß wegen $\dot{c}(o)=\dot{c}(1)$ und $\nabla_c Y(1)=\nabla_c Y(o), X(o)=X(1)$ und $\nabla_c^2 Y - Y - \nabla_c \dot{c} = o$ die Gültigkeit der Gleichung (*) folgt.

Wir haben damit grad E auch bzgl. $(\Lambda(M), g_1)$ bestimmt (der verbleibende Fall $(H_1(I,M), g_1)$ ist komplizierter und nicht weiter wichtig) und hätten also auch die Gleichung $\operatorname{grad} E|_c(t) =$

$$\frac{1}{2-2\cdot\cosh(1)}\,\tilde{Q}_c^{-1}\cdot\{P_c|[1,0]\cdot\int_0^t\tilde{Q}_c(\dot{c})(s)[-\cosh(1+s-t) + \cosh(s-t)]ds +$$

$$+\int_t^1\tilde{Q}_c(\dot{c})(s)[\cosh(1-s+t) - \cosh(-s+t)]ds\}$$

zum Beweis von 2.3 zugrundelegen können (sie ist aber auch darüberhinaus wichtig, da - wie bereits bemerkt - bei $\Lambda(M)$ die Metrik g_1 besser als g^1 der Situation angepaßt ist, vgl. §6).

3. Die eben für jedes $c \in \Lambda(M)$ konstruierte stetige, lineare Abbildung $f: H_o(c) \longrightarrow \Lambda(c)$ hat die Eigenschaft

$$\bigwedge_{u\in H_1(c)} \nabla_c^2 f\cdot u - f\cdot u = \nabla_c u \quad ,$$

sie bestimmt also zu gegebenem $u \in H_1(c)$ die periodische Lösung der Differentialgleichung $\nabla_c^2 X - X = \nabla_c u$.

Schreibt man in ihrer Definitionsgleichung sinh anstelle von cosh, so erhält man analog stetige, lineare Abbildungen $f': H_o(c) \longrightarrow \Lambda(c)$ mit der Eigenschaft

$$\bigwedge_{u\in H_o(c)} \nabla_c^2 f'\cdot u - f'\cdot u = u.$$

Mit Hilfe dieser Abbildungen läßt sich eine weitere nützliche Darstellung der Hesseschen Form von E in kritischen Punkten c von E gewinnen:

In solchen c ist die mit Hilfe des Krümmungstensors $R: TM \oplus TM \oplus TM \longrightarrow TM$ von (M,g) definierte Abbildung

$$K_c: \Lambda(c) \longrightarrow \Lambda(c), K_c\cdot u := R\circ(u,\dot{c},\dot{c})$$

wohldefiniert, stetig und linear, und es gilt

$$(*) \quad h_E(c)(u,v) = g_{1,c}(A_c\cdot u,v) \ ,$$

wobei $A_c: \Lambda(c) \longrightarrow \Lambda(c)$ der folgende (selbstadjungierte Fredholm-) Operator ist:

$$A_c := \mathrm{id} + f'\circ(K_c + \mathrm{id})$$

(beachte: f' ist als Abbildung von $\Lambda(c) \longrightarrow \Lambda(c)$ erst recht stetig und linear).

Zum Bew. von (*)(weiteres vgl. [7]): Es genügt, die u,v zu betrachten, die als Elemente von $C^\infty(S^1,TM)$ aufgefaßt werden können. Nach II.§2 gilt für solche u,v:

$$g_{1,c}(A_c\cdot u,v) = g_{o,c}(A_c\cdot u,v) + g_{o,c}(\nabla_c(A_c\cdot u),\nabla_c v) =$$

$$= g_{o,c}(u,v) + g_{o,c}(\nabla_c u,\nabla_c v) + g_{o,c}(f'\circ(K_c+id)\cdot u,v) +$$

$$+ g_{o,c}(\nabla_c(f'\circ(K_c+id)\cdot u),\nabla_c v) = g_{1,c}(u,v) +$$

$$+ g_{o,c}(f'\circ(K_c+id)\cdot u - \nabla_c^2(f'\circ(K_c+id)\cdot u),v) +$$

$$+ g_{c(t)}(\nabla_c(f'\circ(K_c+id)\cdot u)(t),v(t))\Big|_{t=o}^{t=1} =$$

$$= g_{1,c}(u,v) - g_{o,c}((K_c+id)\cdot u,v) = g_{o,c}(\nabla_c u,\nabla_c v) - g_{o,c}(R(u,\dot c,\dot c),v),$$

also folgt (*).

Eliasson [7] zeigt bei kompakten M mittels (*) noch:
Ist c kritischer Punkt von E, so haben wir die (bzgl. g_1) orthogonale Zerlegung:

$$\Lambda(c) = T_c^o \oplus T_c^- \oplus T_c^+,$$

d.h. $\Lambda(c)$ ist Summe von Eigenräumen von A_c, die zum Eigenwert o bzw. negativen Eigenwerten bzw. positiven Eigenwerten gehören; λ ist Eigenwert von A_c genau dann, wenn es $u \in \Lambda(c) - \{o\}$ gibt mit

$$h_E(c)(u,v) = \lambda\cdot g_{1,c}(u,v)$$

für alle $v \in \Lambda(c)$, d.h. geometrisch: das Vektorfeld grad E sieht längs einer Kurve $\varkappa$ mit $\varkappa(o)=c,\dot\varkappa(o)=u$ um o aus wie $t \longmapsto t\cdot\lambda\cdot u$ bis auf Terme höherer Ordnung:

$$\bigwedge_{Y\in\mathfrak{X}(\varkappa)} g_{1,c}(\text{grad } E\circ\varkappa(t),Y(t)) = t\cdot\lambda\cdot g_{1,c}(u,Y(o)) + o(t).$$

Es gilt weiter: T_c^o stellt gerade den Nullraum von $h_E(c)$ dar und T_c^-, T_c^+ den Raum, auf dem $h_E(c)$ negativ bzw. positiv definit ist (die ersten beiden Räume bestehen nur aus periodischen C^∞-Feldern) und Nullität (c) = dim $T_c^o < \infty$, Index (c) = dim $T_c^- < \infty$.
Damit ergibt sich: $(\Lambda(M),E)$ besitzt nur nicht degenerierte kritische Untermannigfaltigkeiten, falls (M,g) eine sog. Eigenschaft $(\mathfrak{z})$ besitzt, d.h. falls es für periodische Geodätische c und periodische Jacobifelder u längs c auf (M,g) stets eine infinitesimale Isometrie $\mathfrak{z}$ auf M gibt mit $u=\mathfrak{z}\circ c$; vermutlich besitzt jeder (irreduzible) globalsymmetrische Raum (M,g) die Eigenschaft $(\mathfrak{z})$.

In Ergänzung zu 1. ist damit auch bei $\Lambda(S^n)$ (und $\Lambda(P^n)$) die Menge der kritischen Punkte Vereinigung (isoliert liegender) nichtdegenerierter kritischer Untermannigfaltigkeiten von E; bei $\Lambda(S^n)$ z.B. sind dies einfach die Untermannigfaltigkeiten der Dimension 2n-1, die aus den proportional zur Bogenlänge q-fach durchlaufenen Großkreisen (d.s.

die periodischen Geodätischen von S^n der Länge $2\pi q$) bestehen sowie die Untermannigfaltigkeiten von S^n.

2.8 Anmerkungen :

Im Falle der Untermannigfaltigkeiten $\Lambda_{pq}(M)$ von $H_1(I,M)$ ist g^1 der Situation besser angepaßt als g_1 und von sehr einfacher Form

$$c\in\Lambda_{pq}(M) \longmapsto g_c^1 \in L_s^2(\Lambda_o(c)) \subset L_s^2(\Lambda_{o_p o_q}(TM)),$$

$$g_c^1(X,Y) = \int_0^1 g_{c(t)}(\nabla_c X(t),\nabla_c Y(t))dt = g_{o,c}(\nabla_c X,\nabla_c Y).$$

Per Einschränkung folgt sofort: Die Abbildung

$$E:\Lambda_{pq}(M) \longrightarrow \mathbb{R},\; c \longmapsto E(c)$$

ist Morphismus (vom Typ C^∞), deren Tangentialabbildung durch

$$TE_c\cdot X = \int_0^1 g_{c(t)}(\dot c(t),\nabla_c X(t))dt = g_{o,c}(\dot c,\nabla_c X)\quad ,$$

dessen Gradient bzgl. g^1 analog zu 2.2 durch

$$\operatorname{grad} E|_c(t) = \int_0^t \dot c(s)ds - t\cdot U(t)$$

(U das parallele Feld längs c mit $U(1) = \int_0^1 \dot c(s)ds$)
und dessen Hessesche Form in kritischen Punkten c von $E:\Lambda_{pq}(M) \longrightarrow \mathbb{R}$ durch

$$h_E(c)(X,Y) = g_{o,c}(\nabla_c X,\nabla_c Y) - g_{o,c}(R(X,\dot c,\dot c),Y)$$

gegeben sind. Dabei ist c genau dann kritisch bzgl. E, wenn $c:[o,1]\longrightarrow M$ Geodätische in (M,g) ist, die von p nach q verläuft (dies folgt sofort aus der obigen Darstellung des Gradienten). Die kritischen Punkte von $E:\Lambda_p(M) \longrightarrow \mathbb{R}$ sind somit zwar geschlossen, aber i.a. nicht mehr periodische Geodätische, falls die Holonomiegruppe nicht trivial ist.

Im Falle p=q, also bei $\Lambda_p(M)$ ist $c\equiv p$ einziger trivialer (nichtdegenerierter) kritischer Punkt (vom Index o), dessen kritischer Wert o isoliert liegt (auch bei nicht kompaktem M); im Falle $p\neq q$ gibt es keine trivialen kritischen Punkte; die Energiewerte der $c\in\Lambda_{pq}(M)$ sind dann sogar von o wegbeschränkt: $E(c)\geq \frac{1}{2}d(p,q)^2$.

Die folgenden Aussagen über die Hessesche von $E:\Lambda_{pq}(M) \longrightarrow \mathbb{R}$ sind wohlbekannt; sie werden meist über die Längenfunktion L auf dem Niveau M gewonnen (in unserer Situation - also auf dem Niveau $\Lambda_{pq}(M)$ - ist L jedoch nicht so geeignet, da $L:\Lambda_{pq}(M) \longrightarrow \mathbb{R}$ nicht mehr Morphismus, sondern global nur noch stetig ist, die Differenzierbarkeitseigenschaften von L aber etwas komplizierter aussehen):
Der Nullraum der Hesseschen von E in einem kritischen Punkt c ist gerade durch die Jacobifelder längs c, die in o,1 verschwinden, gegeben. Sind $p,q\in M$ und ist $v\in \exp_p^{-1}(\{q\})$, so ist die Geodätische $c:[o,1] \longrightarrow M$, $c(t) := \exp_p(t\cdot v)$ genau dann degenerierter kritischer Punkt von $E:\Lambda_{pq}(M) \longrightarrow \mathbb{R}$, wenn v konjugierter Vektor bei p ist, d.h. $E:\Lambda_{pq}(M) \longrightarrow \mathbb{R}$ hat nur nichtdegenerierte kritische Punkte, genau

dann, wenn q kein konjugierter Punkt von p ist (die Menge der konjugierten Punkte q von p ist vom Maß 0!). Für obiges v gilt weiter: Es gibt nur endlich viele $t \in (0,1)$, so daß $t \cdot v$ konjugierter Vektor bei p ist (also dim Kern $T(\exp_p)(tv) > 0$ gilt) und: der Index von $h_E(c)$ in dem zu v gehörigen kritischen Punkt c von E ist durch

$$\sum_{0<t<1} \dim \operatorname{Kern} T(\exp_p)(tv)$$

gegeben, also insbesondere endlich, [39].

Gibt es kein $t \in (0,1]$, so daß $t \cdot v$ konjugierter Vektor bei p ist, so ist $h_E(c)$ also sogar positiv definit, d.h. c ist lokal in $\Lambda_{pq}(M)$ von minimaler Energie (und umgekehrt vgl. I.6.7(3),(4)). Bei Mannigfaltigkeiten (M,g) mit überall nicht-positiver Schnittkrümmung ist diese Eigenschaft von $h_E(c)$ in allen kritischen Punkten c von $E:\Lambda_{pq}(M) \longrightarrow \mathbb{R}$ trivialerweise erfüllt, Geodätische auf solchen Mannigfaltigkeiten sind also stets ohne konjugierte Punkte.

3. Vollständigkeit. Die Bedingung (C) für E

Wir brauchen im folgenden den Raum $(C^0(I,M),d_\infty)$ sowie die abgeschlossenen metrischen Teilräume $(\Lambda^0(M),d_\infty),(\Lambda^0_{pq}(M),d_\infty)$ stetiger Kurven auf M als beweistechnische Hilfsmittel und erinnern kurz an die Bemerkungen in II.4.13, wonach diese Räume sogar zu Finslermannigfaltigkeiten gemacht werden können, deren natürliche Atlanten Erweiterungen der in II.3.1 für $H_1(I,M)$ bzw. §1 für $\Lambda(M),\Lambda_{pq}(M)$ definierten natürlichen Atlanten sind.

$(\Lambda^0(M),\Lambda^0_{pq}(M)$ sind bzgl dieser natürlichen Atlanten in unmittelbarer Weise Untermannigfaltigkeiten von $C^0(I,M)$ und die Inklusion i $i:H_1(I,M) \longrightarrow C^0(I,M)$ ist Morphismus - folglich auch die anderen Inklusionen - da sie lokal als stetige, lineare Inklsuion darstellbar ist; dies ist ein weiterer beweistechnischer nützlicher Aspekt, vgl. 3.8(iii)).

Für die folgenden Ausführungen genügt die Kenntnis der obigen metrischen Räume und der Stetigkeit der Inklsuion $i:H_1(I,M) \longrightarrow C^0(I,M)$, vgl. II.3.3.

3.1 Lemma :

Für alle $c \in H_1(I,M)$ gilt $L(c) \leq \sqrt{2E(c)}$. Gleichheit gilt genau dann, wenn $g_{c(t)}(\dot{c}(t),\dot{c}(t)) = \text{konst}$, d.h. wenn der Parameter von c proportional zur Bogenlänge ist.

Bew.: $L(c) = \int_0^1 \sqrt{g_{c(t)}(\dot{c}(t),\dot{c}(t))} \cdot 1 \, dt \underset{C.S.}{\leq} \sqrt{\int_0^1 g_{c(t)}(\dot{c}(t),\dot{c}(t))dt} \cdot 1 = \sqrt{2E(c)}$,

und Gleichheit gilt in der Cauchy-Schwartzschen Ungleichung genau dann, wenn 1 und $\sqrt{g_{c(t)}(\dot{c}(t),\dot{c}(t))}$ linear abhängig als Elemente von $H_0(I,\mathbb{R})$ sind.

Bem.: Genauer folgt: $d(c(t_1),c(t_2)) \leq L_c|[t_1,t_2] \leq (t_2-t_1)^{1/2} \cdot \sqrt{2E(c)}$ in Verallgemeinerung von II.1.4 (d,L wie in II.2.6).

3.2 Lemma :

Für alle $c,e \in H_1(I,M)$ gilt: $\left|\sqrt{2E(c)} - \sqrt{2E(e)}\right| \leq d_1(c,e)$.

Bew.: Es genügt, Kurven c,e zu betrachten, die in derselben Zusammenhangskomponente von $H_1(I,M)$ liegen; es gibt also einen C^∞-Weg $\varkappa: [0,1] \longrightarrow H_1(I,M)$ von c nach e. Wir können o.B.d.A. annehmen $\sqrt{2E(e)} \geq \sqrt{2E(c)}$. Zu zeigen ist (*): $\sqrt{2E(e)} - \sqrt{2E(c)} \leq L(\varkappa)$. Dazu setzen wir zunächst voraus, daß $\varkappa$ keine Punktkurve durchläuft, also $E(\varkappa(s)) > 0$ für alle $s \in [0,1]$ gilt. In diesem Falle gilt:

$$\frac{d}{ds}(2E(\varkappa(s)))^{1/2} = \frac{\frac{d}{ds}2E(\varkappa(s))}{2\sqrt{2E(\varkappa(s))}} = \frac{TE_{\varkappa(s)} \cdot \dot\varkappa(s)}{\sqrt{2E(\varkappa(s))}} = \frac{\int_0^1 g_{\varkappa(s,t)}(\frac{\partial}{\partial t}\varkappa(s,t), \nabla_2\frac{\partial}{\partial s}\varkappa(s,t))dt}{\sqrt{2E(\varkappa(s))}}$$

$$(2E(\varkappa(s)))^{-1/2} \cdot \left(\int_0^1 g_{\varkappa(s,t)}(\frac{\partial}{\partial t}(s,t), \frac{\partial}{\partial t}(s,t))dt\right)^{1/2}$$

$$\cdot\left(\int_0^1 g_{\varkappa(s,t)}(\nabla_2\frac{\partial}{\partial s}\varkappa(s,t), \nabla_2\frac{\partial}{\partial s}\varkappa(s,t))dt\right)^{1/2} \leq$$

$$\leq (2E(\varkappa(s)))^{-1/2} \cdot (2E(\varkappa(s)))^{1/2} \cdot \left(\int_0^1 g_{\varkappa(s,t)}(\frac{\partial}{\partial s}\varkappa(s,t), \frac{\partial}{\partial s}\varkappa(s,t))dt \right.+$$

$$\left.+ \int_0^1 g_{\varkappa(s,t)}(\nabla_2\frac{\partial}{\partial s}\varkappa(s,t), \nabla_2\frac{\partial}{\partial s}\varkappa(s,t))dt\right)^{1/2} = g_{1,\varkappa(s)}(\dot\varkappa(s),\dot\varkappa(s))^{1/2}.$$

Integration dieser Abschätzung liefert nun die Behauptung (*), und zwar auch in dem Fall, in dem genau ein Randpunkt der Kurve $\varkappa$ entartet ist ($E(c)=0$ o.B.d.A.), wie man durch Limesbildung einsieht (der Fall $E(c) = E(e) = 0$ ist trivial).

Wir reduzieren nun den Fall "$\varkappa$ beliebige c,e verbindende Kurve" auf das vorausgegangene: Sei $t_0 \in I$ bzw. $t_1 \in I$ der größte bzw. kleinste Wert t in I, der $E(\varkappa(t)) = 0$ erfüllt; beachte: die Menge der entarteten Bildpunkte von $\varkappa$ ist kompakt! Dann gilt:

$$|E(e) - E(c)| \leq |E(e)-E(\varkappa(t_1))| + |E(\varkappa(t_0))-E(c)| \leq L_{\varkappa|[t_1,1]} + L_{\varkappa|[0,t_0]} \leq L(\varkappa),$$

womit (*) vollständig bewiesen ist.

Bem.: Da die durch die riemannsche Metrik g_1 von $\Lambda(M)$ induzierte Metrik die Metrik $d_1/\Lambda(M) \times \Lambda(M)$ majorisiert (denn $(\Lambda(M),g_1)$ ist riemannsche Untermannigfaltigkeit von $(H_1(I,M),g_1)$), gilt obige Behauptung erst recht bzgl. $(\Lambda(M),g_1)$.

Gleiches gilt für die jetzt folgende Behauptung, eine direkte Verallgemeinerung der Ungleichung $\|X\|_\infty \leq \sqrt{2} \cdot \|X\|_1, X \in H_1(I,\mathbb{E})$, vgl. II.1.4a.

3.3 Satz :

Für alle $c,e \in H_1(I,M)$ gilt: $d_\infty(c,e) \leq \sqrt{2}\, d_1(c,e)$.

Bew.: Da I kompakt ist, gibt es $t_1 \in I$, so daß gilt:

$$d_\infty^2(c,e) = d^2(c(t_1),e(t_1)) \le L^2(\varkappa_{t_1}) = \left(\int_0^1 g\left(\tfrac{\partial}{\partial s}\varkappa(s,t_1),\tfrac{\partial}{\partial s}\varkappa(s,t_1)\right)^{1/2} ds\right)^2$$

$$\le \left(\int_0^1 \max_{t\in I} \left\|\tfrac{\partial}{\partial s}\varkappa(s,t)\right\| ds\right)^2 \overset{\text{II.3.12}}{=} \left(\int_0^1 \|\dot\varkappa(s)\|_\infty ds\right)^2$$

$$\overset{\text{II.3.4}}{\le} \left(\int_0^1 \sqrt{2}\,\|\dot\varkappa(s)\|_1 ds\right)^2 = 2L^2(\varkappa)$$

für alle C^∞-Kurven $\varkappa$ von c nach e ($\varkappa_{t_1}$ ist die C^∞-Kurve in M mit $\varkappa_{t_1}(s) = \varkappa(s,t_1)$).

3.4 Satz :

Sei (M,g) jetzt vollständige riemannsche Mannigfaltigkeit.

Beh.: Die Inklusion $i : H_1(I,M) \longrightarrow C^0(I,M)$ ist kompakt, d.h. das Bild einer beschränkten Menge aus $(H_1(I,M),d_1)$ ist relativ kompakt in $(C^0(I,M),d_\infty)$; gleiches gilt für $i : \Lambda(M) \longrightarrow \Lambda^0(M)$.

Bew.: Ist $A \subset H_1(I,M)$ beschränkt, so gibt es $c_0 \in A$ und $r > 0$, so daß für alle $c \in A$ $d_1(c,c_0) < r$ erfüllt ist. Es folgt für alle $t_1,t_2 \in I$, $t_1 \le t_2$ (vgl. 3.1 und 3.2: d_1-Beschränktheit impliziert E-Beschränktheit):

$$d(c(t_1),c(t_2)) \le L_c|[t_1,t_2] \le (t_2-t_1)^{1/2}\cdot\left(\int_{t_1}^t g_{c(t)}(\dot c(t),\dot c(t)dt\right)^{1/2}$$

$$\le (t_2-t_1)^{1/2}\sqrt{2E(c)} \le \left(\left|\sqrt{2E(c)} - \sqrt{2E(c_0)}\right| + \sqrt{2E(c_0)}\right)\cdot(t_2-t_1)^{1/2} \le$$

$$\le \left(d_1(c,c_0) + \sqrt{2E(c_0)}\right)\cdot(t_2-t_1)^{1/2} < \left(r + \sqrt{2E(c_0)}\right)\cdot(t_2-t_1)^{1/2},$$

d.h. A ist eine Familie von Kurven, die gleichmäßig-gleichgradig stetig ist. Gleiches gilt für die abgeschlossene Hülle $\bar A$ in $C^0(I,M)$ ([23], S.240). Weiter gilt für alle $t \in I$

$$\sup_{c\in A} d(c(t),c_0(t)) \le \sup_{c\in A} d_\infty(c,c_0) \le \sqrt{2}\cdot d_1(c,c_0) \le \sqrt{2}\cdot r,$$

d.h. die Mengen $A(t) := \{c(t)/c \in A\}$ sind (gleichmäßig) beschränkt und also nach Hopf-Rinow relativ-kompakte Teilmengen von M. Nach dem Satz von Arzela-Ascoli folgt damit die Behauptung.

Bem.: Der Beweis zeigt genauer: Für alle E-beschränkten Mengen $A \subset H_1(I,M)$ bzw. $\Lambda(M)$ (und ihre bzgl. d_∞ in $C^0(I,M)$ bzw. $\Lambda^0(M)$ abgeschlossenen Hüllen $\bar A$) gilt:

A ist eine gleichmäßig-gleichgradig stetige Familie von Kurven, d.h.

$$(*) \quad \bigwedge_{\varepsilon>0} \bigvee_{\delta>0} \bigwedge_{t_1,t_2\in I} \bigwedge_{c\in A} |t_2-t_1|<\delta \Longrightarrow d(c(t_1),c(t_2))<\varepsilon .$$

Ist M kompakt, so reicht für 3.4 Beh. sogar die Annahme der E-Beschränktheit, da der letzte Teil des Beweises dann aus der Kompaktheit von M folgt.

3.5 Satz :
(M,g) vollständig $\Longleftrightarrow$ $(\Lambda(M),g_1)$ vollständig
($\Longleftrightarrow$ $(H_1(I,M),g_1)$ vollständig).

Bew.: "$\Longrightarrow$": Sei $\{c_n\}$ Cauchyfolge in $(\Lambda(M),d_1)$. Nach 3.3 ist $\{c_n\}$ dann auch Cauchyfolge in $(\Lambda(M),d_\infty)$, also konvergent in $(\Lambda^0(M),d_\infty)$, da (M,d) vollständig ist. Da die C^∞-Kurven dicht in $\Lambda^0(M)$ liegen, gibt es zu jedem $\varepsilon>0$ ein $c_0 \in C^\infty(S^1,M)$, so daß der ε-Ball $D^\infty_\varepsilon(c_0)$ um c_0 in $(\Lambda^0(M),d_\infty)$ fast alle c_n enthält. Nach II.3.3-5 gibt es damit eine natürliche Karte $(\exp^{-1}_{c_0},B^\infty_\varepsilon(c_0))$ von $\Lambda(M)$ um c_0, die fast alle c_n enthält: $X_n := \exp^{-1}_{c_0}c_n$ ist also nach 1.5(c) konvergente Folge in dem Hilbertraum $\Lambda(c_0)$, deren Limes in $\overline{B^\infty_\varepsilon(o_{c_0})}$ liegen muß, da X_n auch konvergent bzgl. $\|..\|_\infty$ ist. Die Abbildung $\Lambda(\exp) : \Lambda(TM) \longrightarrow \Lambda(M)$ ist stetige Erweiterung von $\exp_{c_0}$, weshalb $c_n = \exp_{c_0}(X_n)$ konvergent sein muß (gegen $\exp\circ X \in \Lambda(c_0)$).

"$\Longleftarrow$": trivial, da (M,g) abgeschlossene riemannsche Untermannigfaltigkeit von $(\Lambda(M),g_1)$ ist.

3.6 Definition :
Sei (X,g) vollständige riemannsche Mannigfaltigkeit und $f:X \longrightarrow \mathbb{R}$ Morphismus. Wir sagen:
Das Paar (X,f) erfüllt Bedingung (C): $\Longleftrightarrow$ Jede Folge $\{x_n\}$ in X, bei der $f(x_n)$ beschränkt ist und bei der $\operatorname{grad} f|_{x_n}$ gegen Null konvergiert, besitzt eine in X konvergente Teilfolge (deren Limes dann kritischer Punkt von f ist).

Bem.: Diese Bedingung ist stärker als die von Palais in [39] verwandte (*): Jede Teilmenge S von X, auf der f beschränkt, aber grad f nicht von Null wegbeschränkt ist, besitzt einen kritischen Punkt in ihrer Abschließung (die Palais'sche Bedingung ist bei jeder konstanten Funktion f erfüllt!).
Wir werden deshalb aus 3.6 auch stärkere Folgerungen (als es (*) gestattet) hinsichtlich der kritischen Punkte von f ziehen können (§4). Da Bedingung (C) bei kompaktem X oder eigentlichen Abbildungen f trivialerweise erfüllt ist, ist sie bei endlichdimensionalen Mannigfaltigkeiten durch Kompaktheitsargumente ersetzbar; ihre Gültigkeit bei Morphismen auf unendlichdimensionalen Mannigfaltigkeiten überbrückt in geeigneter Weise das Fehlen lokaler Kompaktheit hinsichtlich der Anpassung der Morse-Theorie an unendliche Dimension.

3.7 Theorem :
Sei M kompakt, also $\Lambda(M)$ (und ebenso $H_1(I,M)$) insbesondere vollständig.

Beh.: $(\Lambda(M),E)$ erfüllt Bedingung (C) (bzgl. g_1 und g^1; ebenso $(H_1(I,M),E)$).

Bew.: Nach 1.2(iii) genügt es, den Fall g^1 zu betrachten: Ist $\{c_n\}$ eine Folge in $\Lambda(M)$, die den Voraussetzungen der Bedingung (C) genügt, so besitzt $\{c_n\}$ nach 3.4 Bem. eine in $(\Lambda^o(M),d\ )$ konvergente Teilfolge, die wir o.B.d.A. wieder mit $\{c_n\}$ bezeichnen. $\{c_n\}$ erfüllt nun die Voraussetzungen von 1.5(b), d.h. wir müssen mit den dortigen Abschätzungen nur noch einsehen, daß $\{|||X_{kn}|||\}$ Nullfolge ist, da dann $\{c_n\}$ Cauchyfolge, also konvergent in $(\Lambda(M),d^1)$ ist. Nach 1.5(b) gilt:

$$|||X_{kn}|||^2 \leq \|X_{kn}(o)\|^2 + |TE_{c_k}\cdot X_{kn}| + |TE_{c_n}\cdot Y_{kn}| + \sqrt{2E(c_k)}\cdot h_{kn} \leq$$

$$\leq \|X_{kn}(o)\|^2 + |||\text{grad } E|_{c_k}|||\cdot|||X_{kn}||| + |||\text{grad } E|_{c_n}|||\cdot|||Y_{kn}||| + \sqrt{2E(c_k)}\cdot h_{kn}$$

und $|||X_{kn}|||^2 \leq \|X_{kn}(o)\|^2 + \text{const}\cdot E(c_k) + \text{const}\cdot E(c_n)$.

Nun gilt $d_\infty(c_k,c_n) \longrightarrow o$, also $d(c_k(o),c_n(o)) \longrightarrow o$, also konvergiert $\{c_n(o)\}_{n\in\mathbb{N}}$ in (M,d) (gegen $p\in M$), also gilt $\|X_{kn}(o)\| \longrightarrow o$, da $\|..\| : TM \longrightarrow \mathbb{R}$ stetig ist. Damit folgt aus der letzten Abschätzung gemäß Voraussetung, daß $\{|||X_{kn}|||^2\}$ beschränkt ist (also nach 1.5 auch $\{|||Y_{kn}|||^2\}$), so daß jetzt aus der ersten Abschätzung und der Voraussetzung $|||X_{kn}||| \longrightarrow o$ folgt.

q.e.d.

3.8 Anmerkungen :

(i) Ist M nicht kompakt, so gibt es eine Folge in M, also eine Folge von Punktkurven in $\Lambda(M)$, die keine konvergente Teilfolge besitzt, woraus folgt, daß bei solchen M nie Bedingung (C) für $(\Lambda(M),E)$ erfüllt sein kann.

(ii) Die in diesem Paragraphen bzgl. g_1,d_1 gemachten Behauptungen gelten in gleicher Weise auch für g^1,d^1 und übertragen sich auch auf $(\Lambda_{pq}(M),g^1),E/\Lambda_{pq}(M)$, wobei für 3.4 jetzt nur noch die E-Beschränktheit, also für 3.7 nur noch die Voraussetzung (M,g) vollständig benötigt wird.

(iii) Eliasson beweist in [10] das folgende allgemeine Kriterium für Bedingung (C), das die beim Beweis von 3.7 gegebene Situation verallgemeinert:

Satz: Seien X,X^o Banachmannigfaltigkeiten und X "schwache Untermannigfaltigkeit" von X^o. Sei $f:X \longrightarrow \mathbb{R}$ Morphismus, der "lokal koersiv" bzgl. X^o ist. Sei $\{x_n\}$ Folge in X, die in X^o konvergiert, derart, daß $\{f(x_n)\}$ beschränkt ist und $df(x_n)$ gegen(ein Element des) Nullschnittes in T^*X) konvergiert.

<u>Beh.</u>: $\{x_n\}$ konvergiert auch in X (und zwar gegen einen kritischen Punkt von f).

<u>Bem.</u>: Der Begriff "schwache Untermannigfaltigkeit" verallgemeinert die bei $\Lambda(M)\subset\Lambda^o(M)$ vorliegende Situation (vgl. 4.13), indem er verlangt, daß die Modelle eines Atlasses von X in denen eines Atlasses von X^o linear und stetig eingebettet sind und ersterer Atlas durch Einschränkung von letzterem gegeben ist. f "lokal koersiv" auf X bzgl. X^o fordert dann die Gültigkeit von Abschätzungen für die Ableitung von f bzgl. der obigen Atlanten, und zwar vom Typ

$$(df(y) - df(x))(y-x) \geq \lambda \|y-x\|^2 - C\|y-x\|_o^2$$

(oder äquivalent $d^2f(x)(\xi,\xi) \geq \lambda\|\xi\|^2 - C\|\xi\|_o^2$), genaueres vgl. [1o].

Als Anwendung dieses Satzes zeigt Eliasson, daß im Fall einer kompakten, zusammenhängenden riemannschen Mannigfaltigkeit (M,g) der Raum $\Lambda_{c,e}(\Lambda(M)$ für alle $c,e\in\Lambda(M)$ erklärt und (wie $\Lambda_{pq}(M)$) zur riemannschen C^∞-Mannigfaltigkeit, auf der das bzgl. der riemannschen Metrik von $\Lambda_{c,e}(\Lambda(M))$ gebildete) Energieintegral E eine C^∞-Funktion definiert, gemacht werden kann, so daß mittels $\Lambda^o_{c,e}(\Lambda^o(M))$ - aus 4.13 - folgt: $(\Lambda_{c,e}(\Lambda(M)),E)$ erfüllt Bedingung (C); analoges zeigt er für $\Lambda_{c,e}(\Lambda_{pq}(M))$ für alle vollständigen riemannschen Mannigfaltigkeiten (M,g). Der folgende Paragraph ist somit auch auf solche "iterierten" Kurvenmannigfaltigkeiten anwendbar.

(iv) Wir haben in §2 Beispiele von Mannigfaltigkeiten (M,g) aufgeführt, bei denen sich die Menge der kritischen Punkte von $(\Lambda(M),E)$ vollständig in nichtdegenerierte kritische Untermannigfaltigkeiten (stets von Dimension ≥ 1) aufspalten läßt. Auf solche Fälle läßt sich (bei kompaktem M!) die von Palais in [39] für Untermannigfaltigkeiten X entwickelte Morse-Theorie nichtdegenerierter kritischer Punkte (eines Morphismus $f: X \longrightarrow \mathbb{R}$) verallgemeinern. Es gilt der folgende allgemeine Satz ([9], S.79o, genaueres vgl. [33]):

Sei (X,g) vollständige riemannsche Hilbertmannigfaltigkeit und $f: X \longrightarrow \mathbb{R}$ Morphismus, der Bedingung (C) erfüllt und der nur nichtdegenerierte kritische Untermannigfaltigkeiten besitzt. Dann gilt:
(1) Für alle $a<b$ ist die kritische Punktmenge in $f^{-1}([a,b])$ Vereinigung von endlich vielen, disjunkten, kompakten (isoliert liegenden) kritischen Untermannigfaltigkeiten von (X,f).
(2) Enthält $[a,b]$ keine kritischen Werte von f, so ist $f^{-1}(a)$ diffeomorph zu $f^{-1}(b)$.
(3) Ist $c\in(a,b)$ der einzige kritische Wert von f in $[a,b]$ und sind $(Y_j)_{1\leq j\leq r}$ die kritischen Untermannigfaltigkeiten von (X,f) vom Niveau c, so ist $f^{-1}(b)$ diffeomorph zu einer Mannigfaltigkeit, die aus

$f^{-1}(a)$ durch distinktes, differenzierbares Anheften von r Henkeln entsteht.

4. Sind $a < b$ keine kritischen Werte von f und sind $(Y_j)_{1 \leq j \leq r}$ die kritischen Untermannigfaltigkeiten von (X,f) von endlichem Index $(k_j)_{1 \leq j \leq r}$), deren Niveaus in (a,b) liegen. so gilt für jedes $k \in \mathbb{N} \setminus \{o\}$:

$$\sum_{i=o}^{k} (-1)^{k-i} \beta_i(f^{-1}(b), f^{-1}(a); \mathbb{Z}_2) \leq \sum_{j=o}^{r} \sum_{i=o}^{k} (-1)^{k-i} \beta_{i-k_j}(Y_j; \mathbb{Z}_2),$$

und Gleichheit gilt, falls k hinreichend groß ist.

Auf kompakten zusammenhängenden Mannigfaltigkeiten (M,g) strikt negativer Krümmung gibt es (nach §2) also stets nur endlich viele nichttriviale "geometrisch verschiedene" periodische Geodätische unterhalb einer vorgegebenen Energieschwelle.
In den Spezialfällen $M=S^n$ und $M=P^n$ und bei Linsenräumen M können Klingenberg [26a], [26b] und Craemer [3a] die dann bei $\Lambda(M)$ vorliegende Nichtdegeneriertheit der kritischen Untermannigfaltigkeiten nutzen, um mit Hilfe der Hesseschen weiter Betrachtungen über $\Lambda(M)$ (und $\Pi(M)$, vgl. §6) anzustellen, die insbesondere zu Berechnungen der Homologie von $\Lambda(M), \Pi(M)$ in diesen Fällen führen (vgl. auch Eliasson [7]).

Wirhaben gesehen, daß Morse-Theorie nichtdegenerierter kritischer Punkte überhaupt nicht und nichtdegenerierter kritischer Untermannigfaltigkeiten nur in beschränktem Maße bei Hilbertmannigfaltigkeiten und Morphismen vom Typ $(\Lambda(M),E)$ anwendbar ist (beim Typ $(\Lambda_{pq}(M),E)$ liegen die Verhältnisse schon wesentlich besser, wie in §2 ausgeführt wurde). Da wir im folgenden $\Lambda(M)$ für beliebige kompakte riemannsche Mannigfaltigkeiten (M,g) betrachten wollen, verzichten wir auf die weitere Diskussion mittels Nichtdegeneriertheit, untersuchen also das Verhalten der kritischen Punkte von E (in Verbindung mit dem topologischen Verhalten von $\Lambda(M)$) ohne Rückgriff auf die Hessesche von E. Die dann noch möglichen Aussagen stellen wir im folgenden Paragraphen für beliebige vollständige riemannsche Mannigfaltigkeiten (Λ,g) und Morphismen $f:\Lambda \longrightarrow \mathbb{R}$, die Bedingung (C) erfüllen, dar (Ljusternik-Schnirelman-Theorie). Im darauffolgenden Paragraphen werden wieder Anwendungen auf $(\Lambda(M),E)$ betrachtet.

4. Ljusternik-Schnirelman-Theorie

Sei (Λ,g) vollständige riemannsche Mannigfaltigkeit mit dazugehöriger Norm $\|..\|$ und Metrik d, $E:\Lambda \longrightarrow \mathbb{R}$ Morphismus, der Bedingung (C) und $\inf\{E(c)/c \in \Lambda\} = o$ erfüllt. Sei $X := -\operatorname{grad} E \in \mathfrak{X}(\Lambda)$ und K die Menge der kritischen Punkte von E. Wir setzen auf Λ nicht die Existenz einer abzählbaren Basis voraus, wie sie bei dem für uns wichtigsten Beispiel $\Lambda(M)$ gegeben ist ($\Lambda(M)$ ist also zusätzlich separabel und besitzt Partitionen der Eins).

A. Grundlegende Folgerungen aus Bedingung (C):

4.1 Satz :

Sei $k \in \mathbb{R}$ und K_k die Menge der kritischen Punkte von E vom E-Wert k:
$K_k = \{c \in \Lambda / \|X_c\| = o \wedge E(c) = k\}$. Beispiel: $M = E^{-1}(o)$ im Falle $\Lambda = \Lambda(M)$.

Beh.: K_k ist kompakt.

Bew.: Nach [23], S.138 genügt es zu zeigen, daß jede Folge in K_k eine in K_k konvergente Teilfolge enthält: Folgen in K_k genügen den Voraussetzungen der Bedingung (C), besitzen also stets konvergente Teilfolgen, deren Limites c auf Grund der Stetigkeit von X,E ebenfalls $E(c) = k$ und $X_c = o$ erfüllen, also zu K_k gehören müssen.

Bem.: Allgemeiner folgt analog: $E:K \longrightarrow \mathbb{R}$ ist eigentlich.

Für $k \in \mathbb{R}$ seien Λ^k, Λ^{k-} definiert durch

$$\Lambda^k := \{c \in \Lambda / E(c) \leq k\}, \quad \Lambda^{k-} := \{c \in \Lambda / E(c) < k\} = \text{Int}(\Lambda^k).$$

Es gilt: Λ^{k-} ist offene Untermannigfaltigkeit von Λ; bei regulärem k ist $\text{Rd}\Lambda^k = \Lambda^k - \Lambda^{k-} = E^{-1}(k)$ abgeschlossene Untermannigfaltigkeit von Λ, (eine sog. Niveaufläche) und Λ^k berandete (Unter-)Mannigfaltigkeit mit Rand $E^{-1}(k)$.

4.2 Satz :

Zu jeder Umgebung $U(K_k)$ der in 4.1 definierten Menge K_k gibt es $\varepsilon > o$, so daß $(\Lambda^{k+\varepsilon} - \Lambda^{(k-\varepsilon)-}) \cap \complement U(K_k)$ keine kritischen Punkte enthält.

Bem.: $\|X\|$ ist auf dieser Menge dann sogar von o wegbeschränkt, da diese abgeschlossen ist (Bedingung (C)!); wichtiger Spezialfall $K_k = \emptyset, U(K_k) = \emptyset$.

Bew.: Annahme: Es gibt Umgebung $U(K_k)$ von K_k, so daß für alle $\varepsilon > o$ die Menge $(\Lambda^{k+\varepsilon} - \Lambda^{(k-\varepsilon)-}) \cap \complement U(K_k)$ wenigstens einen kritischen Punkt enthält. Es gibt dann eine Folge von kritischen Punkten $\{c_n\}_{n \in \mathbb{N}}$, für die gilt

$$c_n \in (\Lambda^{k+1/n} - \Lambda^{(k-1/n)-}) \cap \complement U(K_k), \text{ d.h. } |E(c_n) - k| \leq 1/n.$$

Auf Grund von Bedingung (C) hat diese Folge eine konvergente Teilfolge; für deren Grenzwert gilt: $E(c) = k$ und $X_c = o$. Da aber $c \in \overline{\complement U} = \complement U$, folgt $c \notin K_k$ im Widerspruch zur Definition von K_k.

Beisp.: $M = E^{-1}(o) = \Lambda(M)^o \subset \Lambda(M)$: Da M als nichtdegenerierte kritische Untermannigfaltigkeit isoliert liegt, folgt nach 4.2, daß es für hinreichend kleine $\varepsilon > o$ in $\Lambda(M)^\varepsilon - M$ keinen kritischen Punkt von E gibt. Dieses Resultat wurde bereits in 2.4 auf geometrischem Wege mittels M gezeigt.

4.3 Korollar :

Die Menge E(K) der kritischen Werte von E ist abgeschlossen in $\mathbb{R}^+ \cup \{o\}$.

Bew.: Wählt man zu regulären Werten $k \in \mathbb{R}$ $U(K) = \emptyset$ und dazu gemäß 4.2 $\varepsilon > o$, so folgt, daß in $[k-\varepsilon, k+\varepsilon]$ kein kritischer Wert von E liegt.

Bem.: 1) Ist E auf einer Zusammenhangskomponente von Λ (lokal) konstant, so ist diese nach 4.1 (lokal) kompakt, also endlich-dimensionale offene Untermannigfaltigkeit von Λ.
2) Sind alle Zusammenhangskomponenten von Λ unendlichdimensional, so enthält K keine inneren Punkte (da E auf keiner offenen Menge konstant ist).

Zu $c \in \Lambda$ bezeichne φ_c stets die maximale Lösungskurve von **X** mit $\varphi_c(o) = c$ (auch Trajektorie von X durch c genannt) und $(\tau^-(c), \tau^+(c))$ ihren Definitionsbereich. $\varphi_c : [o, \tau^+(c))$ heißt "unterer Ast" von φ_c, vgl. 4.4:

4.4 Lemma:

Für alle $\tau, \tau_1, \tau_2 \in (\tau^-(c), \tau^+(c))$ mit $\tau_1 \leq \tau_2$ gilt:

Beh.: (i) $(E \circ \varphi_c)'(\tau) = -\|X_{\varphi_c(\tau)}\|^2$

(ii) $E(\varphi_c(\tau_1)) - E(\varphi_c(\tau_2)) = \int_{\tau_1}^{\tau_2} \|X_{\varphi_c(\tau)}\|^2 d\tau = \int_{\tau_1}^{\tau_2} \|\dot{\varphi}_c(\tau)\|^2 d\tau \; (= 2E_{\varphi_c|[\tau_1,\tau_2]})$.

(iii) $d(\varphi_c(\tau_1), \varphi_c(\tau_2))^2 \leq (\tau_2 - \tau_1) \cdot \int_{\tau_1}^{\tau_2} \|X_{\varphi_c(\tau)}\|^2 d\tau$

Bem.: Die Energie fällt also längs der Trajektoren monoton, wir bezeichnen diese deshalb auch als "Fallinien von E".

Bew.: (i) $(E \circ \varphi_c)'(\tau) = TE(\varphi_c(\tau)) \cdot \dot{\varphi}_c(\tau) =$

$$g_{\varphi_c(\tau)}(\text{grad } E_{\varphi_c(\tau)}, \dot{\varphi}_c(\tau)) = g_{\varphi_c(\tau)}(-X_{\varphi_c(\tau)}, X_{\varphi_c(\tau)}).$$

(ii) Integration von (i).

(iii) $d(\varphi_c(\tau_1), \varphi_c(\tau_2))^2 \leq (L_{\varphi_c|[\tau_1,\tau_2]})^2 = \left(\int_{\tau_1}^{\tau_2} \|X_{\varphi_c(\tau)}\| d\tau\right)^2$

$$\leq (\tau_2 - \tau_1) \cdot \int_{\tau_1}^{\tau_2} \|X_{\varphi_c(\tau)}\|^2 d\tau$$

4.5 Satz :

Für alle $c \in \Lambda$ gilt: $\tau^+(c) = \infty$.

Bew.: Annahme: es gibt $c \in \Lambda$ mit $\tau^+(c) < \infty$. Nach [29] ist die Folge $\{\varphi_c(\tau_n)\}_{n \in \mathbb{N}}$ nicht konvergent für jede Folge $\{\tau_n\}_{n \in \mathbb{N}}$, die von unten gegen $\tau^+(c)$ konvergiert $(\tau_n < \tau^+(c))$.
Andererseits ist $\int_{\tau_m}^{\tau_n} \|X_{\varphi_c(\tau)}\|^2 d\tau$ beschränkt $(\tau_n \geq \tau_m \geq o$ o.B.d.A.):

$$\int_{\tau_m}^{\tau_n} \|X_{\varphi_c(\tau)}\|^2 d\tau \leq \int_o^{\tau_n} \|X_{\varphi_c(\tau)}\|^2 d\tau + \int_o^{\tau_m} \|X_{\varphi_c(\tau)}\|^2 d\tau =$$

$E(\varphi_c(o)) - E(\varphi_c(\tau_n)) + E(\varphi_c(o)) - E(\varphi_c(\tau_m)) \leq 2E(\varphi_c(o)) = 2E(c)$, also gilt

$d(\varphi_c(\tau_n),\varphi_c(\tau_m)) \leq (\tau_n-\tau_m)\cdot\int_{\tau_m}^{\tau_n}\|X_{\varphi_c(\tau)}\|^2 d\tau \leq (\tau_n-\tau_m)\cdot 2E(c)$,

d.h. $\{\varphi_c(\tau_n)\}$ ist Cauchyfolge in Λ, also konvergent, im Widerspruch zur Annahme.

Bem.: 1) Die eindeutige Bestimmtheit maximaler Integralkurven von Vektorfeldern durch ihren Anfangswert impliziert, daß die Trajektorien durch kritische Punkte c von X global konstant (stationär) sind und somit Trajektorien durch reguläre Punkte (im endlichen) keinen kritischen Punkt enthalten. E ist also auf den ersteren konstant und auf letzteren streng monoton fallend. Ist E auch nach oben beschränkt, so folgt analog: $\tau^-(c)=-\infty$ und damit die Vollständigkeit des Vektorfeldes X (hierbei wird Bedingung (C) nicht benötigt).

2) Definiert man zu $\tau\in\mathbb{R}$ $\Delta_\tau := \{c\in\Lambda / \tau^-(c)<\tau<\tau^+(c)\}$, so gilt bekanntlich (vgl. [29])

$\varphi_\tau : \Delta_\tau \longrightarrow \Delta_{-\tau}$, $c \longmapsto \varphi_\tau(c) := \varphi_c(\tau)$ ist Diffeomorphismus (zwischen offenen Teilmengen von Λ; es gilt $\varphi_o = \mathrm{id}$ und $\varphi_\sigma(\varphi_\tau(c)) = \varphi_{\sigma+\tau}(c)$ - falls beide Seiten dieser Gleichung definiert sind - sowie $\varphi_\tau^{-1} = \varphi_{-\tau}$).
Wegen 4.5 gilt für alle $\tau\geq o$ $\Delta_\tau = \Lambda$ (jedoch nicht für $\tau<o$, dort bleibt die Alternative "entweder $\lim_{\tau\to\tau^-(c)} E(\varphi_c(\tau)) = \infty$ oder $\tau^-(c) = -\infty$" bestehen; letzteres ist z.B. in kritischen Punkten c von E erfüllt).

Der globale Fluß φ von X ergibt eingeschränkt insbesondere den Morphismus $\varphi : (\mathbb{R}^+\cup\{o\})\times\Lambda \longrightarrow \Lambda$, $\varphi(\tau,c) := \varphi_\tau(c) = \varphi_c(\tau)$.

3) Liegt in $(\alpha,\beta)\subset\mathbb{R}$ kein kritischer Wert von E, so ist das folgende Vektorfeld $Y := X/(XE) \in \mathfrak{X}(E^{-1}(\alpha,\beta))$, $Y_c = g_c(X_c,X_c)^{-1}\cdot X_c$ wohldefiniert; es gilt $\|Y\|^2 \equiv 1$, insbesondere ist also Y beschränkt. Der globale Fluß von Y stellt eine geeignete Normierung (Umparametrisierung und Umorientierung!) der Trajektorien von X dar:
Für alle $a\in(\alpha,\beta)$ ist $\Phi : E^{-1}(a)\times(\alpha,\beta) \longrightarrow E^{-1}(\alpha,\beta)$, $(c,\tau) \longmapsto \Phi_c(\tau)$ Diffeomorphismus, der für alle $b\in(\alpha,\beta)$ einen Diffeomorphismus von $E^{-1}(a) = E^{-1}(a)\times\{b\}$ auf $E^{-1}(b)$ induziert (für b=a die Identität, vgl. [4o]). $E^{-1}(\alpha,\beta)$ ist also triviales Faserbündel über (α,β), dessen Fasern reguläre Niveauflächen von E (von ein und demselben Homotopietyp!) sind. Analoges gilt bei Einschränkung auf halboffene oder abgeschlossene Teilintervalle von (α,β).
Es folgt: $E^{-1}(a)$ ist starker Deformationsretrakt von jeder Menge $\Lambda^{\beta_1}-\Lambda^{\alpha_1}, \Lambda^{\beta_1 -}-\Lambda^{\alpha_1}, \Lambda^{\beta_1}-\Lambda^{\alpha_1 -}, \Lambda^{\beta_1 -}-\Lambda^{\alpha_1 -}$, die $E^{-1}(a)$ enthält und in $E^{-1}(\alpha,\beta)$ liegt.

Mit Hilfe geeigneter Ausdehnungen von Φ mittels einer C^{∞}-Funktion $h:\mathbb{R} \longrightarrow \mathbb{R}$ zeigt man außerdem leicht, daß die Mannigfaltigkeiten $\Lambda^{\alpha_1}, \Lambda^{\beta_1}$ bzw. $\Lambda^{\alpha_1^-}, \Lambda^{\beta_1^-}$ für alle $\alpha_1 \leq \beta_1 \in (\alpha, \beta)$ diffeomorph sind (letzterer Diffeomorphismus ist einfach Einschränkung von ersterem) und: $\Lambda^{\alpha_1^-}$ ist Deformationsretrakt von $\Lambda^{\beta_1^-}$, vgl. [39], S. 31o. Im ersten Fall kann man die Niveauflächen so verschieben, daß sogar folgt: Λ^{α_1} ist starker Deformationsretrakt von Λ^{β_1} (und auch von $\Lambda^{\beta_1^-}$; β und β_1 dürfen dabei auch ∞ sein).

4.6 Satz :

E nimmt auf Λ sein Infimum o an: $E^{-1}(o) \neq \emptyset$.

Bew.: Wähle Folge $\{c_n\}$ mit $\lim\limits_{n\to\infty} E(c_n) = o$. Für jedes $n \in \mathbb{N}$ ist

$$\{\|X_{\varphi_{c_n}}(\tau)\| / \tau \geq o\}$$

nicht wegbeschränkt von Null, denn sonst würde gelten

$$E(\varphi_{c_n}(o)) - E(\varphi_{c_n}(\tau)) = \int_o^{\tau} \|X_{\varphi_{c_n}}(\tau)\|^2 d\tau \geq \eta^2 \cdot \tau$$

für ein geeignetes $\eta > o$, was implizieren würde

$$E(\varphi_{c_n}(\tau)) \leq E(c_n) - \eta^2 \cdot \tau \longrightarrow -\infty \text{ für } \tau \longrightarrow \infty .$$

Deshalb gibt es für jedes $n \in \mathbb{N}$ $\tau_n \geq o$ mit $\|X_{\varphi_{c_n}}(\tau_n)\| < 1/n$.

Die Folge $\{\varphi_{c_n}(\tau_n)\}_{n \in \mathbb{N}}$ erfüllt Bedingung (C), und ihr Häufungspunkt ist (kritischer Punkt) vom E-Wert o.

Analog sieht man sofort: E nimmt auf jeder Zusammenhangskomponente von Λ sein dortiges Infimum an (welches i.a. nicht gleich o zu sein braucht). Diese Punkte minimaler Energie sind kritisch, denn es gilt:

4.7 Satz :

Ist $c \in \Lambda$, so daß E minimal (maximal) in c bzgl. einer Umgebung U von c in Λ ist, so ist c kritischer Punkt von E.

Bew.: Anderenfalls würden längs der Trajektorie durch c in U noch kleinere (größere) E-Werte auftreten.

Beisp.: $E^{-1}(o)$ ist kompakte Menge kritischer Punkte (nicht notwendig isoliert oder Untermannigfaltigkeit wie im früheren Beispiel).

Bem.: Wir haben also: $\# K \geq \pi_o(\Lambda)$ (erste Morsesche Ungleichung), also insbesondere die Existenz von kritischen Punkten.
Die Menge der Zusammenhangskomponenten von Λ ist abzählbar, da auf Grund von Bedingung (C) die minimalen Werte von E auf diesen Zusammenhangskomponenten in $\mathbb{R}$ keinen Häufungspunkt besitzen und zu jedem Niveau nur endlich viele Zusammenhangskomponenten gehören können, die dieses Niveau als minimalen E-Wert besitzen. Dies gilt insbesondere

für die Zusammenhangskomponenten, auf denen E konstant ist (vgl. [40]).

Wir haben gesehen, daß auf dem unteren Ast der Trjektorien E beschränkt und $\|X\|$ nicht von Null wegbeschränkt ist, also auf einer Trajektorie immer eine Punktfolge ausgesucht werden kann, die die Voraussetzungen der Bedingung (C) erfüllt. Wir definieren deshalb:

4.8 Definition :

Sei $c \in \Lambda$. Der <u>ω-Wert von c</u> ist die (nach früherem wohldefinierte) Zahl

$$\lim_{\tau \to \infty} E(\varphi_c(\tau)).$$

$e \in \Lambda$ heißt <u>ω-Punkt von c</u>, falls es eine Folge $\{\tau_n\}_{n\in\mathbb{N}}$ gibt, die gegen $+\infty$ konvergiert, so daß die Folge $\{\varphi_c(\tau_n)\}$ gegen e konvergiert.

<u>Es gilt</u>: Jeder ω-Wert ist kritischer Wert von E und jeder kritische Wert ist ω-Wert jedes seiner kritischen Punkte. Die Abschließung des unteren Astes der Trajektorie durch c ist kompakt und entsteht gerade durch Hinzunahme der ω-Punkte von c, jedoch hat dieser Ast keine endliche Länge, falls c mehr als einen ω-Punkt besitzt (vgl. 4.4(iii) und 4.9(i),(ii)). Bei endlicher Länge dieses Astes existiert also genau ein ω-Punkt e_o von c und 4.9 impliziert: $e_o = \lim_{\tau\to\infty} \varphi_c(\tau)$. e_o braucht aber nicht isolierter Punkt von K_k zu sein.

4.9 Theorem :

Sei $c \in \Lambda$ und k der ω-Wert von c.

(i) Die Menge der ω-Punkte Ω_c von c ist nicht leer, kompakt und enthalten in der Menge K_k der kritischen Punkte vom E-Wert k.

(ii) Ist U Umgebung von K_k, so gilt für alle genügend großen τ: $\varphi_c(\tau) \in U$.

(iii) Sind $K_1, K_2 \subset K_k$ abgeschlossen und disjunkt, so gibt es disjunkte Umgebungen U_1, U_2 von K_1 bzw. K_2 und es gilt: $\varphi_c(\tau) \in U_i$ für genau ein $i \in \{1,2\}$ und alle genügend großen τ.

Ist K_k insbesondere diskret (also weil kompakt endlich), so gibt es genau einen ω-Punkt e_o von c, so daß für jede Umgebung $U(e_o)$ gilt $\varphi_c(\tau) \in U(e_o)$ für alle genügend großen τ, d.h. dann gilt $\lim_{\tau\to\infty} \varphi_c(\tau) = e_o \in K_k$.

<u>Bem.</u>: Aus (ii) folgt: $\lim_{\tau\to\infty} \|X_{\varphi_c(\tau)}\| = 0$, d.h. für alle $\varepsilon > 0$ gibt es $\tau_o > 0$, so daß Bild $(\|X_{\varphi_c}\| \,/\, [\tau_o, \infty)) \subset (0, \varepsilon)$ gilt. Es folgt die Gültigkeit von <u>(ii) sogar für Ω_c anstelle von K_k, also ist Ω_c zusammenhängend</u>, also ganz in einer Zusammenhangskomponente von K_k enthalten ($\#\Omega_c > 1 \Longrightarrow$ es gibt keine isolierten - oder nichtdegenerierten - kritischen Punkte von E in Ω_c).

<u>Bew.: zu (ii)</u>: Annahme: Es gibt eine gegen $+\infty$ konvergierende Folge

$\{\tau'_n\}$, für die gilt: $\varphi_c(\tau'_n) \notin U$. Nach Voraussetzung gibt es $a>o$, so daß $d(\complement U, K_k) = 3a$ gilt, also ist die offene Menge U'

$$U' := \{e \in \Lambda / d(e,K_k) < a\}$$ in U enthalten,

und es gilt $d(\mathrm{Rd}\ U, \mathrm{Rd}\ U') \geq a$. Nach 4.2 gibt es $\varepsilon > o$, so daß in

$$(\Lambda^{k+\varepsilon} - \Lambda^{(k-\varepsilon')-}) \cap \complement U'$$

keine kritischen Punkte von E enthalten sind und X auf dieser Menge von o wegbeschränkt ist.

Zu jedem τ'_n gibt es nun $\tau''_n > \tau'_n$ mit $\varphi_c(\tau''_n) \in U'$, also auch ein <u>erstes</u> $\tau_n > \tau'_n$, so daß $\varphi_c(\tau_n) \in \mathrm{Rd}\ U'$ gilt. Per Konstruktion gilt also $d(\varphi_c(\tau'_n), \varphi_c(\tau_n)) \geq a$, und wir können annehmen, daß der folgende Fall vorliegt:

$$\ldots \tau'_n < \tau_n < \tau'_{n+1} < \tau_{n+1} < \ldots \quad . \quad \text{Aber:}$$

$$a \leq d(\varphi_c(\tau'_n), \varphi_c(\tau_n)) \leq (\tau_n - \tau'_n) \int_{\tau'_n}^{\tau_n} \| X_{\varphi_c(\tau)} \|^2 d\tau = (\tau_n - \tau'_n) \cdot (E(\varphi_c(\tau'_n)) - E(\varphi_c(\tau_n))),$$

d.h. es gilt: $(\tau_n - \tau'_n) \longrightarrow \infty$, da $E(\varphi_c(\tau'_n)) - E(\varphi_c(\tau_n)) \longrightarrow k-k = o$.

Da Bild $(\varphi_c / [\tau'_n, \tau_n]) \subset (\Lambda^{k+\varepsilon} - \Lambda^{(k-\varepsilon)-}) \cap \complement U'$ für genügend große n erfüllt ist, folgt andererseits

$$E(\varphi_c(\tau'_n)) - E(\varphi_c(\tau_n)) = \int_{\tau'_n}^{\tau_n} \| X_{\varphi_c(\tau)} \|^2 d\tau \geq \gamma^2 (\tau_n - \tau'_n)$$

für ein geeignetes $\gamma > o$, woraus $(\tau_n - \tau'_n) \longrightarrow o$ folgt. Die obige Annahme ist also falsch, also gilt (ii).

(i) ist nun direkte Folge von (ii) und 4.7Bem. .

<u>Zu (iii)</u>: Da Λ normal ist, folgt die Existenz der behaupteten Umgebungen und damit, da Bild $(\varphi_c / [\tau_o, \infty))$ zusammenhängend ist und für hinreichend großes τ_o in $U_1 \cup U_2$ liegt, auch die restliche Behauptung.

q.e.d.

Die folgende topologische Aussage ist bereits aus 4.5.3 ersichtlich (mittels Φ anstelle von φ):

4.1o Satz :

Sei $[\alpha, \beta] \subset \mathbb{R}$ frei von kritischen Werten und $\gamma > o$ untere Schranke für $\|X\| / \Lambda^\beta - \Lambda^\alpha$.

<u>Beh.</u>: (i) $\varphi_\tau(\Lambda^\beta) \subset \Lambda^\alpha$ für alle $\tau \geq \frac{\beta - \alpha}{\gamma^2}$.

(ii) $i: (\Lambda^\alpha, \Lambda^\alpha) \longrightarrow (\Lambda^\beta, \Lambda^\alpha)$ ist Homotopieäquivalenz (also auch $i: \Lambda^\alpha \longrightarrow \Lambda^\beta$), Homologie und Kohomologie dieser Räume sind also insbesondere gleich, also bei $(\Lambda^\beta, \Lambda^\alpha)$ trivial.

<u>Bew.</u>: (i) Annahme: Es gibt $e \in \Lambda^\beta - \Lambda^\alpha$ mit $\varphi_\tau(e) \notin \Lambda^\alpha$ (τ wie oben). Dann gilt

$$E(e) - E(\varphi_\tau(e)) = \int_o^\tau \| X_{\varphi_s(e)} \| ds \geq \gamma^2 \cdot \tau, \text{ da } \varphi_e([o,\tau]) \subset \Lambda^\beta - \Lambda^\alpha, \text{ also}$$

$$E(\varphi_\tau(e)) \leq E(e) - \gamma^2 \tau \leq \beta - (\beta - \alpha) = \alpha,$$ im Widerspruch zu obigem.

(ii) Bekanntlich ist für alle $t \in \mathbb{R}^+ \cup \{o\}$ $\varphi: [o, \infty] \times \Lambda^t \longrightarrow \Lambda^t$ wohldefiniert und stetig, woraus die gewünschte Homotopieäquivalenz sofort ablesbar ist.

Bem.: Mittel $\varphi:[o,\tau]\times\Lambda^\beta \longrightarrow \Lambda^\beta$ folgt, daß Λ^β in Λ^α deformierbar ist, jedoch ist φ_τ, τ wie in (i), keine Retraktion, weshalb die Behauptung "Λ^α Deformationsretrakt von Λ^β" hier nur allgemein aus (ii) und [46], S.31, [38], S.1o5,6 gefolgert werden kann (oder man muß mit Hilfe des in 4.5.3 angedeuteten Verfahrens arbeiten, siehe auch die dortigen Ergebnisse).

4.1o gilt auch für die Paare $(\Lambda^{\beta-},\Lambda^{\alpha-})$, $(\Lambda^{\beta-},\Lambda^{\alpha})$ und $(\Lambda^{\beta},\Lambda^{\alpha-})$, bei letzteren, falls $\tau > \frac{\beta-\alpha}{\xi^2}$.

B. φ-Familien

4.11 Definition :

Sei $\mathcal{F} \subset \mathcal{P}(\Lambda) - \{\phi\}$ nichtleere Menge kompakter Teilmengen von Λ und φ_τ, φ_c wie vorher.

(i) $\mathcal{F}$ heißt φ-Familie, falls für alle $\tau \geq o$ gilt:

$$\Phi \in \mathcal{F} \Longrightarrow \varphi_\tau(\Phi) \in \mathcal{F}.$$

Sei nun $\alpha \in \mathbb{R}$, so daß für ein $\varepsilon > o$ in $(\alpha,\alpha+\varepsilon]$ keine kritischen Werte von E liegen (z.B. α nicht kritisch).

(ii) $\mathcal{F}$ heißt φ-Familie von Λ mod Λ^α, falls zusätzlich gilt:

Es gibt kein $\Phi \in \mathcal{F}$ mit $\Phi \subset \Lambda^{\alpha+\varepsilon}$.

Für $\alpha < o$ erhalten wir wieder die Definition (i).

4.12 Beispiele :

(i) Sei $c \in \Lambda$: $\mathcal{F} := \{\varphi_c(\tau)/\tau \geq o\}$ ist φ-Familie, womit die Beziehung zu Vorausgegangenem hergestellt ist. 4.11(ii) ist für alle α, die kleiner als der ω-Wert von c sind, realisierbar.
Analoges ist für jede Vereinigung von Trajektorien gültig.

(ii) Sei $h:S^k \longrightarrow \Lambda$ stetig: $\mathcal{F} := \{h'(S^k)/h':S^k \longrightarrow \Lambda$ stetig und homotop zu h$\}$ ist φ-Familie, da mit h' auch $\varphi_\tau \circ h'$ homotop zu h ist. Insbesondere hat man also auch die φ-Familie

$$\mathcal{F} = \{\varphi_\tau \circ h(S^k)/\tau \geq o\}.$$

(iii) Wir betrachten nun singuläre Homologie mit beliebiger Koeffizientengruppe G. Sei $\sigma_k : \Delta_k \longrightarrow \Lambda$ ein singuläres k-Simplex und $c = \sum_{i=1}^{n} g_i \sigma_{k,i}$ eine singuläre k-Kette ($g_i \in G$, $\sigma_{k,i}$ singuläres k-Simplex). $|\sigma_k| := \sigma_k(\Delta_k)$ bzw. $|c| = \bigcup_{i=1}^{n} |\sigma_{k,i}|$ heißt Trägermenge des k-Simplexes σ_k bzw. der k-Kette c. Sei $z_k \in H_k(\Lambda) - \{o\}$, d.h. z_k ist eine Menge nichttrivialer Zyklen v_k:

$$\mathcal{F} := \{|v_k|/v_k \in z_k\} \text{ ist } \varphi\text{-Familie}$$

(da φ_τ homotop zu φ_0 = id ist, also $(\varphi_\tau)_* z_k = z_k$ gilt).

Verwendet man analog relative Homologie, also $z_k \in H_k(\Lambda, \Lambda^\alpha) - \{o\}, \alpha \in \mathbb{R}$, so daß $(\alpha, \alpha+\varepsilon]$ frei von kritischen Werten ist und $\Lambda^\alpha, \Lambda^{\alpha+\varepsilon}$ homotopie-äquivalent sind, vgl. 4.1oBem., so gilt

$$\mathcal{F} := \{|v_k| / v_k \in z_k\} \text{ ist } \varphi\text{-Familie von } \Lambda \bmod \Lambda^\alpha,$$

d.h. die Zyklen dieser Klasse bleiben über dem Niveau α hängen. Analoges gilt natürlich nicht für die Zyklen der Klassen $z_k \in H_k(\Lambda - \Lambda^\alpha) - \{o\}$.

Beispiel (i) legt die folgende Definition nahe (vgl. die Definition des ω-Wertes):

4.13 Definition :

Sei α wie in 4.11(ii) und $\mathcal{F}$ φ-Familie von $\Lambda \bmod \Lambda^\alpha$. Die Zahl

$$\inf_{\Phi \in \mathcal{F}} (\max_{c \in \Phi} E(c)) \in \mathbb{R}^+ \cup \{o\}$$

heißt der kritische Wert $\varkappa$ der φ-Familie $\mathcal{F}$.

4.14 Theorem :

Für den kritischen Wert $\varkappa$ der φ-Familie $\mathcal{F}$ gilt:

(i) $\varkappa > \alpha$.

(ii) Die Menge $K_\varkappa$ der kritischen Punkte vom E-Wert $\varkappa$ ist nicht leer.

(iii) Ist U Umgebung von $K_\varkappa$, so gibt es $\Phi \in \mathcal{F}$, so daß $\varphi_\tau \Phi \subset U \cup \Lambda^{\varkappa-}$ für alle genügend großen τ (also nach früherem $\varphi_\tau(\Phi) \cap (U - \Lambda^{\varkappa-}) \neq \phi$) gilt.

(iv) Ist $K_\varkappa$ diskret(endlich), so gibt es $e_o \in K_\varkappa$, so daß zu jeder Umgebung U von e_o ein $\Phi \in \mathcal{F}$ existiert mit $U \cap \varphi_\tau(\Phi) \neq \phi$ für alle genügend großen τ (wir sagen: Φ bleibt an e_o hängen).

Bew.: (zu i): Wäre $\varkappa \le \alpha$, so gäbe es also $\Phi \in \mathcal{F}$ mit $\Phi \subset \Lambda^{\alpha+\varepsilon}$ für alle $\varepsilon > o$ im Widerspruch zur Definition von $\mathcal{F}$.

Zu (ii): Ist $K = \phi$, so gibt es $\varepsilon > o$, so daß $[\varkappa-\varepsilon, \varkappa+\varepsilon]$ keine kritischen Werte enthält, und es gibt $\Phi \in \mathcal{F}$ mit $\Phi \subset \Lambda^{\varkappa+\varepsilon}$, und es gibt $\tau \ge o$, so daß $\varphi_\tau(\Lambda^{\varkappa+\varepsilon}) \subset \Lambda^{\varkappa-\varepsilon}$ gilt. Dann würde gelten:

$$\varphi_\tau \Phi \subset \Lambda^{\varkappa-\varepsilon} \qquad \text{im Widerspruch zur Definition von } \varkappa.$$

Zu (iii): Nach früherem gibt es $\varepsilon > o$, so daß $\|X\|$ auf der Menge $(\Lambda^{\varkappa+\varepsilon} - \Lambda^{(\varkappa-\varepsilon)-}) \cap \complement U$ von Null wegbeschränkt ist, und es gibt $\Phi \in \mathcal{F}$ mit $\Phi \subset \Lambda^{\varkappa+\varepsilon}$ (nach Definition von $\varkappa$). Wir zeigen indirekt: Für alle genügend großen τ gilt: $\varphi_\tau \Phi \subset U \cup \Lambda^{\varkappa-}$. Angenommen, es gibt Folgen $\{c_n\}$ auf Φ und $\{\tau_n\}$ auf $\mathbb{R}^+$, $\lim_{n\to\infty} \tau_n = \infty$, so daß gilt: $\varphi_{\tau_n}(c_n) \notin U \cup \Lambda^{\varkappa-}$.

Da Φ kompakt ist, gibt es einen Häufungspunkt $c \in \Phi$ der Folge $\{c_n\}$, für dessen ω-Wert $\varkappa(c)$ also gilt

$$\varkappa + \varepsilon \ge \varkappa(c) \ge \varkappa.$$

Da aber die kritischen Punkte vom Niveau $\varkappa(c)$ in U liegen müssen, gilt $\varphi_\tau(c) = \varphi_c(\tau) \in U$ für alle genügend großen τ, also auch $\varphi_\tau(c_n) \in U$

für genügend große τ und gewisse c_n, im Widerspruch zur obigen Annahme.

(iv) Spezialfall von (iii), vgl. auch 4.9.

Bem.: Nimmt man die ω-Punkte zu allen $c \in \Phi, \Phi \in \mathfrak{F}$, so müssen diese nicht alle auf einem (kritischen) Niveau liegen, und $\varkappa$ nimmt bzgl. der E-Werte dieser Punkte keine ausgezeichnete Lage ein.
Ist $\Phi \in \mathfrak{F}$, so erzeugt Φ eine "Teil-φ-Familie" von $\mathfrak{F}$: $\{\varphi_\tau(\Phi)/\tau \geq 0\}$, die wieder φ-Familie von $\Lambda \bmod \Lambda^\alpha$ ist. Die Menge der dazugehörigen ω-Punkte bzw. Werte ist jetzt kompakt, und letztere enthält $\varkappa$ als maximales Element, falls Φ wie in 4.14(iii) gewählt ist:
$\inf_{\tau} \max_{c \in \varphi_\tau(\Phi)} E(c) = \max_{c \in \Phi} \inf_{\tau} E(\varphi_c(\tau))$ (es gibt also ω-Punkte von Φ vom Niveau $\varkappa$!). Dieses Φ erzeugt also eine φ-Familie (Groß-Vieh erzeugt Klein-Vieh-Familie) von $\Lambda \bmod \Lambda^\alpha$, die denselben kritischen Wert wie $\mathfrak{F}$ besitzt.

C. Zur Existenz mehrerer kritischer Punkte von E

Mittels B. sind auch außerhalb der Betrachtung von Zusammenhangskomponenten von Λ Existenzaussagen über eine größere Anzahl von kritischen Punkten von E möglich:

4.15 Vorbemerkung :
Sei R unitärer, kommutativer Ring, X topologischer Raum und $A \subset X$ Teilraum. Wir betrachten im folgenden stets singuläre Homologie und Kohomologie von (X,A) mit Koeffizienten in R (Genaueres vgl. [46]):

$$H_*(X,A) := \bigoplus_{q \geq 0} H_q(X,A), \quad H^*(X,A) := \bigoplus_{q \geq 0} H^q(X,A).$$

Die Abbildung $\cup : C^p(X) \times C^q(X) \longrightarrow C^{p+q}(X)$, $(f,g) \longmapsto f \cup g$, definiert durch

$$(*) \qquad f \cup g(\sigma^{p+q}) = f({}_p\sigma^{p+q}) \cdot g(\sigma_q^{p+q})$$

(bei den $C_p(X)$ bzw. $C^p(X)$ den R-Modul der q-dimensionalen singulären Ketten bzw. Koketten auf X, σ^{p+q} ein singuläres (p+q)-Simplex und ${}_p\sigma^{p+q}$ bzw. σ_q^{p+q} das Front-p-Simplex bzw. das Rücken-q-Simplex von σ^{p+q} bezeichnet), induziert eine Abbildung

$$(1) \qquad \cup : H^p(X,A) \times H^q(X,A) \longrightarrow H^{p+q}(X,A) ,$$

das sogenannte <u>cup-Produkt</u>. Diese Abbildung ist bilinear und assoziativ, und es gilt stets $u \cup v = (-1)^{pq} v \cup u$ sowie im Falle $A = \emptyset$: $1 \cup v = v \cup 1 = v$.
Analog gewinnt man das sogenannte <u>cap-Produkt</u>:

$$(2) \qquad \cap : H^q(X,A) \times H_n(X,A) \longrightarrow H_{n-q}(X,A)$$

durch $\cap : C_p^q(X) \times C_n(X) \longrightarrow C_{n-q}(X)$, $f \cap \sigma^n = f(\sigma_q^n) \cdot {}_{n-q}\sigma^n$ (**).
Diese Abbildung ist ebenfalls bilinear; es gilt $1 \cap v = v$ $(A = \emptyset)$ und $(u^k \cup u^l) \cap c_{k+l+m} = u^k \cap (u^l \cap c_{k+l+m})$, $[u^k, u^l \cap c_{k+l}] = [u^k \cup u^l, c_{k+l}]$
als Verbindung zwischen den beiden Produkten ($[.,.]$ das Kronecker-

produkt; letztere Gleichung ist Spezialfall von ersterer ($m=o$) bei geeigneter Beziehung zwischen R und H_o).
$H^*(X,A)$ ist also zusammen mit dem cup-Produkt antikommutative, graduierte R-Algebra (einfachere Bezeichnung: Kohomologiering). Stetige Abbildungen $f: X \longrightarrow Y$ induzieren Algebrahomomorphismen $H^*(f) : H^*(Y) \longrightarrow H^*(X)$, H^* ist also kontravarianter Funktor von der Kategorie der topologischen Räume in die Kategorie der graduierten R-Algebren. Ähnliches gilt für $\cap$ bzgl. H^* und H_*.
Die Abbildung (**) gestattet auch die folgende Definition des cap-Produktes:

$$\cap : H^q(X) \times H_n(X,A) \longrightarrow H_{n-q}(X,A)$$

(Eigenschaften wie gehabt, vgl. [12], S.154).

Wir haben damit die für uns wichtigen Spezialfälle ($\alpha \in \mathbb{R}$):

(3) $\cup : H^k(\Lambda-\Lambda^\alpha) \times H^l(\Lambda-\Lambda^\alpha) \longrightarrow H^{k-l}(\Lambda-\Lambda^\alpha)$ und

(4) $\cap : H^l(\Lambda,\Lambda^\alpha) \times H_{k+l}(\Lambda,\Lambda^\alpha) \longrightarrow H_k(\Lambda,\Lambda^\alpha)$ sowie
(auf Grund letzterer Definition des cap-Produktes) für alle $\alpha \leq \beta \in \mathbb{R}$:

(5) $\cap : H^l(\Lambda-\Lambda^\alpha) \times H_{k+l}(\Lambda-\Lambda^\alpha, \Lambda^\beta-\Lambda^\alpha) \longrightarrow H_k(\Lambda-\Lambda^\alpha, \Lambda^\beta-\Lambda^\alpha)$.

Ist $[\alpha,\beta]$ frei von kritischen E-Werten und $\alpha<\beta$, so gilt nach 4.10 für das Tripel $\Lambda^\alpha \subset \Lambda^\beta \subset \Lambda$:

(6) $H^*(\Lambda,\Lambda^\beta) \cong H^*(\Lambda,\Lambda^\alpha) \cong H^*(\Lambda-\Lambda^\alpha, \Lambda^\beta-\Lambda^\alpha)$ - und ebenso für H_* - unter kanonischen (aus den jeweiligen Inklusionen induzierten) Isomorphismen, wie man aus der exakten Ko- und Homologiesequenz bzw. dem Ausschneidungssatz sofort abliest. Damit ist auch

(7) $\cap : H^l(\Lambda-\Lambda^\alpha) \times H_{k+l}(\Lambda,\Lambda^\alpha) \longrightarrow H_k(\Lambda,\Lambda^\alpha)$
als Umdeutung von (5) für alle nicht kritischen Werte $\alpha \in \mathbb{R}$ wohldefiniert (da dazu stets β wie oben gewählt werden kann).
Schließlich:
Da (*) auch eine Abbildung $\cup : H^p(X) \times H^q(X,A) \longrightarrow H^{p+q}(X,A)$ definiert (Eigenschaften wie gehabt), haben wir auch

(8) $\cup : H^k(\Lambda-\Lambda^\alpha) \times H^l(\Lambda-\Lambda^\alpha, \Lambda^{\beta-\alpha}) \longrightarrow H^{k+l}(\Lambda-\Lambda^\alpha, \Lambda^\beta-\Lambda^\alpha)$
und damit wie bei (7) für alle nicht kritischen $\alpha \in \mathbb{R}$:

(9) $\cup : H^k(\Lambda-\Lambda^\alpha) \times H^l(\Lambda,\Lambda^\alpha) \longrightarrow H^{k+l}(\Lambda,\Lambda^\alpha)$.

4.16 Definition :
(i) Sei $z_k \in H_k(\Lambda,\Lambda^\alpha)-\{o\}$, $z_{k+l} \in H_{k+l}(\Lambda,\Lambda^\alpha)-\{o\}$ und $l \geq 1$.
z_k heißt subordiniert zu z_{k+l} vom Typ 1 bzw. 2: $z_k < z_{k+l}$, falls es $\xi^l \in H^l(\Lambda,\Lambda^\alpha)$ bzw. $\xi^l \in H^l(\Lambda-\Lambda^\alpha)$ gibt mit $z_k = \xi^l \cap z_{k+l}$.

Beachte, daß im zweiten Fall α als regulär bzgl. E vorausgesetzt werden muß und stets $\xi^1 \neq o$ gilt.
"Subordiniert" ist eine Ordnung im starken Sinne (transitiv und antireflexiv), jedoch keine lineare Ordnung. Ergänzend zu diesem Begriff definieren wir:

(ii) Die <u>Cup-Länge eines Raumpaares (X,A)</u>: c-long(X,A) ist die maximale Zahl $r \in \mathbb{N}$ (oder ∞, falls keine solche existiert) zu der es r Kohomologieklassen $\xi^{l_1},\dots,\xi^{l_r} \in H^*(X,A)-H^o(X,A)$ mit $\xi^{l_1}\cup\dots\cup\xi^{l_r} \neq o$ gibt ($l_i = \dim\xi^{l_i} \geq 1$; c-long(X) := c-long(X,$\phi$)).

<u>Beisp.</u>: 1) c-long (Λ_{pq}(M)) = c-long(Λ^o_{pq}(M)) = ∞, falls M einfach zusammenhängende, kompakte Mannigfaltigkeit und R kommutativer Körper ist, vgl. [47].

2) c-long($\Lambda(S^n)$) = , falls n = 2k+1 und R = $\mathbb{Z}$ (ansonsten 2; bei R = $\mathbb{Z}_2$ stets ∞, falls n $\neq$ 2 ; R = $\mathbb{Q}$,$\mathbb{R}$,$\mathbb{C}$, so ∞ bzw. o für ungerades n bzw. gerades n).

3) c-long(Λ(M),M) = ∞, falls nur c-long(Λ(M)) = ∞, genauer c-long(Λ(M),M) $\geq$ c-long(Λ(M))-dim M; c-long(Λ(M)-M) $\overset{1.7.3}{=}$ c-long(Λ(M)).

Die Zahlen c-long(A),c-long(X), c-long(X-A) und c-long(X,A) sind i.a. nicht vergleichbar (spezielle Aussagen vgl. ff), jedoch sind sie im Falle (X,A) = (Λ,Λ^α) in jedem (bzgl E) regulären Intervall um α von der der speziellen Wahl von α unabhängig (vgl. 4.1o; im dritten Fall 4.5.3). Analoges gilt bei Verwendung von α-. Wir definieren schließlich noch:

(iii) <u>cc-long(Λ,Λ^α)</u> ist die größte Zahl $r \in \mathbb{N}$ (oder ∞), zu der es $\xi^{l_1},\dots,\xi^{l_r} \in H^*(\Lambda,\Lambda^\alpha)-H^o(\Lambda,\Lambda^\alpha)$ gibt, so daß

$$(\xi^{l_1}\cup\dots\cup\xi^{l_r})\cap : H_*(\Lambda,\Lambda^\alpha) \longrightarrow H_*(\Lambda,\Lambda^\alpha)$$

nicht trivial ist ($l_i > o$). Analog sei cc-long($\Lambda-\Lambda^\alpha$) bzgl. (7) definiert (α nicht kritisch ist dann notwendig; ersteres ist -wie auch bei (i) - für beliebige Paare (X,A) definierbar. Beachte: cc-long($\Lambda-\Lambda^\alpha$) $\neq$ cc-long($\Lambda-\Lambda^\alpha,\phi$)!
<u>Es gilt</u>: cc-long(Λ,Λ^α) $\leq$ c-long(Λ,Λ^α) und cc-long($\Lambda-\Lambda^\alpha$) $\leq$ c-long($\Lambda-\Lambda^\alpha$) (jedoch i.a. nicht das Gleichheitszeichen, vgl. ff.) und cc-long ist ebenfalls von der speziellen Wahl von α innerhalb eines regulären Intervalls unabhängig; man kann in Analogie zu (ii) hier von <u>cap-Länge</u> sprechen, da $(\xi^{l_1}\cup\dots\cup\xi^{l_r})\cap = \xi^{l_1}\cap(\xi^{l_2}\cap\dots(\xi^{l_r}\cap\dots)\dots)$ gilt.

<u>Bem.</u>: Es kann auch $\cup$ aus 4.15(8),(9) zur Definition der c-Länge bzw. cc-Länge verwandt werden, was jedoch auf Grund der unsymmetrischen Form dieses cup-Produktes nicht besser sein dürfte. Dieses cup-Produkt verbindet jedoch subordinierte Homologieklassen verschiedenen Types

Ist $z_k = \xi^{l} \cap z_{k+l}$ vom Typ 2 und $z_{k+l} = \xi^{m} \cap z_{k+l+m}$ vom Typ 1, so ist

$$z_k = (\xi^{l} \cup \xi^{m}) \cap z_{k+l+m} \quad \text{vom Typ 2.}$$

4.17 Satz :

cc-long$(\Lambda,\Lambda^{\alpha})+1$ bzw. cc-long$(\Lambda-\Lambda^{\alpha})$ ist das Supremum der Mächtigkeiten der linear geordneten Teilmengen von $(H_*(\Lambda,\Lambda^{\alpha}),<)$, "<" wie in 4.16(i) vom Typ 1 bzw. Typ 2; es gibt also Ketten sukzessiv subordinierter Homologieklassen von Λ mod Λ^{α} bis zur Länge cc-long$(\Lambda,\Lambda^{\alpha})+1$ bzw. cc-long$(\Lambda-\Lambda^{\alpha})+1$.

Bew.: Seien $\xi^{l_1},\dots,\xi^{l_r} \in H^*(\Lambda,\Lambda^{\alpha}) - H^{o}(\Lambda,\Lambda^{\alpha})$, so daß $(\xi^{l_1}\cup\dots\cup\xi^{l_r})\cap z_r \neq o$ für $z_r \in H_*(\Lambda,\Lambda^{\alpha})$ erfüllt ist. Sei $z_i := (\xi^{l_{i+1}}\cup\dots\cup\xi^{l_r})\cap z_r$. Es gilt für alle $o \leq i < j \leq r$:

$$z_i = (\xi^{l_{i+1}}\cup\dots\cup\xi^{l_r})\cap z_r = ((\xi^{l_{i+1}}\cup\dots\cup\xi^{l_j})\cup(\xi^{l_{j+1}}\cup\dots\cup\xi^{l_r}))\cap z_r =$$

$$= (\xi^{l_{i+1}}\cup\dots\cup\xi^{l_j})\cap((\xi^{l_{j+1}}\cup\dots\cup\xi^{l_r})\cap z_r = (\xi^{l_{i+1}}\cup\dots\cup\xi^{l_j})\cap z_j,$$

d.h. z_i ist subordiniert zu z_j, da mit z_o alle $z_i, z_j \neq o$ sind (z_i hat die Dimension: $\dim z_r - (l_{i+1} + \dots + l_r))$.

Ist umgekehrt eine solche Kette subordinierter Homologieklassen gegeben, also $z_o,\dots,z_r \in H_*(\Lambda,\Lambda^{\alpha}) - \{o\}$ mit $z_i = \xi^{l_{i+1}} \cap z_{i+1}$ $(i=o,\dots,r-1;\ l_{i+1} = \dim z_{i+1} - \dim z_i > o)$, so gilt auf Grund der Rechenregeln für $\cup$ und $\cap$:

$$z_o = \xi^{l_1}\cap(\xi^{l_2}\cap(\dots(\xi^{l_r}\cap z_r)\dots) = (\xi^{l_1}\cup\dots\cup\xi^{l_r})\cap z_r \neq o,$$

womit die Behauptung bzgl. cc-long$(\Lambda,\Lambda^{\alpha})$ gezeigt ist.
Der andere Fall folgt analog.

4.18 Bemerkungen :

1) Sei $[\alpha,\beta]$ frei von kritischen E-Werten und $\alpha<\beta$. Zerfällt die zu $\Lambda^{\beta}-\Lambda^{\alpha} \xrightarrow{i} \Lambda-\Lambda^{\alpha} \xrightarrow{p} (\Lambda-\Lambda^{\alpha}, \Lambda^{\beta}-\Lambda^{\alpha})$ gehörige exakte Kohomologiesequenz vollständig in kurze exakte Sequenzen, d.h. gilt: p^* ist injektiv und i^* ist surjektiv, also

$$H^*(\Lambda-\Lambda^{\alpha})/H^*(\Lambda-\Lambda^{\alpha},\Lambda^{\beta}-\Lambda^{\alpha}) \cong H^*(\Lambda^{\beta}-\Lambda^{\alpha}) \cong H^*(E^{-1}(\alpha)) = H^*(\mathrm{Rd}(\Lambda-\Lambda^{\alpha})),$$

so folgt aus der in 4.15 erwähnten Beziehung zwischen $H^*(f)$ und $\cup$:

$$\text{c-long}(\Lambda-\Lambda^{\alpha}) \geq \text{c-long}(\Lambda,\Lambda^{\alpha}).$$

Dies ist z.B. der Fall, wenn $\Lambda^{\beta}-\Lambda^{\alpha}$ Retrakt von $\Lambda-\Lambda^{\alpha}$ ist (die exakte Homologiesequenz zerfällt dann ebenfalls - i_* injektiv und p_* surjektiv- und für die von uns gebrauchten Zyklen gilt: $H_*(\Lambda,\Lambda^{\alpha})=H_*(\Lambda-\Lambda^{\alpha})/H_*(\Lambda^{\beta}-\Lambda^{\alpha})$).
Aus der Beziehung zwischen $H^*(f)$ und $\cap$ (vgl. [46],S.254) folgt unter der obigen Voraussetzung noch:

$$\text{cc-long}(\Lambda-\Lambda^{\alpha}) \geq \text{cc-long}(\Lambda,\Lambda^{\alpha})$$

(da $(p^*(\xi^{l_1})\cup\dots\cup p^*(\xi^{l_r}))\cap z = (\xi^{l_1}\cup\dots\cup\xi^{l_r})\cap z$ gilt).

Ist der Koeffizientenbereich R zusätzlich kommutativer Körper, so sollte in der letzten Ungleichung sogar die Gleichheit erfüllt sein, da dann die betrachteten kurzen exakten Sequenzen spaltend sind.

2) Ist R kommutativer Körper, so gilt:

$$\text{cc-long}(\Lambda,\Lambda^{\alpha})+1 \geq \text{c-long}(\Lambda,\Lambda^{\alpha}) \geq \text{cc-long}(\Lambda,\Lambda^{\alpha}).$$

<u>Bew.</u>: Es bleibt die obere Ungleichung zu untersuchen:
Sei $\xi^{l_1} \cup \ldots \cup \xi^{l_r} \neq 0$ und $z \in H_{l_1+\ldots+l_r}(\Lambda,\Lambda^{\alpha})$, so daß $[\xi^{l_1} \cup \ldots \cup \xi^{l_r}, z] \neq 0$ gilt (z existiert, da $H^{l_1+\ldots+l_r}(\Lambda,\Lambda^{\alpha})$ und $H_{l_1+\ldots+l_r}(\Lambda,\Lambda^{\alpha})^*$ unter $[\ldots,\ldots]$ isomorph sind. Es gilt dann

$$[z \cap (\xi^{l_1} \cup \ldots \cup \xi^{l_{r-1}}), \xi^{l_r}] = [z,(\xi^{l_1} \cup \ldots \cup \xi^{l_{r-1}}) \cup \xi^{l_r}] = [z, \xi^{l_1} \cup \ldots \cup \xi^{l_r}] \neq 0,$$

also ist $(\xi^{l_1} \cup \ldots \cup \xi^{l_{r-1}}) \cap : H_*(\Lambda,\Lambda^{\alpha}) \longrightarrow H_*(\Lambda,\Lambda^{\alpha})$ nicht trivial.

<u>Bem.</u>: Im unteren Fall tritt genau dann Gleichheit ein, falls $\text{c-long}(\Lambda,\Lambda^{\alpha}) = \text{c-long}(\Lambda-\tilde{\Lambda}^{\alpha})$ gilt, wobei $\tilde{\Lambda}^{\alpha}$ die Vereinigung der zu Λ^{α} gehörigen Zusammenhangskomponenten bezeichnet, da $1 \cup v = v$ und $1 \cap z = z$ nur noch auf den zu $\Lambda-\tilde{\Lambda}^{\alpha}$ gehörigen direkten Summanden von $H^*(\Lambda,\Lambda^{\alpha})$ nzw. $H_*(\Lambda,\Lambda^{\alpha})$ erfüllt ist und dort dann also 1 anstelle von ξ^{l_r} im obigen Beweis verwandt werden kann.
Die gezeigte Ungleichung gilt nicht analog für $\Lambda-\Lambda^{\alpha}$ anstelle von $(\Lambda,\Lambda^{\alpha})$, wie das folgende Beispiel zeigt:
Sei M beliebige kompakte riemannsche Mannigfaltigkeit: Nach 1.7.3 gilt

$$H_1(I,M) \cong H_1(I,M) - M \quad \text{und} \quad H_1(I,M) \simeq M, \text{ also}$$

$$\text{cc-long}(H_1(I,M),M) = \text{cc-long}(H_1(I,M)-M) = \text{c-long}(H_1(I,M),M) = 0$$

und $\qquad \text{c-long}(H_1(I,M)-M) = \text{c-long}(M)$,

also können $\text{c-long}(H_1(I,M)-M)$ und $\text{cc-long}(H_1(I,M)-M)$ beliebig weit auseinanderliegen.

4.19 Theorem :
Seien z_l, z_{k+1} subordiniert vom Typ 1 oder 2 (mittel ξ^l und α jetzt in beiden Fällen regulär!) und $\varkappa_k, \varkappa_{k+1}$ die kritischen Werte der zu z_k, z_{k+1} gehörigen φ-Familien von $\Lambda \bmod \Lambda^{\alpha}$ (vgl. 4.12). Nach Voraussetzung gibt es $\beta > \alpha$, so daß $[\alpha,\beta]$ frei von kritischen Werten ist.

<u>Beh.</u>: (i) $\beta < \varkappa_k \leq \varkappa_{k+1}$

(ii) Ist $\varkappa_k = \varkappa_{k+1}$, so gilt für jede Umgebung $U \subset \Lambda-\Lambda^{\alpha}$ von $K_{\varkappa_k}$ (der Menge der kritischen Punkte vom E-Wert $\varkappa_k$):

$$H^1(U) \neq 0, \text{ d.h. dann gilt: } \# K_{\varkappa_k} = \infty .$$

<u>Die Existenz eines Paares subordinierter Homologieklassen in $H_*(\Lambda,\Lambda^{\alpha})$</u>

$-\{o\}$ impliziert also stets die Existenz zweier verschiedener kritischer Punkte von E (vom E-Wert $> \alpha$).

Bew.: Sei $v_{k+1} \in z_{k+1}$ und $\gamma^1 \in \xi^1$, also nach Voraussetzung $v_k := \gamma^1 \cap v_{k+1} \in z_k$ (im Falle $\xi^1 \in H^*(\Lambda, \Lambda^\alpha)$, den anderen Fall siehe (*)).

Nach Definition von $\cap$ in 4.15(**) besagt dies: $|v_k| \subset |v_{k+1}|$, also

$$\max_{c \in |v_k|} E(c) \leq \max_{c \in |v_{k+1}|} E(c) \quad , \text{ also}$$

$$\varkappa_k = \inf_{v_k \in z_k} \max_{c \in |v_k|} E(c) \leq \inf_{v_{k+1} \in z_{k+1}} \max_{c \in |\gamma^1 \cap v_{k+1}|} E(c)$$

$$\leq \inf_{v_{k+1} \in z_{k+1}} \max_{c \in |v_{k+1}|} E(c) = \varkappa_{k+1} \quad .$$

Die restliche Ungleichung $\varkappa_k > \beta$ ist bereits nach früherem klar.

(*) Die Subordiniertheit von Homologieklassen ist also ein Spezialfall der(in [30] betrachteten) "mengentheoretischen" Subordiniertheit ($A \subset \mathfrak{P}(\Lambda)$ heißt subordiniert zu $B \subset \mathfrak{P}(\Lambda)$, falls es für alle $b \in B$ ein $a \in A$ gibt mit $a \subset b$), wie wir mittels der Träger der Zyklen dieser Homologieklassen gerade gesehen haben.

Wir müssen letztere Subordiniertheit noch bei subordinierten Homologieklassen vom Typ 2 nachweisen: Nach 4.15(6) gibt es zu jedem $v_{k+1} \in z_{k+1}$ ein $\tilde{v}_{k+1} \in z_{k+1}$ mit $|\tilde{v}_{k+1}| \subset \Lambda - \Lambda^\alpha \cap |v_{k+1}|$, so daß also gilt:

$$\max_{c \in |v_{k+1}|} E(c) \geq \max_{c \in |\tilde{v}_{k+1}|} E(c).$$

$\gamma \cap \tilde{v}_{k+1}$ zeigt dann wieder die "mengentheoretische" Subordiniertheit.

(ii) Sei $U \subset \Lambda - \Lambda^\alpha$ Umgebung von $K_{\varkappa_k}$ und $H^1(U) = o$. Nach 4.12(iii), 4.14(iii) gibt es eine Kette $v_{k+1} \in z_{k+1}$ mit

$$|v_{k+1}| \subset U \cup \Lambda^{\varkappa_{\bar{k}+1}} .$$

Dieses $v_{k+1} = \sum_\nu r_\nu \sigma^\nu$ ($r_\nu \in R$, σ^ν reguläres (k+1)-Simplex) kann so gewählt werden, daß $|\sigma^\nu| \subset U$ oder $|\sigma^\nu| \subset \Lambda^{\varkappa_{\bar{k}+1}}$ für jedes ν erfüllt ist (wie man mittels der offenen Überdeckung $\{U, \Lambda^{\varkappa_{\bar{k}+1}}\}$ von $U \cup \Lambda^{\varkappa_{\bar{k}+1}}$ einsieht). Da $H^1(U) = o$ gilt, kann $\gamma^1 \in \xi^1$ so gewählt werden, daß $\gamma^1(\sigma) = o$ für alle 1-Simplexe σ mit $|\sigma| \subset U$ erfüllt ist. Damit gilt für $v_k := \gamma^1 \cap v_{k+1} \in z_k$: $|v_k| \subset \Lambda^{\varkappa_{\bar{k}+1}}$, d.h. es folgt: $\max_{c \in |v_k|} E(c) < \varkappa_{k+1}$, da $|v_k|$ kompakt ist.

Es folgt: $\varkappa_k < \varkappa_{k+1}$.

Besteht $K_{\varkappa_{k+1}}$ nur aus endlich vielen Elementen, so gibt es eine endliche Überdeckung von $K_{\varkappa_{k+1}}$ mit offenen, paarweise disjunkten Bällen aus $\Lambda - \Lambda^\alpha$, deren Vereinigung U die Gleichung $H^\ell(U) = o$ für alle $l > o$

erfüllt, d.h. z_{k+1} steht bzgl. betrachteten Ordnung 4.16(i) mit keinem Element von $H^*(\Lambda, \Lambda^\alpha)$ in Relation. q.e.d.

Bem.: 1) Obiges zeigt stärker, daß unter der Voraussetzung $\varkappa_k = \varkappa_{k+1}$ sogar $\dim K_{\varkappa_k} \geq l \geq 1$ folgt (da für jede Umgebung U von $K_{\varkappa_k}$ und $i: U \longrightarrow \Lambda - \Lambda^\alpha$ bzw. $(\Lambda, \Lambda^\alpha)$ sogar $i^*\xi^l \in H^l(U) - \{o\}$ gilt, also $\check{H}^l(K_{\varkappa_k}) \neq o$ folgt, vgl. auch Riede [45]).

2) Ist $\Lambda^\beta - \Lambda^\alpha$ Retrakt von $\Lambda - \Lambda^\alpha$, so ist der erste Subordiniertheitsbegriff Spezialfall des zweiten (unter Verwendung von $p^*\xi^l$ anstelle von ξ^l, vgl. 4.18.1); 4.19 braucht dann nur für "Typ 2" formuliert zu werden (ist R zusätzlich Körper, so stimmt dieser sogar mit "Typ 1" überein). "Typ 1" ist unter Umständen noch für $\alpha \in \mathbb{R}$ wie in 4.11(ii) anwendbar (solche Zyklen brauchen i.a. keine φ-Familien zu sein, genügen aber -zum Teil- 4.19).

4.2o Korollar :

Sei $\alpha \in \mathbb{R}$ regulärer Wert von E.
Es gibt wenigstens $\max\{\text{cc-long}(\Lambda - \Lambda^\alpha), \text{cc-long}(\Lambda, \Lambda^\alpha)\} + 1$ verschiedene kritische Punkte in $\Lambda - \Lambda^\alpha$.

Bew.: vgl. 4.17, 4.19.

Bem.: Ist R kommutativer Körper, so ist die Zahl der kritischen Punkte in $\Lambda - \Lambda^\alpha$ auch durch $\text{c-long}(\Lambda, \Lambda^\alpha) + 1$ nach unten abgeschätzt (vgl. 4.18).

Die Zahl $\text{c-long}(\Lambda - \Lambda^\alpha)$ ist für diese Zwecke unbrauchbar: $(\Lambda, E) = (\mathbb{R}^n, \|..\|^2)$ erfüllt die für 4.2o notwendigen Voraussetzungen und hat o als einzigen kritischen Punkt, während $\text{c-long}(\Lambda - \Lambda^\alpha) = \text{c-long}(S^n) = 2$ für alle $\alpha > o$ gilt (und $\Lambda^\beta - \Lambda^\alpha$ stets Retrakt von $\Lambda - \Lambda^\alpha$ ist).

Eine andere wichtige, aber stets auf ganz Λ bezogene untere Abschätzung der Anzahl der kritischen Punkte von E findet man in [4o] :
Sei cat(Λ) die kleinste natürliche Zahl n (oder ∞), so daß es n abgeschlossene in Λ contraktible Mengen $A_1, \ldots, A_n \subset \Lambda$ gibt, die Λ überdecken.
Dann gilt: E hat wenigstens cat(Λ) kritische Punkte und

$$\text{c-long}(\Lambda) + 1 \leq \text{cat}(\Lambda) \leq \dim\Lambda + 1, \quad \text{falls } \Lambda \text{ zusammenhängend ist.}$$

Beachte, daß unter diesen Voraussetzungen -und R Körper- $\text{c-long}(\Lambda) + 1$ in 4.2o als (maximale) Abschätzung gewählt werden kann; cat(Λ) ist also genauere Abschätzung als c-long(Λ), letztere aber i.a. leichter bestimmbar (vgl. auch [5],S.785).
Seine wichtigste Anwendung findet 4.2o bei $\Lambda - \Lambda^o$ bzw. (Λ, Λ^o), da die Teilmenge $E^{-1}(o)$ der Menge der kritischen Punkte K oft bekannt ist und deshalb nur noch die Mächtigkeit von $K - E^{-1}(o)$ abzuschätzen ist (Beispiel $(\Lambda(M), E)$), beachte $E^{-1}(o)$ ist i.a. kein Retrakt von Λ. Wir

bemerken dazu noch: Ist die cap-Länge von Λ unendlich, so folgt, daß $\#(K - E^{-1}(o)) = \infty$ ist -4.19Bem. zeigt allgemeiner: $\#(K - E^{-1}(o)) \geq$ cc-long(Λ) - dim $E^{-1}(o)$ - so daß also von cc-long(Λ) auch auf die Anzahl der kritischen Punkte mit positivem E-Wert geschlossen werden kann.

5. Anwendungen auf $(\Lambda(M),E), \ldots$. Der Satz von Fet und Ljusternik

Wir spezialisieren §4 jetzt auf den in §1-3 eingeführten Fall $(\Lambda(M),E)$, wobei eine zusammenhängende, kompakte riemannsche Mannigfaltigkeit (M,g) zugrundegelegt ist, die Voraussetzungen zu §4 also erfüllt sind. Es ergeben sich dann mittels $(\Lambda(M),E)$ die folgenden Aussagen über die periodischen Geodätischen von (M,g):

5.1 Satz :

(i) Es gibt eine kanonische Bijektion von der Menge der Konjugationsklassen von $\pi(M)$ auf die Menge der Zusammenhangskomponenten von $\Lambda(M)$, d.h. E hat wenigstens so viele kritische Punkte wie die Fundamentalgruppe von M konjugierter Elemente.

(ii) Seien $a_1, a_2 \in \pi(M)$ nicht konjugiert und c_1, c_2 kritische Punkte (periodische Geodätische auf M) aus den entsprechenden Zusammenhangskomponenten von $\Lambda(M)$. Es gilt:

$$\bigwedge_{\mu,\nu \in \mathbb{Z}-\{o\}} a_1^\mu \cdot a_2^\nu \neq 1 \Longrightarrow \text{Bild } c_1 \neq \text{Bild } c_2 ,$$

d.h. solche Geodätische sind geometrisch verschieden (und bzgl. ihrer Zusammenhangskomponente in $\Lambda(M)$ von minimaler Energie wählbar, vgl. 4.7).

Bew.: Zu (i): Für die Fundamentalgruppe $\pi(M) = \pi_1(M) := \pi_o(\Lambda_p^o(M))$ gilt bekanntlich: Die Konjugationsklassen von $\pi(M)$ sind in kanonischer Weise bijektiv zu den freien Homotopieklassen der stetigen geschlossenen Wege auf M, also zu den Wegzusammenhangskomponenten von $\Lambda^o(M)$, und zwar unabhängig von der speziellen Wahl von $p \in M$, da M wegweise zusammenhängend ist. Nach §1 gilt aber $\pi_o(\Lambda_p^o(M)) = \pi_o(\Lambda_p(M))$ und $\pi_o(\Lambda^o(M)) = \pi_o(\Lambda(M))$ unter kanonischen Bijektionen, und nach 4.7 gilt: $\# K \geq \# \pi_o(\Lambda(M))$, also folgt die Behauptung.

Zu (ii): Nichttriviale periodische Geodätische sind genau dann geometrisch verschieden, wenn sie nicht durch eine affine Parametertransformation $\varphi: S^1 \to S^1$

$$\varphi(t) = \pm(1/m)\cdot t + b \ (\text{mod } \mathbb{Z}, m \in \mathbb{N}, b \in \mathbb{R})$$

in ein und dieselbe einfach periodische Geodätische überführt werden können. Gilt aber Bild c_1 = Bild c_2, also $c_1(\pm 1/m_1 \cdot t + b_1) = c_2(\pm 1/m_2 \cdot t + b_2)$ für alle $t \in \mathbb{R}$ und gewisse $m_1, m_2 \in \mathbb{N}$, $b_1, b_2 \in \mathbb{R}$, und liegen c_1, c_2 in verschiedenen Zusammenhangskomponenten von $\Lambda(M)$ (o.B.d.A. kann $b_1, b_2 = o$ vorausgesetzt werden, da damit nur andere periodische Geodätische aus denselben Zusammenhangskomponenten zugrundegelegt werden), so folgt für die dazugehörigen nichtkonjugierten Elemente $a_1, a_2 \in \pi(M)$: Es gibt $b \in \pi(M)$ mit $a_1 = b^{\pm m_1}$, $a_2 = {}^{\pm m_2}$. Es folgt die Behauptung.

Die nach 4.7 gegebene Existenz von periodischen Geodätischen in jeder freien Homotopieklasse von M läßt sich also auch mit Hilfe der Elemente der Fundamentalgruppe von M diskutieren. Insbesondere ergibt sich:

5.2 Korollar :

Auf jeder kompakten, zusammenhängenden, nicht einfach-zusammenhängenden riemannschen Mannigfaltigkeit (M,g) gibt es eine nichttriviale einfach-periodische (Periode 1!) Geodätische.

Bew.: $\pi(M) \neq 1$ impliziert die Existenz einer periodischen Geodätischen, die nicht frei-homotop zu einer Punktkurve ist, da $a, 1 \in \pi(M), a \neq 1$ die Voraussetzung zu 5.1(ii) erfüllen; zu 1 korrespondiert gemäß 5.1(i) gerade die Zusammenhangskomponente von $\Lambda(M)$, die sämtliche (!) Punktkurven enthält, deren Punkte also (frei-)nullhomotop sind.

5.3 Beispiele :

Sei $n \geq 2$. Es gilt: $\pi(S^n) = 1$, $\pi(P^n(\mathbb{R})) = \mathbb{Z}_2$ und $\pi(T^n) = \pi(S^1 \times .. \times S^1) = \pi(S^1) \times .. \times \pi(S^1) = \mathbb{Z}^n$, also ist 5.1 im ersten Fall unbrauchbar und liefert im zweiten bzw. dritten die Existenz von einer bzw. unendlich vielen geometrisch verschiedenen, einfach-periodischen nichttrivialen Geodätischen.

Zur Existenz der unendlich vielen Geodätischen kann man genauer feststellen:

Es gilt stets $\pi(M \times N) = \pi(M) \times \pi(N)$. Enthalten nun die Untergruppen $\pi(M), \pi(N)$ von $\pi(M \times N)$ je ein Element a bzw. b unendlicher Ordnung (die also als Elemente von $\pi(M \times N)$ nicht konjugiert sind), so genügen (bei kommutativem $\pi(M), \pi(N)$) je 2 Elemente der Form

$$a^p \cdot b^q, a^{\tilde{p}} \cdot b^{\tilde{q}}, \quad p, q, \tilde{p}, \tilde{q} \in \mathbb{Z} \quad \text{mit} \quad p \cdot \tilde{q} \neq \tilde{p} \cdot q$$

der Voraussetzung von 5.1(ii) - falls N wie M gewählt ist, also auch $M \times N$ zusammenhängend und kompakt ist - so daß wir auf solchen Produktmannigfaltigkeiten stets unendlich viele, paarweise nicht frei-homotope, geometrisch verschiedene, einfach-periodische Geodätische vorliegen haben (einfach-periodisch entspricht dabei der zusätzlichen Wahl p, q bzw. $\tilde{p}, \tilde{q}$ teilerfremd).

Die gleiche Aussage gilt für die kompakten, orientierbaren Flächen vom Geschlecht $h \geq 1$ (vgl. die Darstellung der Fundamentalgruppe in [13], S.2o3; h=1 siehe oben).

Man beachte, daß diese Aussagen nur vom Homotopietyp der betrachteten

Mannigfaltigkeiten abhängen, also insbesondere <u>nicht</u> von der Wahl der beteiligten Metriken.

5.4 Satz :

Ist $(o,\varepsilon]$ frei von kritischen Werten von $E:\Lambda(M) \longrightarrow \mathbb{R}$ (solche $\varepsilon > o$ existieren nach 2.4), so ist M (starker) Deformationsretrakt von $\Lambda(M)^{\varepsilon}$.

Bew.: Nach [46],S.3o genügt es wieder, "M homotopieäquivalent zu $\Lambda(M)^{\varepsilon}$" nachzuweisen. Nach 4.1o ist $\Lambda(M)^{\varepsilon}$ homotopieäquivalent zu $\Lambda(M)^{\delta}$ für alle $\delta \in (o,\varepsilon)$, so daß die Behauptung nur für irgendeins dieser δ nachzuweisen ist.
Sei $\eta > o$ so gewählt, daß $(\Lambda(\pi),\Lambda(\exp))^{-1}$ auf $A = \bigcup_{p\in M}\{p\}\times B^{\infty}_{\eta}(p)$ $\subset \Lambda(M)\times\Lambda(M)$ Diffeomorphismus ist (vgl. §1 sowie I.4.3 und beachte, daß M kompakt ist). Sei $\delta := \eta^2/2$, d.h. für alle $c \in \Lambda(M)^{\delta}$ gilt: $L(c) \leq \sqrt{2E(c)} < \eta$. Bild c muß also stets im Diffeomorphiebereich der Karte $(\exp^{-1}_{c(o)}, B^{\infty}_{\eta}(c(o)))$ von $\Lambda(M)$ um c(o) liegen. Die Abbildung

$$H : I\times\Lambda(M)^{\delta} \longrightarrow \Lambda(M)^{\delta}$$
$$(\tau,c) \longmapsto \Lambda(\exp)((1-\tau)\cdot(\Lambda(\pi),\Lambda(\exp))^{-1}\circ(p_o,id)(c)),$$

bei der $(p_o,id):\Lambda(M) \longrightarrow \Lambda(M)\times\Lambda(M)$ den Morphismus $c \longmapsto (c(o),c)$ bezeichnet, ist Morphismus, also folgt (in Verbindung mit den Morphismen $i:M \longrightarrow \Lambda(M)$, $p_o:\Lambda(M) \longrightarrow M$): M ist homotopieäquivalent zu $\Lambda(M)^{\delta}$.

Bem.: Mit analogen Mitteln kann man zeigen: M ist Deformationsretrakt von $H_1(I,M)$, was aber nach §1 bereits klar ist.
Karcher [21] zeigt für alle genügend kleinen $\varepsilon > o$, daß alle in $\Lambda(M)^{\varepsilon}$ startenden Trajektorien von -grad E gleichmäßig beschränkte Länge haben, also nach 4.9 $\lim_{\tau\to\infty} \varphi_c(\tau)$ für alle $c \in \Lambda(M)^{\varepsilon}$ wohldefiniert und Punktkurve ist. Wir können deshalb definieren:

$$\varphi_\infty : \Lambda(M)^{\varepsilon} \longrightarrow \Lambda(M)^{\varepsilon},\ c \longmapsto \varphi_\infty(c) := \lim_{\tau\to\infty} \varphi_\tau(c),$$

und bekommen damit eine stetige Abbildung

$$\varphi: [o,\infty]\times\Lambda(M)^{\varepsilon} \longrightarrow \Lambda(M)^{\varepsilon}\ (\tau,c) \longmapsto \varphi_\tau(c),$$

woraus wiederum (in geschlossener Weise) "M ist starker Deformationsretrakt von $\Lambda(M)^{\varepsilon}$" folgt! Außerdem zeigt dies, daß diese Trajektorien von -grad E über der nichtdegenerierten kritischen Untermannigfaltigkeit M von $\Lambda(M)$ nicht wesentlich oszillieren.
Weitere Aussagen (Abschätzungen) über (die Trajektorien von) -grad E findet man in [22].

Wir betrachten jetzt den bisher völlig unbeachtet gebliebenen Fall einfach-zusammenhängender Mannigfaltigkeiten M, also den Fall: $\Lambda(M)$ zusammenhängend.

5.5 Herleitung :
Sei $l \geq 2$ und $S^l \subset \mathbb{R}^{l+1}$ die l-Sphäre. Sei $\mathbb{R}^l \subset \mathbb{R}^{l+1}$ mit Spann $\{E_{l+1}\}$

als orthogonalem Komplement und $\mathbb{R}^{l+}$ der abgeschlossene positive Halbraum von $\mathbb{R}^{l+1}$ bzgl. E_{l+1} ($E_1,..,E_{l+1}$ die kanonische Basis des $\mathbb{R}^{l+1}$).
$D^{l-1} := S^l \cap \mathbb{R}^{l+}$ ist dann Retrakt von S^l, eine sogenannte (l-1)-dimensionale Halbsphäre auf S^l. Eine Retraktion p wird durch

$$(x_1,..,x_{l+1}) \overset{p}{\longmapsto} (x_1,..,\sqrt{x_l^2+x_{l+1}^2},o) \quad \text{gegeben.}$$

Wir benötigen die folgende stetige Injektion i von D^{l-1} in $\Lambda(S^l)$

$$\xi = (x_1,..,x_l) \in D^{l-1} \overset{i}{\longmapsto} \hat{\xi} \in \Lambda(S^l)$$

$$\hat{\xi}(t) := (x_1,..,x_{l-1}, \cos(2\pi t)\cdot x_l, \sin(2\pi t)\cdot x_l)$$

(diese Abbildung geht in den Teilraum $\Lambda(S^l)$ von $\Lambda(\mathbb{R}^{l+1})$ und ist stetig, da sie als Abbildung in den letzteren Raum stetig ist:
$|||\hat{\xi}^1 - \hat{\xi}^2|||^2 = \|\xi^1 - \xi^2\|^2 + 4\pi^2(x_l^1 - x_l^2)^2$; sie ist auf Rd $D^{l-1} = D^{l-1} \cap (\mathbb{R}^{l-1})^{\perp}$ die Identität).
Sei $h: S^l \longrightarrow M$ Morphismus, also auch $\Lambda(h) : \Lambda(S^l) \longrightarrow \Lambda(M)$ Morphismus. h induziert eine Abbildung

$$h_\Lambda : D^{l-1} \longrightarrow \Lambda(M) \text{ durch } \xi \longmapsto \Lambda(h) \circ i\ (\xi) = h \circ \hat{\xi}$$

(analog sei h_Λ zu jeder stetigen Abbildung $h: S^l \longrightarrow M$, die $h \circ \hat{\xi} \in \Lambda(M)$ für alle $\xi \in D^{l-1}$ erfüllt, definiert; beachte $\Lambda(h)$ muß dann nicht definiert sein).

5.6 Lemma :

Sei $\tau \geq o$ und sei φ_τ wie in §4 bzgl. $(\Lambda(M),E)$ und g_1(oder g^1) gebildet; die Abbildungen $\varphi_\tau \circ h_\Lambda : D^{l-1} \longrightarrow \Lambda(M)$ beschreiben also eine Deformation des "singulären (l-1)-Diskus" h_Λ.

Beh.: Es gibt eine zu h homotope stetige Abbildung $h_\tau : S^l \longrightarrow M$, so daß $(h_\tau)_\Lambda : D^{l-1} \longrightarrow \Lambda(M), \xi \longmapsto h_\tau \circ i(\xi)$ wohldefiniert ist und die Gleichung

$$(h_\tau)_\Lambda = \varphi_\tau \circ h_\Lambda$$

erfüllt (es folgt: $(h_\tau)_\Lambda$ ist stetig).

Bew.: Die Abbildung $H: [o,\tau] \times (S^l - S^l \cap \mathbb{R}^{l-1}) \longrightarrow M$

$$(t,x) \longmapsto (\varphi \circ (pr_1, h_\Lambda \circ p \circ pr_2)(t,x))(\tilde{p}(x)),$$

die mittels der folgenden Abbildung $\tilde{p}$ definiert ist (beachte $(i \circ p)(x)(\tilde{p}(x)) = x!$):

$$\tilde{p} : S^l - S^l \cap \mathbb{R}^{l-1} \longrightarrow S^1 \text{ durch } x \longmapsto (x_l/\sqrt{x_l^2+x_{l+1}^2}, x_{l+1}/\sqrt{x_l^2+x_{l+1}^2}),$$

ist als Komposition stetiger Abbildungen stetig (beachte: $S^1 \times \Lambda(M) \longrightarrow M$, $(s,c) \longmapsto c(s)$ ist stetig!) und auf $[o,\tau] \times S^l$ stetig fortsetzbar, da $\varphi \circ (pr_1, h \circ p \circ pr_2)$ dort stetig ist und auf $S^l \cap \mathbb{R}^{l-1}$ nur Punktkurven als Bilder hat (also die dortige Unstetigkeit von $\tilde{p}$ gar nicht "merkt", somit die gewünschte Fortsetzung liefert).
Die stetige Abbildung $h_\tau := H(\tau,..)$ ist also homotop zu $h = H(o,..)$

- beachte die Identifizierung $[0,1]/\{0,1\} \longrightarrow S^1 \subset \mathbb{R}^2$,
$t \longmapsto (\cos(2\pi t), \sin(2\pi t))$.

Es gilt für $\xi \in D^{l-1} \cap \complement\mathbb{R}^{l-1}$:
$(h_\tau \circ i(\xi))(s) = h_\tau(i(\xi)(s)) = (\varphi_\tau \circ h \circ p(i(\xi)(s)))(\tilde{p}(i(\xi)(s))) = (\varphi_\tau \circ h_\Lambda)(\xi)(s)$
- wie auch für $\xi \in D^{l-1} \cap \mathbb{R}^{l-1}$ unter Fortlassung des dritten Ausdrucks.

q.e.d.

5.7 Theorem: (Fet und Ljusternik)

Auf jeder einfach-zusammenhängenden, kompakten riemannschen Mannigfaltigkeit (M,g) existiert eine nichttriviale einfach-periodische Geodätische.

Bem.: Wir haben damit insgesamt auf jeder kompakten riemannschen Mannigfaltigkeit (M,g) eine nichttriviale periodische Geodätische nachgewiesen. Nach §4 kann diese stets von minimaler (positiver) Energie gewählt werden.

Bew.: Ist $\dim M = m$, so ist auf Grund der Poincaréschen Dualität $H_m(M,\mathbb{Z}_2) \neq 0$, also ist M nicht contractibel, d.h. (vgl. [38], S.134) es existiert $l > 1$, so daß $\pi_l(M) \neq 0$ gilt.
Wähle $p_0 \in D^{l-1}$ und einen Morphismus $h: S^l \longrightarrow M$, der ein nichttriviales Element aus $\pi_l(M)$ repräsentiert, also nicht homotop zur konstanten Abbildung von S^l auf $x_0 := h(p_0)$ ist.
Annahme: $E : \Lambda(M) \longrightarrow \mathbb{R}$ hat keinen positiven kritischen Wert.
Nach 4.10 angewandt auf $\beta := \max\{E(c)/c \in \text{Bild } h_\Lambda\}$ sowie 5.6 ($l \geq 2$!) kann h für jedes $\delta > 0$ durch eine stetige Abbildung $h_\tau: S^l \longrightarrow M$ ersetzt werden, so daß die dazugehörige stetige Abbildung $(h_\tau)_\Lambda : D^{l-1} \longrightarrow \Lambda(M)$ Bild $(h_\tau) \subset \Lambda(M)^\delta$ erfüllt (falls nur τ entsprechend groß gewählt ist). Seien δ und H wie in 5.4Bew. gewählt. Die Abbildung

$$G : I \times (S^l - (S^l \cap \mathbb{R}^{l-1})) \longrightarrow M, \quad G(s,x) := H(s, ((h_\tau)_\Lambda \circ p)(x))(\tilde{p}(x))$$

ist (in Analogie zu 5.6) zu einer stetigen Abbildung $G: I \times S^l \longrightarrow M$ fortsetzbar
(die Fortsetzung lautet: $H(((h_\tau)_\Lambda \circ p)(..),..)/I \times S^l \cap \mathbb{R}^{l-1}$), und es gilt:

$$G(0,x) = \begin{cases} ((h_\tau)_\Lambda \circ p)(x)(\tilde{p}(x)) = h_\tau(x) & \text{für alle } x \in S^l - S^l \cap \mathbb{R}^{l-1} \\ h_\tau(x) & \text{für alle } x \in S^l \cap \mathbb{R}^{l-1} \end{cases},$$

$G(1,x) = ((h_\tau)_\Lambda \circ p)(x)(0) = h_\tau(p(x)) = (h_\tau \circ p)(x)$ -sowie $G(s,p_0) = x_0$.
$h_\tau \circ p$ repräsentiert aber die Null in $\pi_l(M)$ (da $p : S^l \longrightarrow D^{l-1}$ stetig und D^{l-1} contractibel ist), also auch h im Widerspruch zur Annahme.

q.e.d.

5.6, 5.7 liefern, daß die φ-Familie $\mathfrak{F} := \{(\varphi_\tau \circ h)(D^{l-1})/\tau \geq 0\}$ einen kritischen Wert > 0 hat, also an einem positiven kritischen Niveau von E hängenbleibt (Beispiel 4.12(ii) hat in obigem Beweis also Anwendung

gefunden).
Da die in 5.6, 5.7 verwandte Deformation φ auch durch jedes beliebige φ, das "M ist starker Deformationsretrakt von $\Lambda(M)$" realisiert, ersetzt werden kann, folgt bei kompakten, zusammenhängenden Mannigfaltigkeiten M, daß M nie starker Deformationsretrakt von $\Lambda(M)$ ist (bei $\pi(M) \neq 1$ folgt dies auch sofort aus 5.1(i) und 5.2). Nach [46], S.3o ist folglich $\Lambda(M)$ sogar nie in M deformierbar, d.h. $\Lambda(M)$ und M haben verschiedenen Homotopietyp (und wohl auch Homologietyp, vgl. die folgenden Anmerkungen).

5.8 Anmerkungen :

1) Nach Greenberg [12], S.48 gilt (bei zusammenhängendem M): Es gibt einen surjektiven Homomorphismus $\chi : \pi(M) \longrightarrow H_1(M,\mathbb{Z})$, dessen Kern gerade die Kommutatoruntergruppe von $\pi(M)$ ist, der also Isomorphismus ist, falls $\pi(M)$ kommutativ ist (was z.B. stets der Fall ist, wenn M topologische Gruppe ist).
Da das Bild jeder Konjugationsklasse von $\pi(M)$ unter χ einelementig ist, ist deren Anzahl wenigstens genauso groß wie $\# H_1(M,\mathbb{Z})$, und die Implikation in 5.1(ii) gilt völlig analog für alle $a_1, a_2 \in H_1(M,\mathbb{Z})$ mit $a_1 \neq a_2$ und periodische Geodätischen c_1 bzw. c_2 aus den zu $\chi^{-1}(a_1)$ bzw. $\chi^{-1}(a_2)$ gehörigen Zusammenhangskomponenten von $\Lambda(M)$.

2) 4.19, 4.2o gestatten nicht wie die 1.Morsesche Ungleichung (5.1) eine unmittelbare Auswertung bzgl. $(\Lambda(M),E)$, da die zu subordinierten Zyklen gehörigen kritischen Punkte von E nicht notwendig geometrisch verschiedene periodische Geodätische darstellen müssen (und ein 5.1(ii) entsprechendes Kriterium hier nicht formuliert werden kann). Auch bei cc-long$(\Lambda(M),M) = \infty$ braucht i.a. nicht mehr als die Existenz einer nichttrivialen periodischen Geodätischen zu folgen (denn nach 5.1(ii) Bew. gehören zu einer solchen Geodätischen stets unendlich viele kritischen Niveaus von E mit jeweils überabzählbar vielen kritischen Punkten).
Man muß also die in §4,C. entwickelte Technik noch verfeinern, wenn man mit Hilfe subordinierter Zyklen geometrisch verschiedene periodische Geodätische bestimmen will. Die im folgenden Paragraphen durchgeführte Konstruktion ist ein erster Schritt in diese Richtung, da die dort eingeführten "Niveaus" nur noch geometrisch verschiedene Geodätische enthalten.

Es lassen sich jedoch noch folgende Ergänzungen zu §4 im Falle $(\Lambda(M),E)$ formulieren:
Die Abbildung $p : \Lambda(M) \longrightarrow M$, $c \longmapsto c(o)$ ist C^∞-Retraktion, und gemäß 5.4 ist $M = E^{-1}(o) = \Lambda(M)^o$ Deformationsretrakt von $\Lambda(M)^\varepsilon$ für genügend kleine $\varepsilon > o$, also ist §4,C. im Falle $(\Lambda(M),E)$ außer für die bzgl. E re-

gulären $\alpha \in \mathbb{R}$ generell für $\alpha = o$ gültig. Aus 4.18.1 folgt dann:
$H^*(\Lambda(M)-M)/H^*(\Lambda(M),M) \cong H^*(\Lambda(M)^{\varepsilon}-M) \cong H^*(M) \cong H^*(\Lambda(M))/H^*(\Lambda(M),M)$ und
$H_*(\Lambda(M)-M)/H_*(\Lambda(M)^{\varepsilon}-M) = H_*(\Lambda(M),M) = H_*(\Lambda(M))/H_*(M)$ für hinreichend kleines $\varepsilon > o$.
($\Lambda(M)-M$ bzw. $\Lambda(M)^{\varepsilon -}$ ist diffeomorph zu $\Lambda(M)$ bzw. $\Lambda(M)^{\varepsilon -}-M$, vgl. 1.7.3 und $\Lambda(M)^{\varepsilon}-M, \Lambda(M)^{\varepsilon -}-M, E^{-1}(\varepsilon)$ und M sind vom gleichen Homotopietyp, vgl. §1, §4; analoges gilt allgemein für alle $\alpha \in \mathbb{R}$, für die es $\varepsilon > o$ gibt, so daß $(\alpha, \alpha+\varepsilon]$ frei von kritischen Werten von E ist und die "Λ^{α} homotopieäquivalent zu $\Lambda^{\alpha+\varepsilon}$" erfüllen).
Ist der Koeffizientenbereich R von H_*, H^* kommutativer Körper, so folgt weiter:
$$\text{cc-long}(\Lambda(M),M)+1 \geq \text{c-long}(\Lambda(M),M) \geq \text{cc-long}(\Lambda(M),M) = \text{cc-long}(\Lambda(M)-M) \text{ und}$$
$$\text{c-long}(\Lambda(M),M) \overset{(*)}{\leq} \text{c-long}(\Lambda(M)-M) = \text{c-long}(\Lambda(M)) \leq \text{c-long}(\Lambda(M),M)+\text{c-long}(M);$$
man beachte, daß $\text{cc-long}(\Lambda(M)-M)$ nicht mit $\text{cc-long}(\Lambda(M),\phi)$ übereinzustimmen braucht.

Zusammenfassend läßt sich aber feststellen, daß die vielfach berechnete cup-Länge von $\Lambda(M)$: $\text{c-long}(\Lambda(M))$ i.a. nur eine obere Schranke für die Anzahl subordinierter Homologieklassen abgibt (vgl. (*) und 4.17, 4.18), also für die Existenz genügend vieler solcher eine entsprechend große cup-Länge von $\Lambda(M)$ zwar notwendig, aber nicht hinreichend ist. Wir betonen daher, daß die Untersuchungen mittels subordinierter Homologieklassen (Theorem 4.19) den primären Teil, die darüberhinaus angestellten Betrachtungen mittels c-long, cc-long den sekundären Teil des Vorausgegangenen darstellen ($\text{c-long}(\Lambda(M))$ ist von allen Längen am leichtesten berechenbar, aber i.a. die schwächste Vergleichszahl hinsichtlich subordinierter Zyklen).
Im Falle topologischer Gruppen M gilt
$$H^*(\Lambda(M)) = H^*(M) \otimes H^*(\Lambda_{pq}(M)), \text{ ebenso } H_*$$
(vgl. 1.8.5ff., $\Lambda(M)$ ist dann ebenfalls topologische Gruppe und die Faserung von $\Lambda(M)$ über M trivial; genaueres vgl. [24], dort wird diese Gleichung allgemeiner für sog. H-Räume gezeigt). Es gilt also
$$H^*(\Lambda(M),M) = H^*(\Lambda_{pq}(M)), \text{ also nach Beispiel 4.16.1}$$
$$\text{c-long}(\Lambda(M)) = \text{c-long}(\Lambda(M),M) = \infty$$
falls M zusätzlich einfach-zusammenhängend ist (hinsichtlich weiterer Berechnungen von cup-Längen vgl. [3a], [7], [24], [26a], [26b]).

3) Ist $i: M \longrightarrow \Lambda(M)$ die Inklusion und $p: \Lambda(M) \longrightarrow M$ wie in 2), so folgt wegen $p \circ i = id_M$, daß
$$i_* : H_*(M) \longrightarrow H_*(\Lambda(M)), \quad p^* : H^*(M) \longrightarrow H^*(\Lambda(M)) \text{ injektiv und}$$
$$p_* : H_*(\Lambda(M)) \longrightarrow H_*(M), \quad i^* : H^*(\Lambda(M)) \longrightarrow H^*(M) \text{ surjektiv sind;}$$
nach Vorausgegangenem ist darüberhinaus zu erwarten, daß (bei kompaktem M) nie "bijektiv" eintreten kann, also stets $H_*(M) \neq H_*(\Lambda(M))^{(*)}$ gilt

(im Falle $\pi(M) \neq 1$ ist dies klar, da dann bereits $H_o(\Lambda(M),M) \neq o$ gilt). Ein Beweis von (*) liefert nach 4.14 unmittelbar einen anderen Beweis für den Satz von Fet und Ljusternik, da es dann stets relative Zyklen gibt, die als φ-Familien von $\Lambda(M)$ mod M über M hängen bleiben müssen.

4) Im Falle $(\Lambda_{pq}(M),E), p,q \in M$ läßt sich §4 ähnlich auswerten, insbesondere gilt hier sogar:
$\# K \geq \# \pi(M)^{(*)}$ und $c\text{-long}(\Lambda_{pq}(M),E^{-1}(o)) = c\text{-long}(\Lambda_{pq}(M))$ im Falle p=q; im anderen Falle muß man statt E die Abbildung $E := E-\frac{1}{2}d(p,q)^2$ zugrundelegen, damit sämtliche Voraussetzungen von §4 erfüllt sind: 4.6 liefert dann -für alle vollständigen (M,g), vgl. 3.8(ii)- die Existenz (wenigstens) einer p,q-verbindenden Geodätischen der Länge d(p,q), also einen weiteren Beweis des Satzes von Hopf-Rinow. Die Ungleichung (*) folgt sofort aus 4.6Ergänzung, da nach 1.8.7 $\pi_o(\Lambda_{pq}(M)) = \pi_o(\Lambda_p(M)) = \pi_o(\Lambda_p^o(M)) = \pi(M)$ gilt. Sie liefert den folgenden Satz:
In jeder Homotopieklasse von p,q-verbindenden H_1-Kurven gibt es eine p,q-verbindende Geodätische, die bzgl. dieser Homotopieklasse minimale Energie (Länge) hat.
Hinsichtlich weiterer Anwendungen auf $(\Lambda_{pq}(M),E)$ vergleiche man [21], IV-VII und [39], [4o], [47] (dort sind auch noch weitere Beiträge zu §4 enthalten) sowie [25], [24] und die Bemerkungen in [13],S.2o4ff.

Nach 3.8(iii) läßt sich §4 auch auf die dort gebildeten Mannigfaltigkeiten $\Lambda_{c,e}(\Lambda_{pq}(M))$ und $\Lambda_{c,e}(\Lambda(M))$ anwenden, und es folgt nach obigem insbesondere, daß auch $\Lambda_{pq}(M)$ und $\Lambda(M)$ bei vollständigem bzw. kompaktem M den in I.8.2 formulierten Satz von Hopf-Rinow erfüllen (Je 2 Punkte ein und derselben Zusammenhangskomponente der riemannschen Mannigfaltigkeit $\Lambda_{pq}(M)$ bzw. $\Lambda(M)$ können durch eine Geodätische minimaler Länge verbunden werden - und $\Lambda_{pq}(M),\Lambda(M)$ sind geodätisch-vollständig), also Beispiele unendlich-dimensionaler Mannigfaltigkeiten darstellen, auf denen dieser Satz noch gültig ist.

Weitere riemannsche Untermannigfaltigkeiten von $(H_1(I,M),g_1)$ und die dazugehörigen kritischen Punkte von E (nämlich solche, die orthogonale Geodätische zwischen Untermannigfaltigkeiten V,V' von M bzw. solche, die A-invariante Geodätische auf M mit $TA_{c(o)} \cdot \dot{c}(o) = \dot{c}(1)$ - $A: M \longrightarrow M$ Isometrie- beschreiben, betrachtet K. Grove in "Condition (C) for the energy-integral on certain path-spaces and apllications to the theory of geodesics" Aarhus Universitet, Reprint Series 1971-72, No. 4. Er benutzt dabei das von Eliasson aufgestellte allgemeine Beweisverfahren für Bedingung (C), vgl. 3.8(iii), und gewinnt durch Spezialisierung auf $A=id_M$ insbesondere einen weiteren Beweis des Satzes von Fet und Ljusternik (5.7).

6. Der Raum $\Pi(M)$. Ljusternik - Schnirelman - Theorie auf $\Pi(M)$

Die folgenden Konstruktionen verbessern die -hinsichtlich der Auswertung von 4.19, 4.2o- bei $(\Lambda(M),E)$ vorliegende Situation dahingehend, daß sie die auf einem kritischen Niveau von E liegenden, geometrisch übereinstimmenden periodischen Geodätischen von (M,g) identifizieren, ohne die Anwendbarkeit von 4.19, 4.2o aufzuheben. Damit wird das in §4,C. Dargestellte, das in §5 keine Anwendung finden konnte, weiter ausgewertet. Die Voraussetzungen seien wie bei §5 gewählt (vgl. auch §1). Wir fassen $S^1 := \mathbb{R}/\mathbb{Z}$ auch in üblicher Weise als Teilraum des $\mathbb{R}^2$ auf (Identifizierung: $t \longmapsto (\sin(2\pi t), \cos(2\pi t))$).

6.1 Lemma :

(i) Ist $\varphi: S^1 \longrightarrow S^1$ Morphismus (Diffeomorphismus), so auch $\bar\varphi: \Lambda(M) \longrightarrow \Lambda(M), \bar\varphi(c) := c\circ\varphi$. Es gilt $T\bar\varphi = \bar\varphi : \Lambda(TM) \longrightarrow \Lambda(TM), X \longmapsto X\circ\varphi$ (und bei Diffeomorphismen $\bar\varphi^{-1} = \overline{\varphi^{-1}}$).

(ii) Ist φ isometrisch (also Isometrie) bzgl. der natürlichen Metrik von S^1, so auch $\bar\varphi$ bzgl. g_1 (aber nicht bzgl, g^1).

Bew.: Für alle $c_0 \in \Lambda(M)$ und alle hinreichend kleinen) $\varepsilon > 0$ gilt $\bar\varphi(B^\infty_\varepsilon(c_0)) \subset B^\infty_\varepsilon(\bar\varphi(c_0)))$, wie man mit Hilfe der d_∞-Metrik sofort einsieht. Es folgt, daß $\exp^{-1}_{\bar\varphi(c_0)}\circ\bar\varphi\circ\exp_{c_0}(X)$ für alle $X \in B^\infty_\varepsilon(o_{c_0})$ wohldefiniert ist und daß gilt $\exp^{-1}_{\bar\varphi(c_0)}\circ\bar\varphi\circ\exp_{c_0}(X) = X\circ\varphi = \bar\varphi(X)$. Die Abbildung $\bar\varphi: \Lambda(c_0) \longrightarrow \Lambda(\bar\varphi(c_0))$ ist aber linear und stetig, also vom Typ C^∞. Es folgt (i).

Ist $\varphi: S^1 \longrightarrow S^1$ isometrisch, so ist φ sogar Isometrie (also zusätzlich Diffeomorphismus). Die Menge dieser Isometrien ist bekanntlich gerade durch die Einschränkungen der Elemente der orthogonalen Gruppe $O(2)$ des $\mathbb{R}^2$ auf $S^1 \subset \mathbb{R}^2$ gegeben, also bei Zugrundelegung der Darstellung $S^1 = \mathbb{R}/\mathbb{Z}$ von der Gestalt

$$\{\varphi : S^1 \longrightarrow S^1 /\ \varphi(t) = \pm t + \beta \bmod \mathbb{Z},\ \beta \in \mathbb{R}\}.$$

Für diese φ gilt (betrachtet als Abbildungen von $[0,1]$ in $[0,1]$) $\varphi' = \pm 1$, woraus sofort die Gleichung:

$$g_{1,c}(X,Y) = g_{1,\bar\varphi(c)}(\bar\varphi(X),\bar\varphi(Y)) = g_{1,\bar\varphi(c)}(T\bar\varphi\cdot X, T\bar\varphi\cdot Y) \quad (*)$$

ersichtlich ist.

Wir bemerken ergänzend, (daß jedes $\bar\varphi$ periodische Geodätische stets auf periodische Geodätische der gleichen Periode abbildet und) daß $O(2)$ kompakte Liegruppe der Dimension 1 ist, die aus den folgenden beiden, jeweils zu S^1 diffeomorphen Zusammenhangskomponenten besteht: $SO(2)$ und $\begin{pmatrix}-1&0\\0&1\end{pmatrix}\cdot SO(2)$.

Die durch (ii) gegebene Abbildung von der Isometriegruppe $O(2)$ von S^1

in die Isometriegruppe von $(\Lambda(M),g_1)$: $\varphi \longrightarrow \bar{\varphi}$ erfüllt für alle $\varphi_1,\varphi_2 \in O(2)$ die Gleichung $\overline{\varphi_2 \circ \varphi_1} = \bar{\varphi}_1 \circ \bar{\varphi}_2$, ist also nur auf SO(2) Homomorphismus, ihr Bild jedoch trotzdem Untergruppe der Isometriegruppe von $(\Lambda(M),g_1)$, da sich diese Abbildung leicht zu einem Monomorphismus abändern läßt: $\varphi \longrightarrow \bar{\varphi}^{-1} = \overline{\varphi^{-1}}$. Diese Abänderung muß auch bei dem folgenden Satz berücksichtigt werden:

6.2 Satz :

Die riemannsche Mannigfaltigkeit $(\Lambda(M),g_1)$ ist riemannscher O(2)-Raum auf Grund der folgenden stetigen O(2)-Operation auf $\Lambda(M)$:

$(\gamma,c)=(\pm t+\beta,c) \in O(2)\times\Lambda(M) \longmapsto \gamma\cdot c:=\bar{\gamma}^{-1}(c)=(c(\pm t-\beta-[\pm t-\beta]))_{t\in S^1} \in \Lambda(M)$.

Bem.:

Es gilt trivialerweise $id\cdot c = c$ und $\gamma_1\cdot(\gamma_2\cdot c) = (\gamma_1\circ\gamma_2)\cdot c$ für alle $\gamma_1,\gamma_2 \in O(2)$ und $c\in\Lambda(M)$ sowie für alle $\gamma\in O(2)$ "$\gamma\cdot(..)=\bar{\gamma}^{-1}:\Lambda(M)\longrightarrow\Lambda(M)$ ist Isometrie"; zu letzterem vgl. die in 6.1(*) beschriebene "O(2)-Äquivarianz" von g_1. Es folgt, daß $d_1:\Lambda(M)\times\Lambda(M) \longrightarrow \mathbb{R}$ "O(2)-invariant" ist, $\gamma\cdot(..)$ also auch Isometrie bzgl. d_1 (jedoch nicht bzgl. d^1!). Die obige Operation ist auch stetig bzgl. $(\Lambda(M),d_\infty)$, und $\gamma\cdot(..)$ ist Isometrie bzgl. d_∞.

Bew.: Es bleibt also die Stetigkeit der obigen Operation nachzuweisen: Da $\Lambda(M)$ eine abzählbare Basis besitzt und

$$d_1(\gamma_n\cdot c_n,\gamma\cdot c) = d_1((\gamma^{-1}\circ\gamma_n)\cdot c_n,c) \le d_1(c_n,c) + d_1((\gamma^{-1}\circ\gamma_n)\cdot c,c)$$

gilt, bleibt $d_1(\gamma_n\cdot c,c) \longrightarrow o$ für jedes $c\in\Lambda(M)$ und $\gamma_n \longrightarrow id \in SO(2)$ nachzuweisen.

Es gilt: (*) : $\nabla_c(\pi,\exp)^{-1}(c,\gamma_n\cdot c)|_t = K\circ T(\pi,\exp)^{-1}(\dot{c}(t),\dot{c}(t+s_n))$;

$s_n \in S^1$ definiert durch $\gamma_n(t)=t+s_n$, denn es genügt die zu id gehörige Zusammenhangskomponente $SO(2) = S^1=\mathbb{R}/\mathbb{Z}$ von O(2) zu betrachten.

Ist $c\in C^\infty(S^1,M)$, so folgt, daß die durch (*) mittels der Variablen t,s_n gegebene Funktion auf einer Teilmenge von $S^1\times S^1$ vom Typ $S^1\times U(id)=S^1\times U(o)$ definiert und dort gleichmäßig stetig ist. Damit folgt, daß

$$\int_0^1 g_{c(t)}(\nabla_c(\pi,\exp)^{-1}(c,\gamma_n\cdot c)(t),\ \nabla_c(\pi,\exp)^{-1}(c,\gamma_n\cdot c)(t))dt$$

mit s_n gegen o geht, d.h. es konvergiert auch $|||(\pi,\exp)^{-1}(c,\gamma_n\cdot c)|||$ gegen Null, also nach 1.5(a)Zusatz auch $d^1(c,\gamma_n\cdot c)$, also auch $d_1(c,\gamma_n\cdot c)$.

Da $C^\infty(S^1,M)$ in $\Lambda(M)$ dicht liegt, erweitert sich das eben Gesagte aber sofort auf ganz $\Lambda(M)$: Wähle zu $c\in\Lambda(M)$ und $\varepsilon>o$ ein $\tilde{c}\in C^\infty(S^1,M)$ und $n_o\in\mathbb{N}$, so daß für alle $n\ge n_o$ $d_1(\gamma_n\cdot\tilde{c},\tilde{c})<\varepsilon/3$ und $d_1(c,\tilde{c})<\varepsilon/3$ gilt.

Es gilt dann:

$$d_1(\gamma_n\cdot c,c) \le d_1(\gamma_n\cdot c,\gamma_n\cdot\tilde{c}) + d_1(\gamma_n\cdot\tilde{c},\tilde{c}) + d_1(\tilde{c},c)=2d_1(\tilde{c},c)+d_1(\gamma_n\cdot\tilde{c},\tilde{c}) \quad .$$

6.3 Elementare Aussagen über G-Räume im Falle G = O(2) (vgl. [41],[48]):

o.) Das Obige und das in dieser Nummer Festgestellte gilt in unmittelbarer Weise auch für alle nicht kompakten Mannigfaltigkeiten (M,g) endlicher Dimension.

1.) Eine Abbildung $f:X \longrightarrow Y$ zwischen O(2) -Räumen X,Y heißt

$$\underline{\text{invariant}} \text{ bzgl. } O(2) :\Longleftrightarrow \bigwedge_{\gamma\in O(2)} f\circ\gamma = f$$

$$\underline{\text{äquivariant}} \text{ bzgl. } O(2) :\Longleftrightarrow \bigwedge_{\gamma\in O(2)} f\circ\gamma = \gamma\circ f$$

(im ersten Fall kann Y beliebiger topologischer Raum sein).

Beisp.: Ist N weitere riemannsche Mannigfaltigkeit endlicher Dimension und $f:M \longrightarrow N$ Morphismus, so ist $\Lambda(f):\Lambda(M) \longrightarrow \Lambda(N)$ äquivariant, insbesondere ist also die Projektion $\Lambda(\pi)$ von $\Lambda(TM)$ auf $\Lambda(M)$ stets äquivariant.
$E:\Lambda(M) \longrightarrow \mathbb{R}$ ist invariant (wie aus der Regel für Parametertransformationen sofort folgt), also gilt, da g_1 äquivariant ist, daß das Vektorfeld $X:=-\text{grad } E : \Lambda(M) \longrightarrow \Lambda(TM)$ und sein Fluß, also insbesondere $\varphi_\tau : \Lambda(M) \longrightarrow \Lambda(M), \tau\geq o$ (vgl. 4.4) äquivariant sind.
Dies gilt nicht analog bzgl. g^1; diese etwas einfachere Metrik ist dem periodischen Verhalten der $c\in\Lambda(M)$ nicht angepaßt.

2.) Die Orbiten von O(2) (durch beliebige $c\in\Lambda(M)$): $O(2)c := \{\gamma\cdot c/\gamma\in O(2)\}$ bilden eine disjunkte Zerlegung von $\Lambda(M)$ in kompakte Teile. Die Menge dieser Orbiten bildet den sogenannten Orbitraum

$$\Pi(M) := \Lambda(M)/O(2)$$

der Operation von O(2) auf $\Lambda(M)$, den wir den Raum der unparametrisierten geschlossenen Kurven auf M nennen. Dieser Raum sei in bekannter Weise mit der Quotiententopologie versehen (diese ist eindeutig durch die Forderung "Die kanonische Projektion $\pi:\Lambda(M) \longrightarrow \Pi(M)$, $a \longmapsto O(2)a$ ist stetig und offen" bestimmt). Die Projektion π ist darüberhinaus auch abgeschlossen und eigentlich.
In Verallgemeinerung der Orbiten betrachtet man zu beliebigem $A\subset\Lambda(M)$ die Menge

$$O(2)A := \{\gamma\cdot c/c\in A \wedge \gamma\in O(2)\} ,$$

die sogenannte Absättigung von A unter O(2). Die obigen Eigenschaften der Abbildung π entsprechen unmittelbar den folgenden Aussagen: Mit A ist auch die Absättigung von A offen bzw. abgeschlossen bzw. kompakt. Die stetigen invarianten Abbildungen von $\Lambda(M)$ in einem topologischen Raum X korrespondieren in kanonischer Weise zu den stetigen Abbildungen von $\Pi(M)$ in X. Ist $g:\Lambda(M) \longrightarrow \Lambda(N)$ stetige, äquivariante Abbildung, so gibt es genau eine stetige Abbildung $\tilde{g}:\Pi(M) \longrightarrow \Pi(N)$, die das folgende kommutative Diagramm erfüllt:

$$\begin{array}{ccc} \Lambda(M) & \xrightarrow{g} & \Lambda(N) \\ \pi\downarrow & & \downarrow\pi \\ \Pi(M) & \xrightarrow{\tilde{g}} & \Pi(N) \end{array}$$

Im Falle $g=\Lambda(f), f:M \longrightarrow N$ Morphismus, definieren wir speziell $\Pi(f) := \tilde{g}$; es gilt also $\Pi(f) : \Pi(M) \longrightarrow \Pi(N), O(2)a \longmapsto O(2)f(a)$.

Die Zuordnung $M \longmapsto \Pi(M),\ f \longmapsto \Pi(f)$

ist ein <u>kovarianter Funktor von der Kategorie der euklidischen Mannigfaltigkeiten (II.o) in die Kategorie der topologischen Räume</u>.

3.) Da die Operation von $O(2)$ auf $(\Lambda(M), d_1)$ isometrisch ist, ist

$$\begin{aligned} d_\pi : \Pi(M)\times\Pi(M) &\longrightarrow \mathbb{R} \\ (r,s) &\longmapsto \inf\{d_1(c,e)/c\in r \wedge e\in s\} \end{aligned}$$

Metrik für $\Pi(M)$, die mit der oben eingeführten Topologie verträglich ist (und die den Wert ∞ annehmen kann). $\Pi(M)$ ist separabel, besitzt also eine abzählbare Basis, ist aber nicht lokal-kompakt. Analoges gilt bzgl. d_∞.

Identifiziert man die Zusammenhangskomponenten von $\Lambda(M)$, die zueinander inverse Elemente enthalten (im Sinne der Verknüpfung geschlossener Kurven mit gleichen Anfangspunkten), so steht die Menge dieser Äquivalenzklassen von $\pi_0(\Lambda(M))$ in kanonischer Bijektion mit der Menge der Zusammenhangskomponenten von $\Pi(M)$: $\pi_0(\Pi(M))$; $r,s\in\Pi(M)$ liegen genau dann in derselben Zusammenhangskomponenten von $\Pi(M)$, wenn $d_\pi(r,s)<\infty$ gilt. $\Pi(M)$ ist also wie $\Lambda(M)$ genau dann zusammenhängend, falls M einfach zusammenhängend ist.

M ist auch abgeschlossener Teilraum von $\Pi(M)$ und $d_\pi/M\times M = d$.

Mit Hilfe der in 1.7.1 erwähnten Morphismen $\tilde{f}, \tilde{g}\ldots$ folgt schließlich, daß der Homotopietyp von $\Pi(M)$ ebenfalls nur vom Homotopietyp von M abhängt.

Das bisher Gesagte läßt sich auch auf $(\Lambda^o(M), d_\infty)$, vgl. §1, übertragen: Die $O(2)$-Operation $(\mu, c)\in O(2)\times\Lambda^o(M) \longmapsto \bar{\mu}^{-1}(c) := c\circ\mu^{-1}\in\Lambda^o(M)$ ist ebenfalls stetig (und jedes $\bar{\mu}$ isometrisch bzgl. d_∞). Der Orbitraum $\Pi^o(M)$ dieser Operation ist analog durch d_∞ metrisierbar: $d_{\pi o}(r,s) := \inf\{d_\infty(c,e)/c\in r, e\in s\}$, und die stetige Inklusion $i:(\Pi(M), d_\pi) \longrightarrow (\Pi^o(M), d_{\pi o})$ ist Homotopieäquivalenz.

4.) Wir haben die folgenden Typen von <u>Isotropiegruppen</u>:

$$O(2), \mathbb{Z}_1, \mathbb{Z}_2, \ldots, \mathbb{Z}_q, \ldots, \text{ sowie gewisse Erweiterungen}$$

der (als diskrete Untergruppen von $SO(2)$ aufgefaßten) zyklischen Gruppen $\mathbb{Z}_q$ der Ordnung q in die Zusammenhangskomponente $\begin{pmatrix}-1&0\\0&1\end{pmatrix}\cdot SO(2)$ von $O(2)$

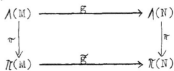

die aus den zu $\mathbb{Z}_q$ gehörigen geschlossenen Kurven der Periode q gewisse nullhomotope, bzgl. Umorientierung (von einem bestimmten Kurvenpunkt aus) symmetrische Kurven aussondern. Die Gesamtheit dieser "entarteten" Kurven, einschließlich der zur Isotropiegruppe O(2) gehörigen Punktkurven, ist abgeschlossen in $\Lambda(M)$: Bezeichnung $\Lambda(M)^-$ (diese Menge enthält keine nichttrivialen kritischen Punkte von E).
Die zu den restlichen Isotropiegruppen $\mathbb{Z}_1,\ldots,\mathbb{Z}_q,\ldots$ gehörigen Orbittypen sind alle verschieden; sie bestimmen eine disjunkte Zerlegung von $\Lambda(M) - \Lambda(M)^-$ in invariante Teilmengen:

$$\Lambda(M)^1,\ldots,\Lambda(M)^q,\ldots$$

hinsichtlich der Periode der Kurven aus $\Lambda(M) - \Lambda(M)^-$. Die Orbiten solcher Kurven liegen also jeweils ganz in einer dieser Teilmengen und sind stets vom Homöomorphietyp $S^1 \cup_{\text{disj.}} S^1$.
Umgebungen der Punktkurven zeigen, daß die Orbitstruktur von $\Lambda(M)$ nicht lokal endlich ist. Die Kurven aus $\Lambda(M)^q$ heißen q-fach überlagerte periodische Kurven und im Fall q=1 auch einfach-periodische Kurven. $\Lambda(M)^1$ ist offene, dichte Teilmenge von $\Lambda(M)$, also Untermannigfaltigkeit, die kanonisch homöomorph zu jedem der Teilräume $\Lambda(M)^q$ von $\Lambda(M)$ ist (wie man mittels $\varphi(t) = \pm q\cdot t+b$ zeigt). Weiteres dazu siehe [26]; zur Darstellung der kritischen Orbits vgl. 2.7.1.
Da die oben angedeutete Zerlegung von $\Lambda(M)$ O(2)-invariant ist, überträgt sie sich auf $\Pi(M)$; wir haben somit insbesondere den offenen, dichten Teilraum $\Pi(M)^1$ von $\Pi(M)$ der einfach-periodischen unparametrisierten geschlossenen Kurven auf M.

Der Beweis des folgenden Theorems, das die Übertragung der Ljusternik-Schnirelman-Theorie von $(\Lambda(M),E)$ auf $(\Pi(M),E)$ ermöglicht, beruht auf Vorschlägen von W.Klingenberg. Einen ähnlichen Beweis findet man in [22].

6.4 Theorem :

Der Raum $\Pi(M)$ ist lokal kontraktibel, d.h. jeder Punkt $\tilde{c}\in\Pi(M)$ besitzt eine Umgebung U, die homotop zu $\{\tilde{c}\}$ ist.

Bew.: Es genügt, die $\tilde{c}\in\Pi(M)$ zu betrachten, die Projektionen von C^∞-Kurven $c\in\Lambda(M)$ sind, da letztere dicht in $\Lambda(M)$ liegen. Sei K der Levi-Civita-Zusammenhang von (M,g), $B_\varepsilon(o_c) := \{X\in\Lambda(c)/\|X\|_{1,c}<\varepsilon\}$, $\exp_c : B_\varepsilon(o_c) \longrightarrow U(c)$ natürliche Karte von $\Lambda(M)$ bzgl. $\Lambda(K)$ um c (vgl. §1) und I_c die Isotropiegruppe von c bzgl. O(2). Es gilt für alle $X\in\Lambda(c)$

$$O(2)X \cap \Lambda(c) = I_c X$$

(wegen $\pi(\gamma\cdot X) = c \Longleftrightarrow \gamma c = c$), und durch Einschränkung der O(2)-Operation $O(2)\times\Lambda(TM) \longrightarrow \Lambda(TM)$ erhält man die folgende wohldefinierte stetige Operation

$$I_c\times B_\varepsilon(o_c) \longrightarrow B_\varepsilon(o_c),\ (\gamma,X)\longmapsto \gamma\cdot X$$

(denn es gilt $\|\gamma\cdot X\|_{1,c} = \|X\|_{1,c}$). Analog operiert I_c auf $U(c) \subset \Lambda(M)$, d.h. die Karte $\exp_c$ induziert einen Homöomorphismus

$$[\exp_c] : B_\varepsilon(o_c)/I_c \longrightarrow U(c)/I_c .$$

Nun ist $B_\varepsilon(o_c)$ bekanntlich kontraktibel:

$$(\tau, X) \in [0,1] \times B_\varepsilon(o_c) \longmapsto (1-\tau)\cdot X \in B_\varepsilon(o_c).$$

Da diese Kontraktion mit der Operation von I_c auf $B_\varepsilon(o_c)$ verträglich ist (beachte: die Homothetien von $\Lambda(c)$ sind I_c-äquivariant, die Vektorraumaddition ist es nicht!), folgt, daß auch $B_\varepsilon(o_c)/I_c$ und somit auch $U(c)/I_c$ kontraktibel ist.
Damit ist der Beweis im Falle von Punktkurven c, also für $I_c = O(2)$ bereits geführt, da $U(c)/I_c$ dann Umgebung von $\pi(c)$ ist (in diesem Fall sind sogar die $B^\infty_\varepsilon(c)/I_c$ kontraktibel).
Es kann also im Folgenden $\dot{c} \neq o$ vorausgesetzt werden. Es gilt dann:
$\Lambda_{\dot{c}} := \{X \in \Lambda(c) / g_{o,c}(X,c) = o\}$ ist topologisch-direkter Summand von Spann$\{\dot{c}\}$ in $\Lambda(c)$ der Kodimension 1 und:
Die Operation von I_c auf $\Lambda(c)$ ist auf $\Lambda_{\dot{c}}$ einschränkbar
$\left(\bigwedge_{\gamma \in I_c} g_{o,c}(X,c) = o \Longleftrightarrow g_{o,c}(\gamma\cdot X,c) = o\right)$, d.h. mit Hilfe der Mengen
$\widetilde{B_\varepsilon(o_c)} := B_\varepsilon(o_c) \cap \Lambda_{\dot{c}}$, $\widetilde{U(c)} := \exp_c(\widetilde{B_\varepsilon(o_c)})$ erhält man auch einen Homöomorphismus

$$[\exp_c] : \widetilde{B_\varepsilon(o_c)}/I_c \longrightarrow \widetilde{U(c)}/I_c \quad ,$$

dessen Definitions- und Bildbereich ebenfalls kontraktibel sind.

Wir zeigen nun, daß für hinreichend klein gewähltes $\varepsilon > o$ der topologische Raum $\widetilde{U(c)}/I_c$ homöomorph zu einer Umgebung von $\pi(c)$ in $\Pi(M)$ ist und haben damit die Behauptung des Satzes bewiesen.
Zunächst gilt: Da $\pi/\widetilde{U(c)}$ stetig und invariant bzgl. I_c ist, ist auch $\pi : \widetilde{U(c)}/I_c \longrightarrow \Pi(M)$ stetig.
Wir betrachten jetzt die folgende Abbildung

(1) $\quad (s,e) \overset{\Phi}{\longmapsto} g_{o,c}(\exp_c^{-1}(s\cdot e), \dot{c}) \in \mathbb{R}.$

Diese Abbildung ist auf einer Teilmenge von $\mathbb{R}\times\Lambda(M)$ vom Typ $[-\beta,+\beta] \times D_\rho(c)$, $D_\rho(c) := \{e / d_1(e,c) < \rho\}$ wohldefiniert und stetig, und alle bei festem e gebildeten partiellen Funktionen sind differenzierbar. Die Abbildung $\frac{\partial\Phi}{\partial s} : [-\beta,+\beta] \times D_\rho(c) \longrightarrow \mathbb{R}$ ist ebenfalls stetig, und es gilt:

$$\begin{aligned} \frac{\partial\Phi}{\partial s}(o,c) &= \frac{d}{ds}\int_0^1 g_{c(t)}(\exp^{-1}_{c(t)} c(t+s), \dot{c}(t))dt \\ &= \int_0^1 \frac{\partial}{\partial s} g_{c(t)}(\exp^{-1}_{c(t)} c(t+s), \dot{c}(t))dt \\ &= \int_0^1 g_{c(t)}(K\circ T(\exp^{-1}_{c(t)})_{c(t)}\cdot\dot{c}(t), \dot{c}(t))dt \end{aligned}$$

$$\overset{I.2}{\underset{I.4}{=}} \int_0^1 g_{c(t)}(\dot{c}(t),\dot{c}(t))dt = g_{o,c}(\dot{c},\dot{c}) > o.$$

Es folgt, daß β,η so gewählt werden können, daß $\frac{\partial\Phi}{\partial s}(s,e)$ in obigem Definitionsbereich stets $>o$ ist.

Da Φ die Voraussetzungen des Satzes über implizite Funktionen erfüllt, können β,η sogar so gewählt werden, daß es eine eindeutig bestimmte stetige Abbildung $\psi: D_\eta(c) \longrightarrow (-\beta,+\beta)$ gibt, so daß $\{(\psi(e),e)/e \in D_\eta(c)\}$ in obigem Definitionsbereich von Φ liegt und $\Phi(\psi(e),e) = o$ für alle $e \in D_\eta(c)$ gilt.

Sei ρ die Periode von c und $\delta \in (o,\eta)$ derart, daß für alle $s \in [o,\rho) \subset [o,1]/\{o,1\} = S^1 = SO(2)$ gilt

$$d_1(c,s\cdot c) < 2\delta \implies s < \beta$$

(diese Wahl ist möglich, da $s \in [o,\rho]/\{o,\rho\} \longmapsto s\cdot c \in SO(2)c$ Homöomorphismus ist, denn diese Kurve ist auf $[o,\rho)$ doppelpunktfrei!), und sei $\varepsilon > o$ (siehe vorne) so gewählt, daß $U(c) \subset D_\delta(c)$ erfüllt ist.

Annahme: $\tilde{\pi} : \widetilde{U(c)}/I_c \longrightarrow \Pi(M)$ ist nicht injektiv, d.h. es gibt $\gamma \in O(2) - I_c$ und $e \in \widetilde{U(c)}$, so daß $\gamma\cdot e \in \widetilde{U(c)} - \{e\}$ gilt. Da für alle $f \in \widetilde{U(c)}$ und alle $\gamma \in I_c$ gilt: $\gamma\cdot f \in \widetilde{U(c)}$ (denn $\exp_c^{-1}(\gamma\cdot f) = $
$= \gamma\cdot\exp_c^{-1} f \in \widetilde{B_\varepsilon(o_c)}$), kann o.B.d.A. angenommen werden, daß γ von der Gestalt

$$\gamma(t) = t+s,\ s \in (o,\rho);\ \text{also insbesondere } \gamma \in SO(2) \text{ ist.}$$

Damit folgt

$$d_1(c,\gamma\cdot c) = d_1(c,s\cdot c) \le d_1(c,\gamma\cdot e) + d_1(\gamma\cdot e,\gamma\cdot c) = 2d_1(\gamma\cdot c,\gamma\cdot e) = 2d_1(c,e) < 2\delta$$

also folgt nach Wahl von δ, daß s auch $s<\beta$ erfüllen muß. Nun ist die Abbildung

$$s \in [-\beta,+\beta] \longmapsto \Phi(s,e) \in \mathbb{R}$$

streng monoton und es gilt $\Phi(o,e) = o$, also für unser s notwendig $\Phi(s,e) \neq o$, woraus aber $s\cdot e \notin \widetilde{U(c)}$ im Widerspruch zur obigen Annahme folgt.

Es bleibt zu zeigen, daß $\tilde{\pi}$ eine offene Abbildung ist:

Die Abbildung $e \in D_\eta(c) \xrightarrow{\varphi_1} \exp_c^{-1}(\psi(e)\cdot e) \in \Lambda_c$

ist wohldefiniert und stetig und $\widetilde{B_\varepsilon(o_c)}$ ist offen in Λ_c und (nach Wahl von ε) gilt: $\widetilde{B_\varepsilon(o_c)} \subset$ Bild φ_1. Damit läßt sich eine Umgebung V von c in $\Lambda(M)$ finden, auf der die Abbildung

$$e \in V \longmapsto \psi(e)\cdot e \in \widetilde{U(c)}$$

wohldefiniert, stetig und surjektiv ist. Die offenen Mengen $\mathcal{U}_1$ in $\widetilde{U(c)}$ sind mittels φ_2 nun erweiterbar zu offenen Mengen V_1 von $\Lambda(M)$, derart, daß gilt

$$\pi(V_1) = \pi(U_1) \subset \Pi(M)$$

womit die Aussage "$\tilde{\pi}$ offen" gezeigt ist (da Offenheit in $\widetilde{U(c)}$ unmittelbar zur Offenheit in $\widetilde{U(c)}/I_c$ derart korrespondiert, daß die Projektionen mittels π übereinstimmen).

q.e.d.

6.5 Definition: (Ljusternik-Schnirelman-Theorie auf $\Pi(M)$).

Sei M jetzt stets kompakt, also Bedingung (C) für $(\Lambda(M),E)$ erfüllt.

(i) Da das Energieintegral E auf $\Lambda(M)$ $O(2)$-invariant und sein Fluß φ äquivariant ist, haben wir nach früherem die durch folgende kommutativen Diagramme definierten stetigen Abbildungen auf $\Pi(M)$:

$$\begin{array}{ccc} \Lambda(M) & \xrightarrow{\;E\;} & \mathbb{R} \\ \pi\downarrow & \nearrow E & \\ \Pi(M) & & \end{array} \qquad \begin{array}{ccc} \Lambda(M) & \xrightarrow[\tau\geq 0]{\varphi_\tau} & \Lambda(M) \\ \pi\downarrow & & \downarrow\pi \\ \Pi(M) & \xrightarrow[\tau\geq 0]{\psi_\tau} & \Pi(M) \end{array}$$

sowie zu jedem $r\in\Pi(M)$ den unteren Ast der Trajektorie $\psi_\sim$ von $E:\Pi(M)\longrightarrow\mathbb{R}$:

$\psi_r:[0,\infty)\longrightarrow\Pi(M)$, $\psi_r(\tau):=\psi_\tau(r)$ $\psi_r(0)=r$, längs der E monoton fallend ist (vgl. die entsprechenden Definitionen von φ_τ,φ_c in 4.A).

Die Orbiten der Operation $O(2)$ enthalten entweder nur kritische oder nur reguläre Punkte von $E:\Lambda(M)\longrightarrow\mathbb{R}$, wir haben also eine entsprechende Unterteilung bei $E:\Pi(M)\longrightarrow\mathbb{R}$: Die kritischen Punkte von $E:\Pi(M)\longrightarrow\mathbb{R}$ sind gerade die (unparametrisierten) periodischen Geodätischen auf (M,g).

Sei $\Pi:=\Pi(M)$. Analog zu $\Lambda^\alpha,\Lambda^{\alpha-}$ bilden wir hier

$\Pi^\alpha:=\Pi(M)^\alpha=\pi(\Lambda(M)^\alpha)=\{r\in\Pi(M)/E(r)\leq\alpha\}=\overline{\Pi^\alpha}$ und

$\Pi^{\alpha-}:=\pi(\Lambda(M)^{\alpha-})=\{r\in\Pi(M)/E(r)<\alpha\}=\underline{\Pi}^\alpha$.

(ii) Sei $\alpha\in\mathbb{R}$, so daß für ein $\varepsilon>0$ das Intervall $(\alpha,\alpha+\varepsilon]$ frei von kritischen Werten von $E:\Pi\longrightarrow\mathbb{R}$ ist. Eine ψ-Familie $\mathcal{G}$ von $\Pi \bmod \Pi^\alpha$ ist eine nichtleere Menge $\mathcal{G}$ von nichtleeren, kompakten Teilmengen Ψ von Π, für die gilt:

(a) $\Psi\in\mathcal{G}\Longrightarrow\psi_\tau(\Psi)\in\mathcal{G}$ für alle $\tau\geq 0$

(b) Es gibt kein $\Psi\in\mathcal{G}$ mit $\Psi\subset\Pi^{\alpha+\varepsilon}$.

Die Zahl $\varkappa:=\inf\limits_{\Psi\in\mathcal{G}}\sup\limits_{r\in\Psi}E(r)$ heißt der kritische Wert der ψ-Familie $\mathcal{G}$.

Beisp.: (α) Sei $c\in\Lambda(M)$ regulär, α der ω-Wert von c und $r:=\pi(c)$.

$\mathcal{G}:=\{\psi_\tau(r)/\tau\geq 0\}$ ist ψ-Familie von $\Pi \bmod \Pi^\alpha$

(β) Ist $z_k\in H_k(\Pi,\Pi^\alpha)-\{0\}$, so ist (falls α regulärer Wert von E) die Menge

$\mathcal{G}:=\{|v_k|\,/v_k$ Zykel aus $z_k\}$ eine ψ-Familie von $\Pi \bmod \Pi^\alpha$.

(iii) Sei $[\alpha,\beta]\subset\mathbb{R}$ frei von kritischen Werten von E. Da 4.1o sich auf Grund der Äquivarianz der φ_τ auf die ψ_τ überträgt, gilt

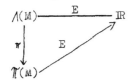

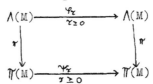

$$i : (\Pi^{\alpha}, \Pi^{\alpha}) \longrightarrow (\Pi^{\beta}, \Pi^{\alpha}) \text{ ist Homotopieäquivalenz}$$

(es gilt sogar "Π^{α} ist starker Deformationsretrakt von Π^{β}", vgl. 4.5, 4.10). Deshalb überträgt sich auch die in 4.C benutzte spezielle Form von $\cup$ und $\cap$ auf Π, d.h. auf (Π,Π^{α}), (Π,Π^{β}) anstelle von $(\Lambda,\Lambda^{\alpha})$, $(\Lambda,\Lambda^{\beta})$, und wir können definieren:

Sei $z_k \in H_k(\Pi,\Pi^{\alpha})-\{o\}$, $z_{k+1} \in H_{k+1}(\Pi,\Pi^{\alpha})-\{o\}$, $l \geq 1$ <u>und</u> α regulär.

z_k heißt <u>subordiniert</u> zu z_{k+1}, falls es $\xi^1 \in H^1(\Pi-\Pi^{\alpha})$ (oder $H^1(\Pi,\Pi^{\alpha})$) gibt mit

$$z_k = \xi^1 \cap z_{k+1} \qquad (\xi^1 \neq o \text{ also}).$$

<u>Bem.</u>: Durch direkte Übertragung von 5.4 folgt: Ist $(o,\varepsilon_o]$ frei von kritischen Werten, so ist die kompakte kritische Teilmenge M von Π Deformationsretrakt von Π^{ε_o}. (Nach früherem existiert stets ein solches ε_o). Die vorausgegangene Definition ist also auch für α=o wieder gültig.

6.6 Satz :

Sei $\mathcal{G}$ eine ψ-Familie von $\Pi \bmod \Pi^{\alpha}$. Sei $\varkappa$ der kritische Wert von $\mathcal{G}$. Dann gilt

(i) $\varkappa > \alpha$.

(ii) Die Menge $K_{\varkappa}$ der kritischen Punkte auf Π vom E-Wert $\varkappa$ ist nicht leer.

(iii) Sei V Umgebung $K_{\varkappa}$ in Π. Dann gibt es $\Psi \in \mathcal{G}$, so daß für alle $\tau \geq o$ $\psi_{\tau}(\Psi) \subset V \cap \Pi^{\varkappa-}$ (insbesondere also $\psi_{\tau}(\Psi) \cap V \neq \emptyset$ gilt).

(iv) Ist $K_{\varkappa}$ endlich, so gibt es $r \in K_{\varkappa}$, so daß für alle Umgebungen V(r) von r ein $\Psi \in \mathcal{G}$ existiert, das $\psi_{\tau}(\Psi) \cap V(r) \neq \emptyset$ für alle $\tau \geq o$ erfüllt ("Ψ bleibt an r hängen").

<u>Bew.</u>: $\mathcal{F} := \{\pi^{-1}(\Psi)/\Psi \in \mathcal{G}\}$ ist eine φ-Familie von $\Lambda(M)$ mod $\Lambda(M)^{\alpha}$, da π eigentlich, φ_{τ} äquivariant und E invariant ist. Da die kritischen Werte von $\mathcal{G}$ und $\mathcal{F}$ übereinstimmen, folgt die gesamte obige Behauptung aus der für $\mathcal{F}$, vgl. 4.14, mittels der obigen Eigenschaften von φ_{τ},E.

6.7 Satz :

Sei z_k subordiniert zu z_{k+1} (mittels ξ^1) und $\varkappa_k$ bzw. $\varkappa_{k+1}$ der kritische Wert von z_k bzw. z_{k+1} (z_k und z_{k+1} aufgefaßt als ψ-Familien von $\Pi \bmod \Pi^{\alpha}$). Sei $(\alpha,\alpha+\varepsilon]$ frei von kritischen Werten und Π^{α} homotopieäquivalent zu $\Pi^{\alpha+\varepsilon}$, (z.B. also α nicht kritisch). Es gilt:

(i) $\alpha+\varepsilon < \varkappa_k \leq \varkappa_{k+1}$.

(ii) Ist $\varkappa_k = \varkappa_{k+1}$, so gilt für jede Umgebung $U \subset \Pi-\Pi^{\alpha}$ von $K_{\varkappa_k}$ (der Menge der kritischen Punkte vom E-Wert $\varkappa_k$):

$H^1(U) \neq o$, d.h. es folgt $\# K_{\varkappa_k} = \infty$

(was bei Π mit der Existenz von unendlich vielen geometrisch verschiedenen periodischen Geodätischen gleichbedeutend ist; der Fall (i) liefert jedoch nur die Existenz zweier, nicht notwendig geometrisch verschiedener periodischer Geodätischer).

Bew.: Genau wie in 4.19, da Π lokal kontraktibel ist.

Bem.: 1) Bei (ii) gilt sogar stärker, daß $K_{\varkappa_k}$ dann die topologische Dimension $p \geq 1$ hat, (vgl. 4.19Bem.).

2) Die in 4.C eingeführten Zahlen c-long(..),cc-long(..) sind gemäß ihrer Konstruktion und wegen 6.5(iii) auch für Paare (Π, Π^{α}) (für α wie in 6.7) definiert, stimmen aber i.a. nicht mit den Werten der entsprechend gebildeten Paare $(\Lambda(M), \Lambda(M)^{\alpha})$ überein (und brauchen sich z.B. im Falle $(\Pi(M), M)$ nicht mehr so elementar wie die von $(\Lambda(M), M)$ in 5.8.2 zu verhalten, da M i.a. kein Retrakt von $\Pi(M)$ ist und der in 5.8.2 benutzte Diffeomorphismus von $\Lambda(M)$-M auf $\Lambda(M)$ nicht notwendig äquivariant sein muß).

6.7 liefert analog zu 4.2o insbesondere die Aussage: Es gibt wenigstens max {cc-long $(\Pi(M)$-M), cc-long$(\Pi(M)$} kritische Punkte des Energieintegrals $E:\Pi(M) \longrightarrow \mathbb{R}$.

6.8 Anmerkungen :

1) Wir haben gesehen, daß die Übertragung der Ljusternik-Schnirelman-Theorie von $(\Lambda(M),E)$ auf $(\Pi(M),E)$ i.a. auch nicht mehr als die Existenz einer nichttrivialen periodischen Geodätischen auf (M,g) liefert, da die verschiedenen Überlagerungen einer periodischen Geodätischen auch bzgl. $E:\Pi(M) \longrightarrow \mathbb{R}$ als verschiedene kritische Punkte gezählt werden müssen. Obwohl also auf $\Pi(M)$ voneinander verschiedene kritische Punkte des gleichen Niveaus stets geometrisch verschiedene periodische Geodätische als Repräsentanten besitzen, und nur die subordinierten Homologieklassen z_k, z_{k+1} Schwierigkeiten machen können, deren kritische Werte $\varkappa_k, \varkappa_{k+1}$ eine Beziehung vom Typ

$$\varkappa_k/\varkappa_{k+1} = m/n, \; m,n \in \mathbb{N}, \; m < n$$

erfüllen, kommt man nicht umhin, wesentlich kompliziertere Methoden zu entwickeln, um den Fall auszuschließen, daß ein Paar subordinierter Homologieklassen an "nur arithmetisch verschiedenen" periodischen Geodätischen hängenbleibt. Diese Lücke im bisher Festgestellten wird besonders deutlich im Falle dim M=1, der im Laufe der Untersuchungen wohl im wesentlichen mitbehandelt worden ist. In diesem Fall gilt: $M \cong S^1$. Alle Geodätischen sind periodisch (liefern also gerade Diffeomorphismen von S^1 auf M) und stimmen (geometrisch gesehen) überein.

Hier kann es also gar nicht gelingen, mehr als "eine" periodische Geodätische zu finden, obwohl die bisher gebrachten Sätze anwendbar sind .

Die allgemeinen algebraischen Methoden zur Konstruktion mehrerer periodischer Geodätischer von (M,g) sind also erschöpft, und man muß nun versuchen, (bei Mannigfaltigkeiten der Dimension ≥ 2) die bei 6.7 zugrundeliegenden subordinierten Homologieklassen so speziell zu wählen, daß Aussagen über die geometrischen Eigenschaften der dazugehörigen periodischen Geodätischen möglich werden (sowie versuchen, die Anzahl solcher Homologieklassen abzuschätzen).
Eine Möglichkeit zur Konstruktion solcher speziellen Homologieklassen findet man in [26]; mit Hilfe geeigneter Deformationen wird in einem gleichnamigen Preprint zu dieser Arbeit außerdem gezeigt, daß sich die in [26] verwandten Methoden zur Abschätzung von cc-long(Π(M)-M) bei einfach-zusammenhängenden Mannigfaltigkeiten zu Existenzaussagen über eine gewisse Anzahl geometrisch verschiedener einfacher (d.h. doppelpunktfreier) periodischer Geodätischer verfeinern lassen.
Im Spezialfall "M Sphäre" oder "M projektiver Raum" findet man in [3a], [26a], [26b] Homologieuntersuchungen über Λ(M), Π(M) mit Hilfe der nichtdegenerierten kritischen Untermannigfaltigkeiten (vgl. §2) von Λ(M) bzw. Π(M); ein Teil der dort dargestellten Aussagen gilt auch bei beliebigem M bei Zugrundelegung einer nichtdegenerierten kritischen Untermannigfaltigkeit von Λ(M) bzw. Π(M).

2) Sei der in 5.C zugrundegelegte Koeffizientenbereich R hier kommutativer Körper der Charakteristik o. Gromoll und Meyer [15] zeigen für kompakte, einfach-zusammenhängende riemannsche Mannigfaltigkeiten (M,g), daß auf M unendliche viele gemetrisch verschiedene periodische Geodätische existieren, falls die Folge der (endlichen!) Bettizahlen von Λ(M) nicht beschränkt ist. Diese Voraussetzung ist z.B. bei allen Mannigfaltigkeiten, die vom Homotopietyp eines Produktes zweier kompakter einfach-zusammenhängender Mannigfaltigkeiten sind, erfüllt, und Gegenteiliges ist bisher nur bei Mannigfaltigkeiten vom Homotopietyp der symmetrischen Räume vom Rang 1 bekannt, bei denen aber auf anderem Wege bewiesen worden ist, daß sie die obige Behauptung zumindest bzgl. bestimmter kanonischer Metriken erfüllen.
Die Bettizahlen liefern auch im Falle von nur endlicher Fundamentalgruppe ein ähnliches Kriterium (da die universelle riemannsche Überlagerung dann ebenfalls kompakt ist). Im Falle unendlicher Fundamentalgruppe ist 5.1(ii) aber in den meisten Fällen schon gut anwendbar, so daß insgesamt gesehen bis auf verhältnismäßig wenige Fälle der Nachweis mehrerer (und sogar unendlich vieler) periodischer Geodätischer möglich sein sollte).

Die obige Aussage von Gromoll und Meyer über die Existenz unendlich vieler geometrisch verschiedener periodischer Geodätischer ist das zur Zeit umfassendste Resultat dieser Richtung (vgl. auch die dort angegebene weitere Arbeit dieser Autoren: "Some remarks on closed geodesics"). Ihm liegt eine ausführlichere Diskussion des Indexes und der Nullität iterierter periodischer Geodätischer zugrunde sowie eine Erweiterung der nichtdegenerierten Morse-Theorie [33] hinsichtlich der bei $(\Lambda(M),E)$ vorliegenden degenerierten Situation, vgl. [14]; es werden die in §2 gemachten Untersuchungen über Darstellungen der Hesseschen von E fortgesetzt (und zwar auch hinsichtlich O(2)-Äquivarianz!) sowie Untersuchungen über gewisse typische Zahlen periodischer Geodätischer angestellt.

Neben der (wohl mühseligen) genaueren Diskussion subordinierter Homologieklassen von z.B. $\Lambda(M)$ mod M zeigen die in 1), 2) beschriebenen weiterführenden Untersuchungen über die Anzahl periodischer Geodätischer von (M,g), daß solche Untersuchungen wohl nicht ohne die Diskussion der Hesseschen von E auskommen, also man sich entweder auf riemannsche Mannigfaltigkeiten (M,g) beschränken muß, bei denen die Menge der kritischen Punkte von E in nichtdegenerierte kritische Untermannigfaltigkeiten zerfallen oder man eine weitere Übertragung der Morse Theorie auf die bei $(\Lambda(M),E)$ i.a. vorliegende degenerierte Situation mit Hilfe der Hesseschen von E versuchen muß (vgl. dazu die in [7], [15], [21], [26], [26a] angegebene Literatur).

ANHANG (von H. Karcher)

Um die in diesem Band dargestellten Entwicklungen von einer anderen Seite zu beleuchten, zeigen wir in 7., wie man die differenzierbare und die riemannsche Struktur des Raumes $\Lambda(M)$ mit Hilfe des Whitneyschen Einbettungssatzes und anderen extrinsischen Hilfsmitteln erhalten kann. $\Lambda(M)$ dient uns nur als Beispiel; andere Randbedingungen und andere Parametermannigfaltigkeiten (statt S^1) können analog behandelt werden. 8. bringt Anwendungen und Ergänzungen.- Da dieser Anhang unabhängig lesbar sein soll, treten einzelne Wiederholungen auf; diese sind durch die erreichte Unabhängigkeit und den meistens etwas anderen Standpunkt hoffentlich gerechtfertigt.

7. Ein anderer Zugang zu $\Lambda(M)$

7.1 Im Fall $M=\mathbb{R}^n$ (mit der kanonischen Metrik $(..,..)$ und der dazugehörigen Norm $|..|$) ist

$$\Lambda(\mathbb{R}^n)=\{f;f:S^1\longrightarrow\mathbb{R}^n, f \text{ absolut stetig, } \dot f \text{ quadratintegrierbar}\}$$

mit dem Skalarprodukt

$$\langle f,h\rangle = \int_{S^1}[(f(t),h(t)) + (\dot f(t),\dot h(t))]\,dt$$

ein bekannter Hilbertraum. Wir möchten hinzufügen, daß zum Verständnis des folgenden sehr viel weniger Integrationstheorie notwendig ist, als es auf den ersten Blick den Anschein hat, und wir wollen das durch einige Bemerkungen erläutern.

$f:[0,1] \longrightarrow \mathbb{R}^n$ heißt absolut stetig, falls gilt:

Zu jedem $\varepsilon>0$ gibt es ein $\delta>0$, so daß für alle Einteilungen $0\le t_0< t_1<\ldots <t_{2r+1}\le 1$ aus $\sum_{i=0}^{r}|t_{2i+1}-t_{2i}|<\delta$ folgt $\sum_{i=0}^{r}|f(t_{2i+1})-f(t_{2i})|<\varepsilon$.

Nach einem Satz von Lebesgue ist f genau dann absolut stetig, wenn es eine summierbare Funktion g gibt mit

$$f(t) = f(0) + \int_0^t g(s)ds.$$

Lebesgues Satz besagt außerdem: f ist fast überall differenzierbar und $f'=g$ fast überall, d.h. $f(t) = f(0) +\int_0^t f'(s)ds$. Die Vollständigkeit von $\Lambda(\mathbb{R}^n)$ ist ein weiteres Resultat der Integrationstheorie. Ebensogut kann man sich $\Lambda(\mathbb{R}^n)$ jedoch als Vervollständigung des Vektorraums der C^∞-Abbildungen $f:S^1\rightarrow\mathbb{R}^n$ bezüglich der Norm $\|f\| = \langle f,f\rangle^{1/2}$ vorstellen. Repräsentieren wir S^1 durch $[0,1]/_{\{0,1\}}$ (bei anderer Parametrisierung ändern sich die Konstanten), so gilt z.B. für stetig differenzierbare $f:S^1\rightarrow\mathbb{R}^n$:

7.1.1 $\|f\|_\infty^2 := \max_t |f(t)|_{\mathbb{R}^n}^2 \le 2\|f\|^2$ (vgl. 7.2.11),

denn $|f(t)|^2 = |f(\tau)|^2+\int_\tau^t 2(f'(s),f(s))ds$, also

$$|f(t)|^2 \le \int_{S^1}|f(\tau)|^2 d\tau +\int_{S^1}(\int_{S^1}|f'(s)|^2+|f(s)|^2 ds)d\tau \le 2\|f\|^2.$$

7.1.2 Für $\tau_k < t_k \leq \tau_{k+1} < t_{k+1} (k=1,..,N)$, $0 \leq \tau_1$, $t_N \leq 1$ gilt

$$\sum_{k=1}^{N} |f(t_k) - f(\tau_k)| \leq \left(\sum_{k=1}^{N} |t_k - \tau_k|\right)^{1/2} \cdot \|f\|,$$

denn $$\left(\sum_{k=1}^{N} |f(t_k) - f(\tau_k)|\right)^2 \leq \left(\sum_{k=1}^{N} \int_{\tau_k}^{t_k} |\dot f(t)|\, dt\right)^2 =$$

$$= \left(\int_{\bigcup_{k=1}^{N}[\tau_k, t_k]} |\dot f(t)|\, dt\right)^2 \leq \int_{\bigcup_{k=1}^{N}[\tau_k, t_k]} dt \cdot \int_{[0,1]} |\dot f|^2 dt.$$

Wegen 7.1.1 ist jede $\| \ \|$-Cauchyfolge von C^∞-Abbildungen auch $\| \ \|_\infty$-Cauchyfolge, hat also als gleichmäßig konvergente Folge jedenfalls eine stetige Grenzfunktion. Wegen 7.1.2 bleibt auch die Absolutstetigkeit der Glieder der Cauchyfolge beim Grenzübergang erhalten. Mit anderen Worten: definiert man $\Lambda(\mathbb{R}^n)$ als $\| \ \|$-Vervollständigung der C^∞-Abbildungen, so kann man sich die Elemente von $\Lambda(\mathbb{R}^n)$ jedenfalls als absolut stetige Abbildungen repräsentieren. Die Tatsache, daß nicht jede absolut stetige Abbildung zu $\Lambda(\mathbb{R}^n)$ gehört ($\dot f$ muß ja quadratintegrierbar sein) stört in keinem Beweis.- Wir werden in der Formulierung unserer Beweise die Integrationstheorie voraussetzen; man kann sie jedoch mühelos "übersetzen", indem man zunächst zu den Voraussetzungen "stetig differenzierbar" hinzufügt und dann durch das Cauchyfolgenargument wieder beseitigt. Man überlege sich z.B.: ist $F:\mathbb{R}^n \longrightarrow \mathbb{R}^n$ stetig differenzierbar und $f \in \Lambda(\mathbb{R}^n)$, so ist $F \circ f \in \Lambda(\mathbb{R}^n)$.

Wir nehmen nun einige Uminterpretationen vor, die hier ($M=\mathbb{R}^n$) trivial sind, sich aber in der neuen Formulierung wörtlich in die allgemeinere Situation ($M \neq \mathbb{R}^n$) übernehmen lassen. Zunächst geben wir die Identifikation von $\Lambda(\mathbb{R}^n)$ mit seinen Tangentialräumen auf. Die Kurve $\varkappa: I \longrightarrow \Lambda(\mathbb{R}^n)$, $\varkappa(s) = f + s \cdot v$ (für $f, v \in \Lambda(\mathbb{R}^n)$ und $I = [0,1]$) hat den Tangentialvektor v. Ebenso natürlich ist es jedoch, v als Vektorfeld längs f anzusehen, so daß $\varkappa$ definiert wird durch $\varkappa(s)(t) := f(t) + s \cdot v(t)$ (+ bezeichnet das in der affinen Geometrie des $\mathbb{R}^n$ übliche Abtragen des Vektors $s \cdot v(t)$ vom Fußpunkt $f(t) \in \mathbb{R}^n$ aus). Dann ist also der Tangentialraum in f der folgende zu $\Lambda(\mathbb{R}^n)$ isometrische Hilbertraum, dessen Elemente Vektorfelder längs f sind:

7.1.3 $T_f \Lambda(\mathbb{R}^n) = \{v;\ v \in \Lambda(T\mathbb{R}^n) \text{ und } v(t) \in T_{f(t)}\mathbb{R}^n\}$.

Als nächstes sollen stetige Kurven $\varkappa: I \longrightarrow \Lambda(\mathbb{R}^n)$ im $\mathbb{R}^n$ interpretiert werden. Wegen 7.1.1 und 7.1.2 gilt:

7.1.4 $|\varkappa(s)(t) - \varkappa(s')(t')|_{\mathbb{R}^n} \leq \|\varkappa(s)\| \cdot |t - t'|^{1/2} + 2\|\varkappa(s) - \varkappa(s')\|$,

d.h. stetige Kurven $\varkappa$ werden durch gewisse stetige Homotopien in $\mathbb{R}^n$ repräsentiert. Dabei gehören zu differenzierbaren Kurven Homotopien mit (gleichmäßig in t) differenzierbaren "Deformationswegen" (t= const.);

sei nämlich $\mathcal{K}'(s)$ Tangentialvektor von $\mathcal{K}$ in $\mathcal{K}(s)$ (also $\mathcal{K}'(s)(\ldots)$ Vektorfeld längs $\mathcal{K}(s)(\ldots)$ in $\mathbb{R}^n$), so ist

$$7.1.5 \quad \max_t |\mathcal{K}(s')(t) - \mathcal{K}(s)(t) - \mathcal{K}'(s)(t)\cdot(s'-s)|_{\mathbb{R}^n} \overset{(7.1.1)}{\leq}$$

$$\leq \sqrt{2}\,\|\mathcal{K}(s') - \mathcal{K}(s) - \mathcal{K}'(s)\cdot(s'-s)\| = o(|s'-s|),$$

und 7.1.5 zeigt, daß für jedes t die partielle Ableitung $\frac{\partial}{\partial s}\mathcal{K}(s)(t)$ existiert, nämlich $\frac{\partial}{\partial s}\mathcal{K}(s)(t) = \mathcal{K}'(s)(t)$.

7.2 Wir betrachten zunächst riemannsche Mannigfaltigkeiten (M,g), die C^{k+2}-diffeomorph zu $\mathbb{R}^n$ sind. Jeder C^{k+2}-Diffeomorphismus $F:M\longrightarrow \mathbb{R}^n$ induziert auf $\mathbb{R}^n$ eine riemannsche Metrik $F_*^{-1}g$, so daß (M,g) und $(\mathbb{R}^n,F_*^{-1}g)$ isometrisch sind. Wir werden ohne Mühe sehen, daß $\Lambda(M)$ und $\Lambda(\mathbb{R}^n)$ C^k-diffeomorph sind, so daß alles in 7.1 Gesagte wieder zur Verfügung steht. Wir definieren dann eine riemannsche Metrik G für $\Lambda(M)$, die durch die Metrik g von M bestimmt ist. Die metrischen Resultate über $\Lambda(M)$ lassen sich in diesem Abschnitt sehr einfach beweisen, da $\Lambda(M)$ mit einem einzigen Koordinatensystem überdeckt werden kann. Diese Resultate werden anschließend zur Behandlung des allgemeinen Falles benutzt, in dem die differenzierbare Struktur von $\Lambda(M)$ nicht mehr trivial ist. Grundlegend für die Betrachtung von $\Lambda(M)$ ist das folgende Lemma aus [39](vgl. die Ähnlichkeit mit 7.2.6), dessen ausführlicher Beweis aus [39]hier noch einmal wiederholt wird:

<u>7.2.1 Lemma von Palais</u>

Zu jeder C^1-Abbildung $G : \mathbb{R}^n \longrightarrow L^s(\mathbb{R}^n;\mathbb{R}^m)$

definiere $\bar{G} : \Lambda(\mathbb{R}^n)\longrightarrow L^s(\Lambda(\mathbb{R}^n);\Lambda(\mathbb{R}^m))$

durch $\bar{G}(f)\cdot(v_1,\ldots,v_s)(t) := G(f(t))\cdot(v_1(t),\ldots,v_s(t))$.

<u>Behauptung:</u> (i) $\bar{G}$ ist stetig; (ii) falls G sogar C^3-Abbildung ist, so ist $\bar{G}$ stetig differenzierbar und $d\bar{G} = \overline{dG}$.

(iii) Insbesondere gilt für jede C^{k+2}-Abbildung $F:\mathbb{R}^n\longrightarrow \mathbb{R}^m$: die Abbildung $\bar{F}:\Lambda(\mathbb{R}^n)\longrightarrow\Lambda(\mathbb{R}^m)$ (definiert durch $\bar{F}(f) = F\circ f$) ist eine C^k-Abbildung und für alle $r\in\{1,\ldots,k\}$ und $v_1,\ldots,v_r \in \Lambda(\mathbb{R}^n)$ gilt:

$$d^r\bar{F}(f)\cdot(v_1,\ldots,v_r)(t) = d^rF(f(t))\cdot(v_1(t),\ldots,v_r(t)).$$

<u>Bemerkung:</u> Dasselbe Resultat gilt - mit völlig analogem Beweis - für $\bar{F}:H_1(I,\mathbb{R}^n)\longrightarrow H_1(I,\mathbb{R}^m)$, $\bar{F}(f) = F\circ f$.

<u>Beweis:</u> Durch vollständige Induktion folgt (iii) sofort aus (i) und (ii), denn für $s = 0,1,\ldots,k-1$ erfüllt d^sF die für G gemachten Voraussetzungen.

Um (i) zu beweisen, muß zunächst gezeigt werden, daß für jedes $f\in\Lambda(\mathbb{R}^n)$ die s-lineare Abbildung $\bar{G}(f)$ stetig ist. Um Wiederholungen zu vermeiden, führen wir gleich die Abschätzung der Norm $\|\bar{G}(f+h) - \bar{G}(f)\|_{L^s(\Lambda(\mathbb{R}^n);\Lambda(\mathbb{R}^m))}$ vor. Da G und dG auf der kompakten Menge

$f([o,1])$ beschränkte Normen haben, zeigt dieselbe Rechnung, daß die Norm von $\bar{G}(f)$ beschränkt, also $\bar{G}(f)$ stetig ist.

$$\|(\bar{G}(f+h) - \bar{G}(f))\cdot(v_1,\dots,v_s)\|^2_{\Lambda(\mathbb{R}^m)} =$$

$$\int_o^1 |(G(f(t)+h(t)) - G(f(t)))\cdot(v_1(t),\dots,v_s(t))|^2_{\mathbb{R}^m} dt +$$

$$\int_o^1 |\tfrac{d}{dt}(G(f(t)+h(t)) - G(f(t)))\cdot(v_1(t),\dots,v_s(t))|^2_{\mathbb{R}^m} dt \leq (\text{s.u.})$$

Die Menge $B := \{p \in \mathbb{R}^m;\ \bigvee_{t\in[o,1]} |f(t) - p| \leq 1\}$ ist kompakt, daher definiere $C_1 := \max_{p\in B} \|dG(p)\|_{L^{s+1}(\mathbb{R}^n;\mathbb{R}^m)}$; außerdem gibt es wegen der gleichmäßigen Stetigkeit von dG auf B eine Funktion $C:\mathbb{R}\to\mathbb{R}$ mit $\lim_{r\to o} C(r)=o$ und - wir setzen $\|h\|_\infty \leq 1$ voraus -

$$\bigwedge_{t\in[o,1]} \|dG(f(t)+h(t)) - dG(f(t))\|_{L^{s+1}(\mathbb{R}^n;\mathbb{R}^m)} \leq C(\|h\|_\infty).$$

Wir benutzen $(\sum_{i=1}^{s+2} x_i)^2 \leq (s+2)\cdot\sum_{i=1}^{s+2} x_i^2$ und

$$dG(f(t)+h(t))\cdot(\dot f(t)+\dot h(t)) - dG(f(t))\cdot\dot f(t) =$$

$$dG(f(t)+h(t))\cdot\dot h(t) + (dG(f(t)+h(t))-dG(f(t)))\cdot\dot f(t).$$

Damit setzen wir die begonnene Abschätzung fort:

$$(\text{s.o.}) \leq C_1^2\cdot\prod_{j=1}^{s}\|v_j\|_\infty^2\cdot\int_o^1 h^2(t)dt \quad +$$

$$+ (s+2)\cdot\Big(C_1^2\cdot\prod_{j=1}^{s}\|v_j\|_\infty^2\cdot\int_o^1\dot h^2(t)dt \quad +$$

$$+ \quad C^2(\|h\|_\infty)\prod_{j=1}^{s}\|v_j\|_\infty^2 \int_o^1 \dot f^2(t)dt \quad +$$

$$+ \quad C_1^2\cdot\|h\|_\infty^2\cdot\sum_{j=1}^{s}\prod_{\substack{i=1\\ i\neq j}}^{s}\|v_i\|_\infty^2\cdot\int_o^1|\dot v_j(t)|^2\, dt\Big) \quad \underset{(7.1.1)}{\leq}$$

$$\leq \quad (s+2)(s+1)\cdot 2^s C_1^2 \prod_{j=1}^{s}\|v_j\|^2\cdot\|h\|^2 \quad +$$

$$+ \quad (s+2)\, 2^s\cdot\int_o^1\dot f^2(t)dt\cdot\prod_{j=1}^{s}\|v_j\|^2\cdot C^2(\sqrt{2}\,\|h\|).$$

Diese Ungleichung beweist

$$\|\bar{G}(f+h) - \bar{G}(f)\|^2_{L^2(\Lambda(\mathbb{R}^n);\Lambda(\mathbb{R}^m))} \leq$$

$$\leq (s+2)(s+1)2^s C_1^2\cdot\|h\|^2 + (s+2)2^s\int_o^1\dot f^2(t)dt\cdot C^2(\sqrt{2}\,\|h\|)$$

und damit die Stetigkeit von $\bar{G}$ bei f.

(ii) Die Voraussetzung, daß G eine C^3-Abbildung sei, ist mehr, als für die stetige Differenzierbarkeit von $\bar{G}$ nötig ist. Daher ist der Beweis einfach:

Wir definieren eine C^1-Abbildung:

$$R : \mathbb{R}^n \times \mathbb{R}^n \to L^2(\mathbb{R}^n;\ L^s(\mathbb{R}^n;\mathbb{R}^m)) \qquad \text{durch}$$

$$R(p,y) := \int_o^1 d^2G(p+y\cdot t)\cdot(1-t)dt.$$

Dann gilt (siehe Beweis der Taylorformel)

$$G(p+y) - G(p) - dG(p)\cdot y = R(p,y)\cdot(y,y).$$

Auf R wenden wir (i) an, es folgt

$$\bar{G}(f+h) - \bar{G}(f) - \overline{dG}(f)\cdot h = \bar{R}(f,h)\cdot(h,h).$$

Da $\bar{R}$ stetig ist und für $\|h\|_\infty \leq 1$ eine beschränkte Norm hat, d.h. $\|\bar{R}(f,h)\cdot(h,h)\|_{L^s(\Lambda(\mathbb{R}^n);\Lambda(\mathbb{R}^m))} \leq C_2\cdot \|h\|^2$, ist $\bar{G}$ differenzierbar und $d\bar{G} = \overline{dG}$. Wieder wegen (i) ist $\overline{dG}$ stetig, also $\bar{G}$ eine C^1-Abbildung.

<u>7.2.2 Satz:</u> Sind F_1, $F_2: M \to \mathbb{R}^n$ C^{k+2}-Diffeomorphismen, so gilt:
$\Lambda(M) := \{f;\ f: S^1 \to M,$ f absolut stetig, f lokal quadratintegrierbar$\}$ =
$= \{f;\ f: S^1 \to M,\ F_1 \circ f \in \Lambda(\mathbb{R}^n)\}$
$= \{f;\ f: S^1 \to M,\ F_2 \circ f \in \Lambda(\mathbb{R}^n)\}$.

Nach 7.2.1 ist $\overline{F_1 \circ F_2^{-1}}: \Lambda(\mathbb{R}^n) \to \Lambda(\mathbb{R}^n)$ C^k-Diffeomorphismus, so daß man eine C^k-differenzierbare Struktur für $\Lambda(M)$ durch die Identifizierung $\bar{F}_1: \Lambda(M) \to \Lambda(\mathbb{R}^n)$ mit $\bar{F}_1(f) = F_1 \circ f$ erhält, die unabhängig von der Wahl des Diffeomorphismus F_1 ist.

Wir definieren in 7.2.4 zu jeder der riemannschen Metriken $F_{i*}^{-1}g$ für $\mathbb{R}^n$ riemannsche Metriken G_i für $\Lambda(\mathbb{R}^n)$. Da $F_1 \circ F_2^{-1}: (\mathbb{R}^n, F_{2*}^{-1}g) \to (\mathbb{R}^n, F_{1*}^{-1}g)$ eine Isometrie ist, folgt aus 7.2.4 unmittelbar die Isometrie von $\overline{F_1 \circ F_2^{-1}}: (\Lambda(\mathbb{R}^n), G_2) \to (\Lambda(\mathbb{R}^n), G_1)$, so daß deren Unterscheidung überflüssig ist und wir von $(\Lambda(M), G)$ sprechen können.

Eine riemannsche Metrik g für $\mathbb{R}^n$ (wir verzichten auf die ausführlichere Bezeichnung $F_{i*}^{-1}g$) ist eine C^{k+1}-Abbildung $g: \mathbb{R}^n \to L^2(\mathbb{R}^n;\mathbb{R})$, so daß für alle $p \in \mathbb{R}^n$ $g(p)$ eine positiv definite symmetrische Bilinearform ist.

Zu einer riemannschen Metrik hat man die C^k-Abbildung von Christoffel

$$\Gamma: \mathbb{R}^n \to L^2(\mathbb{R}^n;\mathbb{R}^n) \qquad (\Gamma(p)[a,b] = \Gamma(p)[b,a]) ,$$

mit der für Vektorfelder u,v längs Kurven f eine kovariante Ableitung $Dv(t) = \dot{v}(t) + \Gamma(f(t))[\dot{f}(t), v(t)]$ definiert ist. Für diese gilt mit $g(f(t))(u(t),v(t)) =: (u(t),v(t))_g$:

7.2.3 $\quad \frac{d}{dt}(u(t),v(t))_g = (Du(t),v(t))_g + (u(t),Dv(t))_g.$

Auf jedem Tangentialraum $T_f\Lambda(\mathbb{R}^n)$ (vgl. 7.1.3) definieren wir eine positiv definite Bilinearform, die durch die Metrik g auf $\mathbb{R}^n$ bestimmt ist:

7.2.4 $\quad \langle v,w\rangle_g := \int_{S^1} (v(t),w(t))_g + (Dv(t),Dw(t))_g\, dt,$

$$\|v\|_g^2 = \langle v,v\rangle_g .$$

Wir werden in 7.2.10 und 7.2.12 zeigen, daß $\langle \cdot\cdot , \cdot\cdot \rangle_g$ eine riemannsche Metrik für $\Lambda(\mathbb{R}^n)$ definiert. Vorher wollen wir die Differenzierbarkeit der Energiefunktion

7.2.5 $\quad E: \Lambda(M) \to \mathbb{R},\ E(f) := \frac{1}{2}\int_{S^1} g(f(t))(\dot{f}(t),\dot{f}(t))dt$

beweisen. Da die kritischen Punkte von E genau die geschlossenen Geodätischen von M sind (8.4.3), dient die Energiefunktion dem Studium der geschlossenen Geodätischen. Die Hauptschwierigkeiten bei der Anwendung der Theorie der Hilbert- und Banachmannigfaltigkeiten auf höherdimensionale Variationsprobleme besteht darin, geeignete Energiefunktionen zu finden. Die riemannschen (bzw. finslerschen) Metriken dienen dann als technische Hilfsmittel, die man sich in verschiedener Weise verschaffen kann. 7.2.4 scheint eine der bequemsten riemannschen Metriken für $\Lambda(M)$ zu definieren; in den ersten Arbeiten auf diesem Gebiet wurden andere Metriken benutzt.

Satz:

7.2.6 Die Energiefunktion E ist C^k-differenzierbar.

7.2.7(i) $$dE_f(v) = \int_{S^1} (\dot f(t), Dv(t))_g dt \le \sqrt{2E(f)}\cdot \|v\|_g .$$

Ist $dE_f = o$, so ist die hessische Form dieses kritischen Punktes (R bezeichnet den Krümmungstensor von g):

(ii) $$d^2E_f(v,w) = \int_{S^1} (Dv(t),Dw(t))_g - (R(v(t),\dot f(t))\dot f(t),w(t))_g dt.$$

Beweis: 7.2.6 ist ein Resultat vom Typ des Palais-Lemmas 7.2.1. Wir zeigen die Differenzierbarkeit der Funktion $H: \Lambda(\mathbb{R}^n) \times \Lambda(\mathbb{R}^n) \times \Lambda(\mathbb{R}^n) \to \mathbb{R}$, definiert durch $H(a,b,c) := \int g(a(t))(\dot b(t),\dot c(t))dt$. Dann ist E Einschränkung von H auf die Diagonale von $\Lambda\times\Lambda\times\Lambda$, also differenzierbar. Da H in b und c linear ist, wird durch $\tilde H(a)[b,c] := H(a,b,c)$ eine Abbildung $\tilde H: \Lambda(\mathbb{R}^n) \to L^2(\Lambda(\mathbb{R}^n);\mathbb{R})$ definiert. Differenzierbarkeit von $\tilde H$ impliziert Differenzierbarkeit von H. Wir zeigen, daß $\tilde H$ eine C^k-Abbildung mit den folgenden Ableitungen ist:

7.2.8
$$d\tilde H_a(h)[b,c] = \int_{S^1} dg_{a(t)}(h(t))(\dot b(t),\dot c(t))dt$$
$$d^2\tilde H_a(h,k)[b,c] = \int_{S^1} d^2g_{a(t)}(h(t),k(t))(\dot b(t),\dot c(t))dt \quad \text{usw.}\ .$$

Dazu genügt es, die Differenzierbarkeit von
$d\tilde H : \Lambda(\mathbb{R}^n) \to L(\Lambda(\mathbb{R}^n);L^2(\Lambda(\mathbb{R}^n);\mathbb{R})) \approx L^3(\Lambda(\mathbb{R}^n);\mathbb{R})$ vorzuführen, alles übrige ergibt sich durch triviale Modifikationen dieses Beweises.

Behauptung: Die Norm der trilinearen Abbildung $d\tilde H_{a+k} - d\tilde H_a - d^2\tilde H_a(\cdot\cdot,k)$ ist $\le \text{const.}\cdot\|k\|^2$; dabei bedeutet $d^2\tilde H$ zunächst die durch 7.2.8 gegebene quadrilineare Abbildung, aber das Restglied zeigt, daß dies in der Tat die Ableitung von $d\tilde H$ ist.

Beweis:

$$|(d\tilde H_{a+k}(h) - d\tilde H_a(h) - d^2\tilde H_a(h,k))[b,c]| =$$
$$|\int_{S^1} \Big(\underbrace{dg_{a(t)+k(t)}(h(t)) - dg_{a(t)}(h(t))}_{\text{(Differenz in } L^2(\mathbb{R}^n;\mathbb{R})\,!)} - d^2g_{a(t)}(h(t),k(t))\Big)(\dot b(t),\dot c(t))dt| \le$$
$$\underset{(7.1.1)}{\le} |\int_{S^1} dt\Big\{\max_{t\in S^1}\|dg_{a(t)+k(t)} - dg_{a(t)} - d^2g_{a(t)}(\cdot\cdot,k(t))\|_{L^3(\mathbb{R}^n;\mathbb{R})}\cdot\|h\|_\infty\cdot|\dot b(t)|\cdot|\dot c(t)|\Big\} \le \text{a.u.}$$

Wir haben für g eine Differenzierbarkeitsordnung mehr vorausgesetzt, als wir für $\tilde H$ beweisen wollen. Daher ist d^3g gleichmäßig stetig in einer kompakten Umgebung N der Menge $a(S^1)$ in $\mathbb{R}^n$. Aus der Taylorformel mit

Restglied für dg folgt dann:

$$\underset{7.1.2}{\leq} \max_{p\in N} \|d^3 g_p\|_{L^5(\mathbb{R}^n;\mathbb{R})} \cdot \|k\|_\infty^2 \cdot \|h\| \cdot \int_{S^1} |\dot b(t)| \cdot |\dot c(t)|\, dt \leq$$

$$\leq \underbrace{\text{const.} \cdot \|k\|^2}_{} \cdot \|h\| \cdot \|b\| \cdot \|c\|$$

(7.1.1) (Abschätzung der gesuchten Norm) Q.E.D.

Nach dem Beweis der Differenzierbarkeit 7.2.6 ist die Berechnung der Ableitungen 7.2.7 sehr einfach. Für $v \in T_f\ (\mathbb{R}^n)$ definieren wir eine wegen 7.2.1 differenzierbare Kurve

7.2.9 $\gamma : I \longrightarrow \Lambda(\mathbb{R}^n)$, $\gamma(s)(t) := \exp_{f(t)} s\cdot v(t)$ $(\exp : \mathbb{R}^n \times \mathbb{R}^n \longrightarrow \mathbb{R}^n$ Exponentialabbildung von g). Für diese gilt (vgl. 7.1.5):

$\frac{\partial\gamma}{\partial s}(o)(t) = v(t), \left|\frac{\partial\gamma}{\partial s}(s)(t)\right|_g = |v(t)|_g$ unabhängig von s, denn

$\frac{D}{\partial s}\frac{\partial\gamma}{\partial s}(s)(t) = o$ ($\frac{D}{\partial s}$ = kovariante Ableitung längs der Deformationswege t = const., das sind hier geodätische Linien).

Dann ist

$$dE_f(v) = \frac{d}{ds} E(\gamma(s))\Big|_{s=o} = \frac{1}{2}\int_{S^1} \frac{d}{ds}(\dot\gamma(s)(t), \dot\gamma(s)(t))_g dt\Big|_{s=o} =$$

$$\underset{(7.2.3)}{=} \int_{S^1} (\dot\gamma(s)(t), \frac{D}{\partial s}\dot\gamma(s)(t))_g dt\Big|_{s=o}$$

$$= \int_{S^1} (\dot\gamma(s)(t), \frac{D}{\partial t}\frac{\partial\gamma}{\partial s}(s)(t))_g dt\Big|_{s=o}$$

$$= \int_{S^1} (\dot f(t), Dv(t))_g dt \underset{\text{(Schwarz' Ungl.)}}{\leq} \left(\int |\dot f(t)|_g^2 dt\right)^{\frac{1}{2}} \cdot \left(\int |Dv(t)|_g^2 dt\right)^{\frac{1}{2}}.$$

In einem kritischen Punkt ist die zweite Ableitung eine unabhängig vom Koordinatensystem definierte symmetrische Bilinearform, daher folgt (ii) wegen 7.2.6 aus:

$$d^2E_f(v,v) = \frac{d^2}{ds^2}E(\gamma(s))\Big|_{s=o} = \int_{S^1} \frac{d}{ds}(\dot\gamma(s)(t), \frac{D}{\partial t}\frac{\partial\gamma}{\partial s}(s)(t))_g dt\Big|_{s=o} =$$

$$= \int_{S^1} (Dv(t), Dv(t))_g dt + \int_{S^1} (\dot\gamma(s)(t), \frac{D}{\partial s}\frac{D}{\partial t}\frac{\partial\gamma}{\partial s}(s)(t))_g dt\Big|_{s=o} =$$

$\left(\text{wegen } \left(\frac{D}{\partial s}\frac{D}{\partial t} - \frac{D}{\partial t}\frac{D}{\partial s}\right)\frac{\partial\gamma}{\partial s} = R\left(\frac{\partial\gamma}{\partial s}, \dot\gamma\right)\frac{\partial\gamma}{\partial s} \text{ und } \frac{D}{\partial s}\frac{\partial\gamma}{\partial s}(s)(t) = o\right)$

$$= \int_{S^1} (Dv(t), Dv(t))_g - (\dot f(t), R(\dot f(t), v(t))v(t))_g\, dt.$$

Wir kommen auf die Energiefunktion in 8. zurück.

<u>7.2.10 Satz:</u> Die Abbildung $G : \Lambda(\mathbb{R}^n) \longrightarrow L^2(\Lambda(\mathbb{R}^n);\mathbb{R})$, definiert durch (vgl. 7.2.4) $G(f)[v,w] := \langle v,w\rangle_g$, ist C^{k-1} differenzierbar.

<u>Beweis:</u> Wir schreiben G als Summe aus den Abbildungen $G_i : \Lambda(\mathbb{R}^n) \longrightarrow L^2(\Lambda(\mathbb{R}^n);\mathbb{R})$ mit

$$G_o(f)[v,w] = \int g(f(t)(v(t), w(t))dt,$$

$$G_1(f)[v,w] = \int g(f(t))(\dot v(t), \dot w(t))\, dt,$$

$$G_2(f)[v,w] = \int g(f(t))(\dot v(t),\Gamma(f(t))[\dot f(t),w(t)])dt,$$

$$G_3(f)[v,w] = \int g(f(t))(\Gamma(f(t))[\dot f(t),v(t)],\Gamma(f(t))[\dot f(t),w(t)])dt.$$

Wir gehen genauso vor wie beim Beweis der Differenzierbarkeit von E: statt G_2 bzw. G_3 werden Abbildungen auf $\Lambda\times\Lambda\times\Lambda$ bzw. $\Lambda\times\Lambda\times\Lambda\times\Lambda\times\Lambda$ betrachtet, die auf der Diagonale mit G_2 bzw. G_3 übereinstimmen; dann werden alle linearen Argumente gleichberechtigt behandelt und genau wie in 7.2.6 folgt (Γ ist C^k-Abbildung), daß G_o und G_1 C^k-Abbildungen, G_2 und G_3 C^{k-1}-Abbildungen sind. (Ein Leser, der die Einzelheiten auszuführen wünscht, beweist am besten: ist
$m:\mathbb{R}^n \longrightarrow L^s(\mathbb{R}^n;\mathbb{R})$ eine C^{k+1}-differenzierbare Abbildung in die s-linearen Abbildungen von $\mathbb{R}^n$ in $\mathbb{R}$, so ist
$\bar m : \Lambda(\mathbb{R}^n)\longrightarrow L^s(\Lambda(\mathbb{R}^n);\mathbb{R})$, definiert durch
$\bar m(f)[u_1,\ldots,u_s] := \int_{S^1} m(f(t))[\dot u_1(t),\dot u_2(t),u_3(t),\ldots,u_s(t)]dt$, eine C^k-Abbildung).

Damit 7.2.4 eine riemannsche Metrik auf $\Lambda(\mathbb{R}^n)$ definiert, muß außer 7.2.1o noch die Äquivalenz (7.2.12) der Normen $\| \;\|$ und $\| \;\|_g$ auf jedem Tangentialraum gezeigt werden. Dazu verallgemeinern wir 7.1.1 zu

7.2.11 Lemma: Für jedes $f\in\Lambda(\mathbb{R}^n)$ und $v\in T_f\Lambda(\mathbb{R}^n)$ gilt:

$$\|v\|^2_{\infty,g} := \max_{t\in S^1} |v(t)|^2_g \le \frac{11}{9}\|v\|^2_g \quad .$$

Bemerkung: Hat man statt geschlossener Kurven Verbindungskurven fester Endpunkte, also im Tangentialraum die Randbedingung $v(o) = o = v(1)$, so gilt dieselbe Ungleichung. Ohne Randbedingungen folgt nur $\|v\|^2_{\infty,g} \le \frac{13}{9}\|v\|^2_g$.

Beweis: $|v(t)|_g \le |v(t')|_g + \int_{t'}^t |Dv(\tau)|_g d\tau$ (denn $\frac{d}{dt}|v(t)|_g \le |Dv(t)|_g$)

$$\underset{\text{(Schwarz' Ungl.)}}{\le} |v(t')|_g + |t-t'|^{\frac12}\cdot\left(\int_{S^1}|Dv(\tau)|^2_g d\tau\right)^{1/2}.$$

Wegen $\int_{S^1} |t-t'|^{\frac12}dt' = 2\cdot\int_0^{\frac12}\sqrt{x}\,dx = \frac{\sqrt2}{3}$ (aber nur $\int_I |t-t'|^{\frac12}dt' \le \frac23$)
folgt

$$|v(t)|_g \le \int_{S^1}|v(t')|_g dt' + \frac{\sqrt2}{3}\left(\int_{S^1}|Dv(\tau)|^2_g d\tau\right)^{1/2},$$

und mit $(a+\frac{\sqrt2}{3}b)^2 \le a^2 + \frac29 b^2 + 2\cdot\frac{\sqrt2}{3}a\cdot b \le \frac{11}{9}(a^2+b^2)$
schließlich

$$|v|^2_{\infty,g} \le \frac{11}{9}\int_{S^1}\left\{|v(\tau)|^2_g + |Dv(\tau)|^2_g\right\}d\tau.$$

7.2.12 Voraussetzung: Es sei B kompakt in $\mathbb{R}^n$. Wegen der Stetigkeit von g und Γ gibt es Konstanten $c_B \ge 1$, $\gamma_B \ge o$, so daß gilt

$$\bigwedge_{p\in B}\ \bigwedge_{a\in\mathbb{R}^n} c_B^{-1}\cdot|a|^2_{\mathbb{R}^n} \le g(p)(a,a) \le c_B\cdot|a|^2_{\mathbb{R}^n} \text{ und}$$

$$\bigwedge_{p\in B}\ \bigwedge_{a,b\in\mathbb{R}^n} \left|\Gamma(p)[a,b]\right|_{\mathbb{R}^n} \le \gamma_B\cdot|a|_{\mathbb{R}^n}\cdot|b|_{\mathbb{R}^n} \quad .$$

Behauptung: Auf jeder Menge $\{f\in\Lambda(\mathbb{R}^n);\ f(S^1)\subset B \text{ und } \int|\dot f(t)|^2dt\leq A\}$ sind die Normen $\|\ \|_g$ und $\|\ \|$ gleichmäßig äquivalent. Mit $r^2 := 2c_B(1+\frac{11}{9}\gamma_B^2\cdot A)$ gilt nämlich für alle $u\in T_f\Lambda(\mathbb{R}^n)$:

$$\frac{1}{r}\|u\|\leq\|u\|_g\leq r\|u\| \ .$$

Beweis: Wir benutzen 7.2.11, die Abschätzungen aus der Voraussetzung und $|a\pm b|_g^2\leq 2|a|_g^2+2|b|_g^2$:

$$\|u\|_g^2 = \int_{S^1}\{|u(t)|_g^2+|Du(t)|_g^2\}dt \leq$$

$$\leq\int|u(t)|_g^2+2|\dot u(t)|_g^2+2|\Gamma(f(t))[\dot f(t),u(t)]|_g^2\,dt \leq$$

$$\leq c_B\cdot\int\{|u(t)|^2+2|\dot u(t)|^2+2\gamma_B^2|\dot f(t)|^2|u(t)|^2\}dt\leq$$

$$\leq 2c_B\|u\|^2(1+\frac{11}{9}\gamma_B^2\cdot A).$$

$$\|u\|^2\leq\int\{|u(t)|^2+2|Du(t)|^2+2|\Gamma(f(t))[\dot f(t),u(t)]|^2\}dt \leq$$

$$\leq c_B\cdot\int\{|u(t)|_g^2+2|Du(t)|_g^2+2\gamma_B^2\cdot|\dot f(t)|^2\cdot|u(t)|_g^2\}dt\leq$$

$$\leq 2c_B\|u\|_g^2(1+\frac{11}{9}\gamma_B^2\cdot A) \ .$$

Wir haben damit eine allein durch die riemannsche Metrik g von $\mathbb{R}^n$ bestimmte riemannsche Metrik G (7.2.1o) für $\Lambda(\mathbb{R}^n)$ definiert und damit das im Anschluß an Korollar 7.2.2 beschriebene Ziel erreicht.

Wir bezeichnen die auf M bzw. $\Lambda(M)$ durch die riemannschen Metriken g bzw. G induzierten Metriken mit ρ bzw. d. Für den Hilbertraum $\Lambda(\mathbb{R}^n)$ bekannte Ungleichungen verallgemeinern sich sofort auf $\Lambda(M)$:

7.2.13 Voraussetzung: f und h seien aus derselben Zusammenhangskomponente von $\Lambda(M)$ und χ sei eine differenzierbare Kurve (vgl. 7.1.5) mit $\chi(o)=f$, $\chi(1)=h$.

Behauptung: $\quad d_\infty^2(f,h) := \max_{t\in S^1}\rho^2(f(t),h(t))\leq\frac{11}{9}\,d^2(f,h).$

Bemerkung: Dieselbe Abschätzung gilt, wenn f und h Kurven mit festen Endpunkten $p,q\in M$ sind.

Beweis: $\rho(f(t),h(t))$ ist kleiner gleich der Länge des Deformationsweges $\chi(\cdot\cdot)(t)$. Daher

$$\max_{t\in S^1}\rho^2(f(t),\ h(t))\leq\max_{t\in S^1}(\int_0^1|\tfrac{\partial}{\partial s}\chi(s)(t)|_g ds)^2\leq(\text{mit } 7.1.5,\ 7.2.11)$$

$$\leq(\int_0^1\|\chi'(s)\|_{\infty,g}ds)^2\leq\frac{11}{9}(\int_0^1\|\chi'(s)\|_g ds)^2,$$

aber $d(f,h) = \inf_\chi\int_0^1\|\chi'(s)\|_g ds.$

7.2.14 Für τ_k, t_k wie in 7.1.2 gilt:

$$\sum_{k=1}^N\rho(f(t_k)f(\tau_k))\leq\sum_{k=1}^N\int_{\tau_k}^{t_k}|\dot f(\tau)|_g d\tau\leq(\sum_{k=1}^N|t_k-\tau_k|)^{1/2}\cdot(2E(f))^{1/2} \ .$$

(Schwarz'Ungl.)

7.2.15 Satz: (M,ρ) ist isometrisch zu $\{f\in\Lambda(M);\ f(S^1) \text{ ist einpunktig}\}$ als metrischer Teilraum von $(\Lambda(M),d)$.

Beweis: Es sei $X: I\to\Lambda(M)$ eine differenzierbare Kurve mit $X(o)(t) = p\in M$, $X(1)(t) = q\in M$; $c: I\to M$ sei eine kürzeste Geodätische von p nach q auf M und $\gamma: I\to\Lambda(M)$ sei definiert durch $\gamma(s)(t) := c(s)$. Dann ist

(i) $\rho(p,q)\leq L(X)$ (= Länge von X),

denn wegen 7.1.5 gilt für jedes $t\in S_1$

$$\rho(p,q) = \int_o^1 |c'(s)|_g ds \leq \int_o^1 \left|\frac{\partial X}{\partial s}(s)(t)\right|_g ds, \text{ also}$$

$$\rho(p,q)\leq \int_{S^1}\left(\int_o^1\left|\frac{\partial X}{\partial s}(s)(t)\right|_g ds\right)dt \leq \int_o^1 \|X'(s)\|_g ds.$$

(Schwarz' Ungl. für $\int_{S^1}$)

Außerdem gilt

(ii) $\rho(p,q) = L(\gamma)$, denn:

$$\int_o^1 \|\gamma'(s)\|_g\, ds = \int_o^1\left(\int_{S^1}\left|\frac{\partial\gamma}{\partial s}(s)(t)\right|_g^2 dt\right)^{1/2} ds = \int_o^1 |c'(s)|_g ds$$

$$\left(\frac{D}{\partial t}\frac{\partial\gamma}{\partial s} = o\right) \qquad \left(\left|\frac{\partial\gamma}{\partial s}(s)(t)\right|_g = |c'(s)|_g\right)$$

Aus (i) und (ii) folgt $\rho(p,q) = d(X(o),X(1))$, also 7.2.15.

7.2.16 Lemma: Für eine differenzierbare Kurve X gilt:

$$\frac{d}{ds}\left(2E(X(s))\right)^{1/2} = \left(2E(X(s))\right)^{-1/2}\cdot\frac{d}{ds}E(X(s)) \underset{(7.2.4)}{\leq} \|X'(s)\|_g .$$

Insbesondere $\left|(2E(f))^{1/2} - (2E(h))^{1/2}\right| \leq d(f,h)$.

7.2.17: $\Lambda(M)$ ist vollständig, wenn M vollständig ist; wegen 7.2.15 auch genau dann.

Beweis: $\{f_n\}$ sei Cauchyfolge in einer Zusammenhangskomponente von $\Lambda(M)$. Dann gibt es Kurven $X_{nm}: I\to\Lambda(M)$ von f_n nach f_m mit einer Länge $L(X_{nm})\leq 2d(f_n,f_m)$. Nun folgt aus der Beschränktheit von Cauchyfolgen und 7.2.13, daß alle Punkte $X_{nm}(s)(t)$ in einer beschränkten, und wegen der Vollständigkeit von M also auch in einer kompakten Teilmenge B von M liegen. Wegen 7.2.16 ist die Energie auf beschränkten Mengen von $\Lambda(M)$ beschränkt; d.h. in unserem Fall $E(X_{nm}(s))\leq\tilde{A}$ für alle Kurven X_{nm} und alle $s\in I$. Mit der Konstanten c_B aus 7.2.12 ist dann $\int|\dot{X}_{nm}(s)(t)|^2_{\mathbb{R}^n} dt\leq 2c_B\tilde{A} =: A$. Daher sind die Normen $\|\cdot\cdot\|_g$ und $\|\cdot\cdot\|$ längs aller Kurven X_{nm} gleichmäßig äquivalent, insbesondere

$$\frac{1}{r}\|X'_{nm}(s)\|\leq\|X'_{nm}(s)\|_g .$$

Damit ist schließlich

$$\frac{1}{r}\|f_n - f_m\|_{\Lambda(\mathbb{R}^n)}\leq L(X_{nm})\leq 2d(f_n,f_m),$$

also $\{f_n\}$ Cauchyfolge in dem (vollständigen) Hilbertraum $\Lambda(\mathbb{R}^n)$, etwa mit dem Grenzwert f. Da die Metrik d dieselbe Topologie wie $\|\cdot\cdot\|$ induduziert, ist auch lim $d(f_n,f) = o$.

7.3 Wir verallgemeinern nun die Resultate aus 7.2 auf den Fall einer beliebigen riemannschen C^{k+5}-Mannigfaltigkeit M. Die C^{k+5}-Voraussetzung ist beweistechnisch besonders bequem; ob eine durch 7.2 nahegelegte Abschwächung auf C^{k+2} möglich ist, ist nicht klar.

7.3.1 Zunächst wird M mit Hilfe des Whitneyschen Einbettungssatzes (in seiner einfachsten Form)-ohne Rücksicht auf die riemannsche Metrik von M-als abgeschlossene, C^{k+5}-differenzierbare Untermannigfaltigkeit in einen $\mathbb{R}^N$ eingebettet. (J. Munkres: Elementary Differential Topology, § 2).

7.3.2 Für das Normalenbündel ν dieser Einbettung hat man die folgende C^{k+4}-differenzierbare Abbildung in $\mathbb{R}^N$: Für $p \in M \subset \mathbb{R}^N$ und $e \in \nu_p \subset \mathbb{R}^N$ definiere die Normalenabbildung $n: \nu \longrightarrow \mathbb{R}^N$, $n(p,e) := p+e$. Die Normalenabbildung hat längs des Nullschnittes den Höchstrang N. Es gibt daher eine Umgebung $\mathcal{N}$ des Nullschnittes von ν in dem Totalraum von ν, die durch die Normalenabbildung n diffeomorph auf eine Umgebung U von M in $\mathbb{R}^N$ abgebildet wird.

7.3.3 Wähle eine offene Überdeckung $\{\mathcal{O}_i\}$ von M, so daß die Einschränkungen $\nu/_{\mathcal{O}_i}$ triviale Bündel sind. Wähle für jede der Produktmannigfaltigkeiten $\nu/_{\mathcal{O}_i}$ eine riemannsche Metrik g_i, und zwar eine Produktmetrik, so daß die konstanten Schnitte von $\nu/_{\mathcal{O}_i}$ - insbesondere der Nullschnitt - isometrisch zu $\mathcal{O}_i$ sind. - Da konvexe Linearkombinationen riemannscher Metriken ($\sum_i \varphi_i g_i$ mit $o \leq \varphi_i, \sum_i \varphi_i = 1$) wieder riemannsche Metriken ergeben, kann man mit einer Partition der Eins $\{\varphi_i\}$, die der Überdeckung $\{\mathcal{O}_i\}$ subordiniert ist, eine riemannsche Metrik $\tilde{g} = \sum_i \varphi_i g_i$ für den Totalraum des Normalenbündels ν konstruieren, so daß der Nullschnitt von ν totalgeodätische und zu M isometrische Untermannigfaltigkeit ist.- Daß die Konstruktion $\tilde{g} = \sum_i \varphi_i g_i$ den Nullschnitt isometrisch zu M macht, ist trivial, da lokal die Nullschnitte von $\nu/_{\mathcal{O}_i}$ mit der durch g_i induzierten Metrik isometrisch zu $\mathcal{O}_i$ sind. Daß der Nullschnitt von ν totalgeodätische Untermannigfaltigkeit ist, liegt daran, daß eine beliebige Kurve, die zwei Punkte des Nullschnittes verbindet, auf den Nullschnitt projiziert werden kann (Bündelprojektion) und die projizierte Kurve keine größere Länge hat als die ursprüngliche Kurve.

7.3.4 Der Diffeomorphismus $n: \mathcal{N} \longrightarrow U$ induziert auf U eine riemannsche Metrik h, so daß M totalgeodätische Untermannigfaltigkeit von U mit der ursprünglich auf M gegebenen Metrik ist. Schließlich sei $\varphi: \mathbb{R}^N \rightarrow \mathbb{R}$ eine C^∞-Funktion mit $\varphi/_{\mathbb{R}^N - U} = o$, $\varphi/_V = 1$ ($V \subset \bar{V} \subset U$ sei Umgebung von M in $\mathbb{R}^N$) und m die Standardmetrik für $\mathbb{R}^N$. Dann definiert $g = (1-\varphi)\cdot m + \varphi \cdot h$ eine C^{k+3}-riemannsche Metrik für $\mathbb{R}^N$, so daß M totalgeodätische riemannsche Untermannigfaltigkeit ist.

7.3.5 Als Beispiel geben wir eine riemannsche Metrik für $\mathbb{R}^N$ an, so daß die Einheitssphäre totalgeodätische Untermannigfaltigkeit ist. Wir führen Polarkoordinaten (r,ω) mit $\omega \in S^{N-1}$ für $\mathbb{R}^N$ ein. Die Standardmetrik für $\mathbb{R}^N$ ist dann $ds^2 = dr^2 + r^{2n-2}(d\omega)^2$ ($(d\omega)^2$ bezeichnet das Linienelement der Einheitssphäre). Weiter sei $G : \mathbb{R} \longrightarrow \mathbb{R}$ eine C^∞-Funktion mit $G'(r) \geq 0$ und

$$G(r) = r \text{ für } 0 \leq r \leq \tfrac{1}{2}, \quad G(r) = 1 \text{ für } \tfrac{3}{4} \leq r \leq \tfrac{5}{4}, \quad G(r) = r \text{ für } \tfrac{3}{2} \leq r \quad .$$

Dann hat die Metrik $ds^2 = dr^2 + G^{2n-2}(r)\cdot(d\omega)^2$ die gewünschten Eigenschaften.

7.3.6 Wir gehen von der in 7.3.4 konstruierten Metrik g für $\mathbb{R}^N$ aus und betrachten die in 7.2 konstruierte riemannsche Metrik G für $\Lambda(\mathbb{R}^N)$.

<u>Behauptung:</u> $\Lambda(M) := \{f \in \Lambda(\mathbb{R}^N); f(S^1) \subset M\}$ ist eine abgeschlossene, riemannsche, C^k-differenzierbare Untermannigfaltigkeit von $\Lambda(\mathbb{R}^N)$, deren riemannsche Metrik durch 7.2.4 gegeben ist, insbesondere also unabhängig von der übrigen Konstruktion durch die riemannsche Mannigfaltigkeit M bestimmt ist. Die Energiefunktion (7.2.5) auf $\Lambda(M)$ ist Einschränkung der Energiefunktion von $(\Lambda(\mathbb{R}^N),G)$ auf die Untermannigfaltigkeit $\Lambda(M)$, also C^k-differenzierbar. **Damit gelten** 7.2.7, 7.2.8, 7.2.11--7.2.17 mit unveränderten Beweisen auch für den allgemeinen Fall einer beliebigen riemannschen Mannigfaltigkeit (M,g).

<u>Beweis:</u> $\Lambda(M)$ ist abgeschlossen: denn sei $f_n \in \Lambda(M)$, $\{f_n\}$ Cauchyfolge, so existiert $\lim_n f_n = f \in \Lambda(\mathbb{R}^N)$; wegen 7.2.13 (für $\Lambda(\mathbb{R}^N)$) und der Abgeschlossenheit von M in $\mathbb{R}^N$ ist $f(S^1) \subset M$, also folgt $f \in \Lambda(M)$. $\Lambda(M)$ ist C^k-differenzierbare Untermannigfaltigkeit von $\Lambda(\mathbb{R}^N)$: Dazu geben wir zu jedem $f \in \Lambda(M)$ eine C^k-Koordinatenabbildung F einer Umgebung U von f in $\Lambda(\mathbb{R}^N)$ an, deren Bild eine Nullumgebung O in einem Hilbertraum H_f ist, so daß außerdem ein abgeschlossener Unterraum H_M existiert mit $F:\Lambda(M) \cap U \rightarrowtail O \cap H_M$. Beweis: Die Menge $f(S^1)$ ist kompakt in $\mathbb{R}^N$, daher gibt es eine kompakte Umgebung B von $f(S^1)$ und ein $\varepsilon > 0$, so daß für alle $p \in B$ jede in p beginnende Geodätische (bzgl. der Metrik g aus 7.3.4) mindestens bis zur Länge ε eindeutig bestimmte kürzeste Verbindung ihrer Endpunkte ist. Damit definieren wir $U := \{h \in \Lambda(\mathbb{R}^N);$ $\max_{t \in S^1} \rho(f(t),h(t)) < \varepsilon\}$ (wegen 7.2.13 ist U offen in $\Lambda(\mathbb{R}^N)$). Weiter sei $H_f := \{v \in \Lambda(T\mathbb{R}^N);\ v(t) \in T_{f(t)}\mathbb{R}^N\}$ mit dem Skalarprodukt 7.2.4 (also der Tangentialraum von $\Lambda(\mathbb{R}^N)$ in f, vgl. 7.1.3 und 7.2.2). Mit $\exp : T\mathbb{R}^N \to \mathbb{R}^N$ bezeichnen wir die C^{k+2}-differenzierbare Exponentialabbildung der Metrik g. Dann definiert

$v(t) := \exp_{f(t)}^{-1}(h(t))$ eine bijektive Abbildung

$F: U \to O := \{v \in H_f; \|v\|_{\infty,g} < \varepsilon\}$ (vgl. 7.2.11 und 7.2.9) von U auf die offene Nullumgebung O in H_f. Auf Grund des Lemmas von Palais (7.2.1) ist $\overline{\exp} : \Lambda(T\mathbb{R}^N) \to \Lambda(\mathbb{R}^N)$ eine C^k-Abbildung, also auch $F^{-1} = \overline{\exp}/_{H_f}$. Andererseits ist auf der in $\mathbb{R}^N \times \mathbb{R}^N$ offenen Menge $\{(p,q) \in \mathbb{R}^N \times \mathbb{R}^N;\ p \in \mathring{B},\ \rho(p,q) < \varepsilon\}$ auch die Abbildung $\exp^{-1} : \mathbb{R}^N \times \mathbb{R}^N \to T\mathbb{R}^N$, $\exp^{-1}(p,q) := (\exp_p)^{-1}(q)$ eine C^{k+2}-Abbildung. Nach 7.2.1 ist $\overline{\exp}^{-1}$ eine C^k-Abbildung und damit auch $F = \overline{\exp}^{-1}/_{\{f\} \times \Lambda(\mathbb{R}^N)}$. Schließlich ist

$$F(U \cap \Lambda(M)) = O \cap \{v \in H_f;\ v(t) \in T_{f(t)}M\} = O \cap H_M,$$

denn wegen der totalgeodätischen Einbettung von M in $\mathbb{R}^N$ liegt für $h \in U \cap \Lambda(M)$ jede der kürzesten Geodätischen von f(t) nach h(t) ganz in M, so daß in der Tat $(\exp_{f(t)})^{-1}(h(t)) \in T_{f(t)}M$ (statt $\in T_{f(t)}\mathbb{R}^N$!) gilt; aus $v(t) \in T_{f(t)}M$ folgt andererseits auch $\exp_{f(t)}(v(t)) \in M$. Dabei ist H_M wegen 7.2.11 abgeschlossener Unterraum von H_f.- Damit ist $\Lambda(M)$ als C^k-differenzierbare Untermannigfaltigkeit von $\Lambda(\mathbb{R}^N)$ nachgewiesen.

Wir zeigen, daß die auf $\Lambda(M)$ als riemannsche Untermannigfaltigkeit von $\Lambda(\mathbb{R}^N)$ induzierte riemannsche Metrik allein durch die riemannsche Metrik g_M von M unabhängig von der Konstruktion in 7.3.4 bestimmt und durch die Formel 7.2.4 gegeben ist. Damit sind dann alle Behauptungen aus 7.3.6 bewiesen.- Weil M totalgeodätisch (bzgl. g) in $\mathbb{R}^N$ ist, folgt für ein Vektorfeld v mit $v(t) \in T_{f(t)}M$, daß auch die kovariante Ableitung (bzgl. g) längs f tangential an M ist, also $Dv(t) \in T_{f(t)}M$; dabei ist Dv(t) bereits durch die durch g auf der Untermannigfaltigkeit M induzierte Metrik, d.h. durch g_M, bestimmt.

8. Kritische Punkte und zweite Ableitung der Energiefunktion, Palais-Smale-Bedingung, Morsescher Indexsatz

Der funktionalanalytische Beweis des Morseschen Indexsatzes (für Geodätische von p nach q, nicht für geschlossene Geodätische) ist bis auf 7.2.11 unabhängig von dem übrigen Stoff dieses Bandes. Wir glauben, daß dieser Beweis erstens den Umgang mit der Energiefunktion und ihren Ableitungen verdeutlicht und zweitens eher kürzer als der übliche Beweis mit gebrochenen Jacobifeldern ist. Um einen besseren Anschluß an das Vorhergehende zu haben, stellen wir noch drei für den Indexsatz nicht benötigte Resultate voran.

8.1 Behauptung: Zu jedem $f \in H_1(I,M)$ gibt es n(= dim M) Vektorfelder $p_1,\dots,p_n$ längs f, die bzgl. der riemannschen Metrik g von M parallel und orthonormal sind. Jedes Vektorfeld v längs f hat dann eine Darstellung $v(t) = \sum_{i=1}^n x_i(t)\cdot p_i(t)$. Dabei ist $|v(t)|_g^2 + |Dv(t)|_g^2 = \sum_{i=1}^n x_i^2(t) + \dot{x}_i^2(t)$, also $v \in T_f H_1(I,M)$ genau dann, wenn für die Komponenten $X := (x_1,\dots,x_n)$ gilt $X \in H_1(I,\mathbb{R}^n)$. Außerdem sind für $\|\cdot\|_g$-beschränkte v die X gleichgradig absolut stetig, nämlich (mit $\tau_k < t_k$ wie in 7.1.2 und 7.2.14)

8.1.1 $\sum_{k=1}^{N} |X(t_k) - X(\tau_k)| \leq (\Sigma |t_k - \tau_k|)^{1/2} \cdot \|v\|_g$.

<u>Beweis:</u> Die letzten Behauptungen folgen aus

$|Dv(t)|_g^2 = |\sum_i (\dot{x}_i(t)\cdot p_i(t) + x_i(t)\cdot Dp_i(t))|_g^2 = \sum_i \dot{x}_i^2(t)$ und

$(\sum_{k=1}^{N} |X(t_k) - X(\tau_k)|)^2 \leq (\sum_{k=1}^{N} \int_{\tau_k}^{t_k} |\dot{X}(\tau)|\,d\tau)^2 \leq$ (Schwarz' Ungl.)

$\leq (\sum_{k=1}^{N} \int_{\tau_k}^{t_k} d\tau) \cdot \int_0^1 |\dot{X}(\tau)|^2 d\tau \leq \sum_{k=1}^{N} |t_k - \tau_k| \|v\|_g^2$.

8.1.2 Der folgende Beweis für die Existenz paralleler Vektorfelder längs H_1-Kurven benutzt kaum Kenntnisse aus der Integrationstheorie außer der Vollständigkeit von $H_1(I,\mathbb{R}^n)$. Da wir nach 7.3 M als totalgeodätische riemannsche Untermannigfaltigkeit von $(\mathbb{R}^n,g)$ auffassen können, ist es am übersichtlichsten, 8.1 für $f \in H_1(I,\mathbb{R}^n)$ zu beweisen (aber der folgende Beweis gilt ebenso für die endlich vielen lokalen Koordinatensysteme, die man zur Überdeckung von $f \in H_1(I,M)$ braucht). Die Differentialgleichung für parallele Vektorfelder $Du(t) = o$ oder
$\dot{u}(t) = -\Gamma(f(t))[\dot{f}(t),u(t)]$, $u(o) = u_o$ ist von der Form
$\dot{u}(t) = A(t,u(t))$, $u(o) = u_o$ mit folgenden Voraussetzungen über A:

a) $\int_0^1 A^2(t,o)dt < \infty$;

b) es gibt eine Funktion c(t) mit

$$|A(t,x) - A(t,y)| \leq c(t)\cdot|x-y| \text{ und } \int_0^1 c^2(t)dt < \infty .$$

Wegen a) und b) ist für stetiges u auch $\int_0^1 A^2(t,u(t))dt < \infty$. Daher kann die Lindelöffabbildung $L: H_1(I,\mathbb{R}^n) \to H_1(I,\mathbb{R}^n)$ durch

$$(Lv)(t) = u_o + \int_0^t A(\tau,v(\tau))d\tau \quad \text{definiert werden.}$$

Jede Lösung $u \in H_1(I,\mathbb{R}^n)$ der Differentialgleichung $\dot{u}(t) = A(t,u(t))$ ist Fixpunkt $u = Lu$ von L und umgekehrt. Wir werden eine zu $\|\cdot\cdot\|$ äquivalente Norm $|||\cdot\cdot|||$ angeben, bezüglich der L kontrahierend ist, also einen eindeutig bestimmten Fixpunkt besitzt. Für jedes $\lambda > o$ definiert

$$|||v|||^2 := \max_{t\in[o,1]} e^{-\lambda t}\int_0^t \{|v(\tau)|^2 + |\dot{v}(\tau)|^2\} d\tau$$

eine Norm (die Dreiecksungleichung folgt aus

$$|e^{-\lambda t}\int_0^t (v,w) + (\dot{v},\dot{w})d\tau|^2 \leq [e^{-\lambda t}\int_0^t v^2+\dot{v}^2 d\tau]\cdot[e^{-\lambda t}\int_0^t w^2+\dot{w}^2 d\tau] \;)$$

mit $e^{-\lambda}\|v\|^2 \leq |||v|||^2 \leq \|v\|^2$, also äquivalent zu $\|\cdot\cdot\|$.

Da $\int_0^t c^2(\tau)d\tau$ als Integral einer integrierbaren Funktion gleichmäßig stetig auf $[o,1]$ ist, gibt es $\lambda > o$ so groß, daß (nach zunächst passender Wahl von $\delta > o$) gilt:

$$\max_t \int_0^t c^2(\tau)e^{-\lambda(t-\tau)}d\tau \leq \max_t \int_{t-\delta}^{t} c^2(\tau)d\tau + e^{-\lambda\delta}\cdot\int_0^1 c^2(\tau)d\tau \leq \tfrac{1}{3} .$$

Bei dieser Wahl von λ ist L kontrahierend:

$$|||Lv-Lw|||^2 = \max_t e^{-\lambda t} \int_0^t \Big\{ \Big(\int_0^{\tau} A(\tau',v(\tau')) - A(\tau',w(\tau'))d\tau' \Big)^2 + $$
$$+ \big(A(\tau,v(\tau)) - A(\tau,w(\tau)) \big)^2 \Big\} d\tau \quad \leq$$

(mit der Schwarzschen Ungleichung $\int_0^t (\int_0^{\tau} f(\tau')d\tau')^2 d\tau \leq \int_0^t (\tau \cdot \int_0^t f^2(\tau')d\tau')d\tau \leq \frac{t^2}{2} \int_0^t f^2(\tau)d\tau$ für das erste Integral und der Lipschitzvoraussetzung:)

$$\leq \max_t e^{-\lambda t} \frac{3}{2} \int_0^t c^2(\tau) e^{\lambda\tau} e^{-\lambda\tau} |v(\tau)-w(\tau)|^2 d\tau$$

$$\leq \frac{13}{9} \cdot \frac{3}{2} \cdot |||v-w|||^2 \cdot \max_t \int_0^t c^2(\tau) e^{-\lambda(t-\tau)} d\tau \leq \frac{13}{18} |||v-w|||^2 .$$

Q.E.D.

(7.2.11: $|u(\tau)|^2 \leq \frac{13}{9} \int_0^{\tau} |u(t)|^2 + |Du(t)|^2 dt$)

<u>8.2 Satz:</u> Die stetige Bilinearform d^2E_f (7.2.7 (ii)) wird bzgl. des Skalarproduktes $\langle \cdot\cdot,\cdot \rangle_g$ (7.2.4) durch einen Operator id+k repräsentiert; der Operator k ist kompakt. (7.2.7 (ii) gibt die zweite Ableitung von E in den in 7.3.6 beschriebenen Koordinaten $F:U \to O$ an).

<u>Beweis:</u> $d^2E_f(v,w) = \langle (id+k)v,w \rangle_g$ impliziert

$$\langle kv,w \rangle_g = -\int_{S^1} \Big\{ (v(t),w(t))_g + (R(v(t),\dot f(t))\dot f(t),w(t))_g \Big\} dt.$$

Da $(R(a,b)b,c)$ für jedes feste b symmetrische Bilinearform in a und c ist, gilt $|(R(a,b)b,c)| \leq |a| \cdot |b|^2 \cdot |c| \cdot \max|K|$. (K bezeichnet die Schnittkrümmungen von R, also für linear unabhängige $a,b: K(a,b) \cdot (a^2b^2 - (a,b)^2) = (R(a,b)b,a)$; $\max|K|$ bezeichnet das Maximum der Schnittkrümmungen längs f).

Daher folgt $|\langle k(v),w \rangle_g| \leq \int_{S^1} \{ |v(t)|_g |w(t)|_g + \|v\|_{\infty,g} \cdot \|w\|_{\infty,g} \cdot |\dot f(t)|_g^2 \cdot \max |K| \} dt$;
also erstens

8.2.1 $|\langle k(v),w \rangle_g| \leq \|v\|_{\infty,g} \cdot \|w\|_{\infty,g} (1+\max|K| \cdot 2E(f))$,

und zweitens mit w=kv und 7.2.11

8.2.2 $\|kv\|_g \leq \|v\|_{\infty,g} \cdot (1+ \frac{2}{3}\sqrt{11} \max|K| \cdot E(f))$.

Jede Teilmenge von $T_f\Lambda(M)$ mit $\|v\|_g \leq c$ besteht nach 8.1.1 aus gleichgradig stetigen Vektorfeldern, besitzt also nach dem Satz von Arzela eine $\|\cdot\cdot\|_{\infty,g}$-Cauchy-Teilfolge; diese Teilfolge wird durch k nach 8.2.2 auf eine $\|\cdot\cdot\|_g$-Cauchyfolge abgebildet. Daher bildet k beschränkte Mengen auf relativ kompakte ab.

8.3 Mit Hilfe von 8.2 kann man die Palais-Smale Bedingung beweisen, falls M kompakt ist. Nämlich:

<u>Satz:</u> Jede Folge $\{f_n\}$ in $\Lambda(M)$ mit $2E(f_n) \leq A$ und $\lim_{n\to\infty} \|dE_{f_n}\| = o$ ist relativ kompakt.

<u>Beweis:</u> Wegen 7.2.14 sind die f_n gleichgradig stetig in M und besitzen nach Arzela-Ascoli eine d_∞-Cauchy-Teilfolge (Definition in 7.2.13), also - wenn die Teilfolge wieder mit $\{f_n\}$ bezeichnet wird - $\lim d_\infty(f_n,f_m)=o$.
Die Ungleichung 8.3.5 zeigt, daß aus $\lim \|dE_{f_n}\| = o$ auch $\lim d(f_n,f_m)=o$ folgt, und die Palais-Smale Bedingung für die Energiefunktion E auf

$\Lambda(M)$ ist bewiesen.-

Voraussetzung für die folgenden Ungleichungen ist: $d_\infty(f,h)$ sei kleiner als die Elementarlänge von M, so daß $\gamma:[0,1] \to \Lambda(M)$, $\gamma(s)(t) := \exp_{f(t)}(s\cdot \exp^{-1}_{f(t)}(h(t)))$ eine differenzierbare Verbindungskurve von f nach h ist (vgl. 7.2.9). Dann gilt wegen 7.2.16 :

8.3.1 $$2E(\gamma(s)) \le (\sqrt{2E(f)} + L(\gamma))^2 \le 4E(f) + 2L^2(\gamma).$$

Mit 8.2 haben wir (wobei der kompakte Operator k von s abhängt)

$$\frac{d^2}{ds^2} E(\gamma(s)) = \langle (id+k)\gamma'(s), \gamma'(s)\rangle,$$

und daraus mit 8.2.1 (für $\gamma(s)$ statt f), 8.3.1 und $d_\infty(f,h) = \|\gamma'(s)\|_{\infty,g}$:

8.3.2 $$\|\gamma'(s)\|^2 \le \frac{d^2}{ds^2} E(\gamma(s)) + d^2_\infty(f,h)\cdot(1+ \max|K|\cdot(4E(f)+2L^2(\gamma)).$$

Integration ergibt die wichtige Abschätzung:

8.3.3 $$L^2(\gamma) \le \int_0^1 \|\gamma'(s)\|^2 ds \le dE_h(\gamma'(1)) - dE_f(\gamma'(o)) + d^2_\infty(f,h)\cdot\big(1+\max|K|\cdot(4E(f)+2L^2(\gamma))\big).$$

Wir müssen noch $\|\gamma'(1)\|$ und $\|\gamma'(o)\|$ mit $L(\gamma)$ vergleichen.

Wegen **(vgl. Beweis zu 7.2.7(ii))** $\frac{d}{ds}\|\gamma'(s)\|^2 = 2\int_0^1 (\frac{D}{\partial s}\frac{D}{\partial t}\gamma', \frac{D}{\partial t}\gamma')_g dt = 2\int_0^1 (R(\gamma',\dot\gamma)\gamma', \frac{D}{\partial t}\gamma')dt$ ist mit 7.2.16:

$$\frac{d}{ds}\|\gamma'(s)\| \le \max|K|\cdot d^2_\infty(f,h)(\sqrt{2E(f)} + L(\gamma)), \text{ also}$$

8.3.4 $$\big|\, \|\gamma'(\bar s)\| - L(\gamma)\big| \le \int_0^1 \Big|\int_{\bar s}^s \frac{d}{d\sigma}\|\gamma'(\sigma)\| d\sigma\Big| ds \le \frac{1}{2}\max|K|\cdot(\sqrt{2E(f)} + L(\gamma))\cdot d^2_\infty(f,h).$$

Setzt man $|dE_h(\gamma'(1))| \le \frac{1}{2}\|dE_h\|^2 + \frac{1}{2}\|\gamma'(1)\|^2$ unter Benutzung von 8.3.4 in 8.3.3 ein, so erhält man

8.3.5 $$L^2(\gamma)\cdot(1-c_1\cdot d^2_\infty(f,h)) \le \|dE_h\|^2 + \|dE_f^2\| + c_2\cdot d^2_\infty(f,h)$$

(mit nur von $\max|K|$ und $E(f)$ abhängigen Konstanten c_1, c_2). Damit ist 8.3 bewiesen.

8.4 Der Rest dieses Abschnittes dient dem Beweis des Morseschen Index-Satzes.

Wir führen einige Bezeichnungen ein:

$H_1(I,M;a,b) := \{f:I\to M;\ \int_I |\dot f|^2 dt < \infty,\ f(o) = a,\ f(1) = b\}$,

$H_1 := \{v:I\to TM; v(t)\in T_{f(t)}M, v(o)=v(1)=o, \int_I |v(t)|_g^2 + |Dv(t)|_g^2 dt < \infty\}$

(H_1 ist also Tangentialraum von $H_1(I,M;a,b)$ in f)

$H_o := \{v:I\to TM; v(t)\in T_{f(t)}M, \|v\|_o^2 = \int_I |v(t)|_g^2 dt < \infty\}$.

H_o und H_1 sind Hilberträume. Die Levi-Civita-Ableitung längs f definiert eine stetige, lineare Abbildung $D:H_1\to H_o$ und die adjungierte Abbildung $D^*:H_o^*\to H_1^*$. Bekanntlich ist Bild D = $(\text{Kern } D^*)^\perp$. Mit Hilfe der Skalarprodukte werden H_o bzw. H_1 mit ihren Dualräumen H_o^* bzw. H_1^* identifiziert und im folgenden nicht mehr unterschieden.

<u>8.4.1 Lemma:</u> $\quad \text{Kern } D^* = \left\{ w \in H_o;\ \bigwedge_{v \in H_1} \int_I (w(t), Dv(t))_g dt = o \right\}$

$\qquad = \left\{ p \in H_o; Dp = o \right\}$ (= parallele Vektorfelder längs f).

<u>Bemerkung:</u> Ist $f \in \Lambda(M)$ und $H_1 := T_f\Lambda(M)$, so hat man ebenfalls die Abbildungen D und D^*. Kern D^* ist dann die Menge der geschlossenen parallelen Vektorfelder längs f.

<u>Beweis:</u> Es sei $w \in \text{Kern } D^*$, d.h. für alle $v \in H_1$ sei $\int (w(t), Dv(t))_g dt = o$. Nach 8.1.2 lösen wir die Differentialgleichungen

$$Du(t) = w(t), w(o) = o \qquad \text{und}$$

$$Dp(t) = o, p(1) = w(1).$$

Definiere $v: v(t) := u(t) - t \cdot p(t)$. Dann ist $v(o) = v(1) = 0$ und $Dv(t) = w(t) - p(t)$, also $v \in H_1$. Daher gilt $\int (w(t), Dv(t))dt = o$. Weiter gilt für jedes parallele Feld p längs f (für die Bemerkung beachte: falls $f \in \Lambda(M)$ ist, werden an dieser Stelle nicht nur geschlossene parallele Felder betrachtet):

$$\int (p(t), Dv(t))dt = (p(t), v(t))\Big|_o^1 - \int (Dp(t), v(t))dt = o$$

(wegen $v(o) = v(1) = o$).

Damit haben wir:

$$\int_o^1 (w(t) - p(t), Dv(t))dt = \int_o^1 |w(t) - p(t)|_g^2 dt = o.$$

Damit ist $w = p$ (als Elemente von H_o) und für alle $f \in H_1(I,M;a,b)$ ist der Beweis beendet. Ist $f \in \Lambda(M)$, so kann man die Integration längs f in jedem Punkt von $f(S^1)$ beginnen; Kern D^* besteht dann nur aus geschlossenen parallelen Vektorfeldern.

<u>8.4.2 Korollar:</u> Es seien $u, w \in H_o$ und für alle $v \in H_1$ sei $\int (w(t), Dv(t))_g dt = \int (u(t), v(t))_g dt$.

Dann ist $w \in H_1$ und $Dw = -u$.

Zunächst sei $f \in H_1(I,M;a,b)$.

<u>Beweis:</u> X sei eine Lösung von $DX = u$ (8.1.2). Dann gilt für alle $v \in H_1$ wegen $v(o) = v(1) = o$:

$$\int_o^1 (w, Dv)dt = \int_o^1 (u,v)dt = -\int_o^1 (X, Dv)dt + (X,v)\Big|_o^1, \qquad \text{also}$$

$$\int_o^1 (w + X, Dv)dt = o. \qquad \text{Wegen 8.4.1 ist } w+X \in \text{Kern } D^*, \text{ d.h.}$$

$w+X =: p$ ist parallel. Daher hat $w = p - X$ eine quadratintegrierbare Ableitung, nämlich $Dw = -DX = -u$.

Ist $f \in \Lambda(M)$, so gilt mit derselben Rechnung $\int (w+X, Dv)dt = o$ für alle $v \in H_1$ mit wenigstens einer Nullstelle. Daraus folgt aber bereits (vgl. den Beweis zu 8.4.1), daß $w+X$ ein geschlossenes paralleles Feld längs f ist, also wieder $Dw = -DX = -u$.

<u>8.4.3 Korollar:</u> Die kritischen Punkte von E auf $H_1(I,M;a,b)$ sind die Geodätischen von a nach b; auf $\Lambda(M)$ sind es die geschlossenen Geodätischen.

Beweis: Aus $dE_f(v) = \int(\dot{f},Dv)_g dt = o = \int(o,v)dt$ folgt nach 8.4.2 $\dot{f}\in H_1, D\dot{f}=o$, also f Geodätische in M.

8.5 Von jetzt an bezeichnet $f:[o,1]\to M$ eine Geodätische von a nach b der Länge $L=\sqrt{2E(f)}$. Für $o\le\tau\le 1$ definieren wir $f_\tau := f/[o,\tau]; L(f_\tau)=\tau\cdot L$.
Die Bilinearform 7.2.7(ii) ist die bekannte Indexform von f:

$$d^2E_f(v,w) = \int_o^1 (Dv,Dw)_g - (R(v,\dot{f})\dot{f},w)_g dt = I(v,w).$$

Die übliche Indexform von f_τ ist

$$I_\tau(v,w) = \int_o^\tau (Dv,Dw)_g - (R(v,\dot{f})\dot{f},w)_g dt,$$

also, da die Parametrisierung nicht normalisiert ist, nur bis auf einen Faktor τ gleich $d^2E_{f_\tau}$.

8.5.1 Lemma: Es gibt eine Orthonormalbasis $\{v_k\}_{k=1,2...}$ für H_1 (Definition in 8.4), so daß für alle $w\in H_1$ gilt:

$$I(v_k,w) = \lambda_k\cdot\langle v_k,w\rangle \text{ mit } \lim_{k\to\infty}\lambda_k = 1.$$

Beweis: Nach 8.2 ist $I(v,w) = \langle(id+k)v,w\rangle_g$. Jeder symmetrische, kompakte Operator besitzt ein vollständiges Orthonormalsystem von Eigenvektoren, deren Eigenwerte eine Nullfolge bilden. (Genauer hat man die monoton wachsende Nullfolge negativer Eigenwerte und die fallende Nullfolge positiver Eigenwerte.).

8.5.2 Korollar: Der Index von I (= maximale Dimension eines Unterraumes von H_1, auf dem I negativ definit ist) ist gleich der Anzahl der negativen Eigenwerte von I:

$\text{ind } I = \sum_{\lambda_k<o} 1$; wegen $\lambda_k\to 1$ insbesondere $\text{ind } I<\infty$. Der Index von I heißt auch Index von f.

Beweis: Die Eigenvektoren zu negativen Eigenwerten spannen einen Unterraum N der endlichen Dimension $\sum_{\lambda_k<o} 1$ auf, auf dem I negativ definit ist. Jeder Unterraum von H_1 mit größerer Dimension als N trifft $N^\perp$, aber I ist positiv semidefinit auf $N^\perp$.

Bemerkung: Ist $I(v,v)<o$, so gibt es "in Richtung v" Kurven kleinerer Energie als f, also wegen $L^2(h)\le 2E(h)<2E(f) = L^2(f)$ kürzere Verbindungskurven als f von a nach b in M.

8.5.3 Satz: Die Eigenvektoren von I sind differenzierbare Vektorfelder längs f, nämlich Lösungen der Differentialgleichung

$$(1-\lambda_k)D^2v_k+R(v_k,\dot{f})\dot{f}+\lambda_k v_k=o.$$

Beweis: Für alle $w\in H_1$ gilt

$$o = I(v_k,w) - \lambda_k\cdot\langle v_k,w\rangle =$$
$$=\int_o^1\{(Dv_k,Dw) - (R(v_k,\dot{f})\dot{f},w) - \lambda_k(Dv_k,Dw) - \lambda_k(v_k,w)\}dt.$$

Aus 8.4.2 folgt die Behauptung.

Bemerkung: 1. 8.5.3 macht deutlich, warum man bei dem üblichen Vorgehen den Index nicht ändert, wenn man die Indexform auf einen passend konstruierten Vektorraum G aus gebrochenen Jacobifeldern einschränkt: Der von den differenzierbaren Vektorfeldern $\{v_k; \lambda_k < o\}$ aufgespannte negative Eigenraum N von I bildet in H_1 einen so kleinen Winkel mit dem Vektorraum G der gebrochenen Jacobifelder, daß I auf einem Unterraum von G derselben Dimension wie N negativ definit ist.

Bemerkung 2: f heißt entarteter kritischer Punkt, wenn o Eigenwert von I ist. Nach 8.5.3 gibt es dann nichttriviale Jacobifelder längs f mit v(o) = o = v(1). Die Endpunkte von f heißen in diesem Fall konjugierte Punkte bezüglich f.

8.5.4 Satz: L sei die Länge der Geodätischen f, also $L = |\dot{f}|$; max(K,o) bezeichne das Maximum aus o und dem Maximum der Schnittkrümmungen längs f. Es sei

$$\lambda := (1+\pi^2)^{-1} \cdot (\pi^2 - \max(K,o) \cdot L^2) < 1.$$

Behauptung: I hat keinen Eigenwert $< \lambda$. Insbesondere hat I für "kurze" Geodätische ($L^2 \cdot \max(K,o) < \pi^2$) keine Eigenwerte $\leq o$, also ind I = o.

Beweis: Es sei v ein Eigenvektor zum Eigenwert $\mu < 1$. Dann gilt wegen 8.5.1 (w=v)

$$(*)\quad (1-\mu)\int |Dv|_g^2 dt - \mu \int |v|_g^2 dt = \int (R(v,\dot{f})\dot{f},v)_g dt$$
$$\leq \max(K,o) \cdot L^2 \cdot \int |v|_g^2 dt.$$

Wegen v(o)=v(1)=o kann man entweder wie in 7.2.11 beweisen:

$$\int_o^1 |v|^2\, dt \leq \int_o^{1/2} t\, dt \cdot \int_o^{1/2} |Dv|^2\, dt + \int_{1/2}^1 (1-t)dt \cdot \int_{1/2}^1 |Dv|^2 dt$$
$$= \frac{1}{8}\int_o^1 |Dv|^2 dt;$$

oder man erhält mit 8.1 und Fourierentwicklung der Komponenten die optimale Abschätzung $\pi^2 \cdot \int |v(t)|_g^2 \leq \int |Dv(t)|_g^2 dt$.

Damit folgt wegen $\int |v(t)|_g^2 dt > o$ aus (*) $\lambda \leq \mu$.

Schließlich erinnern wir an die Courantsche Minimax-Charakterisierung des k-ten Eigenwertes von unten:

8.5.5 Satz: Es seien $\lambda_1 \leq \lambda_2 \leq \ldots < 1$ die (endlich oder unendlich vielen) Eigenwerte von I, die < 1 sind, und $v_1, v_2, \ldots$ die zugehörigen Eigenvektoren. Mit $[y_1,\ldots,y_k]$ bezeichnen wir den von $y_1,\ldots,y_k \in H_1$ aufgespannten Unterraum. Dann gilt:

(i) $$\lambda_k = \inf_{\substack{y_1,\ldots,y_k \\ \text{lin. unab}}} \ \max_{\substack{w \in [y_1,\ldots,y_k] \\ \|w\|=1}} I(w,w)$$

, und

offenbar ist wegen 8.5.1

(ii) $$\max_{\substack{w \in [v_1,\ldots,v_k] \\ \|w\|=1}} I(w,w) = \lambda_k$$

und:

(iii) falls $\max_{\substack{w\in[y_1,\dots,y_k]\\ \|w\|=1}} I(w,w) = \lambda_k$ ist,

so liegt ein Eigenvektor zu λ_k in $[y_1,\dots,y_k]$.

Beweis: Wegen (ii) müssen wir nur noch für jede Wahl linear unabhängiger $\{y_1,\dots,y_k\}$ zeigen

$$\max_{\substack{w\in[y_1,\dots,y_k]\\ \|w\|=1}} I(w,w) \geq \lambda_k$$

Dazu wähle $w = \sum_{l=1}^{k} c_l y_l$ so, daß $\langle v_i,w\rangle = o$ für $i=1,\dots,k-1$ gilt (d.h. $\{c_k\}$ sei eine nichttriviale Lösung des Gleichungssystems $\sum_{\ell=1}^{k} c_\ell \langle y_\ell, v_i\rangle = o$ $(i=1,\dots,k-1)$, die wegen der linearen Unabhängigkeit der y_k noch auf $\|w\| = 1$ normiert angenommen werden kann). Dann ist $w \perp [v_1,\dots,v_{k-1}]$ und daher $I(w,w) \geqslant \lambda_k$. Um (iii) zu beweisen, bezeichnen wir mit $\mu_1 \geqslant \mu_2 \geqslant \dots \geqslant 1$ die übrigen Eigenwerte von I und mit $u_1, u_2 \dots$ zugehörige orthonormierte Eigenvektoren. Dann ist wegen $\langle w,v_i\rangle = o$ $(i=1,\dots,k-1)$

$$w = \sum_{l=k}^{\infty} a_l v_l + \sum_{j=1}^{\infty} b_j u_j \text{ mit } \sum a_l^2 + \sum b_j^2 = \|w\|^2 = 1,$$

also wegen 8.5.1

$$I(w,w) = \sum_{l=k}^{\infty} \lambda_l a_l^2 + \sum_{j=1} \mu_j b_j^2 .$$

Daher ist $I(w,w) > \lambda_k$ -außer wenn alle $b_j = o$ sind und für alle $\lambda_l > \lambda_k$ auch $a_l = o$ gilt, d.h. außer wenn w Eigenvektor zu λ_k ist.

8.6 Morsescher Indexsatz

Für die Bilinearformen aus 8.5 gilt

$$\text{Ind } I = \sum_{\tau<1} \text{Nullität } I_\tau ,$$

mit anderen Worten: der Index von f ist gleich der Anzahl -gezählt mit Multiplizitäten- der zum Anfangspunkt f(o) bzgl. f konjugierten Punkte (Bemerkung 2 in 8.5.3).

Beweis: Es sei λ_k^τ der k-te Eigenwert von I_τ, monoton wachsend nummeriert wie in 8.5.5. Wir werden zeigen, daß λ_k^τ streng monoton fallend (8.7) und stetig(8.8) von τ abhängt. Daraus ergibt sich der Indexsatz wie folgt: Betrachte die Funktion

$d : [o,1] \to \mathbb{Z}$ mit

$$d(s) := \text{ind } I_s - \sum_{\tau<s} \text{Nullität } I_\tau \overset{(8.5.2)}{=} \sum_{\lambda_k^s<1} 1 - \sum_{\tau<s} \text{nul } I_\tau .$$

Nach 8.5.4 gilt für kleine s (d.h. für $s^2 \cdot \max(K,o) \cdot L^2 < \pi^2$): $d(s) = o$. Außerdem ist d stetig -also konstant, also $d(1) = o$, wie behauptet-, denn falls nul $I_s = o$ ist, folgt die Stetigkeit von d bei s allein aus der

Stetigkeit der Eigenwerte λ_k^s; und falls nul $I_s = n > o$ ist, etwa $\lambda_1^s,\dots,\lambda_k^s < o, \lambda_{k+1}^s = \dots = \lambda_{k+n}^s = o$, $o < \lambda_{k+n+1}^s \leq$ alle übrigen Eigenwerte von I_s, so gibt es ein $\delta > o$, so daß für $\sigma \in (s-\delta, s)$ wegen der Stetigkeit und strengen Monotonie gilt $\lambda_1^\sigma,\dots,\lambda_k^\sigma < o, o < \lambda_{k+1}^\sigma \leq$ alle übrigen Eigenwerte von I_σ, d.h. aber $d(\sigma) = d(s)$; und ebenso gibt es ein $\delta > o$, so daß -wieder wegen der Stetigkeit und strengen Monotonie- für alle $\sigma \in (s, s+\delta)$ gilt

$$\lambda_1^\sigma, \dots, \lambda_{k+n}^\sigma < o, o < \lambda_{k+n+1}^\sigma, \text{ d.h } d(s) = d(\sigma) \text{ wegen ind } I_\sigma = \text{ind } I_s + \text{nul } I_s.$$

8.7 Die Monotonie der Eigenwerte ($\tau < \sigma \Longrightarrow \lambda_k^\tau > \lambda_k^\sigma$).

Es seien v,w Tangentialvektoren in f_τ, also H_1-Vektorfelder längs f_τ mit $v(o) = w(o) = v(\tau) = w(\tau) = o$. Wir benutzen das Skalarprodukt

8.7.1 $$\langle v,w\rangle_\tau = \int_o^\tau \{(v(t),w(t))_g + (Dv(t),Dw(t))_g\} dt.$$

Die λ_k^τ sind die Eigenwerte von I_τ (8.5) bezüglich dieses Skalarproduktes. (Die Eigenwerte $\neq o$ einer Bilinearform hängen vom verwendeten Skalarprodukt ab, insbesondere auch deren Monotonieverhalten. Im Indexsatz 8.6 kommen die Skalarprodukte 8.7.1 nicht vor; 8.7.1 wurde gewählt, weil sich die Monotonie besonders einfach ergibt.)

Zu jedem H_1-Vektorfeld w^τ längs f_τ definieren wir für $\tau < \sigma$ ein H_1-Vektorfeld $\bar{w}^\sigma$ längs f_σ durch

8.7.2 $$\bar{w}^\sigma(t) = \begin{cases} w^\tau(t) & \text{für } o \leq t \leq \tau \\ o & \text{für } \tau \leq t \leq \sigma \end{cases}.$$

Dann gilt -da die Integrale $\int_o^\sigma$ nur für $t \leq \tau$ Integranden $\neq o$ haben-

8.7.3 $\|w^\tau\|_\tau = \|\bar{w}^\sigma\|_\sigma$ und $I_\tau(w^\tau,w^\tau) = I_\sigma(\bar{w}^\sigma,\bar{w}^\sigma)$.

Weiter seien $v_1^\tau,\dots,v_k^\tau$ die zu $\lambda_1^\tau \leq \dots \leq \lambda_k^\tau$ gehörigen Eigenvektoren von I_τ bezüglich $\langle\cdot,\cdot\rangle_\tau$ und $\bar{v}_1^\sigma,\dots,\bar{v}_k^\sigma$ die nach 8.7.2 konstruierten Vektorfelder längs f_σ. Wegen 8.5.5(i) gilt dann mit einem geeigneten $\bar{w}^\sigma = \sum_{l=1}^k a_l \bar{v}_l^\sigma, \|\bar{w}^\sigma\| = 1$:

$$\lambda_k^\sigma \leq \max_{\substack{\bar{w} \in [\bar{v}_1^\sigma,\dots,\bar{v}_k^\sigma] \\ \|\bar{w}\|=1}} I_\sigma(\bar{w},\bar{w}) = I_\sigma(\bar{w}^\sigma,\bar{w}^\sigma) \quad .$$

Da $\bar{w}^\sigma$ das nach 8.7.2 konstruierte Bild von $w^\tau = \sum_{l=1}^k a_l v_l^\tau$ ist - insbesondere also bei $t=\tau$ nicht differenzierbar ist-, ist $\bar{w}^\sigma$ nach 8.5.3 kein Eigenvektor zu λ_k^σ. Daher folgt die Behauptung aus

$$\lambda_k^\sigma \underset{(8.5.5(ii))}{<} I_\sigma(\bar{w}^\sigma,\bar{w}^\sigma) \underset{(8.7.3)}{=} I_\tau(w^\tau,w^\tau) \leq \max_{\substack{w \in [v_1^\tau,\dots,v_k^\tau] \\ \|w\|=1}} I_\tau(w,w) \underset{(8.5.5(ii))}{=} \lambda_k^\tau .$$

8.8 Die Stetigkeit der λ_k^τ in τ.

Wir konstruieren mit Hilfe von n orthonormalen parallelen Vektorfeldern p_i längs f (ähnlich wie in 8.1) eine bijektive, lineare, involutorische

Abbildung der H_1-Vektorfelder längs f (mit Randbedingung o). Es wird nicht wie in 8.7 $\tau \leq \sigma$ vorausgesetzt.

8.8.1
$$\begin{cases} \text{Es sei } v^{\sigma}(t) = \sum_{i=1}^{n} x_i(t)\cdot p_i(t) \quad \text{für } 0 \leq t \leq \sigma \\ \qquad \text{mit } x_i(0) = x_i(\sigma) = 0. \\ \text{Definiere } v^{\tau}(t) := \sum_{i=1}^{n} x_i\left(\frac{\sigma}{\tau}\cdot t\right)\cdot p_i(t) \quad \text{für } 0 \leq t \leq \tau. \end{cases}$$

Bemerkung: Mit einem etwas anderen Skalarprodukt als 8.7.1 ist 8.8.1 sogar eine Isometrie; aber dann hängen nicht mehr alle Eigenwerte monoton von τ ab.

Lemma: Mit $m := \max\left(\frac{\sigma}{\tau}, \frac{\tau}{\sigma}\right)$ gilt

8.8.2 $$\frac{1}{m}\|v^{\sigma}\|_{\sigma}^2 \leq \|v^{\tau}\|_{\tau}^2 \leq m\|v^{\sigma}\|_{\sigma}^2 .$$

Beweis: $$\|v^{\tau}\|_{\tau}^2 = \int_0^{\tau} |v^{\tau}(t)|^2 + |Dv^{\tau}(t)|^2 dt =$$
$$= \int_0^{\tau} \sum\left(x_i^2\left(\tfrac{\sigma}{\tau}\cdot t\right) + \left(\tfrac{\sigma}{\tau}\right)^2 \dot{x}_i^2\left(\tfrac{\sigma}{\tau}\cdot t\right)\right) dt =$$
$$= \int_0^{\sigma} \left\{ \frac{\tau}{\sigma}\cdot|v^{\sigma}(t)|^2 + \frac{\sigma}{\tau}\cdot|Dv^{\sigma}(t)|^2 \right\} dt.$$

Lemma: Die Abbildung 8.8.1 ändert die Werte der Indexform stetig, nämlich ($m = \max\left(\frac{\sigma}{\tau}, \frac{\tau}{\sigma}\right)$):

8.8.3 $$\left|I_{\tau}(v^{\tau}, v^{\tau}) - I_{\sigma}(v^{\sigma}, v^{\sigma})\right| \leq \sqrt{m-1}\, \|v^{\sigma}\|_{\sigma} \|v^{\tau}\|_{\tau} (1 + 3\cdot\max|K|\cdot L^2) .$$

Beweis: Mit $(R(a,c)c,a) - (R(b,c)(c,b) = (R(a-b,c)c,a+b)$ und $\tau \leq \sigma$ (andernfalls vertausche τ und σ in allen Rechnungen) ist
$$\left|I_{\tau}(v^{\tau}, v^{\tau}) - I_{\sigma}(v^{\sigma}, v^{\sigma})\right| \leq \left|\int_0^{\tau} |Dv^{\tau}(t)|^2 dt - \int_0^{\sigma} |Dv^{\sigma}(t)|^2 dt\right| +$$
$$+ \left|\int_0^{\tau} (R(v^{\tau} - v^{\sigma}, \dot{f})\dot{f}, v^{\tau} + v^{\sigma}) dt\right| + \left|\int_{\tau}^{\sigma} (R(v^{\sigma}, \dot{f})\dot{f}, v^{\sigma}) dt)\right| .$$

Der erste Summand wird wie in 8.8.2 durch Reparametrisieren behandelt. Für die beiden letzten erinnern wir an
$$|(R(a,c)c,b)| \leq (\max|K|)\cdot|a|\cdot|b|\cdot|c|^2, \; |\dot{f}| = L, \; \|v^{\sigma}\|_{\infty}^2 \overset{(4.2.11)}{=}$$
$$= \|v^{\tau}\|_{\infty}^2 \leq \frac{11}{9}\|v^{\sigma}\|\cdot\|v^{\tau}\| \quad \textit{und} \quad |v^{\tau}(t) - v^{\sigma}(t)|^2 \leq \left|t - \frac{\tau}{\sigma}\cdot t\right| \cdot \int_0^{\tau} |Dv^{\tau}|^2 dt \; (8.1.1).$$

Damit folgt 8.8.3 aus
$$\left|I_{\tau}(v^{\tau}, v^{\tau}) - I_{\sigma}(v^{\sigma}, v^{\sigma})\right| \leq (m-1)\cdot\|v^{\sigma}\|_{\sigma}\cdot\|v^{\tau}\|_{\tau} +$$
$$\max|K|\cdot L^2\cdot\left(\int_0^{\tau} |v^{\tau} - v^{\sigma}|\cdot|v^{\tau} + v^{\sigma}| dt + \int_{\tau}^{\sigma} |v^{\sigma}|^2 dt\right) \leq$$
$$\leq \|v^{\sigma}\|_{\sigma} \|v^{\tau}\|_{\tau} \left((m-1) + \max|K|\cdot L^2\cdot\left(\sqrt{m-1}\sqrt{\tfrac{11}{9}} + |\sigma - \tau|\cdot\tfrac{11}{9}\right)\right).$$

Aus 8.8.2 und 8.8.3 folgt die Stetigkeit der Eigenwerte, nämlich -wir können nen $\tau \leq \sigma$ annehmen-

8.8.4 Satz: $$0 \leq \lambda_k^{\tau} - \lambda_k^{\sigma} \leq \sqrt{m^2 - m}\,(2 + |\lambda_1^1| + 3\cdot\max|K|\cdot L^2).$$

Beweis: Es seien $\lambda_1^{\sigma} \leq \ldots \leq \lambda_k^{\sigma}$ die k kleinsten Eigenwerte von I_{σ} und $v_1^{\sigma}, \ldots, v_k^{\sigma}$ zugehörige orthonormierte Eigenvektoren. Mit $v_1^{\tau}, \ldots, v_k^{\tau}$ bezeichnen wir die nach 8.8.1 aus den v_i^{σ} konstruierten Vektorfelder längs f_{τ} (die v_i^{τ} sind also nicht unbedingt Eigenvektoren von I_{τ}). Weiter sei

$w^\tau = \sum_{\ell=1}^{k} a_l \cdot v_l^\tau$, $\|w^\tau\| = 1$ so gewählt, daß

$$I_\tau(w^\tau,w^\tau) = \max_{\substack{w\in[v_1^\tau,\dots,v_k^\tau]\\ \|w\|=1}} I_\tau(w,w) \underset{(8.5.5(i))}{\geq} \lambda_k^\tau \quad ;$$

$w^\sigma = \sum_{\ell=1}^{k} a_l \cdot v_l^\sigma$ ist dann Urbild von w^τ bezüglich der Abbildung 8.8.1;

außerdem

$$I_\sigma(w^\sigma,w^\sigma)\cdot\|w^\sigma\|^{-2} \leq \max_{\substack{w\in[v_1^\sigma,\dots,v_k^\sigma]\\ \|w\|=1}} I_\sigma(w,w) \underset{(8.5.5(ii))}{=} \lambda_k^\sigma \quad .$$

Damit ist

$$0 \underset{(8.7)}{\leq} \lambda_k^\tau - \lambda_k^\sigma \leq I_\tau(w^\tau,w^\tau) - I_\sigma(w^\sigma,w^\sigma)\cdot\|w^\sigma\|^{-2} \leq$$

$$\leq \sqrt{m-1}\cdot\sqrt{m}\,(1+3\max|K|\cdot L^2) + (m-1)\cdot\max(1,|\lambda_1^1|)$$

(mit 8.8.2, 8.8.3 und $|\lambda_k^\sigma| \leq \max(1,|\lambda_1^1|)$) $\bullet$

Literaturverzeichnis

[1] R. Abraham: Lectures of Smale on differential topology, Notes at Columbia University, New York, 1962 - 63.

[2] M. Berger: Lectures on geodesics in Riemannian geometry, Tata Institute, Bombay, 1965.

[3] N. Bourbaki: Variétés différentielles et analytiques, Fascicule de Résultats, Hermann, Paris, 1967.

[3a] D. Craemer: Der Raum der geschlossenen Kurven auf Linsenräumen, Bonner Mathematische Schriften, Nr. 50.

[4] J. A. Dieudonné: Foundations of modern analysis, Academic Press, New York, 1960.

[5] J. Eells: A setting for global analysis, Bull. of Am. Math. Soc., Vol. 72, No. 5, 1966.

[6] J. Eells + K. D. Elworthy: On the differential topology of Hilbertian manifolds, in Proc. Summer Institute on Global Analysis, 1968.

[6a] J. Eells + K. D. Elworthy: Open embeddings of certain Banach manifolds, Cornell University, Manchester, 1969.

[7] H. Eliasson: Morse theory for closed curves, Symposium for inf. dim. Topology, Louisiana State University, 1967.

[8] H. Eliasson: On the geometry of manifolds of maps, Journal of Diff. Geom., 1, 1967.

[9] H. Eliasson: Variational integrals in fibre bundles, Proc. Symp. Pure Math. AMS XVI, 67 - 89, 1970.

[10] H. Eliasson: Condition (C) and geodesic completeness of H^1-curve-manifolds, Bonn, 1970.

[11] H. Eliasson: Über die Anzahl geschlossener Geodätischer in gewissen Riemannschen Mannigfaltigkeiten, Math. Annalen 166, 119 - 147, 1966.

[12] M. Greenberg: Lectures on algebraic topology, W. A. Benjamin Inc., 1967.

[13] D. Gromoll, W. Klingenberg, W. Meyer: Riemannsche Geometrie im Grossen, Lecture Notes, Springer, 1968.

[14] D. Gromoll, W. Meyer: On differentiable functions with isolated critical points, Topology 8, 361 - 369, 1969.

[15] D. Gromoll, W. Meyer: Periodic geodesics on compact Riemannian manifolds, J. of Diff. Geom. 3, 493 - 510, 1969.

[16] N. Grossman: Geodesics on Hilbert manifolds, Ph. D. Thesis, University of Minnesota, Minneapolis, 1964.

[17] N. Grossman: Hilbert manifolds without epiconjugate points, Proc. of A.M.S., 16, 1365 - 1371, 1965.

[18] N. Grossman: Geodesics on certain Riemannian Hilbert manifolds of paths, Institute for Advanced Study, Princeton, New Jersey, 1966.

[19] H. Haahti: Über konforme Differentialgeometrie und zugeordnete Verjüngungsoperatoren in Hilbert-Räumen, Ann. Acad. Sci. Fenn., A. I. 358, 1965.

[20] S. Helgason: Differential geometry and symmetric spaces, Academic Press, 1962.

[21] H. Karcher: Closed geodesics on compact manifolds (8.tes Kapitel aus J. T. Schwartz: Nonlinear functional analysis, Gordon and Breach, 1969).

[22] H. Karcher: On the Hilbert manifolds of closed curves $H_1(S^1,M)$, Comm. Pure Appl. Math., Bd. 23, Nr. 2, 197o.

[23] J. Kelley: General topology, van Nostrand, 1955.

[24] P. Klein: Singuläre Kohomologie - Algebren von Räumen geschlossener Wege, Diplom thesis, Bonn, 1968.

[25] J. P. Serre: Homologie singulière des espaces fibrés, Ann. of Math. 54, 425 - 5o5, 1951.

[26] W. Klingenberg: Closed Geodesics, Ann. of Math., Vol. 89, No. 1, 1969.

[26a] W. Klingenberg: The space of closed curves on the sphere, Topology, Vol. 7, 1968.

[26b] W. Klingenberg: The space of closed curves on a projective space, Quart. J. Math. Oxford (2), 2o, 1969.

[27] G. Köthe: Topologische lineare Räume, Springer Verlag, 196o.

[28] S. Kobayashi, K. Nomizu: Foundations of differential geometry, Vol. I + II, Interscience, 1969.

[29] S. Lang: Introduction to differentiable manifolds, Interscience, 1962.

[30] L. A. Lyusternik: The topology of function spaces and the calculus of variations in the large, Translations of Math. Monographs Vol.16, Am. Math. Soc., 1966.

[31] J. Mc Alpin: Infinite dimensional manifolds and Morse theory, Ph. D. Thesis, Columbia University, New York, 1965.

[32] J. Mc Shane: Integration, Princeton University Press, 1944.

[33] W. Meyer: Kritische Mannigfaltigkeiten in Hilbertmannigfaltigkeiten, Math. Ann. 17o, 1967.

[34] J. Milnor: Morse theory, Princeton University Press, 1963.

[34a] J. Milnor: On spaces having the homotopy type of a CW - complex, Trans. Amer. Math. Soc. 9o, 272 - 28o, 1959.

[35] R. Munkres: Elementary Differential Topology, Princeton University Press, 1963.

[36] F. und R. Nevanlinna: Absolute Analysis, Springer, 1959.

[37] R. Olivier: Die Existenz geschlossener Geodätischer auf kompakten Mannigfaltigkeiten, Comment. Math. Helv. 35, 146 - 152, 1961.

[38] R. Palais: Lectures on the differential topology of infinite dimensional manifolds, Mimeographed notes by S. Greenfield, Brandeis University, Waltham, Mass., 1964 - 65.

[38a] R. Palais + S. Smale: A generalized Morse theory, Bull. Amer. Math. Soc. 7o, 413 - 414, 1964.

[39] R. Palais: Morse theory on Hilbert manifolds, Topology, Vol. 2, 1963.

[4o] R. Palais: Lusternik - Schnirelman theory on Banach manifolds, Topology, Vol. 5, No. 2, 1966.

[41] R. Palais: The classification of G - spaces, Memoirs of the Am. Math. Soc., No. 36, 196o.

[42] J. - P. Penot: Connexion linéaire déduite d'une famille de connexions linéaires par un foncteur vectoriel multilinéaires, C. R. Acad. Sc. Paris A 268, 1oo - 1o3, 1969.

[43] J. - P. Penot: De submersions en fibration, Séminaire de geom. diff. de Melle Libermann, Paris, 1967.

[44] J. - P. Penot: Sur le théorème de Frobenius, Sherbrooke P. Q., Canada, 1968 - 69.

[45] A. Riede: Lotgeodätische, Dissertation, Heidelberg, 1965.

[46] E. Spanier: Algebraic topology, Mc Graw Hill, 1966.

[47] J. T. Schwartz: Generalizing Lusternik-Schnirelman theory of critical points, Comm. Pure. Appl. Math. 17, 1964.

[48] A. Wasserman: Morse theory for G-manifolds, Bull. of Am. Math. Soc., No. 71, 1965.

Konventionen, Notationen etc.

1. Die durchgehende Numerierung ist von der Form I.8.2 , und dies bedeutet: Kapitel I, Paragraph 8, Punkt 2. Die Kapitelangabe wird weggelassen, falls die Verweise innerhalb des benutzten Kapitels liegen. Z bedeutet Warnung.
2. Die Anzahl der notwendigen Klammern (bei Kompositionen) wird reduziert, falls keine Verwechslungen zu befürchten sind.
3. $\mathbb{R}$ bezeichnet die reellen Zahlen, $\mathbb{R}^+$ die Teilmenge der positiven, $\mathbb{R}^-$ die Teilmenge der negativen Zahlen und $\mathbb{N}$ die natürlichen Zahlen.
4. pr_j, i_j bezeichnet die Projektion bzw. Inklusion auf die jeweilige j-te Komponente. Bei Abbildungen f bezeichnet f^j bzw f_j ($:= pr_j\, f$ bzw. $:= f\circ i_j$) die jte Komponentenfunktion bzw. die j-te partielle Funktion. Für letztere werden z.B. bei Funktionen f vom Typ $(s,t) \longmapsto f(s,t)$ auch die Bezeichnungen f_s, f_t verwandt.
5. $\bar{A}, \underline{A}, \complement A, \mathrm{Rd}A$ bezeichnet die abgeschlossene Hülle, das Innere, das Komplement bzw. den Rand bei Teilmengen A von topologischen Räumen. Der Begriff Umgebung meint, wenn er ohne Zusatz steht, stets "offene Umgebung".
6. $\mathbb{E}, \mathbb{F}, \ldots$ bezeichnen Modellräume, also Banachräume, $E, F, \ldots$ bezeichnen Vektorraumbündel über Mannigfaltigkeiten M mit Modellen $\mathbb{E}, \mathbb{F}, \ldots$. Sei $\pi : E \longrightarrow M$ ein solches:
   Eine Abbildung $\|..\| : E \longrightarrow \mathbb{R}$ heißt Finslerstruktur für E, falls es für jedes $p\in M$ eine Trivialisierung (Φ,ϕ,U) von E um p gibt (mit Modell $\mathbb{E}$), so daß gilt: $\|..\|_{\phi(q)}$, definiert durch $v\in\mathbb{E} \longmapsto \|\Phi^{-1}(q,v)\|$, ist eine "zulässige" Norm für $\mathbb{E}$ für alle $q\in U$ (d.h. $\|..\|_p := \|..\|/E_p$ ist eine "zulässige" Norm für E_p für alle $p\in M$), und für alle $q\in U$ und alle $k>1$ gibt es eine Umgebung $U(q)\subset U$ von q, für die gilt:
   $1/k \cdot \|..\|_{\phi(q)} \leq \|..\|_{\phi(r)} \leq k\cdot \|..\|_{\phi(q)}$ für alle $r\in U(q)$.
7. $L(E_1,\dots,E_r;F)$ ist das Bündel der stetigen r-linearen Abbildungen auf den Bündeln $E_1,\dots,E_r$ und F über M mit Modell $L(\mathbb{E}_1,\dots,\mathbb{E}_r;\mathbb{F})$; Spezialfall $L^r(E;F) = L(\underbrace{E,\dots,E}_{r\text{-mal}};F)$, Unterbündel $L^r_a(E;F), L^r_s(E;F)$ der alternierenden bzw. symmetrischen Abbildungen der Fasern E_p von E in die Fasern F_p von F, $p\in M$; $L^0(E;F) := L(\mathbb{R};F) \cong F$. Ist $F = M\times\mathbb{R}$, so bezeichnet $L^r(E) := L^r(E;F)$ das Bündel der r-Linearformen auf E. Unter topologischen Isomorphismen verstehen wir lineare Homöomorphismen bzgl. der gegebenen Strukturen, und ein topologisch—direkter Summand ist ein abgeschlossener linearer Unterraum, der einen abgeschlossenen Komplementärraum besitzt.
8. "lokal gilt" bedeutet "bzgl. der durch die Karten (ϕ,U) von $M,\ldots$ bzw. die Trivialisierungen (Φ,ϕ,U) von $E,\ldots$ induzierten Trivialisierungen -z.B. $(T\phi,\phi,U)$ oder $(T\Phi,\Phi,TU)$- gilt".

Zur Kennzeichnung von Hauptteilen (oder Lokalisierungen) bzgl. $(\Phi,\phi,U),\ldots$ genügt für unsere Zwecke stets ϕ statt Φ(obwohl letzteres beim Auftreten von Übergangsabbildungen die exaktere Bezeichnung ist), vgl. die Beispiele in §1-3: X_ϕ, A_ϕ, π_ϕ, τ_ϕ, $K_\phi,\ldots$, z.B. $X_\phi := pr_2\circ\Phi\circ X$ bei Schnitten $X:M\longrightarrow E$ in π.

9. Steht bei einer Abbildung nichts über ihren Typ dabei, so handelt es sich stets um eine Abbildung vom Typ C^∞.

1o. Das Folgende gibt mehrere abkürzende Schreibweisen beim Gebrauch von multilinearen Abbildungen an (vgl. auch 2.):
$A(v_1,\ldots,v_r) = A\cdot(v_1,\ldots,v_r) := A((v_1,\ldots,v_r))$ bei Abbildungen
$A\ \ L(\mathbb{E}_1,\ldots,E;\mathbb{F})$ für alle $(v_1,\ldots,v_r)\ \ \mathbb{E}_1\ldots\mathbb{E}_r$.
$A(X^1,\ldots,X^r) = A\cdot(X^1,\ldots,X^r) = A\circ(X^1,\ldots,X^r):p\longmapsto A_p\cdot(X^1_p,\ldots,X^r_p)$
bei Schnitten $A,X^1,\ldots,X^r$ längs $f:N\longrightarrow M$ in Bündeln $L(E_1,\ldots,E_r;F)$ bzw. $E_1,\ldots,E_r,F$ über M.
Diese verschiedenen Schreibweisen erklären sich zum Teil aus den möglichen Umdeutungen des C^∞-Schnittes A in $L(E_1,\ldots,E_r;F)$ längs f: zu einer r-linearen Abbildung von dem Schnittraum $\mathfrak{X}_{E_1}(f)\times\ldots\times\mathfrak{X}_{E_r}(f)$ in $\mathfrak{X}_F(f)$ oder zu einem r-linearen Morphismus von $f^*E_1\oplus\ldots\oplus f^*E_r$ in f^*F. Die obige Schreibweise behalten wir auch bei, falls A Schnitt in $L(E_1,\ldots,E_r;F)$ (also längs id) ist; es müßte dann eigentlich $A\circ f$ in den obigen Kompositionen stehen, was wir, wenn es nötig wird, durch A_f abkürzen: $A_f\cdot(X^1,\ldots,X^r)$.
Da Vektorraumbündelmorphismen $f:E\longrightarrow F$ über $f_o:M\longrightarrow M'$ als Schnitte in $L(E;f_o^*F)$ gedeutet werden können, schreiben wir auch dort $f\cdot v$ statt $f(v), v\in E$, sowie $f\cdot X$ statt $f\circ X$ für Schnitte $X\in\mathfrak{X}_E(M)$.
Für die Hauptteile $X^1_\phi,\ldots,X^r_\phi,A_\phi,A(X^1,\ldots,X^r)_\phi$ der in der obigen Komposition beteiligten Schnitte hat man bzgl. der durch die Trivialisierungen $(\phi,U),(\psi^i,\gamma^i,V),(\psi,\gamma,V),f(U)\subset V$ von $N,E_1,\ldots,E_r,F$ induzierten Trivialisierungen auf $L(E_1,\ldots,E_r;F)$ -genauer $f^*L(E_1,\ldots E_r;F) = L(f^*E_1,\ldots,f^*E_r;f^*F)$- die (obigem entsprechende) Gleichung

$$A(X^1,\ldots,X^r)_\phi = A_\phi(X^1_\phi,\ldots,X^r_\phi)$$

auf Grund der Definition dieser induzierten Trivialisierungen.
In dem oben aufgeführten Falle $A\circ f, A\in\mathfrak{X}_{L(E_1,\ldots,E_r;F)}(M)$ ergibt sich speziell:

$$A(X^1,\ldots,X^r)_\phi = (A_\psi\circ(\gamma\circ f\circ\phi^{-1}))\cdot(X^1_\phi,\ldots,X^r_\phi)\ . \qquad \text{Beachte:}$$

$X^i_\phi := pr_2\circ\psi^i\circ X\circ\phi^{-1}; X^i_{\phi(p)} := X^i_\phi|\phi(p)$;
$A_\psi := pr_2\circ L(\psi^1,\ldots,\psi^r;\psi)\circ A\circ\gamma^{-1}$,
$A_{\psi(f(p))} := A_\psi|\gamma(f(p)) = \psi_{f(p)}\cdot A_{f(p)}\cdot(\psi^1_{f(p)})^{-1}\times\ldots\times(\psi^r_{f(p)})^{-1}$.
Genaueres dazu vgl. Lang [29].

11. Ableitungen bei Banachräumen werden wie üblich mit:
$Df(x)\cdot v = Df_x\cdot v = Df|_x\cdot v$ (höhere bzw. partielle mit D^k bzw. D_k) bezeichnet, und längs Kurven $\alpha: I\subset \mathbb{R} \longrightarrow \mathbb{E}, t \longmapsto \alpha(t)$ benutzen wir speziell ($t_o \in I$):

$$\alpha'(t_o) = \frac{d\alpha}{dt}(t_o) := D\alpha(t_o)\cdot 1 \quad (\alpha''(t_o) = \dots)$$

und bei Kurvenscharen $\alpha: I\times I' \subset \mathbb{R}^2 \longrightarrow \mathbb{E}$, z.B.:

$$\frac{\partial\alpha}{\partial s}(s_o,t_o) := D_1\alpha(s_o,t_o)\cdot 1 \overset{*}{=} D\alpha_{t_o}(s_o)\cdot 1.$$

Entsprechend schreiben wir für Ableitungen bei Mannigfaltigkeiten:

$$Tf(x)\cdot v = Tf_x\cdot v = Tf|_x\cdot v \quad (T^k, T_k) \text{ , sowie}$$

$$\dot\alpha(t_o) = \frac{d\alpha}{dt}(t_o) := T\alpha(t_o)\cdot 1(t_o) \text{ und}$$

$\frac{\partial\alpha}{\partial s}(s_o,t_o) = T_1\alpha(s_o,t_o)\cdot 1\,(s_o) \overset{*}{=} T\alpha_{t_o}(s_o)\cdot 1(s_o)$ (und entsprechend ∇_s, ∇_t bei den in §3 definierten kovarianten Ableitungen) sowie bei reellwertigen Morphismen $f: M \longrightarrow \mathbb{R}$ df für die Umdeutung von $Tf: TM \longrightarrow T\mathbb{R}$ zu einem C^∞-Schnitt in dem Bündel $L(TM) = L(TM;\mathbb{R}) = TM^*$.

12. $(H_1(I,M), d_\infty)$ ist separabel, besitzt also eine abzählbare Basis (vgl. II.2.6; $I = [o,1]$ o.B.d.A.).

Bew.: Sei A eine abzählbare, dichte Teilmenge von M. Die Menge $\mathfrak{A}$ der endlichen Folgen $\{a_n\}_{n\in\mathbb{N}}$ in A (für jede solche Folge gibt es ein $n_o \in \mathbb{N}$, ab dem sie konstant ist) ist dann ebenfalls abzählbar, also auch

$$\mathcal{L} := \left\{\{a_n\}_{n\in\mathbb{N}} \in \mathfrak{A} / a_{i+1} \in B_{\varrho(a_i)}(a_i) \quad \text{für alle } i \in \mathbb{N}\right\};$$

zur Definition von $B_{\varrho(a_i)}(a_i)$ vgl. I.4.6. Sei obiges n_o stets minimal gewählt. Für jede Folge $\{a_n\}_{n\in\mathbb{N}} \in \mathcal{L}$ gibt es genau eine "gebrochene" Geodätische $c: [o,1] \longrightarrow M$ mit $c(i/n_o) = a_i, i = 1,\dots,n_o$ und $L_c = \sum_{i=1}^{n_o-1} d(a_i,a_{i+1})$. Zu zeigen ist: Für alle $e \in H_1(I,M), \varepsilon > o$ gibt es $\{a_n\}_{n\in\mathbb{N}} \in \mathcal{L}$, so daß für die dazugehörige gebrochene Geodätische c gilt: $d_\infty(e,c) < \varepsilon$: Da dim $M < \infty$, gibt es eine kompakte Umgebung K von Bild e, auf der ϱ von o wegbeschränkt ist: $\varrho/K \geq \alpha > o$. Sei $\tilde\varepsilon = \min\{\alpha, \varepsilon, d(\text{Bild } e, \complement K)\}$ und $n_o \in \mathbb{N}$, so daß $d(e(i/n_o), e(t)) < \tilde\varepsilon/3$ für $t \in [i/n_o, i+1/n_o]$ und $1 \leq i \leq n_o - 1$. Zu zeigen bleibt, daß für die zu $\{a_n\}_{n\in\mathbb{N}}$ gehörige Geodätische c gilt $d_\infty(c,e) < \tilde\varepsilon$ (denn $c \in H_1(I,M)$ ist klar): $t \in I \Longrightarrow \bigvee_{i\in\{1,\dots,n_o-1\}} t \in [i/n_o, i+1/n_o) \Longrightarrow$

$$\begin{aligned} d(e(t),c(t)) &\leq d(c(t),a_i) + d(a_i,e(i/n_o)) + d(e(i/n_o),e(t)) \\ &\leq d(a_i,a_{i+1}) + d(a_i,e(i/n_o)) + d(e(i/n_o),e(t)) \\ &< \tilde\varepsilon/3 + \tilde\varepsilon/3 + \tilde\varepsilon/3 = \tilde\varepsilon \end{aligned}$$

(d -wie stets- die zur riemannschen Metrik g gehörige Abstandsfunktion; als Hilfsgröße liegt diesem Beweis der Levi-Civita-Zusammenhang von (M,g) zugrunde).

q.e.d.

13. Wichtige, im Text eingeführte Symbole

Sachverzeichnis

Lecture Notes in Mathematics

Comprehensive leaflet on request

Vol. 111: K. H. Mayer, Relationen zwischen charakteristischen Zahlen. III, 99 Seiten. 1969. DM 16,-

Vol. 112: Colloquium on Methods of Optimization. Edited by N. N. Moiseev. IV, 293 pages. 1970. DM 18,-

Vol. 113: R. Wille, Kongruenzklassengeometrien. III, 99 Seiten. 1970. DM 16,-

Vol. 114: H. Jacquet and R. P. Langlands, Automorphic Forms on GL (2). VII, 548 pages. 1970. DM 24,-

Vol. 115: K. H. Roggenkamp and V. Huber-Dyson, Lattices over Orders I. XIX, 290 pages. 1970. DM 18,-

Vol. 116: Séminaire Pierre Lelong (Analyse) Année 1969. IV, 195 pages. 1970. DM 16,-

Vol. 117: Y. Meyer, Nombres de Pisot, Nombres de Salem et Analyse Harmonique. 63 pages. 1970. DM 16,-

Vol. 118: Proceedings of the 15th Scandinavian Congress, Oslo 1968. Edited by K. E. Aubert and W. Ljunggren. IV, 162 pages. 1970. DM 16,-

Vol. 119: M. Raynaud, Faisceaux amples sur les schémas en groupes et les espaces homogènes. III, 219 pages. 1970. DM 16,-

Vol. 120: D. Siefkes, Büchi's Monadic Second Order Successor Arithmetic. XII, 130 Seiten. 1970. DM 16,-

Vol. 121: H. S. Bear, Lectures on Gleason Parts. III, 47 pages. 1970. DM 16,-

Vol. 122: H. Zieschang, E. Vogt und H.-D. Coldewey, Flächen und ebene diskontinuierliche Gruppen. VIII, 203 Seiten. 1970. DM 16,-

Vol. 123: A. V. Jategaonkar, Left Principal Ideal Rings. VI, 145 pages. 1970. DM 16,-

Vol. 124: Séminare de Probabilités IV. Edited by P. A. Meyer. IV, 282 pages. 1970. DM 20,-

Vol. 125: Symposium on Automatic Demonstration. V, 310 pages. 1970. DM 20,-

Vol. 126: P. Schapira, Théorie des Hyperfonctions. XI, 157 pages. 1970. DM 16,-

Vol. 127: I. Stewart, Lie Algebras. IV, 97 pages. 1970. DM 16,-

Vol. 128: M. Takesaki, Tomita's Theory of Modular Hilbert Algebras and its Applications. II, 123 pages. 1970. DM 16,-

Vol. 129: K. H. Hofmann, The Duality of Compact Semigroups and C*- Bigebras. XII, 142 pages. 1970. DM 16,-

Vol. 130: F. Lorenz, Quadratische Formen über Körpern. II, 77 Seiten. 1970. DM 16,-

Vol. 131: A Borel et al., Seminar on Algebraic Groups and Related Finite Groups. VII, 321 pages. 1970. DM 22,-

Vol. 132: Symposium on Optimization. III, 348 pages. 1970. DM 22,-

Vol. 133: F. Topsøe, Topology and Measure. XIV, 79 pages. 1970. DM 16,-

Vol. 134: L. Smith, Lectures on the Eilenberg-Moore Spectral Sequence. VII, 142 pages. 1970. DM 16,-

Vol. 135: W. Stoll, Value Distribution of Holomorphic Maps into Compact Complex Manifolds. II, 267 pages. 1970. DM 18,-

Vol. 136: M. Karoubi et al., Séminaire Heidelberg-Saarbrücken-Strasbourg sur la K-Théorie. IV, 264 pages. 1970. DM 18,-

Vol. 137: Reports of the Midwest Category Seminar IV. Edited by S. MacLane. III, 139 pages. 1970. DM 16,-

Vol. 138: D. Foata et M. Schützenberger, Théorie Géométrique des Polynômes Eulériens. V, 94 pages. 1970. DM 16,-

Vol. 139: A. Badrikian, Séminaire sur les Fonctions Aléatoires Linéaires et les Mesures Cylindriques. VII, 221 pages. 1970. DM 18,-

Vol. 140: Lectures in Modern Analysis and Applications II. Edited by C. T. Taam. VI, 119 pages. 1970. DM 16,-

Vol. 141: G. Jameson, Ordered Linear Spaces. XV, 194 pages. 1970. DM 16,-

Vol. 142: K. W. Roggenkamp, Lattices over Orders II. V, 388 pages. 1970. DM 22,-

Vol. 143: K. W. Gruenberg, Cohomological Topics in Group Theory. XIV, 275 pages. 1970. DM 20,-

Vol. 144: Seminar on Differential Equations and Dynamical Systems, II. Edited by J. A. Yorke. VIII, 268 pages. 1970. DM 20,-

Vol. 145: E. J. Dubuc, Kan Extensions in Enriched Category Theory. XVI, 173 pages. 1970. DM 16,-

Vol. 146: A. B. Altman and S. Kleiman, Introduction to Grothendieck Duality Theory. II, 192 pages. 1970. DM 18,-

Vol. 147: D. E. Dobbs, Cech Cohomological Dimensions for Commutative Rings. VI, 176 pages. 1970. DM 16,-

Vol. 148: R. Azencott, Espaces de Poisson des Groupes Localement Compacts. IX, 141 pages. 1970. DM 16,-

Vol. 149: R. G. Swan and E. G. Evans, K-Theory of Finite Groups and Orders. IV, 237 pages. 1970. DM 20,-

Vol. 150: Heyer, Dualität lokalkompakter Gruppen. XIII, 372 Seiten. 1970. DM 20,-

Vol. 151: M. Demazure et A. Grothendieck, Schémas en Groupes I. (SGA 3). XV, 562 pages. 1970. DM 24,-

Vol. 152: M. Demazure et A. Grothendieck, Schémas en Groupes II. (SGA 3). IX, 654 pages. 1970. DM 24,-

Vol. 153: M. Demazure et A. Grothendieck, Schémas en Groupes III. (SGA 3). VIII, 529 pages. 1970. DM 24,-

Vol. 154: A. Lascoux et M. Berger, Variétés Kähleriennes Compactes. VII, 83 pages. 1970. DM 16,-

Vol. 155: Several Complex Variables I, Maryland 1970. Edited by J. Horváth. IV, 214 pages. 1970. DM 18,-

Vol. 156: R. Hartshorne, Ample Subvarieties of Algebraic Varieties. XIV, 256 pages. 1970. DM 20,-

Vol. 157: T. tom Dieck, K. H. Kamps und D. Puppe, Homotopietheorie. VI, 265 Seiten. 1970. DM 20,-

Vol. 158: T. G. Ostrom, Finite Translation Planes. IV. 112 pages. 1970. DM 16,-

Vol. 159: R. Ansorge und R. Hass. Konvergenz von Differenzenverfahren für lineare und nichtlineare Anfangswertaufgaben. VIII, 145 Seiten. 1970. DM 16,-

Vol. 160: L. Sucheston, Constributions to Ergodic Theory and Probability. VII, 277 pages. 1970. DM 20,-

Vol. 161: J. Stasheff, H-Spaces from a Homotopy Point of View. VI, 95 pages. 1970. DM 16,-

Vol. 162: Harish-Chandra and van Dijk, Harmonic Analysis on Reductive p-adic Groups. IV, 125 pages. 1970. DM 16,-

Vol. 163: P. Deligne, Equations Différentielles à Points Singuliers Reguliers. III, 133 pages. 1970. DM 16,-

Vol. 164: J. P. Ferrier, Seminaire sur les Algebres Complétes. II, 69 pages. 1970. DM 16,-

Vol. 165: J. M. Cohen, Stable Homotopy. V, 194 pages. 1970. DM 16,-

Vol. 166: A. J. Silberger, PGL_2 over the p-adics: its Representations, Spherical Functions, and Fourier Analysis. VII, 202 pages. 1970. DM 18,-

Vol. 167: Lavrentiev, Romanov and Vasiliev, Multidimensional Inverse Problems for Differential Equations. V, 59 pages. 1970. DM 16,-

Vol. 168: F. P. Peterson, The Steenrod Algebra and its Applications: A conference to Celebrate N. E. Steenrod's Sixtieth Birthday. VII, 317 pages. 1970. DM 22,-

Vol. 169: M. Raynaud, Anneaux Locaux Henséliens V, 129 pages. 1970. DM 16,-

Vol. 170: Lectures in Modern Analysis and Applications III. Edited by C. T. Taam. VI, 213 pages. 1970. DM 18,-

Vol. 171: Set-Valued Mappings, Selections and Topological Properties of 2^X. Edited by W. M. Fleischman. X, 110 pages. 1970. DM 16,-

Vol. 172: Y.-T. Siu and G. Trautmann, Gap-Sheaves and Extension of Coherent Analytic Subsheaves. V, 172 pages. 1971. DM 16,-

Vol. 173: J. N. Mordeson and B. Vinograde, Structure of Arbitrary Purely Inseparable Extension Fields. IV, 138 pages. 1970. DM 16,-

Vol. 174: B. Iversen, Linear Determinants with Applications to the Picard Scheme of a Family of Algebraic Curves. VI, 69 pages. 1970. DM 16,-

Vol. 175: M. Brelot, On Topologies and Boundaries in Potential Theory. VI, 176 pages. 1971. DM 18,-

Vol. 176: H. Popp, Fundamentalgruppen algebraischer Mannigfaltigkeiten. IV, 154 Seiten. 1970. DM 16,-

Vol. 177: J. Lambek, Torsion Theories, Additive Semantics and Rings of Quotients. VI, 94 pages. 1971. DM 16,-

Please turn over

Vol. 178: Th. Bröcker und T. tom Dieck, Kobordismentheorie. XVI, 191 Seiten. 1970. DM 18,–

Vol. 179: Seminaire Bourbaki – vol. 1968/69. Exposés 347-363. IV. 295 pages. 1971. DM 22,–

Vol. 180: Séminaire Bourbaki – vol. 1969/70. Exposés 364-381. IV, 310 pages. 1971. DM 22,–

Vol. 181: F. DeMeyer and E. Ingraham, Separable Algebras over Commutative Rings. V, 157 pages. 1971. DM 16,–

Vol. 182: L. D. Baumert. Cyclic Difference Sets. VI, 166 pages. 1971. DM 16,–

Vol. 183: Analytic Theory of Differential Equations. Edited by P. F. Hsieh and A. W. J. Stoddart. VI, 225 pages. 1971. DM 20,–

Vol. 184: Symposium on Several Complex Variables, Park City, Utah, 1970. Edited by R. M. Brooks. V, 234 pages. 1971. DM 20,–

Vol. 185: Several Complex Variables II, Maryland 1970. Edited by J. Horváth. III, 287 pages. 1971. DM 24,–

Vol. 186: Recent Trends in Graph Theory. Edited by M. Capobianco/ J. B. Frechen/M. Krolik. VI, 219 pages. 1971. DM 18,–

Vol. 187: H. S. Shapiro, Topics in Approximation Theory. VIII, 275 pages. 1971. DM 22,–

Vol. 188: Symposium on Semantics of Algorithmic Languages. Edited by E. Engeler. VI, 372 pages. 1971. DM 26,–

Vol. 189: A. Weil, Dirichlet Series and Automorphic Forms. V, 164 pages. 1971. DM 16,–

Vol. 190: Martingales. A Report on a Meeting at Oberwolfach, May 17-23, 1970. Edited by H. Dinges. V, 75 pages. 1971. DM 16,–

Vol. 191: Séminaire de Probabilités V. Edited by P. A. Meyer. IV, 372 pages. 1971. DM 26,–

Vol. 192: Proceedings of Liverpool Singularities – Symposium I. Edited by C. T. C. Wall. V, 319 pages. 1971. DM 24,–

Vol. 193: Symposium on the Theory of Numerical Analysis. Edited by J. Ll. Morris. VI, 152 pages. 1971. DM 16,–

Vol. 194: M. Berger, P. Gauduchon et E. Mazet. Le Spectre d'une Variété Riemannienne. VII, 251 pages. 1971. DM 22,–

Vol. 195: Reports of the Midwest Category Seminar V. Edited by J.W. Gray and S. Mac Lane.III, 255 pages. 1971. DM 22,–

Vol. 196: H-spaces – Neuchâtel (Suisse)- Août 1970. Edited by F. Sigrist, V, 156 pages. 1971. DM 16,–

Vol. 197: Manifolds – Amsterdam 1970. Edited by N. H. Kuiper. V, 231 pages. 1971. DM 20,–

Vol. 198: M. Hervé, Analytic and Plurisubharmonic Functions in Finite and Infinite Dimensional Spaces. VI, 90 pages. 1971. DM 16,–

Vol. 199: Ch. J. Mozzochi, On the Pointwise Convergence of Fourier Series. VII, 87 pages. 1971. DM 16,–

Vol. 200: U. Neri, Singular Integrals. VII, 272 pages. 1971. DM 22,–

Vol. 201: J. H. van Lint, Coding Theory. VII, 136 pages. 1971. DM 16,–

Vol. 202: J. Benedetto, Harmonic Analysis on Totally Disconnected Sets. VIII, 261 pages. 1971. DM 22,–

Vol. 203: D. Knutson, Algebraic Spaces. VI, 261 pages. 1971. DM 22,–

Vol. 204: A. Zygmund, Intégrales Singulières. IV, 53 pages. 1971. DM 16,–

Vol. 205: Séminaire Pierre Lelong (Analyse) Année 1970. VI, 243 pages. 1971. DM 20,–

Vol. 206: Symposium on Differential Equations and Dynamical Systems. Edited by D. Chillingworth. XI, 173 pages. 1971. DM 16,–

Vol. 207: L. Bernstein, The Jacobi-Perron Algorithm – Its Theory and Application. IV, 161 pages. 1971. DM 16,–

Vol. 208: A. Grothendieck and J. P. Murre, The Tame Fundamental Group of a Formal Neighbourhood of a Divisor with Normal Crossings on a Scheme. VIII, 133 pages. 1971. DM 16,–

Vol. 209: Proceedings of Liverpool Singularities Symposium II. Edited by C. T. C. Wall. V, 280 pages. 1971. DM 22,–

Vol. 210: M. Eichler, Projective Varieties and Modular Forms. III, 118 pages. 1971. DM 16,–

Vol. 211: Théorie des Matroïdes. Edité par C. P. Bruter. III, 108 pages. 1971. DM 16,–

Vol. 212: B. Scarpellini, Proof Theory and Intuitionistic Systems. VII, 291 pages. 1971. DM 24,–

Vol. 213: H. Hogbe-Nlend, Théorie des Bornologies et Applications. V, 168 pages. 1971. DM 18,–

Vol. 214: M. Smorodinsky, Ergodic Theory, Entropy. V, 64 pages. 1971. DM 16,–

Vol. 215: P. Antonelli, D. Burghelea and P. J. Kahn, The Concordance-Homotopy Groups of Geometric Automorphism Groups. X, 140 pages. 1971. DM 16,–

Vol. 216: H. Maaß, Siegel's Modular Forms and Dirichlet Series. VII, 328 pages. 1971. DM 20,–

Vol. 217: T. J. Jech, Lectures in Set Theory with Particular Emphasis on the Method of Forcing. V, 137 pages. 1971. DM 16,–

Vol. 218: C. P. Schnorr, Zufälligkeit und Wahrscheinlichkeit. IV, 212 Seiten 1971. DM 20,–

Vol. 219: N. L. Alling and N. Greenleaf, Foundations of the Theory of Klein Surfaces. IX, 117 pages. 1971. DM 16,–

Vol. 220: W. A. Coppel, Disconjugacy. V, 148 pages. 1971. DM 16,–

Vol. 221: P. Gabriel und F. Ulmer, Lokal präsentierbare Kategorien. V, 200 Seiten. 1971. DM 18,–

Vol. 222: C. Meghea, Compactification des Espaces Harmoniques. III, 108 pages. 1971. DM 16,–

Vol. 223: U. Felgner, Models of ZF-Set Theory. VI, 173 pages. 1971. DM 16,–

Vol. 224: Revètements Etales et Groupe Fondamental. (SGA 1). Dirigé par A. Grothendieck XXII, 447 pages. 1971. DM 30,–

Vol. 225: Théorie des Intersections et Théorème de Riemann-Roch. (SGA 6). Dirigé par P. Berthelot, A. Grothendieck et L. Illusie. XII, 700 pages. 1971. DM 40,–

Vol. 226: Seminar on Potential Theory, II. Edited by H. Bauer. IV, 170 pages. 1971. DM 18,–

Vol. 227: H. L. Montgomery, Topics in Multiplicative Number Theory. IX, 178 pages. 1971. DM 18,–

Vol. 228: Conference on Applications of Numerical Analysis. Edited by J. Ll. Morris. X, 358 pages. 1971. DM 26,–

Vol. 229: J. Väisälä, Lectures on n-Dimensional Quasiconformal Mappings. XIV, 144 pages. 1971. DM 16,–

Vol. 230: L. Waelbroeck, Topological Vector Spaces and Algebras. VII, 158 pages. 1971. DM 16,–

Vol. 231: H. Reiter, L^1-Algebras and Segal Algebras. XI, 113 pages. 1971. DM 16,–

Vol. 232: T. H. Ganelius, Tauberian Remainder Theorems. VI, 75 pages. 1971. DM 16,–

Vol. 233: C. P. Tsokos and W. J. Padgett. Random Integral Equations with Applications to Stochastic Systems. VII, 174 pages. 1971. DM 18,–

Vol. 234: A. Andreotti and W. Stoll. Analytic and Algebraic Dependence of Meromorphic Functions. III, 390 pages. 1971. DM 26,–

Vol. 235: Global Differentiable Dynamics. Edited by O. Hájek, A. J. Lohwater, and R. McCann. X, 140 pages. 1971. DM 16,–

Vol. 236: M. Barr, P. A. Grillet, and D. H. van Osdol. Exact Categories and Categories of Sheaves. VII, 239 pages. 1971. DM 20,–

Vol. 237: B. Stenström. Rings and Modules of Quotients. VII, 136 pages. 1971. DM 16,–

Vol. 238: Der kanonische Modul eines Cohen-Macaulay-Rings. Herausgegeben von Jürgen Herzog und Ernst Kunz. VI, 103 Seiten. 1971. DM 16,–

Vol. 239: L. Illusie, Complexe Cotangent et Déformations I. XV, 355 pages. 1971. DM 26,–

Vol. 240: A. Kerber, Representations of Permutation Groups I. VII, 192 pages. 1971. DM 18,–

Vol. 241: S. Kaneyuki, Homogeneous Bounded Domains and Siegel Domains. V, 89 pages. 1971. DM 16,–

Vol. 242: R. R. Coifman et G. Weiss, Analyse Harmonique Non-Commutative sur Certains Espaces. V, 160 pages. 1971. DM 16,–

Vol. 243: Japan-United States Seminar on Ordinary Differential and Functional Equations. Edited by M. Urabe. VIII, 332 pages. 1971. DM 26,–

Vol. 244: Séminaire Bourbaki – vol. 1970/71. Exposés 382–399. IV, 356 pages. 1971. DM 26,–

Vol. 245: D. E. Cohen, Groups of Cohomological Dimension One. V, 99 pages. 1972. DM 16,–